卫星通信系统工程(第2版)

Satellite Communications Systems Engineering (Second Edition)
Atmospheric Effects, Satellite Link Design and System Performance

[美]小路易·J. 伊波利托(Louis J. Ippolito Jr.)　著
顾有林　译

国防工業出版社
·北京·

著作权合同登记　图字：军-2018-046 号

图书在版编目(CIP)数据

卫星通信系统工程：第 2 版/(美)小路易 · J.伊波利托 (Louis J. Ippolito) 著；顾有林译. —北京：国防工业出版社，2024.1 重印

书名原文：Satellite Communications Systems Engineering Atmospheric Effects, Satellite Link Design and System Performance(Second Edition)

ISBN 978-7-118-12303-6

Ⅰ. ①卫…　Ⅱ. ①小… ②顾…　Ⅲ. ①卫星通信系统-系统工程　Ⅳ. ①TN927

中国版本图书馆 CIP 数据核字(2021)第 043916 号

※

国防工業出版社 出版发行

(北京市海淀区紫竹院南路 23 号　邮政编码 100048)

北京虎彩文化传播有限公司印刷

新华书店经售

*

开本 710×1000　1/16　插页 4　印张 27½　字数 480 千字

2024 年 1 月第 1 版第 3 次印刷　印数 2501—3500 册　定价 192.00 元

(本书如有印装错误，我社负责调换)

国防书店：(010)88540777　　书店传真：(010)88540776

发行业务：(010)88540717　　发行传真：(010)88540762

译者序

作为现代通信技术中最有发展潜力的卫星通信技术，在世界范围内已广泛应用于政治、经济、军事及科学等多个领域。卫星通信系统设计的好坏将直接影响卫星通信的性能。越来越多的人学习卫星通信系统的工程设计，迫切需要一本能够密切结合实际并且可以直接用来指导他们进行卫星通信系统设计的书籍。Louis J. Ippolito 博士的《卫星通信系统工程(第 2 版)》偏重于工程实践，正好满足了上述需求。

本书在介绍卫星通信系统组成、常见卫星通信系统、卫星轨道和卫星本体等基本知识的基础上，为读者提供了卫星通信链路设计和组网运行设计的系统方法以及卫星通信链路设计和性能评估的必要工具。重点讲述了卫星通信链路计算与评估方法、卫星通信传输损耗影响因素、卫星通信传播效应建模与预测、卫星通信信号处理技术、卫星多址传输方法、移动卫星通信信道设计以及高通量卫星相关技术等内容。

本书作者 Louis J. Ippolito 博士先后任职于乔治·华盛顿大学和美国国家航空航天局(NASA)，通过与国际电信联盟无线电通信部门(ITU-R)和其他相关组织的长期合作，他在卫星通信系统方面积累了扎实的理论基础和丰富的实践经验，特别是在研究大气对无线通信的影响方面具有很深的造诣。作者收集了 ITU-R 提供的有关大气无线传播方面积累的观测结果和建模方面的最新研究成果，以“手册”的形式提供了相关计算工具，用于各种环境因素对卫星通信影响的定量分析，并给出了逐步计算的步骤和所有必要的算法，读者无需再查阅其他资料即可直接进行计算。

本书涉及知识面广，包含了当前该学科的最新研究成果，偏重于工程实践，可操作性强，通俗易懂，适合从事卫星通信工作的专业技术人员和研究生参考，同时对无线电爱好者也有一定的帮助。

本人在本科教学中讲授“卫星通信与数据传输”“卫星测控与通信”等课程过程中，涉及卫星通信系统及链路设计部分，参考了原著的相关内容，认为本书针对性强，便于操作，因此决定将此书翻译出来以便相关人员参考。

我由衷地感激我的家人(妻子叶菁和儿子顾浚淇)对我翻译工作的极大支持和鼓励,正是他们的付出让我能够专注于本书的翻译。此外,还要感谢国防工业出版社的辛俊颖编辑。

由于本人学识有限,加之时间比较仓促,在翻译过程中不可避免会出现不妥和错漏之处,敬请广大读者批评指正。

顾有林
2020 年 6 月

前 言

本书读者对象是专注于卫星通信系统设计与性能的人员。卫星通信系统主要应用于固定的点对点、广播、移动、无线电导航、数据中继、计算机通信和其他卫星相关的应用。随着卫星通信技术的快速发展，人们希望了解更多卫星通信系统工程、大气对卫星链路设计和系统性能的影响等方面的信息。本书首次以其独到而全面的内容来满足上述需求。

本书第1版出版后，卫星的工作频率变得更高，网络容量变得更大。第2版随之更新了相关的内容。第2版增加的内容主要为宽带和高通量卫星(HTS)、卫星通信干扰抑制、电子推进卫星通信、卫星通信频率管理，增加了新的更高频段-Ka频段、Q/V/W频段，以及5G环境中卫星网络的作用。

本书重点论述了卫星通信频段中无线电传播影响的理解和建模方面取得的重大进展，保留和更新了当今所有大气对卫星系统影响的综合描述和分析，以及设计链路和评估系统性能必要的工具。许多工具和计算以“手册”的形式提供，集中提供了逐步计算的步骤和所有必要的算法，用户可直接进行计算，无需再查阅其他资料。所有的计算步骤和预测模型，特别是由国际电信联盟无线电通信部门(ITU-R)提供的，已经全面升级到最新发布的版本，并增加了一些新的模型和预测。

本书从实践工程师的角度，提供了通信卫星链路设计和性能的最新信息，包含简明的描述、具体的程序，以及全面的解决方案。本书主要内容包括自由空间卫星通信链路设计和性能分析，以及自由空间通信需要考虑的重要因素，例如大气效应、工作频率和自适应抑制技术等。

读者至少可以从以下3个角度来阅读本书：

(1) 有关卫星系统和相关技术的基本信息，理论推导少，但内容新、实际可用；

(2) 作为一个卫星链路设计手册，实例丰富、步骤详细、面向应用的解决方案先进；

(3) 作为一门关于卫星通信系统课程的研究生教材，本书在一些章节末尾列出了习题。

与其他许多关于卫星通信的书籍不同，本书并没有使读者局限于非常专业的技术和硬件开发知识中，因为这样会让读者失去兴趣，不利于本书的使用。本书目的是重点论述卫星通信系统特有的且不过时的基本原理，使本书能对所有无线电爱好者有所帮助。

感谢为本书做出贡献的所有个人和组织，本书也包含了他们的工作和努力的成果。通过与 NASA、ITU-R 和其他组织的长期合作，我有幸认识卫星通信领域中很多的科研人员与先驱，并与他们共事。本书中的思想和概念是在与相关技术和程序的开发人员广泛讨论和交流下产生的，本书进行了改进和完善。

最后，由衷地感激我的妻子 Sandi 对我的支持和鼓励，她的耐心让我能够专注于本书的工作。谨以本书献给 Sandi 及我们的孩子 Karen、Sandi、Ted 和 Cathie。

Louis J. Ippolito Jr.

2016 年 6 月

缩略语列表

5G　第五代移动通信系统
8φPSK　8 进制相移键控

A
ACI　相邻信道干扰
ACM　自适应编码调制
ACTS　先进通信技术卫星
A/D　模数转换器
ADM　自适应增量调制
ADPCM　自适应差分脉冲编码调制
AGARD　航空研究与开发顾问组(NATO)
AIAA　美国航空航天学会
AM　调幅
AMI　备用标记反转
AMS　航空移动业务
AMSS　航空移动卫星业务
AOCS　姿态和轨道控制系统
ATS-　应用技术卫星-
AWGN　加性高斯白噪声
Az　方位角(角度)

B
BB　基带
BER　误比特率
BFSK　二进制频移键控
BO　回退
BOL　寿命开始
BPF　带通滤波器
BPSK　二进制相移键控
BSS　广播卫星业务

C
CBR　载波和位定时恢复
CCI　同频道干扰
CDC　协调和延迟渠道
CDF　累积分布函数
CDMA　码分多址
CEPT　欧洲邮政和电信管理会议
C/I　载波干扰比
CLW　云液态水
cm　厘米
C/N　载噪比
C/N_0　载波噪声密度比
COMSAT　通信卫星公司
CONUS　美国大陆
CPA　共极衰减
CPM　会议筹备会议
CRC　循环冗余校验
CSC　公共信令信道
CTS　通信技术卫星
CVSD　连续可变斜率增量调制

D
D. C.　下变频器

DA	需求分配
DAH	Dissanayake,Allnutt 和 Haidara (雨水衰减模型)
DAMA	按需分配多址
dB	分贝
dBHz	分贝-Hz
dBi	各向同性上的分贝
dBK	分贝开尔文
dBm	分贝毫瓦
dBW	分贝瓦
DEM	解调器
DOS	美国国务院
DS	数字信令(也称为 T 载波 TEM 信令)
DSB/SC	双边带抑制载波
DSI	数字语音内插
DS-SS	直接序列扩频

E

E_b/N_o	单位比特能量/噪声密度比
EHF	极高频率
EIRP	有效全向辐射功率
EI	仰角
EOL	寿命终止
Epfd	等效功率通量密度
erf	误差函数
erfc	互补误差函数
ERS	经验路边阴影
ES	地球站
ESA	欧洲航天局
E-W	西东位置保持

F

FA	固定接入
FCC	联邦通信委员会
FDM	频分多路复用
FDMA	频分多址
FEC	前向纠错
FET	场效应晶体管
FH-SS	跳频扩频
FM	调频
FSK	频移键控
FSS	固定业务卫星
FT	频率变换转发器

G

GEO	地球静止卫星轨道
GHz	吉赫
GSM	全球移动系统
GSO	地球同步轨道
G/T	接收机品质因数

H

HAPS	高空平流层站台
HEO	高椭圆地球轨道、高地球轨道
HEW	健康教育实验
HF	高频
HP	水平极化
hPa	百帕斯卡(气压单位,等于 1 厘米水柱)
HPA	高功率放大器
HSPA	高速数据包接入
HTS	高通量卫星
Hz	赫兹

I

IEE	电气工程师协会
IEEE	电气与电子工程师协会
IF	中频

IMT-2000 国际电联国际移动通信计划-2000
IMT-2020 国际电联国际移动通信计划-2020
INTELSAT 国际通信卫星组织
IoT 物联网
IRAC 跨部门无线电咨询委员会
ISI 符号间干扰
ITU 国际电信联盟
ITU-D 国际电信联盟发展部门
ITU-R 国际电信联盟无线电通信部门
ITU-T 国际电信联盟电信标准部门

J

K
K 开尔文温度
Kbps 每秒千位
Kg 公斤
kHz 千赫兹
km 公里

L
LEO 低地球轨道
LF 低频
LHCP 左旋圆极化
LMSS 陆地移动卫星业务
LNA 低噪声放大器
LNB 低噪声模块
LO 本地振荡器
LOS 视距
LPF 低通滤波器
LTE 长期演进

M
M2M 机器对机器
m 米
MA 多址
MAC 介质访问控制
Mbps 每秒兆位
MCPC 单载波多通道
MEO 中地球轨道
MF 中频
MF-TDMA 多频时分多址
MHz 兆赫兹
MI 相互干扰
MKF 街道遮蔽函数
MMSS 海上移动卫星业务
MOD 调制器
MODEM 调制器/解调器
MSK 最小频移键控
MSS 移动卫星业务
MUX 多路复用器

N
NASA 美国国家航空航天局
NF 噪声系数(或噪声因子)
NGSO 非地球同步(或对地静止)卫星轨道
NIC 准瞬时压扩
NRZ 不归零
N-S 南北位置保持
NTIA 国家电信和信息管理局
NTSC 国家电视系统委员会

O
OBP 星上处理
OFDM 正交频分复用

OFDMA 正交频分多址
OOK 开/关键控

P

PA 预先分配接入
PACS 个人接入通信系统
PAL 逐行倒相制
PAM 脉冲幅度调制
PCM 脉冲编码调制
PFD 功率通量密度
PLACE 定位和飞机通信试验
PN 伪随机序列
PSK 相移键控
PSTN 公共交换电话网

Q

QAM 正交幅度调制
QPSK 正交相移键控

R

REC 接收机
RF 射频
RFI 射频干扰
RHCP 右旋圆极化
RZ 归零

S

SC 业务信道
SCADA 监控和数据采集
SCORE 信号通信轨道中继试验
SCPC 单载波单通道
SDMA 空分多址
SECAM 塞康制
SGN 卫星新闻采集
SHF 超高频
SIR 信干比
SITE 卫星教学电视试验
S/N 信噪比
SS 星下点
SS 固态
SS/TDMA 时分多址/星上交换
SSB/SC 单边带抑制载波
SSPA 固态功率放大器
SUE 频谱利用效率
SYNC 同步

T

TDM 时分多路复用
TDMA 时分多址
TDRS 跟踪和数据中继卫星
TEC 总电子含量
TIA 电信行业协会
T-R 发射器-接收器
TRANS 发射机
TRUST 使用小型终端的电视转播
TT&C 跟踪、遥测和指令
TTC&M 跟踪、遥测、指令和监视
TTY 电传
TWT 行波管
TWTA 行波管放大器

U

UHF 超高频
UMTS 通用移动通信系统
USSR 苏维埃社会主义共和国联盟
UW 独特字

V

VA 语音激活(因子)
VF 语音频率(声道)

VHF 甚高频
VLF 甚低频
VOW 语音信号线
VP 垂直极化
VPI&SU 弗吉尼亚理工学院和州立大学
VSAT 甚小天线(孔径)终端

W
WARC 世界行政无线电会议
WCDMA 宽带 CDMA
WRC 世界无线电会议
WVD 水蒸气密度

X
XPD 交叉极化鉴别

Y

Z

目　录

第1章　卫星通信导论 …… 1

1.1　卫星通信的早期历史 …… 3

1.1.1　斯科尔卫星(SCORE) …… 3

1.1.2　回声卫星(ECHO) …… 3

1.1.3　信使卫星(COURIER) …… 4

1.1.4　福特卫星(WESTFORD) …… 4

1.1.5　电星卫星(TELSTAR) …… 4

1.1.6　中继卫星(RELAY) …… 4

1.1.7　辛康卫星(SYNCOM) …… 5

1.1.8　晨鸟卫星(EARLYBIRD) …… 5

1.1.9　应用技术卫星-1(ATS-1) …… 5

1.1.10　应用技术卫星-3(ATS-3) …… 6

1.1.11　应用技术卫星-5(ATS-5) …… 6

1.1.12　阿尼克-A卫星(ANIK A) …… 7

1.1.13　应用技术卫星-6(ATS-6) …… 7

1.1.14　通信技术卫星(CTS) …… 8

1.2　通信卫星系统基本概念 …… 9

1.2.1　卫星通信基本组成 …… 10

1.2.2　卫星链路参数 …… 11

1.2.3　卫星轨道 …… 12

1.2.4　频段名称 …… 13

1.3　全书结构和标题概述 …… 14

参考文献 …… 15

第2章　卫星轨道 …… 17

2.1　开普勒定律 …… 18

2.2 轨道参数 …… 20
2.3 常用轨道 …… 22
2.3.1 地球静止轨道 …… 22
2.3.2 低地球轨道 …… 24
2.3.3 中地球轨道 …… 25
2.3.4 高椭圆轨道 …… 26
2.3.5 极轨道 …… 27
2.4 GSO 链路的几何结构 …… 27
2.4.1 到卫星的距离 …… 29
2.4.2 卫星的仰角 …… 29
2.4.3 卫星的方位角 …… 29
2.4.4 采样计算 …… 31
参考文献 …… 32
习题 …… 32

第3章 卫星子系统 …… 34

3.1 卫星平台 …… 35
3.1.1 物理结构 …… 36
3.1.2 电力子系统 …… 37
3.1.3 姿态控制 …… 38
3.1.4 轨道控制 …… 39
3.1.5 热量控制 …… 41
3.1.6 电力推进卫星 …… 41
3.1.7 跟踪、遥测、指令和监控 …… 42
3.2 卫星有效载荷 …… 44
3.2.1 转发器 …… 44
3.2.2 天线 …… 46
参考文献 …… 47

第4章 射频链路 …… 48

4.1 传输原理 …… 48
4.1.1 有效全向辐射功率 …… 50
4.1.2 功率通量密度 …… 50

4.1.3 天线增益 …… 51
4.1.4 自由空间路径损耗 …… 54
4.1.5 接收功率基本链路方程 …… 56
4.2 系统噪声 …… 58
4.2.1 噪声系数 …… 60
4.2.2 噪声温度 …… 61
4.2.3 系统噪声温度 …… 65
4.2.4 品质因数 …… 68
4.3 链路性能参数 …… 69
4.3.1 载波噪声比 …… 69
4.3.2 载波噪声密度 …… 70
4.3.3 每比特能量噪声密度 …… 71
参考文献 …… 72
习题 …… 72
第5章 链路系统性能 …… 74
5.1 链路考虑 …… 74
5.1.1 固定天线尺寸链路 …… 75
5.1.2 固定天线增益链路 …… 76
5.1.3 固定天线增益、尺寸链路 …… 77
5.2 上行链路 …… 78
5.2.1 多载波工作 …… 80
5.3 下行链路 …… 81
5.4 时间性能要求的百分比 …… 81
参考文献 …… 84
习题 …… 84
第6章 传输损耗 …… 86
6.1 无线电频率和空间通信 …… 86
6.2 无线电波传输机制 …… 88
6.2.1 吸收 …… 89
6.2.2 散射 …… 89
6.2.3 折射 …… 89

6.2.4 衍射 …… 89
6.2.5 多径 …… 89
6.2.6 闪烁 …… 89
6.2.7 衰落 …… 89
6.2.8 频散 …… 89
6.3 大约3GHz以下传播 …… 91
6.3.1 电离层闪烁 …… 95
6.3.2 极化旋转 …… 96
6.3.3 群时延 …… 97
6.3.4 频散 …… 98
6.4 大约3GHz以上传播 …… 99
6.4.1 降雨衰减 …… 100
6.4.2 气体衰减 …… 104
6.4.3 云和雾衰减 …… 105
6.4.4 去极化 …… 108
6.4.5 对流层闪烁 …… 113
6.5 无线电噪声 …… 116
6.5.1 无线电噪声规范 …… 117
6.5.2 大气气体噪声 …… 119
6.5.3 雨引起的天空噪声 …… 122
6.5.4 云引起的天空噪声 …… 123
6.5.5 陆地外源起的噪声 …… 125
参考文献 …… 132
习题 …… 133

第7章 传播效应建模与预测 …… 136

7.1 大气气体 …… 136
7.1.1 Leibe复折射率模型 …… 137
7.1.2 ITU-R大气衰减模型 …… 138
7.2 云和雾 …… 150
7.2.1 ITU-R云衰减模型 …… 151
7.2.2 Slobin云模型 …… 155
7.3 雨衰 …… 159

7.3.1 ITU-R 雨衰模型 …… 159
7.3.2 Crane 雨衰模型 …… 169
7.4 去极化 …… 181
7.4.1 雨去极化建模 …… 181
7.4.2 冰去极化建模 …… 183
7.5 对流层闪烁 …… 187
7.5.1 Karasawa 闪烁模型 …… 188
7.5.2 ITU-R 闪烁模型 …… 191
7.5.3 van de Camp 云闪烁模型 …… 193
参考文献 …… 195
习题 …… 196

第8章 降低雨衰 …… 198

8.1 功率恢复技术 …… 198
8.1.1 波束分集 …… 199
8.1.2 功率控制 …… 200
8.1.3 站点分集 …… 204
8.1.4 轨道分集 …… 220
8.2 信号改变恢复技术 …… 223
8.2.1 频率分集 …… 224
8.2.2 带宽压缩 …… 224
8.2.3 时延传输分集 …… 224
8.2.4 自适应编码调制 …… 224
8.3 小结 …… 225
参考文献 …… 226
习题 …… 227

第9章 复合链路 …… 228

9.1 频率变换卫星 …… 230
9.1.1 上行链路 …… 230
9.1.2 下行链路 …… 231
9.1.3 复合载波噪声比 …… 232
9.1.4 性能影响 …… 237

9.1.5 路径损耗和链路性能 …… 239
9.2 星上处理卫星 …… 244
9.2.1 星上处理上行链路和下行链路 …… 245
9.2.2 复合星上处理性能 …… 246
9.3 频率变换和星上处理性能的比较 …… 248
9.4 互调噪声 …… 251
9.5 链路设计总结 …… 253
参考文献 …… 254
习题 …… 255

第10章 卫星通信信号处理 …… 257

10.1 模拟系统 …… 258
10.1.1 模拟基带格式化 …… 258
10.1.2 模拟信号源组合 …… 260
10.1.3 模拟调制 …… 260
10.2 数字基带格式 …… 264
10.2.1 PCM 带宽需求 …… 268
10.2.2 准瞬时压扩(NIC) …… 268
10.2.3 自适应增量调制(ADM)或连续可变斜率增量调制(CVSD) …… 268
10.2.4 自适应差分脉冲编码调制(ADPCM) …… 268
10.3 数字源组合 …… 269
10.4 数字载波调制 …… 271
10.4.1 二进制相移键控 …… 273
10.4.2 四元相移键控 …… 275
10.4.3 高阶调相 …… 277
10.5 小结 …… 278
参考文献 …… 278
习题 …… 279

第11章 卫星多址 …… 280

11.1 频分多址 …… 283
11.1.1 PCM/TDM/PSK/FDMA …… 284
11.1.2 PCM/SCPC/PSK/FDMA …… 286

11.2 时分多址 …… 286
11.2.1 PCM/TDM/PSK/TDMA …… 288
11.2.2 TDMA 帧效率 …… 289
11.2.3 TDMA 容量 …… 290
11.2.4 卫星切换 TDMA …… 293
11.3 码分多址 …… 296
11.3.1 直接序列扩频 …… 299
11.3.2 跳频扩频 …… 302
11.3.3 CDMA 处理增益 …… 303
11.3.4 CDMA 容量 …… 305
参考文献 …… 307
习题 …… 307
第 12 章 移动卫星信道 …… 309
12.1 移动信道传播 …… 309
12.1.1 反射 …… 310
12.1.2 绕射 …… 311
12.1.3 散射 …… 311
12.2 窄带信道 …… 313
12.2.1 路径损耗因子 …… 315
12.2.2 阴影衰落 …… 319
12.2.3 多径衰落 …… 325
12.2.4 遮挡 …… 332
12.2.5 混合传播情况 …… 337
12.3 宽带信道 …… 340
12.4 多卫星移动链路 …… 342
12.4.1 非相关衰落 …… 342
12.4.2 相关衰落 …… 344
参考文献 …… 346
第 13 章 卫星通信中的频谱管理 …… 348
13.1 频谱管理职能和活动 …… 348
13.1.1 国际频谱管理 …… 349

13.1.2 世界无线电会议(WRC) …… 352
13.1.3 频率分配过程 …… 353
13.1.4 美国频谱管理 …… 356
13.2 无线电频谱共享方法 …… 360
13.2.1 频率分离 …… 361
13.2.2 空间分离 …… 362
13.2.3 时间分离 …… 363
13.2.4 信号分离 …… 363
13.3 频谱效率指标 …… 364
13.3.1 频谱利用因子 …… 364
13.3.2 频谱利用率 …… 365
参考文献 …… 365
习题 …… 366

第14章 卫星通信中的干扰抑制 …… 367

14.1 干扰名称 …… 367
14.2 卫星业务网络的干扰方式 …… 368
14.2.1 空间和地面业务系统的干扰 …… 368
14.2.2 空间业务网络之间的干扰 …… 369
14.2.3 具有反向频段分配的空间业务网络之间的干扰 …… 369
14.3 干扰传播机制 …… 370
14.3.1 视距干扰 …… 371
14.3.2 衍射 …… 372
14.3.3 对流层散射 …… 373
14.3.4 表面波导和层反射 …… 374
14.3.5 水汽(雨)散射 …… 374
14.4 干扰和射频链路 …… 376
14.4.1 单个干扰 …… 377
14.4.2 多个干扰 …… 378
14.5 协调减少干扰 …… 379
14.5.1 无线电气候区 …… 380
14.5.2 距离限制 …… 381
14.5.3 模式(1)传播的协调距离 …… 382

14.5.4 模式(2)传播的协调距离 …… 383
14.5.5 卫星和地面业务的ITU-R协调程序 …… 384
参考文献 …… 385
习题 …… 387
第15章 高通量卫星 …… 388
15.1 卫星宽带的发展 …… 389
15.2 多波束天线和频率复用 …… 391
15.2.1 多波束天线阵列设计 …… 392
15.2.2 相邻波束SIR …… 395
15.3 HTS地面系统基础架构 …… 402
15.3.1 网络体系结构 …… 402
15.3.2 频段选项 …… 405
15.4 卫星HTS和5G …… 407
15.4.1 蜂窝移动技术发展 …… 407
15.4.2 卫星5G技术 …… 409
参考文献 …… 413
附录 误差函数和误比特率 …… 414
A.1 误差函数 …… 414
A.2 BER的近似 …… 416

第1章
卫星通信导论

通信卫星是在轨运行的人造地球卫星,它接收地面发射站的通信信号,对其进行放大处理,然后将通信信号传回地面,由一个或若干个地面接收站接收。卫星自身既不是通信信息的源头也不是终端,作为一个有源传输中继设备,其功能类似于地面微波通信所使用的中继塔。

商业卫星通信工业起始于20世纪60年代中期,在60年的时间内,其已经从一个备选的外来技术发展为主流传输技术,贯穿于全球电信基础设施的每一个环节。目前,通信卫星在数据、声音和视频传输等领域得到了广泛的应用,并向固定、广播、移动、个人通信和专用网络用户提供服务。

现在,卫星通信已经成为人们日常生活中不可或缺的一部分,在城市和乡村随处可见天线或“圆盘天线”;人们收看近乎实时的全球新闻报道是一个习以为常的事,尤其在国际危机期间。

通信卫星在所有电信基础设施里是一个重要的部分,如图1.1所示。图中阴影部分突出了与信息传输有关的通信卫星组件。声音、数据、视频和影像等形式存在的电子信息来源于地球表面或接近地球的用户环境中。作为信息的第一个接点,地面接口将信息传输至卫星上行链路,产生一个通过空中链路传播至在轨运行的卫星或卫星群的射频无线电波。

地球表面或接近地球的用户环境产生了声音、数据、视频和影像等形式的电子信息。携带信息的无线电波在卫星上经过放大和可能的处理之后,经过重新编排的信号通过空中链路第二个射频无线电波传送回地面接收站。图1.1中所示的车载和手持电话的移动用户通常只需绕开地面接口,即可进行移动用户间的直接通信。

卫星通信具有地面微波、电缆或光纤网络等传输方式所不具备的许多优点,部分如下:

(1) 距离无关的成本。卫星传输的成本基本上是相同的,与地面发射站和接

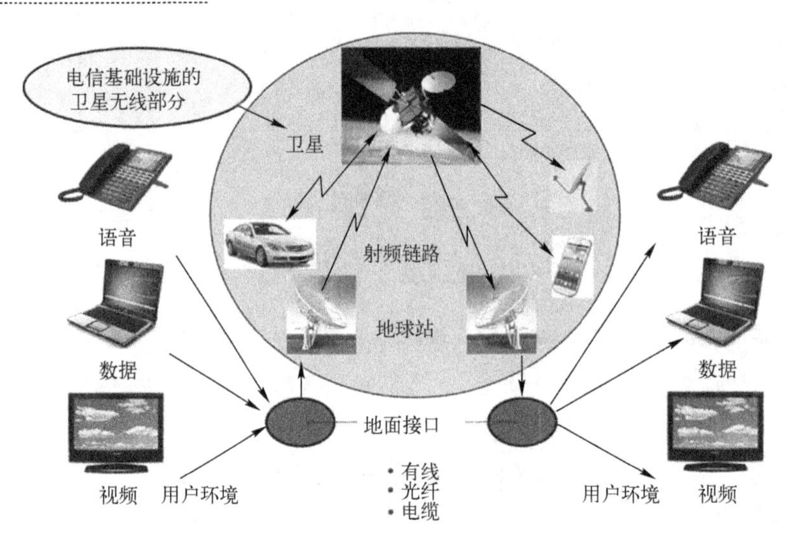

图 1.1　电信基础设施中经由卫星的通信

收站之间的距离无关。基于卫星传输的成本往往更加稳定,尤其对于远距离的国际或洲际间通信。

(2) 固定的广播成本。从一个地面发射终端到许多地面接收终端的卫星广播传输,其成本与接收该传输的地面终端的数量无关。

(3) 大容量。卫星通信链路载波频率高、信息带宽宽。典型通信卫星的容量范围从每秒数十兆比特到每秒数百兆比特(Mb/s),可用数百个视频信道或数万个音频或数据链路提供服务。

(4) 低误比特率。数字卫星链路的误比特率往往是随机的,可以考虑利用统计检测和纠错技术。利用标准设备通常可以高效可靠地实现优于10^{-6}的误比特率。

(5) 多样的用户网络。从典型的通信卫星上可以直视地球的大部分区域,实现众多用户同时进行通信。对于地面方式无法达到的偏远地区或社区,卫星通信尤其有用。卫星终端可以位于地面、海上或空中,可以是固定的,也可以是移动的。

卫星无线通信的成功实现需要强大的空中链路,为通信信号提供上行和下行链路路径。通过大气传输将会降低信号的特性,在某些条件下可能是影响系统性能的主要因素。影响卫星通信的大气效应类型的详细信息,以及通信链路设计和性能分析所用的预报和建模方法,是无线卫星链路工程的基础。随着当前和规划中的卫星向更高的工作频率发展,包括 Ku 频段(上行链路 14GHz/下行链路

12GHz)、Ka 频段(上行链路 30GHz/下行链路 20GHz)和 V 频段(上行链路 50GHz/下行链路 40GHz),雨水、气体衰减和其他影响的进一步增大,大气效应对卫星通信的影响将会更加明显。

1.1 卫星通信的早期历史

通常认为,是阿瑟·克拉克提出了利用同步轨道卫星进行往返地球中继通信的思想。克拉克在其 1945 年的经典论文[1]中指出,位于半径约 23000 英里(36800 千米)的圆形赤道轨道上的卫星具有与地球相同的角速度,因此它将保持在地球表面同一位置的上空。因此,这种在轨运行的人造卫星可以同卫星可见范围内的地球上任何两位置间进行信号的接收和发送。

直到 10 年后,随着 1957 年苏联 SPUTNIK I 卫星的发射,才出现验证这种概念的技术。此次发射开启了"太空时代"。美国和苏联都开始实施积极的太空计划来进行技术开发并且将其应用于新兴的领域。一些早期通信卫星计划和取得的主要成就简要概述如下。

1.1.1 斯科尔卫星(SCORE)

1958 年 12 月,美国空军发射了低轨道(100 海里×800 海里)的 SCORE 卫星(利用在轨中继设备的信号通信),实现了人造卫星的首次通信。SCORE 将记录的语音信息从一个地球站中继到了另一个地球站,语音信息具有一定的延迟。SCORE 卫星把艾森豪威尔总统的声音信息广播到世界各地的地面站,首次预示了卫星对点对点通信的影响。最大消息长度为 4min,中继的上行链路频率为 150MHz,下行链路频率为 180MHz。SCORE 卫星仅由电池供电,在自身电池故障前工作了 12 天,总共在轨运行了 22 天[2]。

1.1.2 回声卫星(ECHO)

1960 年 8 月和 1964 年 1 月,美国国家航空航天局(NASA)分别发射了 ECHO 1 号和 ECHO 2 号卫星,用其来评估无源技术应用于通信中继的数次尝试。ECHO 卫星是一个直径超过 100 英尺的镀铝聚酯的在轨大球,它作为无源反射器反射来自地面站的信号。通常在太阳升起或落下等光照条件合适的情况下,人们通过肉眼就能看到它们,从而引起了大众的兴趣。ECHO 卫星信号中继工作的频率范围为 162~2390MHz,要求地面终端配备 60 英尺(1 英尺=0.3048m)以上的天线,发射功率为 10kW。ECHO 1 号卫星在轨近 8 年,ECHO 2 号卫星在轨超过了 5 年[3]。

1.1.3 信使卫星(COURIER)

1960年10月美国发射了COURIER卫星,它扩展了SCORE卫星延迟转发器技术,并研究了低轨道卫星的存储转发和实时通信能力。COURIER卫星的上行链路工作频率为1.8~1.9GHz,下行链路工作频率为1.7~1.8GHz。COURIER卫星除了2W输出功率管外,其他都是固态的,并且是首次利用太阳能电池作为动力的人造卫星。卫星正常运行17天后,由于遥控系统故障而停止工作[4]。

1.1.4 福特卫星(WESTFORD)

1963年5月美国陆军首次成功发射了WESTFORD卫星,它是利用无源技术评估通信中继的另一种技术。WESTFORD卫星由分散在轨道带中的微小谐振铜偶极子组成,通过分散的偶极子反射器反射来实现通信。偶极子的尺寸为中继频率(8350MHz)的半波长。利用WESTFORD卫星在加利福尼亚州地面站和马萨诸塞州地面站间成功实现了20kb/s的语音和频移键控的传输。然后,由于偶极子带分散,链路容量下降到100b/s以下。有源卫星的快速发展降低了人们对无源通信的兴趣,无源通信试验随着ECHO卫星和WESTFORD卫星寿命的终结而结束[5]。

1.1.5 电星卫星(TELSTAR)

美国航空航天局(NASA)于1962年7月和1963年5月为美国电话电报公司(AT&T)/贝尔(BELL)电话实验室分别发射了低轨道TELSTAR 1号和TELSTAR 2号卫星,两颗卫星是第一代有源宽频段通信卫星。TELSTAR卫星中继模拟调频信号,带宽为50MHz,上行链路工作频率为6.4GHz,下行链路工作频率为4.2GHz。这些频率为工作于6/4GHz的C频段奠定了基础,目前世界各地的大部分固定卫星业务(FSS)都是由C频段卫星提供的。TELSTAR 1号卫星一直为美国、英国和法国的地面站提供多信道的电话、电报、传真和电视传输业务,直到1962年11月由于范·艾伦带的辐射影响,卫星遥控分系统发生故障时为止。采用抗辐射晶体管重新设计的TELSTAR 2号卫星发射到更高的轨道,以减小范·艾伦带的影响,该卫星正常工作了两年[6]。

1.1.6 中继卫星(RELAY)

美国无线电公司(RCA)为美国国家航空航天局(NASA)研制的RELAY 1号卫星于1962年12月成功发射,其在轨运行了14个月。RELAY卫星具有两个冗余的转发器,每个转发器都包括一个25MHz带宽的信道和两个2MHz带宽的信道。RELAY卫星上行链路工作频率为1725MHz,下行链路工作频率为4160MHz,并有一个10W的行波管(TWT)输出放大器。该卫星实现了美国、欧洲和日本之间大范围的电话和网络电视传输。RELAY 2号卫星于1964年1月发射,同样在轨工作了14个月。RELAY卫星和TELSTAR卫星项目验证了通过在轨卫星可以实现可靠的常规通信,并进一步表明卫星系统与地面系统可以共用频率,且不会因为干扰引起性能下降。[7]

1.1.7　辛康卫星(SYNCOM)

休斯飞机公司为美国国家航空航天局戈达德太空飞行中心研制的SYNCOM卫星,是首颗同步轨道通信卫星。SYNCOM 2号和3号卫星分别于1963年7月和1964年7月发射入轨(SYNCOM 1号卫星发射失败)。SYNCOM卫星的上行链路工作频率为7.4GHz,下行链路工作频率为1.8GHz,有两个500kHz的双向窄带通信信道,一个5MHz的单向宽带传输信道。SYNCOM是首颗用于研制同步卫星静态保持和轨道控制原理的试验卫星,也是首颗应用距离和距离变化率进行跟踪的卫星。NASA进行了语音、电报和传真的测试,包括大范围的公众演示,以提高人们对卫星通信的兴趣。美国国防部也用SYNCOM 2号和3号卫星进行了测试,包括舰载终端的传输测试。另外,还通过SYNCOM卫星的甚高频(VHF)遥控和遥测链路进行了机载终端的传输测试[8]。

1.1.8　晨鸟卫星(EARLYBIRD)

美国通信卫星公司(COMSAT)为国际通信卫星组织(INTELSAT)研制的EARLYBIRD卫星于1965年4月由NASA发射入轨,后来改名为国际通信卫星-1号(INTELSAT-Ⅰ)卫星,是首颗商业同步轨道通信卫星。与SYNCOM 3号卫星设计非常相似,INTELSAT Ⅰ号卫星通信分系统有两个25MHz宽带的转发器,工作于C频段,上行链路工作频率为6.3GHz,下行链路工作频率为4.1GHz,其容量为240路双向语音线路或一路双向电视线路。行波管输出放大器为6W。1965年6月28日,该卫星开始在美国与欧洲间提供服务,许多人将这一天当作商业卫星通信的诞生之日。EARLYBIRD一直在轨提供服务,直到1969年8月由新一代INTELSAT-Ⅲ号卫星取代为止[9]。

1.1.9　应用技术卫星-1(ATS-1)

1966年12月应用技术卫星-1号(ATS-1)发射入轨,该卫星是NASA获得极大成功的应用技术卫星系列的首颗卫星。它为卫星通信带来了许多个“第一”。ATS-1 包括一个电子消旋天线,其增益为 18dB、波束宽度为 17°。它工作于 C 频段(上行链路工作频率为 6.3GHz,下行链路工作频率为 4.1GHz),带有两个 25MHz 的转发器。ATS-1 是提供了来自同步轨道多址通信的首颗卫星。ATS-1 提供了 VHF 链路(上行链路工作频率为 149MHz,下行链路工作频率为 136MHz),用于评估通过卫星的空地通信质量。ATS-1 还包含一个高分辨率相机,提供了第一幅来自于在轨卫星拍摄的地球全景图。ATS-1 一直在轨运行并向环太平洋地区提供 VHF 通信服务,直到 1985 年卫星位置保持控制失效,运行时间超过了其三年的设计寿命[7]。

1.1.10 应用技术卫星-3(ATS-3)

ATS-3 于 1967 年 11 月发射入轨,利用多址通信和轨道控制技术继续于 C 频段和 VHF 频段开展试验工作。ATS-3 首次在 C 频段和 VHF 频段间进行了“交叉连接”的操作,把 VHF 频段接收的信号通过 C 频段传回地面。ATS-3 提供了目前人们熟悉的“蓝色星球”的地球首幅彩色高分辨率照片,该照片摄自于同步轨道。同 ATS-1 一样,ATS-3 远远超过了其设计寿命,为太平洋和美国大陆提供 VHF 频段通信用于公共服务的应用超过了十年[7]。

1.1.11 应用技术卫星-5(ATS-5)

类似于之前的 ATS 系列卫星,ATS-5 有一个 C 频段的通信分系统,但不具备 VHF 能力。取而代之,ATS-5 采用一个 L 频段(上行链路工作频率为 1650MHz,下行链路工作频率为 1550MHz)分系统来研究用于导航和空中交通管制的空对地通信。ATS-5 还包括一个毫米波试验组件,其上行链路工作频率为 31.65GHz、下行链路工作频率为 15.3GHz,用来获取在这些频率上进行地空通信时受大气影响的数据。与早期自旋稳定的 ATS-1 和 ATS-3 卫星不同,ATS-5 设计为一个重力梯度稳定的卫星。ATS-5 于 1969 年 8 月成功发射并进入同步轨道,但是重力稳定吊杆由于卫星自旋状态而未能展开。ATS-5 处于自旋稳定状态,导致卫星天线每 860ms 扫描地球一次。大多数通信试验都是在这种非预期的“脉冲”工作模式下进行的,仅获得了有限次的成功。然而,对地面终端接收机进行改进后,15.3GHz 毫米波下行链路正常工作,在美国和加拿大的十几个位置收集到了大量的传播数据。

1.1.12 阿尼克-A卫星(ANIK A)

ANIK A(最初称为ANKI I)由NASA为加拿大通信卫星公司(Telsat)于1972年11月发射的第一颗商业通信卫星。随后两颗ANIK A卫星分别于1973年4月和1975年5月发射。这些卫星由休斯飞机公司研制,工作于C频段,含有12个转发器,转发器带宽为36MHz。提供的主要业务有电视节目传送、单路单载波(SCPC)语音和数据业务。卫星发射功率为5W,其单波束可以覆盖加拿大大部分地区和美国北部。ANIK A卫星为加拿大优化了天线方向图,然而,它仍足以覆盖美国的北部,因此美国的通信运营商在美国卫星可用之前可以租借其业务来提供国内业务。ANIK A系列卫星一直在轨服务,直到1985年由ANIK D卫星代替。

1.1.13 应用技术卫星-6(ATS-6)

作为NASA应用技术卫星计划的第二代卫星,ATS-6在通信卫星技术和新应用演示验证方面取得了重大的进展。ATS-6由一副展开后口径为30英寸的抛物面天线、对地观测模块、两个太阳能电池阵列和支撑部件组成。ATS-6于1974年5月发射入轨,并且定位于西经94°,并在该位置运行一年。1975年7月,调整ATS-6卫星于东经35°,便于在印度进行电视教学试验。工作一年后,ATS-6卫星再次被定位到西经140°,以便进行数项试验计划,直到1979年移出同步轨道为止。ATS-6实施了8个通信和传播试验,频率覆盖范围为860MHz~30GHz。ATS-6卫星上的通信分系统包含4个接收机,分别为1650MHz(L频段)、2253MHz(S频段)、5925~6425MHz(C频段)和13GHz/18GHz(K频段)。发射机频率分别为860MHz(L频段)、2063MHz(S频段)、3953~4153MHz(C频段)和20GHz/30GHz(Ka频段)。ATS-6提供了任意接收机和发射机间的交叉连接(13/18GHz接收机除外,它仅与4150MHz发射机一起工作),从而具有各种不同的通信模式。主要试验[12]为

(1) 定位和飞机通信试验(PLACE):包括语音、数字数据传输和用于飞机定位的四音测距。系统能够为多达100架飞机提供信道带宽为10kHz的多址语音信号。

(2) 卫星教学电视试验(SITE):该试验由NASA和印度政府合作进行,用来演示验证用于教学目的的直接广播卫星电视。利用简单的10英寸口径抛物面天线,2000多村庄就可以接收到860MHz的卫星信号。

(3) 利用小型终端的电视中继(TRUST):利用与上述SITE相同的通用配置,

评估 860MHz 卫星广播电视的硬件和系统性能。

(4) 健康教育试验(HEW):主要为阿拉斯加州、落基山脉各州和阿巴拉契亚地区提供教育和医疗节目的卫星转播。卫星通过口径为 30 英寸的反射物天线,可以提供两个独立的可转动波束,上行链路工作于 C 频段(5950MHz),下行链路工作于 S 频段(2750MHz 和 2760MHz)。

(5) 射频干扰试验(RFI):采用星上敏感接收机对 5925~6425MHz 频段进行监控,测量并绘制美国大陆(CONUS)射频干扰源的分布图。可探测最小干扰源的有效全向辐射功率(EIRP)为 10dBW,频率分辨率为 10kHz。

(6) NASA 毫米波传播试验:提供 20GHz 和 30GHz(Ka 频段)大气通信和传播特性的信息。其两种工作模式如下:①下行链路信标用于雨衰、大气吸收以及其他效应的测量,工作于 20GHz 和 30GHz;②通信模式,上行链路采用 C 频段(6GHz),同时下行链路频率分别为 20GHz、30GHz 和 4GHz,用于 40MHz 带宽的毫米波通信评估。在美国和欧洲进行了大量的测量,首次提供了 Ka 频段卫星通信性能的详细信息。

(7) COMSAT 毫米波试验:试验包括 39 个上行链路,其中 15 个工作于 13.19GHz、24 个工作于 17.79GHz,ATS-6 卫星接收这些上行链路信号并以 C 频段(4150MHz)重新传回地面。针对 K 频段的链路,进行了将近一年的雨衰统计、联合概率分布和雨衰余量等方面的测量。

ATS-6 卫星的成果被广为记载,为目前卫星通信系统中几乎每个实现的应用提供了大量具有价值的设计和性能信息。

1.1.14 通信技术卫星(CTS)

通信技术卫星(CTS)是 NASA 与加拿大通信部的一个联合项目,旨在评估可用于 Ku 频段广播卫星业务(BSS)应用的高功率卫星技术。CTS 上有一个 NASA 提供的工作频率为 12GHz,输出功率为 200W 的行波管,因此采用小型(口径 4 英寸)地面终端天线即可接收电视和双向语音[13]。CTS 还包括连续工作于 11.7GHz 的传播信标,测量了美国多个地区长期(36 个月)的传播统计特性[14]。CTS 于 1976 年 1 月发射,在美国和加拿大进行了大量的试验测试和演示验证,直到 1979 年 11 月停止工作。

对卫星通信早期发展的方向和速度产生影响的 3 个重要事件为

(1) 1961 年联合国倡议。该倡议声明:“卫星通信一旦切实可行,世界各国均可使用……”

(2) 1962 年的 COMSAT 法案。美国国会成立了国际通信卫星组织

(COMSAT)。COMSAT 成立于 1963 年,是美国主要的国际卫星通信业务提供商。

(3) INTELSAT 创建。1964 年 8 月 INTELSAT 成立,成为公认的国际卫星通信的国际合法实体。COMSAT 是美国唯一与 INTELSAT 相对应的组织。

这些早期的成就和事件致使卫星通信工业从 20 世纪 60 年代中期开始快速发展。作为该时期主要的推动者,INTELSAT 把工作重点放在向全球许多没有开通卫星通信的国家介绍卫星通信的优点。

20 世纪 70 年代,由于卫星设备和业务成本的快速降低,出现了国内卫星通信(即单个国家边境以内的卫星服务)。20 世纪 70 年代的技术也使人们首次考虑地区卫星通信,其天线覆盖了具有相似通信利益的若干相邻国家。

20 世纪 80 年代,迅速出现了新的卫星业务和卫星通信的参与者。近 100 个国家以提供卫星系统或基于卫星的业务形式参与了卫星通信。这十年也见证了支付高成本卫星系统和业务新方式的出现,包括租借/购买选项,专用网络(通常指 VSATS 或甚小天线终端)和私营发射业务。

20 世纪 90 年代,通过卫星提供移动和个人通信业务。这一时期,在较低可分配频段中,带宽逐步饱和,为了支持越来越高的数据速率要求,开始向更高的射频频率发展。卫星自身能提供星上处理和其他先进技术的"智能卫星"也出现了,它将卫星从单一的数据中继改变为空中的主要通信处理枢纽。

21 世纪以来,快速兴起了许多新业务,包括直接到家庭的视频和音频广播、蜂窝卫星移动通信网络。目前,通信卫星的首选轨道,除地球同步(GSO)轨道外,低轨的非静止同步轨道(NGSO)也受到了关注,尤其是对于全球蜂窝移动通信。基于比早期系统更高的数据传输速率和容量的需求,出现了两种新型号卫星,分别是宽带卫星和高通量卫星(HTS)。

卫星通信工业从一开始就具有向新市场和应用快速扩展的特征,相对传统的通信传输模式而言,它利用卫星链路的优点提供另一种经济的通信模式。

卫星网络一直是蜂窝通信进化的一部分,开始于 3G/4G,目前向 5G 时代迈进。

1.2 通信卫星系统基本概念

本节给出了卫星通信工业中使用的一些基本概念和参数,它们贯穿于全书的卫星通信系统设计和性能的评估与分析中。本节也指出了对这些参数进行更为详细讨论的相关章节。

1.2.1 卫星通信基本组成

卫星通信基础设施的通信卫星部分,如图 1.1 的阴影椭圆所示。卫星通信部分分为空间段和地面(或地球)段两部分。

1.2.1.1 空间段

通信卫星系统空间段部分如图 1.2 所示。空间段包括系统中在轨卫星(或星座)和对在轨卫星进行操作控制的地面站。地面站可简称为跟踪、遥测和遥控(TT&C)站或跟踪、遥测、遥控及监控(TTC&M)地面站。TTC&M 地面站提供必要的航天器管理和控制功能,以保证卫星在轨安全运行。空间和地面之间的 TTC&M 链路通常与用户通信链路相互独立。TTC&M 的不同链路可采用相同的频段,也可以采用其他频段。通常来说,TTC&M 是通过为维持航天器在轨所需的复杂操作而特别设计的独立的地球终端设备来完成的。TT&C 的功能和分系统的详细内容参见第 3 章。

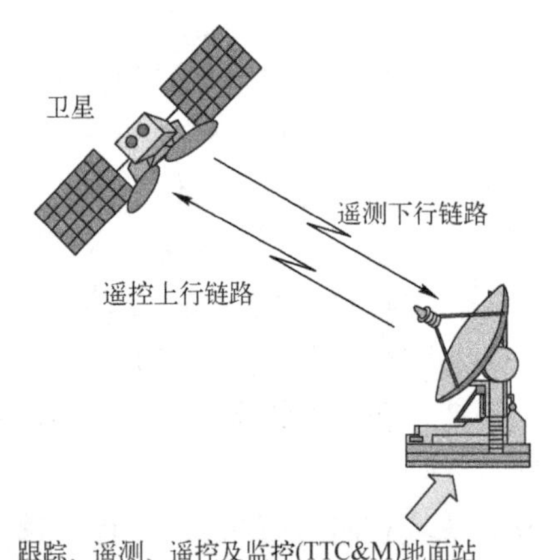

图 1.2 通信卫星网络的空间段

1.2.1.2 地面段

通信卫星系统地面段包括利用空间段通信能力的地球表面终端。地面段不包括 TTC&M 地面站。地面段终端分为 3 个基本类型:

(1) 固定(原地不动)终端;

(2) 便携式终端;

(3) 移动终端。

固定终端固定在地面上接入卫星。它们可以提供不同的业务类型,当与卫星通信时处于不运动状态。固定终端的例子包括专用网络中使用的小型终端

(VSATS)或安装在居民建筑上用来接收广播卫星信号的终端等。

便携式终端是可移动的,但与卫星通信期间须固定在某一位置。卫星新闻采集(SGN)车就是便携式终端的一个例子,它移动到某个位置后停在那儿不动,随后展开天线建立卫星链路。

移动终端被设计用来在运动中与卫星进行通信。根据它们在地球表面或邻近表面的位置,可进一步定义为陆地移动终端、航空移动终端或海上移动终端。移动卫星通信的详细讨论参见第12章。

1.2.2 卫星链路参数

通信卫星链路可由几个基本参数确定,其中一些参数采用传统通信系统的定义,而另一些则是卫星通信环境专用的。图1.3归纳了通信卫星链路评估中使用的参数,给出了地球站A和B之间的两个单向自由空间或空中链路。地球站至卫星的链路部分称为上行链路,而卫星至地面的部分称为下行链路。值得注意的是,任何一个地球站都有上行链路和下行链路。卫星上用来接收上行链路信号,对信号进行放大并有可能进行处理,随后重新编排信号并将它传送回地面的电子设备称为转发器,转发器用三角形放大器符号表示(三角形的方向表示信号传输的方向),如图1.3所示。卫星上需要两个转发器以便与两个地面站之间任何一个双向链路进行连接。卫星上用来接收和发送信号的天线通常不作为转发器电子设备的一部分,它们通常作为卫星有效载荷的一个单独部件(参见第3章)。

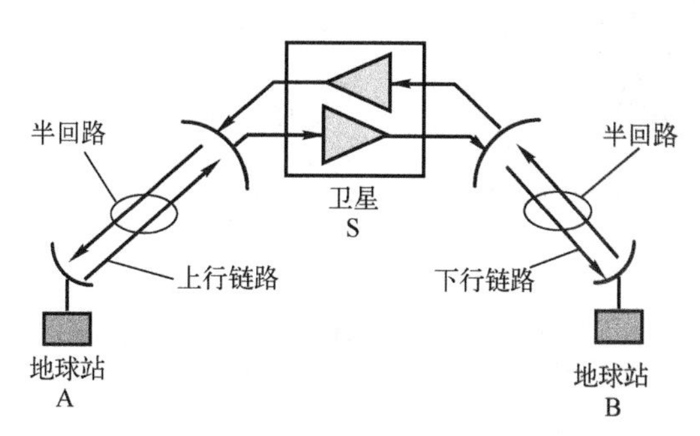

图1.3　通信卫星链路中的基本链路参数

一个信道定义为单向完整的链路,既可以从地球站 A 至卫星再到地球站 B,也可以从地球站 B 至卫星再到地球站 A。双工(双向)链路地球站 A 到卫星再到地球站 B 和地球站 B 到卫星再到地球站 A 在两个地球站之间构建了一个回路。半回路定义为任何一个地球站的两条链路,即地球站 A 至卫星和卫星至地球站 A,或地球站 B 至卫星和卫星至地球站 B。回路名称是从标准电话定义中延续而来,应用于通信基础设施的卫星段。

1.2.3 卫星轨道

大量卫星通信业务和应用的通用卫星轨道特性的详细讨论参见第 2 章。在此介绍卫星通信中最常用的 4 类轨道,如图 1.4 所示。图 1.4 给出了每类轨道的基本轨道高度、单向延迟时间及其通用的缩略名称。

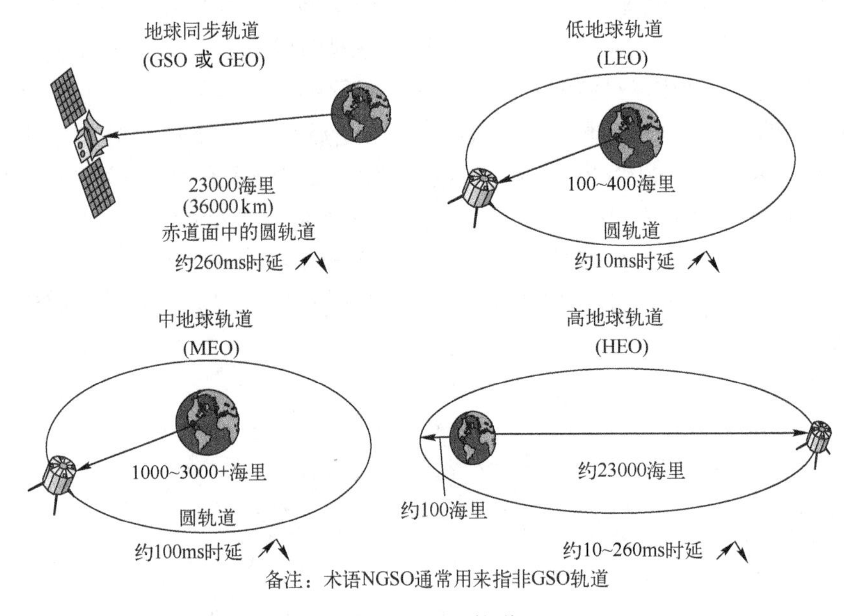

图 1.4 卫星轨道

1.2.3.1 地球同步轨道(GSO 或 GEO)

GSO 是目前为止最常用的通信卫星轨道。GSO 卫星位于赤道面中的圆轨道上,保持在空间中的一个固定位置,该位置距离地面的标称距离为 36000km。地球同步轨道上卫星通信的巨大优势在于,其空间指向保持固定,地面天线不需要跟踪运动中的卫星。GSO 的缺点是约 260ms 的长时延,可能影响网络同步或语音通信。

有关 GSO 的详细描述参见 2.3.1 节。

1.2.3.2 低地球轨道(LEO)

第二个最常用的轨道是低地球轨道(LEO),它位于地球上标称高度为 100~400 海里的圆轨道上。这种轨道时延小,约 10ms,然而由于卫星在空间中移动,地面站必须主动跟踪卫星来保持通信。LEO 的描述参见 2.3.2 节。

1.2.3.3 中地球轨道(MEO)

MEO 与 LEO 类似,但卫星位于更高的圆轨道上,轨道高度约 1000~3000 海里。该轨道是导航卫星如 GPS 星座最常用的轨道。有关 MEO 的详细介绍参见 2.3.3 节。

1.2.3.4 高地球轨道(HEO)

HEO 是 4 类轨道中唯一一个非圆轨道。它是一个椭圆形轨道,最高高度(远地点)接近于 GSO,最低高度(近地点)接近于 LEO,HEO 用于需要覆盖高纬度地区的特殊应用,有关 HEO 的讨论参见 2.3.4 节。

非同步的卫星轨道,如 LEO、MEO 或 HEO,经常被称为非地球同步轨道(NGSO)。

1.2.4 频段名称

工作频率或许是卫星通信链路设计和性能评估的主要决定因素。在自由空间中传输的信号,其波长是决定大气效应和链路路径衰减的主要参数。另外,卫星系统设计人员选择自由空间信号传输工作频率时,必须遵守相关的国际和国内法规。

普遍采用两种不同命名方法来定义无线电频段。字母型频段命名,起源于 20 世纪 40 年代雷达的应用,将 1~300GHz 的频谱划分为 8 个具有标称频率范围的频段,如图 1.5 所示。K 频段进一步可分为 Ku 频段(K 频段低端)和 Ka 频段(K 频段高端)。人们并不总是严格遵循频段的边界划分,通常有一定的重叠。例如,一些参考文献把 3.7~6.5GHz 定义为 C 频段,把 10.9~12.5GHz 定义为 Ku 频段。40GHz 以上的频段使用了几个字母命名,包括 Q 频段、W 频段、U 频段以及 V 频段。字母命名存在模糊性,使用时应谨慎,尤其当指定频率是一个重要的考虑因素时。

第二种命名方法基于标称波长的 10 进制步进,将 3Hz~300GHz 频谱划分为若干频段,如图 1.6 所示。与字母命名方法相比,这种命名方法模糊性小,但是,我们将在后续的章节里看到,大多数卫星通信链路仅工作在从 VHF 到 EHF 的 3 个或 4 个频段内,绝大部分系统运行在 SHF 频段。

通常,当关注卫星通信系统的总体特性时,频段命名是有用的,但当具体的工作载波频率或具体频段很重要时,最好的解决办法是直接指定频率而不是使用频段命名。

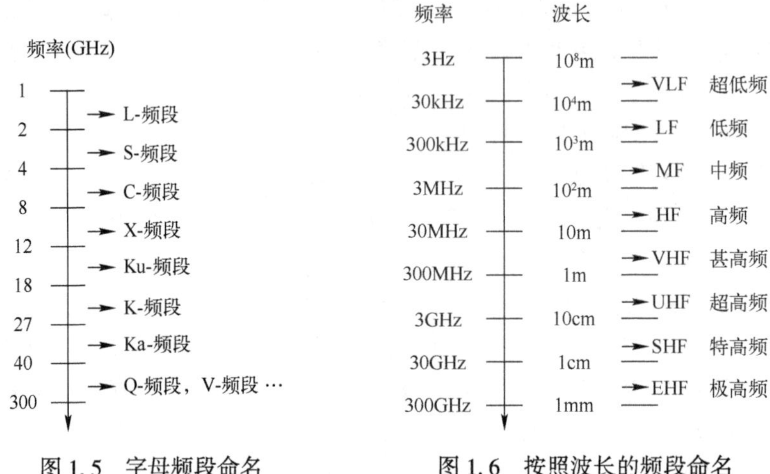

图 1.5　字母频段命名　　　　图 1.6　按照波长的频段命名

1.3　全书结构和标题概述

本书首先讨论了所有卫星通信系统共有的一些基本知识和分系统。第 2 章包括卫星轨道和基本轨道力学,重点是常用的轨道。同时研究了进行地球同步轨道分析所需要的参数,地球同步轨道是目前通信卫星使用最多的轨道。第 3 章介绍了通信卫星的分系统,包括能源、姿态和轨道控制、热控制、跟踪、遥测、遥控和监控。同时也介绍了通信卫星有效载荷——转发器和天线系统的基本组成。

接下来两章讨论射频链路。第 4 章研究了传输原理、系统噪声和链路性能参数。第 5 章集中讨论了几种特殊类型链路的性能参数,为评估通信卫星系统和网络,引入了时间百分比性能指标的概念。

第 6 章讨论了大气所引入的射频链路传输损耗的主要区域,以及 3GHz 以下和 3GHz 以上工作频段内卫星通信的传播效应。主要涵盖了电离层和对流层闪烁、雨衰、云和雾以及去极化等,另外还详细讨论了各种噪声源所引起的无线电噪声。在第 6 章讨论的基础上,第 7 章给出了当前使用的大气损耗评估建模和预测技术。大多数模型和预测程序都给出了详细的步骤以及每一步所需要的条件,使读者可以直接得到结果。第 8 章详细讨论了可用来减小雨衰对系统性能影响的现代消除技术。讨论的内容涉及功率控制、站址分集、轨道分集、自适应编码和调制。

第 9 章综合上面各章的内容,对复合链路进行了分析,包括整个端到端的卫星网络。另外,本章还包括了频率变换和星上处理卫星转发器以及其他一些重要的内容,比如交调噪声、大气衰减对链路性能的影响。

第 10 章讨论了卫星通信信号处理、通过信号源组合、载波调制和传输从基带信号中跟踪通信信号。

第 11 章讨论了卫星多址(MA)的重要内容,包括系统性能和射频链路的关键因素。另外,还讨论了 3 个基本多址技术的关键参数,如帧效率、容量和处理增益等。

第 12 章提出了移动卫星信道的详细评估方法。重点强调了射频信道环境的独特特性及其在系统设计和性能上的影响。本章在目标和形式上与第 9 章的复合链路评估相似,但是内容是针对移动卫星信道的。

第 13 章对卫星通信频谱管理重要领域进行了展望。讨论了负责频谱管理的国际和国内组织,重点介绍频率分配和法规对卫星系统性能和设计的影响。描述和研究了无线电频谱共享和频谱效率指标度量的方法。

第 14 章讨论了降低卫星通信的干扰,讨论了干扰模式和传输机制。评估了单一干扰源和多种干扰情况下的预测方法。最后描述了用于国内或国际层面上协调减少干扰的重要处理过程,包括在卫星和地面业务之间频率共享方面的 ITU-R 协调程序。

第 15 章是最后一章,讨论了快速发展的高通量卫星(HTS)技术领域。HTS 的实现集中在多波束天线和频率重用,详细讨论了有关天线阵列设计和邻近波束干扰因素。最后回顾了 HTS 网络在第五代(5G)全球蜂窝基础设施中的扩展。

附录 A 提供了全书用到的重要数学函数。

参考文献

[1] Clarke AC. Extraterrestrial relays. Wireless World 1945;51:305-308.

[2] Davis MI, Krassner GN. SCORE First Communications Satellite. Journal of American Rocket Society 1959;4.

[3] Jaffe L,Project Echo results. Astronautics 1961;6(5).

[4] Imboldi E, Hershberg D. Courier satellite communications system. Advances in the Astronautical Sciences 1961;8.

[5] Special Issue on Project West Ford,Proceedings of the IEEE,Vol. 52,No. 5,May 1964.

[6] Gatland KW,*Telecommunications Satellites*,Prentice Hall,New York,1964.

[7] Martin DH,*Communications Satellites* 1958-1988,The Aerospace Corporation,December 31,1986.

[8] Jaffe L,"The NASA Communications Satellite Program Results and Status," *Proceedings of the 15th International Astronautical Congress*,Vol. 2:Satellite Systems,1965.

[9] Alper J, Pelton JN, eds. , *The INTELSAT Global System*, Progressin Astronautics and Aeronautics. Vol. 93, AIAA, New York, 1984.

[10] Almond J, *Commercial communications satellite systems in Canada*. IEEE Communications Magazine 1981; 19(1).

[11] Redisch WN, Hall RL. "*ATS* 6 *Spacecraft Design/Performance*," EASCON ' 74 Conference Record, October 1974.

[12] *Special Issue on ATS* 6, IEEE Transactions on Aerospace and Electronics Systems, 1975; 11(6).

[13] Wright DL, Day JWB. "*The Communications Technology Satellite and the Associated Ground Terminals for Experiments*, AIAA Conference on Communications Satellites for Health/Education Applications, July 1975.

[14] Ippolito LJ. "Characterization of the CTS 12 and 14GHz Communications Links Preliminary Measurements and Evaluation, "*International Conference on Communications: ICC*' 76, June 1976.

[15] *Manual of Regulations and Procedures for Federal Radio Frequency Management*(*Redbook*), NTIA. Available at: www. ntia. doc. gov/files/ntia/publications/redbook/2014 – 05/Manual_2014_Revision. pdf[accessed 5 October 2016].

第2章 卫星轨道

通信卫星系统中,卫星的轨道位置对系统所提供的覆盖范围和业务运行特性方面具有重要的作用。本节描述了卫星轨道的一般特性并总结了最常用的通信应用轨道的特性。

绕地球飞行的人造地球卫星运动与绕太阳的恒星运动具有相同的运动规律。卫星轨道的确定是基于约翰尼斯·开普勒首先提出的运动定律,1965 年,牛顿根据自己的力学定律和万有引力定律修正了该运动定律。方向不同的力量作用于卫星,重力把卫星拉向地球,但自身的轨道速度使卫星驶离地球。图 2.1 为作用在卫星上的力的简化示意图。

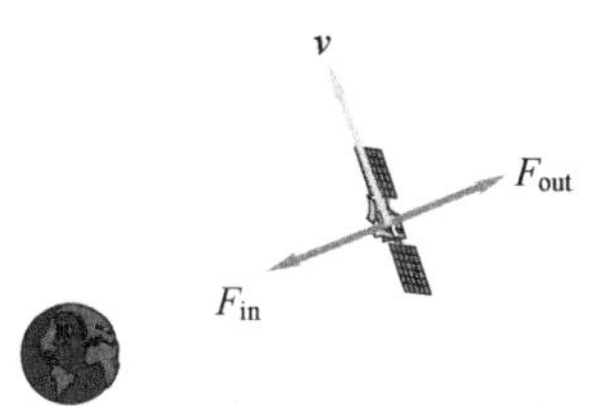

图 2.1 作用在卫星上的力

重力F_{in}和角速度力F_{out}可分别表示为

$$F_{in}=m\left(\frac{\mu}{r^2}\right) \tag{2.1}$$

$$F_{out}=m\left(\frac{v^2}{r}\right) \tag{2.2}$$

式中:m 为卫星质量;v 为轨道面上卫星的速度;r 为卫星到地心的距离(轨道半径);μ 为开普勒常数(或称为地心重力常数),其值为 $3.986004\times10^5 \mathrm{km^3/s^2}$。

若$F_{in}=F_{out}$,则

$$v=\left(\frac{\mu}{r}\right)^{\frac{1}{2}} \tag{2.3}$$

式(2.3)给出了保持卫星在半径为 r 的轨道上运行所需要的速度。注:在上述讨论中,没有考虑作用在卫星上的其他力,如来自月球、太阳和其他星体的引力等。

2.1 开普勒定律

开普勒行星运动定律适用于空间任意两个通过引力互相作用的星体。其包括3个基本定律。

1. 开普勒第一定律

当应用于人造卫星轨道时,开普勒第一定律可以简单表述为“卫星绕地球运动的轨迹是一个椭圆,地球质心是该椭圆的两个焦点之一”,如图2.2所示。

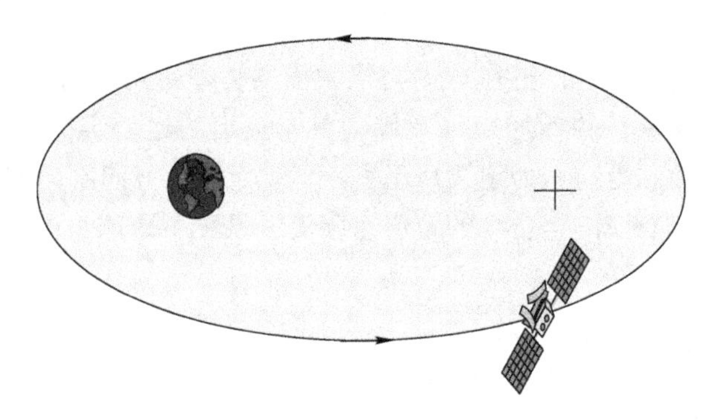

图2.2 开普勒第一定律

若既不进行轨道控制,也没有其他星体的引力,卫星将一直运行在以地球为一个焦点的椭圆轨道上。椭圆的“大小”取决于卫星质量及其运行的角速度。

2. 开普勒第二定律

同样,开普勒第二定律可以简单表述为“在相等的时间间隔内,卫星在轨道平面内扫过相同的面积。”

阴影区域 A_1 显示了在轨卫星在靠近地球的位置,1h内在轨道平面上扫过的面积。开普勒第二定律指出,卫星在其他任意1h内扫过的轨道面面积都等于 A_1。例如,卫星在离地球最远的位置(远地点)附近1h扫过的面积(图2.3中用 A_2 表示)等于 A_1,即 $A_1=A_2$。该结果也表明,卫星在轨运动速度是变化的;在靠近地球的位置运动的快,而靠近远地点的位置则变慢。随后在介绍具体的卫星轨道类型时,将更详细地讨论这个现象。

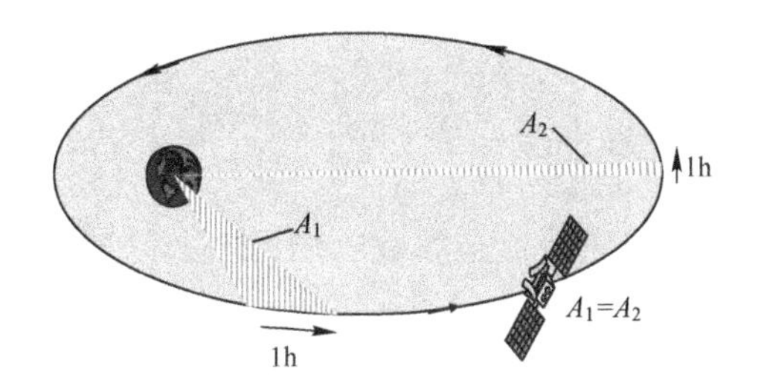

图 2.3 开普勒第二定律

3. 开普勒第三定律

开普勒第三定律简单地表述为“轨道周期时间的平方与两行星间平均距离的立方成正比。”其定量计算如下：

$$T^2=\left[\frac{4\pi^2}{\mu}\right]a^3 \tag{2.4}$$

式中：T 为轨道周期，单位为 s；a 为两行星间距离，单位为 km，μ 为开普勒常数，其值为 $3.986004\times10^5\text{km}^3/\text{s}^2$。

若是圆轨道，则 $a=r$，因此

$$r=\left[\frac{\mu}{4\pi^2}\right]^{\frac{1}{3}}T^{\frac{2}{3}} \tag{2.5}$$

式(2.5)验证了一个重要的结论：

$$\text{轨道半径}=\text{常数}\times(\text{轨道周期})^{\frac{2}{3}} \tag{2.6}$$

在这种条件下，仅通过适当选择轨道半径就可以得到特定的轨道周期。这样，卫星设计人员就能通过将卫星定位于适当的轨道高度来得到最大限度满足特定应用需求的轨道周期。表 2.1 列出了圆轨道特定轨道周期所对应的轨道高度。

表 2.1 特定轨道周期的轨道高度

转数/d	标称周期/h	标称高度/km
1	24	36000
2	12	20200
3	8	13900
4	6	10400
6	4	6400
8	3	4200

2.2 轨道参数

图 2.4 是两幅描述卫星重要轨道参数的图,这些参数决定了地球轨道卫星的特性。它们是:

- 远地点——距离地球最远的点;
- 近地点——距离地球最近的点;
- 近日点线——通过地心的远地点与近地点的连线;
- 升交点——轨道面从南至北与赤道面的交点;
- 降交点——轨道面从北至南与赤道面的交点;
- 交点线——通过地心的升交点和降交点的连线;
- 近地点辐角(ω)——轨道面内从升交点到近地点的夹角;

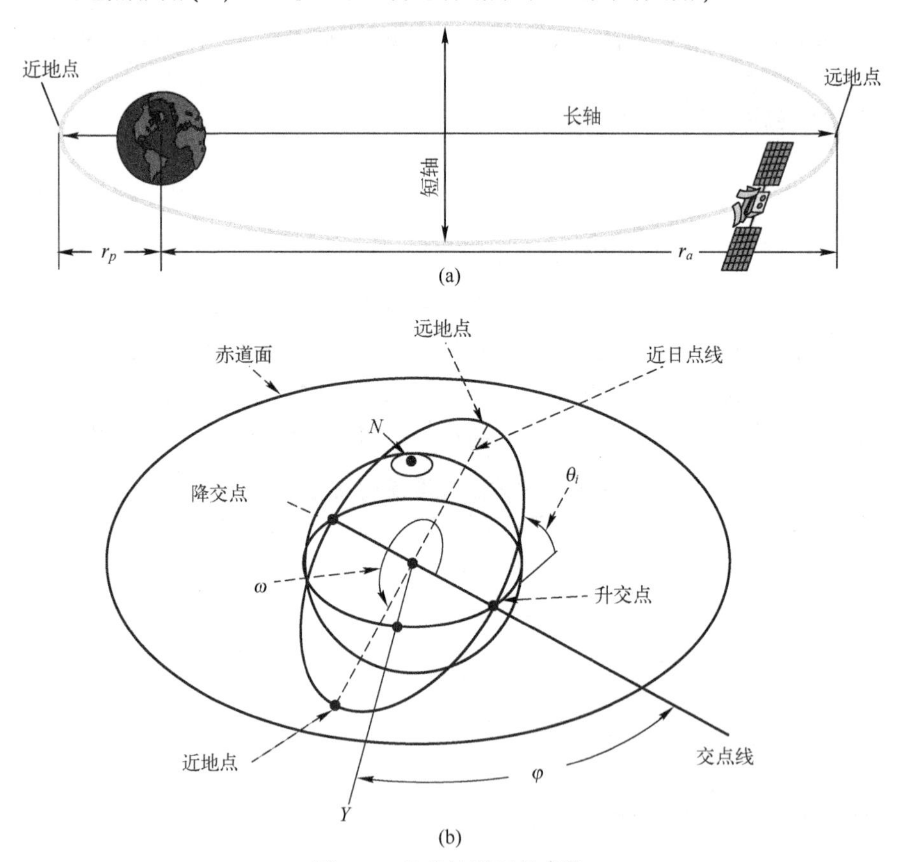

图 2.4 地球轨道卫星参数

• 升交点赤经(φ)——赤道面内从春分点向东与升交点的夹角。

偏心率是轨道"圆度"的度量参数,由下式确定:

$$e=\frac{r_a-r_p}{r_a+r_p} \tag{2.7}$$

式中:e 为轨道偏心率;r_a为地心至远地点的距离;r_p为地心至近地点的距离。

偏心率越大,椭圆就越"扁平"。圆轨道是椭圆轨道的一个特例,此时,椭圆长轴与短轴相同(偏心率为0)。即

• 椭圆轨道 $0<e<1$;

• 圆轨道 $e=1$。

倾角(θ_i)是轨道面和地球赤道面的夹角。具有一定倾角的卫星轨道称为倾斜轨道。赤道面($\theta_i=0°$)内的卫星轨道称为赤道轨道。具有90°倾角的卫星轨道称为极轨道。轨道可能是椭圆形或者圆形,这取决于卫星入轨时的轨道速度和方向。

图2.5给出了卫星轨道的另一个重要的特性。卫星运动方向与地球自转方向相同的轨道称为顺行轨道,其轨道倾角范围为0°~90°;逆行轨道中卫星的运动方向与地球自转方向相反,其倾角范围为90°~180°。大多数卫星发射进入顺行轨道,因为地球的旋转速度可以提高卫星的在轨速度,从而减少卫星发射和入射所需要的能量。卫星轨道的轨道参数组合种类繁多。轨道参数定义了一组能唯一确定在轨卫星位置的参数。所需要的最小参数个数是6个,它们分别是:

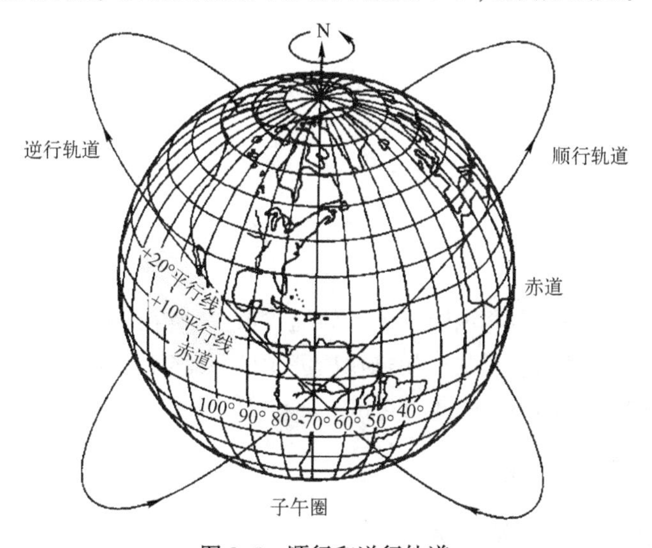

图2.5　顺行和逆行轨道

(1) 偏心率；

(2) 半长轴；

(3) 近地点时刻；

(4) 升交点赤经；

(5) 倾角；

(6) 近地点辐角。

这些参数可以唯一确定任何时刻(t)卫星的绝对(即惯性)坐标，利用它们可以确定卫星轨迹和预测卫星未来的位置。

卫星轨道坐标的规定采用恒星时，而不是太阳时。太阳时是基于地球相对太阳旋转的一整圈，它是形成所有全球时间标准的基础。恒星时是基于地球相对于一个固定参考星旋转的一整圈，如图 2.6 所示。

因为恒星时是基于地球相对于一个无限远的固定参考星而不是太阳旋转的一整圈，因此一个平均恒星日要比一个平均太阳日短大约 0.3%，如图 2.6 所示。

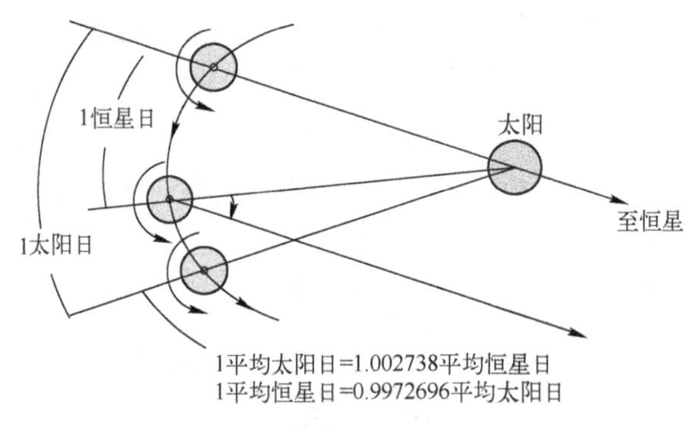

图 2.6　恒星时

2.3 常用轨道

卫星设计人员可以利用所有可能的轨道参数组合得到无穷多个卫星轨道。通信、遥感、科学这些常用的卫星应用领域所涉及的卫星轨道是有限的。我们首先介绍最常用的通信卫星轨道——地球静止(或地球同步)轨道。

2.3.1 地球静止轨道

开普勒第三定律说明轨道半径与轨道旋转周期存在固定的关系(参见式(2.6))。通过选择合适的轨道半径可以得到所需的轨道周期。

若选择的轨道半径使卫星公转周期等于地球的自转周期，一个平均恒星日，就确定了一个特定的卫星轨道。另外，若轨道是圆形(偏心率为0)，并且轨道在赤道面内(倾角为0°)，则卫星将似乎静止在地球赤道上卫星星下点处。该重要的特殊轨道称为地球静止轨道(GEO)。

由开普勒第三定律可知，地球静止轨道的轨道半径(r_S)可表示为

$$r_S=\left[\frac{\mu}{4\pi^2}\right]^{\frac{1}{3}}T^{\frac{2}{3}}=\left[\frac{3.986004\times10^5}{4\pi^2}\right]^{\frac{1}{3}}\times(86164.09)^{\frac{2}{3}} \tag{2.8}$$
$$=42164.17(\mathrm{km})$$

式中：T为1个平均恒星日(86164.09s)。

因此，地球静止轨道的高度(相对地球表面的高度)h_S为

$$h_S=r_S-r_E=42164-6378=35786(\mathrm{km}) \tag{2.9}$$

式中：r_E为赤道地球半径，取值为6378km。

在轨道计算中，h_S通常约取为36000km。

地球静止轨道是一个理想轨道，由于除了地球引力外还存在许多其他力作用在卫星上，所以对于实际的人造卫星来说，地球静止轨道是不可能实现的。一个“完美轨道”，即实际上不可能得到没有广泛位置保持和巨大的燃料供给来维持要求的精确位置。

没有大量的燃料来维持轨道位置，一个偏心率和轨道倾角均为零的“完美轨道”是得不到的。目前使用的典型的GSO轨道的倾角稍微大于0，可能偏心率也超过了0。为了有别于理想的地球静止轨道，“现实世界”的GSO轨道常称为地球同步轨道(GEO)。目前，大多数通信卫星运行在地球同步轨道上。这种轨道特别适合地球上两个或多个点通过“中继点”进行通信信息的传输，该“中继点”为一个相对于地球固定的空间点。图2.7显示了地球同步轨道应用于卫星运行时的基本元素。GSO位置提供了地面到卫星的固定路径，因此很少或不需要地面跟踪。一颗GSO卫星能够看到约地球表面的1/3，因此赤道面上120°等间隔分开的3颗GSO卫星能够覆盖除了极地区域(后面会进一步讨论)外的所有区域。

地球静止轨道自转周期为23h56min，这是地球围绕自转轴，以星域为参考完整旋转一圈所需的时间(恒星时)。由于地球围绕太阳公转，所以这个时间比24h平均太阳日短4min。

尽管地球同步轨道具有固定星地观测几何形状和覆盖区域大的特点，是目前卫星通信使用最多的轨道，但是地球同步轨道仍然存在一些缺点。星地间的远距离对星地间传输的无线电信号会产生大的路径损耗和显著的延迟(时延)。对于

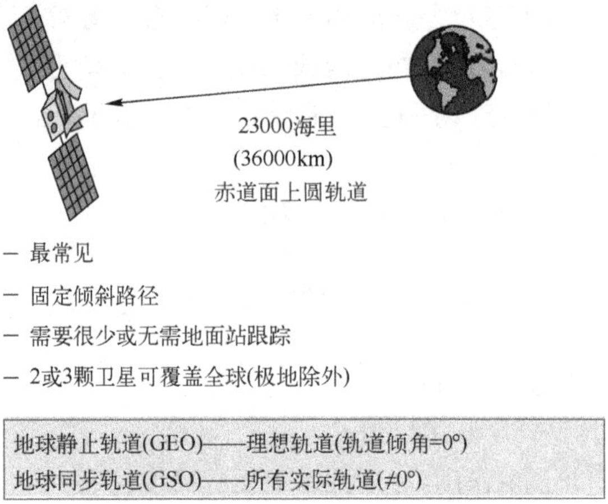

23000海里
(36000km)
赤道面上圆轨道

- 最常见
- 固定倾斜路径
- 需要很少或无需地面站跟踪
- 2或3颗卫星可覆盖全球(极地除外)

地球静止轨道(GEO)——理想轨道(轨道倾角=0°)
地球同步轨道(GSO)——所有实际轨道(≠0°)

图 2.7 GSO—地球同步轨道

位于中纬度地区的地面站而言,双向(上行至卫星再返回)时延约 260ms。尤其对语音通信或不能容忍大时延的某些特定的协议,就会带来问题。

GSO 不能覆盖高纬度地区。在地面站仰角为10°的条件下,GSO 卫星可见的最高纬度大约为南纬或北纬70°。轨道倾角越大,覆盖区域会有所增加,但是会带来一些其他的问题,例如需要增加地面天线跟踪,这会增加成本和系统的复杂性。

由于只有一个赤道面,卫星必须留有一定空间以免互相干扰,所以地球静止轨道上运行的卫星数量显然是有限的。参见第 1 章讨论,地球静止轨道的位置是由国际电信联盟对频段和业务分配进行密切协调后,根据国际条件的规定进行分配。对于每个频段和业务分配,目前卫星间保持 2°~5°的间隔,这意味着根据频段和所提供的业务,全球仅有 72~180 个轨位可用。

2.3.2 低地球轨道

低于地球静止轨道高度,在典型高度为 160~2500km 的近圆形轨道上运行的卫星称为低地球轨道卫星或 LEO 卫星。对于通信应用,低地球轨道卫星具有几个显著的特性,如图 2.8 所示。

LEO 星地链路较短,使得路径损耗低,因而可以使用低功率、小口径天线的地球站。由于路径距离较短,使得传播延时也较小。具有合适轨道倾角的 LEO 卫星,可以覆盖高纬度地区,包括 GEO 卫星无法覆盖的极地区域。

LEO 卫星的一个主要缺点是其有限的运行时间。由于卫星在空间的位置不固定,对地球上的某个固定位置,卫星扫过的时间仅有 8~10min。若需要覆盖全球或大范围区域,则需要多个 LEO 卫星构成星座,使得星间链路满足点对点的通信。目前具有 12 颗、24 颗以及 66 颗卫星组成的 LEO 卫星网络能够得到理想的覆盖范围。

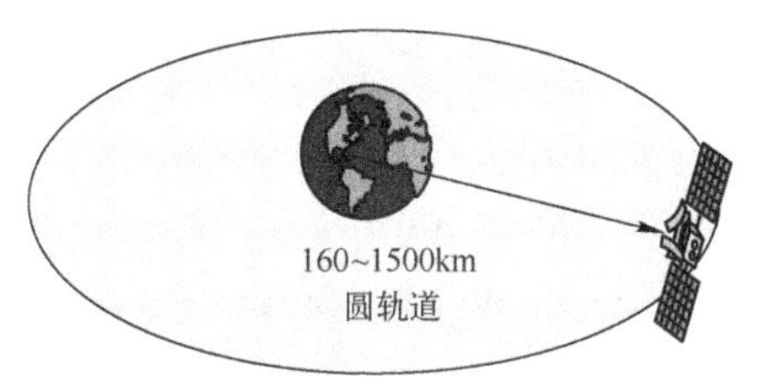

图 2.8 LEO-低地球轨道

地球的扁平(非圆形状)对 LEO 产生两大扰动。从南半球到北半球与赤道的交点(升交点)每天会向西飘移几度。地球扁平的第二个影响是轨道面内长轴的指向按顺时针或逆时针旋转。然而,若轨道倾角约为 63°,则引起旋转的力将被平衡,长轴指向维持固定。

人们已经发现,对于移动通信应用而言,LEO 卫星具有极端重要性,因为地球终端的低功率和小口径天线优势明显。相比于 GEO 卫星提供的通信服务而言需要更多的 LEO 卫星,但 LEO 卫星小得多,而且发射入轨需要的能量少得多,因此其整个寿命周期成本可能更低。

2.3.3 中地球轨道

中纬度轨道卫星或 MEO 卫星通常运行于 LEO 和 GEO 之间,典型高度为 10000~20000km。MEO 轨道基本要素如图 2.9 所示。

MEO 卫星的理想特征包括:能实现循环地面覆盖的可重复的地面轨迹,每天运行圈数可控、足够的相对星地运动可以进行精确、高精度的位置测量。对具有固定位置的地球终端而言,一个典型的 MEO 卫星能够提供一到两小时的观测时间。MEO 卫星具有一些适合于气象、遥感、导航和定位应用的特点。例如,全球定位系统(GPS)是由 24 颗以上在轨卫星组成的星座,运行在周期为 12h、轨道高度为 20184km 的圆轨道上。

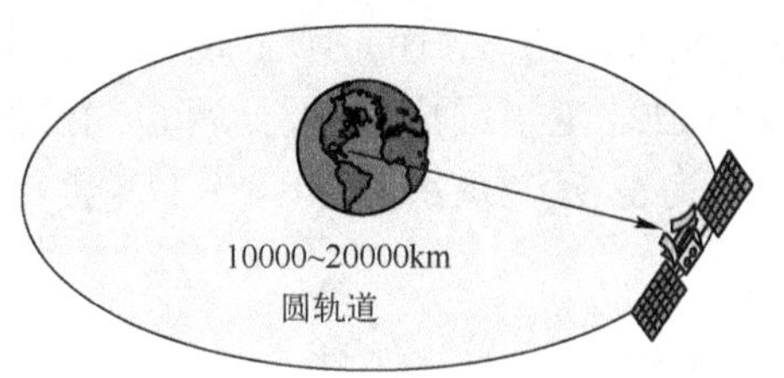

- 类似于LEO，但位于更高的圆轨道
- 对于每个地球终端通过约1~2h
- 应用于气象、遥感和定位应用

图 2.9　MEO-中地球轨道

2.3.4　高椭圆轨道

运行于高椭圆(高偏心率)轨道(HEO)的卫星用来服务 GSO 卫星达不到的高纬度地区,而且与 LEO 卫星相比,高椭圆轨道卫星覆盖纬度地区的时间更长。根据前面讨论的开普勒第二定律及由此定义的椭圆轨道特性可知,卫星在椭圆轨道的远地点附近运行时间很长,离地球最远的地方,卫星运行得最慢(参见图 2.10)。

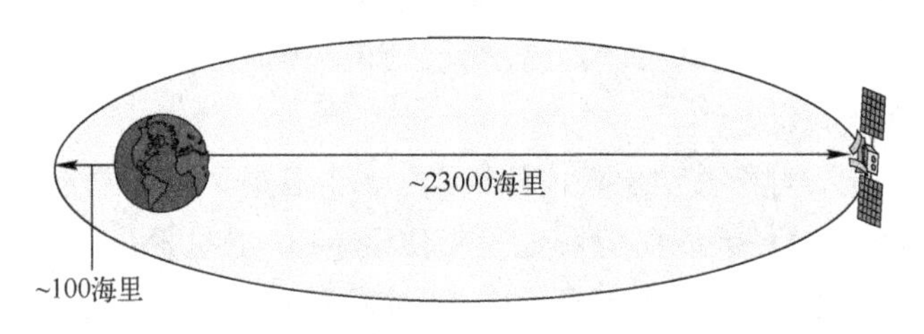

- 常用于覆盖高纬度或极点地区
- 常称为“闪电”轨道
- 12h HEO轨道中的8~10h可用于与地球终端的通信，具有类似于GSO的运行特性

图 2.10　HEO-高椭圆地球轨道

通信卫星最常用的 HEO 轨道是“闪电”轨道,它是根据为苏联提供通信服务的卫星系统命名。该轨道可以为北半球高纬度地区提供大范围的覆盖,能覆盖苏联绝大部分陆地,这些地区是 GSO 卫星覆盖不到的。典型的“闪电”轨道近地点高度约为 1000km,远地点高度将近 40000km。对应的轨道偏心率约为 0.722。根据前面所述,轨道倾角定为 63.4°以防止主轴旋转。轨道标称周期为 12h,这意味着它每天重复两次相同的地面轨迹。高椭圆轨道上的卫星经过北半球时每次旋转接近

10h。HEO“闪电”轨道上的两颗卫星，若相位合适，就能够为北半球高纬度地区提供几乎连续的覆盖，因为全天任何时间至少一颗卫星是可见的。

2.3.5 极轨道

轨道倾角接近90°的圆轨道称为极轨道。极轨道对于遥感和数据采集业务是非常有用的，因为其具有在一定的循环周期内可以扫过整个地球的轨道特性。例如，美国地球资源卫星（Landsat）运行的平均高度为912km，周期为103min。它每天绕地球运行14圈。在赤道上轨道西移约160km，经过18天即252圈后回到起始位置。

2.4 GSO 链路的几何结构

GSO是通信卫星使用的主要轨道。本节讨论确定卫星链路设计和性能评估中常用的GSO参数的过程。GSO链路评估的3个主要参数：

d——地球站至卫星的范围（距离），单位为km；

φ_z——地球站至卫星的方位角，单位为（°）；

θ——地球站至卫星的俯仰角，单位为（°）。

方位角和俯仰角称为从地球站至卫星的视角。图2.11显示了以地球站为参考视角的几何结构和定义。

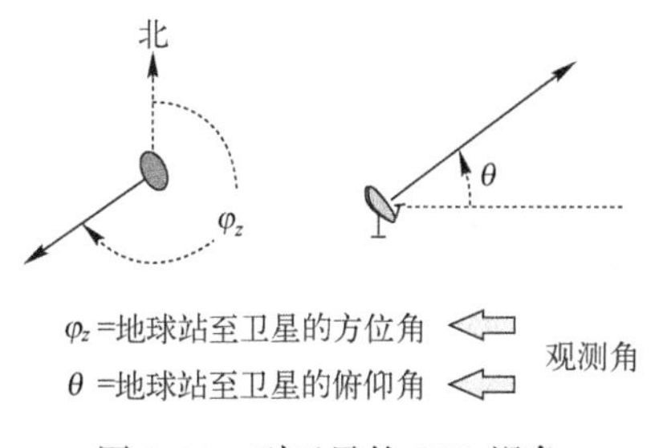

图2.11 到卫星的GSO视角

在有关轨道力学和卫星的文献中有很多资料描述GSO参数，即距离、俯仰角和方位角的详细计算过程。本章的参考文献[1]和[2]提供了两个很好的实例。这些计算涉及数个阶段的球面几何推导和评估。也有几个软件包可以用来确定GSO和NGSO卫星网络的轨道参数。这里主要是归纳不同推导的最终结果，利用GSO参数评估通信卫星的自由空间链路。

确定GSO参数所需要的输入参数如下：

l_E——地球站经度,单位为(°);

l_S——卫星经度,单位为(°);

L_E——地球站纬度,单位为(°);

L_S——卫星纬度,单位为(°)(假定为0,即倾角为0°);

H——地球站海拔高度,单位为km。

地球赤道上与卫星同经度的点称为星下点(SS)。图2.12阐明了地球站高度的定义。

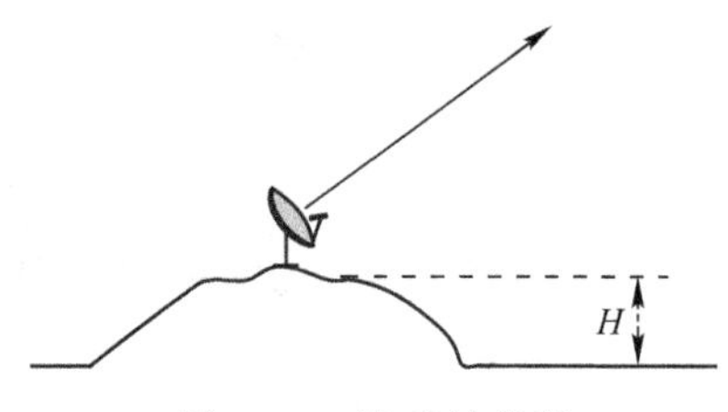

图2.12 地球站高度

经度和纬度符号约定如图2.13所示。格林威治子午线以东的经度和赤道以北的纬度都是正的。

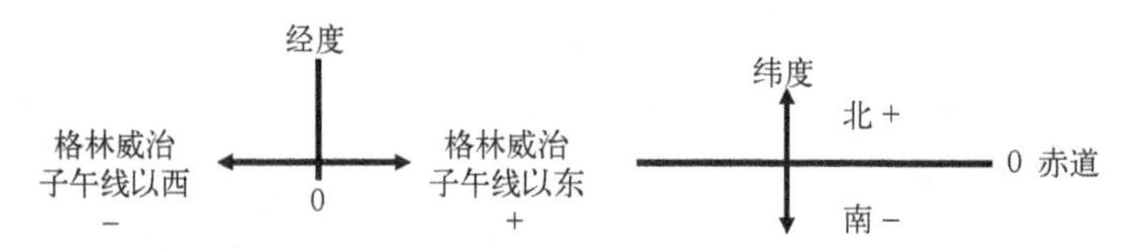

图2.13 经度和纬度的符号约定

计算所需的其他参数:

赤道半径:$r_e = 6378.14\text{km}$;

地球静止轨道半径:$r_S = 42164.17\text{km}$;

地球静止轨道高度(海拔):$h_{GSO} = r_S - r_e = 35786\text{km}$;

地球偏心率:$e_e = 0.08182$。

GSO参数计算所需要的另一个参数是经度差,其被定义为地球站与卫星经度之差,即

$$B = l_E - l_S \tag{2.10}$$

式中,正负符号遵循图2.13的规定。

例如,位于华盛顿特区的地球站,经度为77°,卫星经度为110°,因此

$$B = (-77) - (-110) = +33°$$

2.4.1　到卫星的距离

计算地球站距卫星的距离需要地球站纬度和经度处的地球半径 R。R 可由下式计算：

$$R=\sqrt{l^2+z^2} \tag{2.11}$$

式中，

$$l=\left(\frac{r_e}{\sqrt{1-e_e^2\sin^2(L_E)}}+H\right)\cos(L_E) \tag{2.12}$$

$$z=\left(\frac{r_e(1-e_e^2)}{\sqrt{1-e_e^2\sin^2(L_E)}}+H\right)\sin(L_E) \tag{2.13}$$

另外，定义角ψ_E为

$$\psi_E=\arctan\left(\frac{z}{l}\right) \tag{2.14}$$

那么距离 d 可由下式计算得到

$$d=\sqrt{R^2+r_S^2-2Rr_S\cos(\psi_E)\cos(B)} \tag{2.15}$$

该结果可用来确定卫星链路分析中的几个重要参数，包括自由空间路径损耗，它直接取决于地球站天线到卫星天线的路径长度。

2.4.2　卫星的仰角

地球站到卫星的仰角 θ 可由下式确定：

$$\theta=\arccos\left(\frac{r_e+h_{GSO}}{d}\sqrt{1-\cos^2(B)\cos^2(L_E)}\right) \tag{2.16}$$

式中：r_e 为赤道半径，取值为 6378.14km；h_{GSO} 为地球静止轨道高度，取值为 35786km；d 为距离，单位为 km；B 为经度差，单位为(°)；L_E 为地球站纬度，单位为(°)。

仰角是一个重要的参数，因为它决定了地球大气的倾斜路径，并且是评估如路径上雨衰、气体衰减和闪烁的大气衰减的主要参数。通常来说，仰角越低，大气衰减越严重，因为在通往卫星的路径上会有更多的大气参与无线电波的相互作用。

2.4.3　卫星的方位角

我们感兴趣的最后一个参数是卫星相对于地球站的方位角。首先，角度 A_i 可定义为

$$A_i = \arcsin\left(\frac{\sin(|B|)}{\sin(\beta)}\right) \tag{2.17}$$

式中，$|B|$为经度差的绝对值：

$$|B| = |l_E - l_S| \text{和} \beta = \arccos[\cos(B)\cos(L_E)]$$

方位角φ_z由角度A_i确定，该角来源于地球站和地球表面星下点的相对位置所确定的4个可能的方向之一。确定方法是位于地球站，面向星下点方向（SS）。如图2.14所示，4个可能的方位为东北（NE）、西北（NW）、东南（SE）和西南（SW）。由此方法产生的不同方向的方位角φ_z的计算公式如表2.2所列。

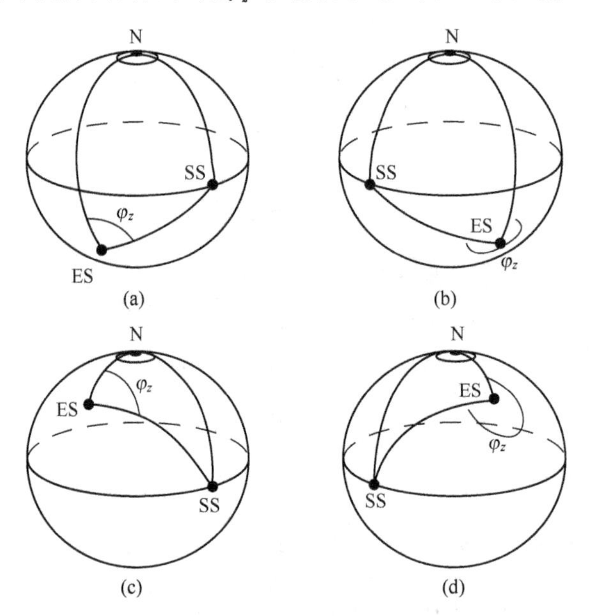

图2.14　方位角情况的确定

表2.2　基于中间角的方位角确定

条件[a]	φ_z	图(2.14)
SS位于ES东北	A_i	(a)
SS位于ES西北	$360-A_i$	(b)
SS位于ES东南	$180-A_i$	(c)
SS位于ES西南	$180+A_i$	(d)

a)站在ES处并朝SS方向看

当满足以下两个特殊条件时方位角可以直接观测：

（1）地球站与星下点位于同一经度，若地球站在北半球时，方位角为180°，若地球站位于南半球时,则为 0°。此结论可由表 2.2 中的条件结合 $B=0$ 得到。

(2) 若地球站位于赤道,当地球站位于星下点西边时,方位角为 90°,若位于星下点东边时,则为270°,该结论同样可由表 2.2 中的条件得到。

2.4.4 采样计算

该部分提出了确定上述静止轨道参数的采样计算。设想地球站位于华盛顿特区,静止轨道卫星位于纬度 97°,采用图 2.13 中的符号约定,输入参数表示为

地球站:华盛顿特区

纬度:$L_E=39°$　N=+39

经度:$l_E=77°$　W=−77

高度:$H=0\text{km}$

卫星:

纬度:$L_S=0°$(倾角为 0°)

经度:$l_s=97°$　W=−97

相对于卫星的距离 d、俯仰角 θ、方位角φ_Z的计算步骤:

(1) 确定式(2.10)中的经度差 B:

$$B=l_E-l_S=(-77)-(-97)=+20$$

(2) 确定用于式(2.11)至式(2.13)的范围计算的地球站处的地球半径 R:

$$l=\left(\frac{r_{\mathrm{e}}}{\sqrt{1-e_{\mathrm{e}}^2\sin^2(L_E)}}+H\right)\cos(L_E)$$

$$=\left(\frac{6378.14}{\sqrt{1-(0.08182)^2\sin^2(39°)}}+0\right)\cos(39°)=4963.33\text{km}$$

$$z=\left(\frac{r_{\mathrm{e}}(1-e_{\mathrm{e}}^2)}{\sqrt{1-e_{\mathrm{e}}^2\sin^2(L_E)}}+H\right)\sin(L_E)$$

$$=\left(\frac{6378.14\times(1-0.08182^2)}{\sqrt{1-0.08182^2\sin^2(39°)}}+0\right)\sin(39°)=3992.32\text{km}$$

$$\Psi_{\mathrm{E}}=\arctan\left(\frac{z}{l}\right)=\arctan\left(\frac{3992.32}{4963.33}\right)=38.81°$$

$$R=\sqrt{l^2+z^2}=\sqrt{4963.33^2+3992.32^2}=6369.7\text{km}$$

(3) 确定式(2.15)中的距离 d:

$$d=\sqrt{R^2+r_S^2-2Rr_S\cos(\Psi_E)\cos(B)}$$

$$=\sqrt{6369.7^2+42164^2-2\times6369.7\times42164\times\cos(38.81°)\times\cos(20°)}$$

$$d = 37750\text{km}$$

(4) 确定式(2.16)中的俯仰角 θ：

$$\theta = \arccos\left(\frac{r_e + h_{GSO}}{d}\sqrt{1-\cos^2(B)\cos^2(L_e)}\right)$$

$$= \arccos\left(\frac{6378.14+35786}{37750}\sqrt{1-\cos^2(20°)\cos^2(39°)}\right)$$

$$\theta = 40.27°$$

(5) 确定式(2.17)中的中间角 A_i：

$$\beta = \arccos[\cos(B)\cos(L_E)] = \arccos[\cos(20°)\cos(39°)] = 43.09°$$

$$A_i = \arcsin\left(\frac{\sin(|B|)}{\sin(\beta)}\right) = \arcsin\left(\frac{\sin(20°)}{\sin(43.09°)}\right) = 30.04°$$

(6) 根据中间角 A_i 确定方位角 φ_Z(图 2.14 和表 2.2)。

星下点 SS 位于地球站 ES 的西南,因此满足条件(d)：

$$\varphi_Z = 180 + A_i$$

$$= 180 + 30.04$$

$$= 210.04°$$

结论:位于华盛顿特区地面站的轨道参数如下：

$$d = 37750\text{km}$$

$$\theta = 40.27°$$

$$\varphi_Z = 210.04°$$

参考文献

[1] Roddy D. Satellite Communications, Third Edition, McGraw-Hill, New York, 2001.

[2] Pratt T, Bostian CW, Allnutt JE. Satellite Communications, 2nd Edition, John Wiley& Son, New York, 2003.

习 题

1 对于下列标准,哪种卫星轨道提供最好的通信网络性能：

a) 最小自由空间路径损耗；

b) 高纬度地区最佳覆盖范围；

c) 移动通信网络的全球覆盖范围；

d）语音和数据网络的最小延时（时延）；

e）很少或不需要天线跟踪的地面终端。

2 何种因素决定了为全球移动地面终端服务的NGSO卫星网络所需的卫星数量？考虑工作频率、指向和跟踪以及足够的覆盖范围。

3 低轨卫星运行于距地球322km的圆形轨道上，假定地球平均半径为6378km，地球偏心率为0：

a）确定卫星轨道速度，单位为m/s；

b）低轨卫星的轨道周期是多少，单位为min；

c）根据以上条件计算卫星轨道角速度，单位为rad/s。

4 一颗通信卫星位于大西洋上空、西经30°的静止轨道，从（a）纽约和（b）巴黎的地面站分别观察，试计算其相对于卫星的距离、方位和仰角。

5 伊利诺伊州芝加哥的地面固定卫星服务终端能使用两颗地球静止轨道卫星，该终端位于北纬41.5°和西经87.6°，一颗卫星位于西经70°，另一颗卫星位于西经135°。哪颗卫星能够为地面终端提供更可靠的链路（更高仰角）？地面终端高程为海拔0.5km，假定卫星轨道倾角为0°。

6 假定轨道倾角为0°，对于仰角范围为0°~90°，静止轨道卫星的最大和最小往返信号传播时间是多少？

第3章
卫星子系统

一个正在运行的通信卫星系统由若干部分组成,具体包括空间段的轨道配置、地面段部件和网络部件。卫星系统的特定应用,如固定卫星服务、移动服务或广播服务,将决定系统的组成要素。适用于大多数卫星应用的通用卫星系统可由图3.1中的元素来描述。

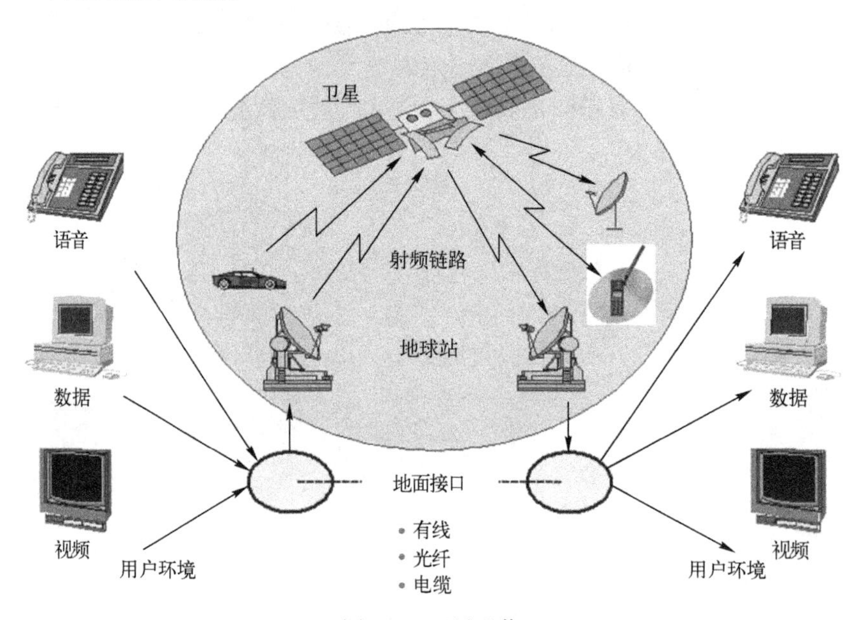

图3.1　卫星通信

基本卫星系统由空间段的卫星(卫星星座)组成,用于实现地面终端和卫星间的两个或多个用户间的信息传送。可以传送的信息可能是语音、数据、视频或三者的组合。用户信息可能需要通过地面传输方式与地面终端相连。卫星由地面的卫星控制设施控制,该设施通常称为主控中心(MCC),为系统提供跟踪、遥测、指令和监控功能。

卫星系统的空间段由轨道卫星(或星座)和保持卫星运行所需的地面卫星控制设施组成。卫星系统的地面段或地球段由收发地球站以及与用户网络接口的相关设备构成。

本章描述了空间段的基本要素,特别是适用于一般通信卫星的空间段。地面段要素根据通信卫星应用不同而不同,例如固定服务、移动服务、广播服务或卫星宽带服务,该部分内容将在后续章节里介绍它的具体应用。

卫星上的空间段设备可分为两类:平台和有效载荷,如图3.2所示。

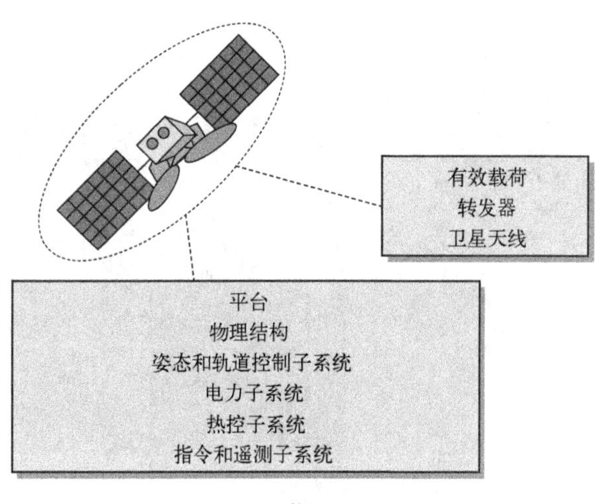

图3.2　通信卫星子系统

平台是指卫星本身的基本结构和维持卫星运行的子系统。平台子系统包括:物理结构、姿态和轨道控制子系统、电力子系统、热控子系统以及指令和遥测子系统。

卫星有效载荷是指为卫星提供服务的设备。通信卫星有效载荷由通信设备组成,该设备为地面提供上、下行链路间的中继链路。通信有效载荷可以进一步划分为转发器和天线子系统。

卫星可能有多个载荷。例如,早期的跟踪和数据中继卫星(TDRS)除了具有跟踪和数据有效载荷外,还有“高级威视达系列”通信有效载荷,这些载荷为卫星的主要任务部件。

3.1　卫星平台

每个平台子系统的基本特征将在接下来的分节里描述。

3.1.1 物理结构

卫星的物理结构为卫星的所有部件提供了“空间”。结构的基本形状依赖于保持卫星稳定并指向所需方向的稳定方法,通常是为了使天线正确朝向地球。稳定的方法通常有两种:自旋稳定和三轴稳定(或星体稳定),两种方法均可用于静止轨道和非静止轨道卫星。图 3.3 突出显示了每种稳定方法的基本配置以及每种类型的卫星示例。

图 3.3 物理结构(见彩图)

3.1.1.1 自旋稳定

自旋稳定卫星通常是圆柱形的,卫星绕轴实现机械平衡,因此可以通过绕轴自旋保持在轨姿态。对于静止轨道卫星来说,其旋转轴与地球的旋转轴平行,自旋速度范围为每分钟 50~100 转。

在没有扰动力矩引入的情况下,自旋卫星不需要额外活动就可以保持正确的姿态。太阳辐射、重力梯度以及陨石撞击等外部力量会产生不需要的扭矩。电机轴承摩擦、天线子系统运动等内部力量的影响也会在系统中产生不必要的扭矩。脉冲式推进器或喷气机用于维持自旋速度,以纠正卫星自旋轴的任何摆动或章动。

整个航天器旋转以保持采用全向天线的自旋稳定卫星的姿态。采用方向性天线更为普遍,这时天线子系统必须反旋转,以便可以正确地指向地球。图 3.4 显示了自旋稳定卫星反旋平台的典型实现。天线子系统安装在可能也含有一些转发器设备的平台或架子上。卫星在鼓轮表面由微波的径向气体喷射而实现自旋。每分钟 30~100 次的旋转为卫星提供陀螺力从而保持卫星稳定。所使用的推进剂包括加热肼、肼和四氧化二氮的二元推进剂混合物。反旋平台是由一个与卫星自转方向相反的电机驱动,其自旋轴和自旋速率与卫星本体相同,以维持天线指向相对于地球的一个固定方向。

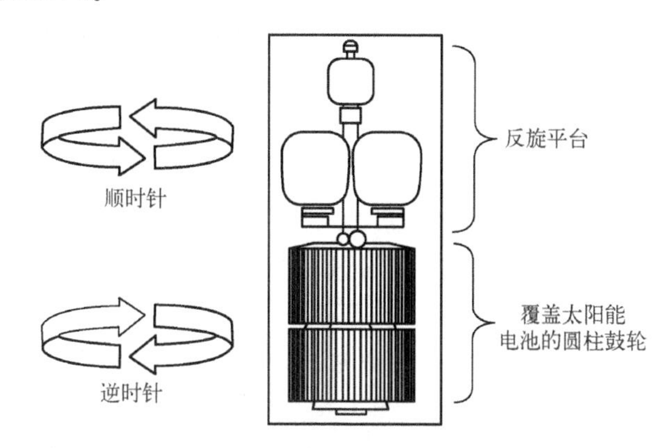

图 3.4　自旋稳定卫星的反旋平台

3.1.1.2　三轴稳定

三轴稳定卫星在空间中保持姿态,三轴中每一轴均有稳定元件,称为滚动、俯仰和偏航,这与最初在航空工业中使用的定义保持一致。通过三轴稳定元件,航天器整个机身相对于地球在空间中保持固定,这就是为什么三轴稳定卫星也被称为星体稳定卫星。

三轴稳定采用主动姿态控制。通过控制喷射流或反作用飞轮的单独或结合使用来对三轴中每轴进行校正和控制。反作用飞轮基本上是一个飞轮,可用于抵消改变航天器方向的力矩。控制喷射流和反作用飞轮都需要燃料,必须定期清理飞轮中积聚的动能能量。

三轴稳定卫星不必对称或是圆柱形的,且大多数呈盒状,有许多附属物。典型的附件包括天线子系统和太阳能电池板,卫星在轨后电池板经常处于展开状态。

3.1.2　电力子系统

通信卫星上运行设备的电力主要来自太阳能电池,太阳能电池可以将入射的太阳光转化为电能。太阳对卫星的辐射强度平均约为 $1.4kW/m^2$。太阳能电池在寿命起始阶段的工作效率为 20%~25%,寿命终止阶段的工作效率下降到 5%~10%,寿命通常被认为是 15 年。基于上述原因,通信卫星电力系统通过大量以串并联方式组合在一起的电池单元供电，以提供通常超过 1～2kW 的基本功率需求。

自旋稳定卫星通常具有可扩展的圆柱形板，部署后可提供额外的暴露区域。圆柱自旋稳定卫星必须携带比等效三轴稳定卫星更多的太阳能电池，其主要原因在于任一时刻只有大约 1/3 的电池能够被太阳照射进行充电。

三轴稳定卫星配置考虑了更好地利用太阳能电池面积，电池安装在可以旋转的平板或帆板上，通过旋转可以保持太阳的照射，采用旋转面板可得到高达 10kW 的能量。

所有航天器还必须携带蓄电池，以便在发射期间和日食期间提供动力。每年春分和秋分前后，地球阴影有两次穿过地球同步轨道卫星，此时卫星会发生日食。日食大约在春分前 23 天开始，结束于春分后 23 天。每天日食持续时间增加几分钟，春分日达到峰值，大约 70min。然后在接下来的每一天从峰值开始减少类似的量值。密封镍镉电池是卫星电池系统最常用的电池，具有良好的可靠性和较长的使用寿命，使用过程中不会漏气。功率重量比得到显著改善的镍氢电池也得到了应用。电力子系统还包括电力调节装置，用于控制电池的充电、功率调节以及监控。

电力生成和控制系统的重量在通信卫星上占了较大比例，通常为总净重的 10%～20%。

3.1.3 姿态控制

卫星姿态是指空间中卫星相对于地球的方向。姿态控制很有必要，可以确保天线正确地投向地球，通常卫星天线具有窄波束。卫星的姿态会受到几种力的交互影响。这些力矩包括来自太阳、月亮和星体的重力，作用于卫星星体、天线或太阳能电池板上的太阳压力以及地球磁场。

卫星的方位由红外水平探测器监测，它用来在太空背景下探测地球的边缘。4 个探测器建立一个基准点，通常是地球的中心，方向上的任何变化可通过一个或数个传感器检测到。方向的变化会产生一个控制信号，该信号用以激活姿态控制设备，以恢复正确的方向。通信卫星上采用气体喷射、离子推进器或动量轮来进行姿态的主动控制。

由于地球不是一个完美的球体，卫星会加速飞向赤道面上的两个稳定点之一。它们分别位于西经 105°和东经 75°。图 3.5 显示了稳定点的几何形状和由此产生的漂移模式。若无轨道控制（位置保持），卫星将漂移并最终落于其中的一个稳定点。卫星最终在稳定点静止下来可能需要几年的时间，可能数次穿越稳定点。由于显而易见的原因，稳定点有时也称为“卫星墓地”。

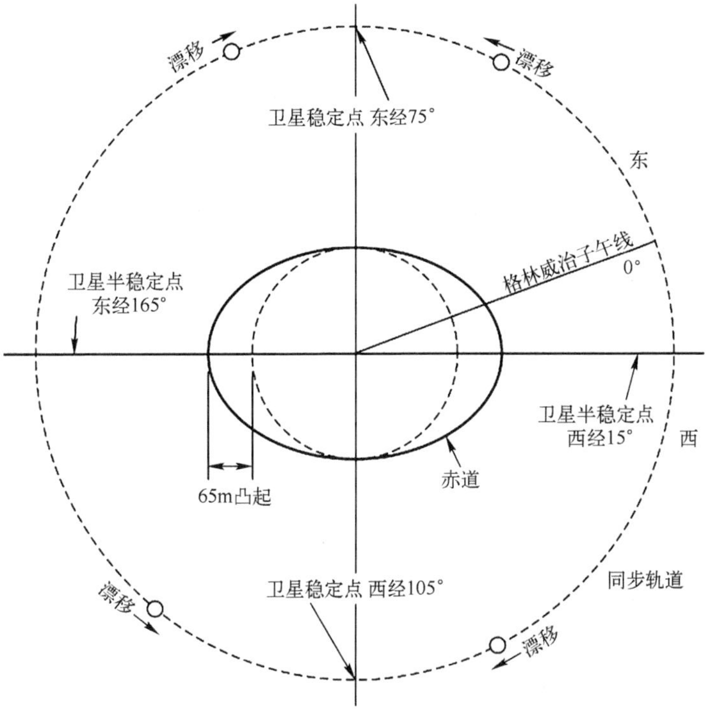

图 3.5 静止轨道卫星稳定点

3.1.4 轨道控制

轨道控制，通常称为位置保持，用来维持卫星运行在适当的轨道位置上。轨道控制类似于前节所讨论的姿态控制，但是在功能上不相同。若不采用主动轨道控制喷射，静止轨道卫星会受到外力作用而在经度、纬度和高度上发生漂移，经度上由东向西，纬度上由北向南。轨道控制和姿态控制通常采用相同的推进系统。

地球的非球形（扁球形）特性，主要体现在赤道凸起，使卫星沿赤道面在经度上缓慢地漂移。控制喷射器对卫星施加一个反向速度分量，使卫星恢复到其标称的轨道位置。这样的校正被称为东西位置保持机动，每两到三周定期完成一次。典型的 C 频段卫星必须保持在设计经度的±0.1°范围内。Ku 频段的卫星保持在±0.05°范围内，以使相应频段的卫星位于地面终端天线的波束宽度内。对于标称 42000km 的静止轨道半径，C 频段的总经度变化量约为 150km，而 Ku 频段约为 75km。

纬度漂移主要由来自太阳和月亮的重力引起。若不加以校正,这些力会导致卫星的倾角每月变化大约0.075°。定期用来补偿引起纬度漂移力的活动,称为南北位置保持机动,必须定期完成以保持卫星标称的轨道位置。南北位置保持门限类似于东西位置保持门限,C频段为±0.1°范围内,Ku频段为±0.05°范围内。

卫星高度的变化范围约为0.1%,对于标定为36000km的静止轨道高度而言,高度变化约为72km。因此,C频段的卫星必须在一个“盒子”里,该盒子的经度和纬度长约150km,而高度约为72km。Ku频段卫星的盒子各边近似为75km。图3.6总结了轨道控制范围,画出了C频段和Ku频段静止轨道卫星必须保持在典型的“轨道盒子”里。

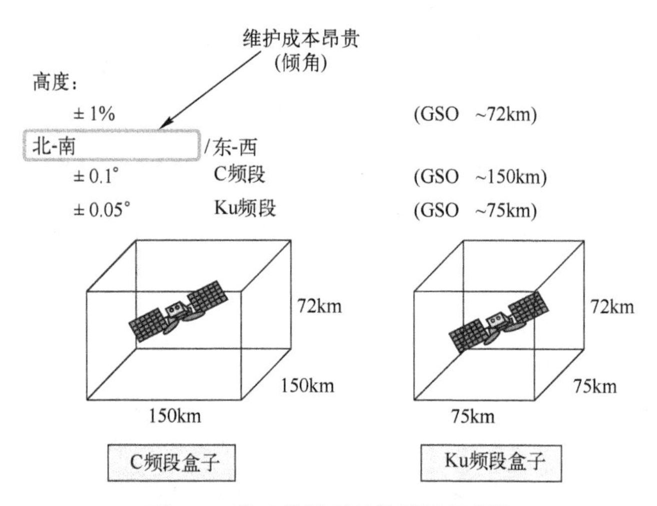

图3.6 静止轨道卫星轨道控制参数

南北位置保持比东西位置保持需要更多的燃料,通常情况下,没有或较少南北位置保持的卫星可以延长在轨寿命。卫星允许漂移到更大的倾角,地面上采用跟踪或较小的口径天线来实现漂移的补偿。

必须携带在卫星上供轨道和姿态控制的消耗性燃料通常是通信卫星在轨寿命的决定因素。多达一半的卫星发射重量是位置保持燃料。对于主动轨道控制而言,大多数关键的电子和机械部件的寿命通常超过允许时间,因为采用现有常规运载火箭将燃料送入轨道的重量受限。一颗通信卫星的燃料耗尽而大部分电子通信子系统仍在工作的情况并不罕见。

3.1.5 热量控制

在轨卫星经历巨大的温度变化,主要由恶劣的外层空间环境引起。来自太阳的热辐射加热卫星一侧,然而面向外层空间的另一侧则暴露于极低温度的空间中。卫星上的许多设备会产生热量,必须加以控制。低轨卫星还会受到地球本身反射的热辐射的影响。

卫星热量控制系统的设计目的是通过消除或重新调节热量来控制卫星内产生的大的热量梯度,从而为卫星提供尽可能稳定的温度环境。卫星中的热量控制采用了几种技术。隔热毯和隔热罩安装在关键位置以提供隔热。辐射镜放置在电子子系统周围,尤其是自旋稳定卫星,用来保护其关键设备。热泵用于从动力装置(如行波功率放大器)重新分配热量到外墙或散热器,以提供更有效的散热路径。加热器还可用来为某些部件维持适当的温度条件,比如推力线或推进器,低温会导致严重的问题。

卫星天线结构是受到太阳热辐射影响的关键部件之一。太阳围绕卫星运动时大口径天线可能会被扭曲,天线结构的不同部分会被加热和冷却。这种"薯片"效应对于口径超过 15m 的工作于 Ku 频段、Ka 频段及以上的高频天线很关键。由于较小波长会产生更严重的反应,导致天线波束点畸变以及可能的增益退化。

3.1.6 电力推进卫星

术语全电动卫星经常用于描述最近发展的使用电力航天器推进替代化学推进器的技术。推进器主要用于卫星高度和轨道控制。电力推进器比化学推进器更脆弱,因此轨道机动可能需要花费更长(长达 6 个月以上)的时间达到最终的轨道。电力推进器比化学火箭使用的推进剂更少,但是可以提供长时间的小推力,在较长的时间内可以达到较高的速度。电力推进在深空任务中得到广泛应用。

电力推进的两个直接优点:

(1) 因为不用携带航天器上的化学推进剂而引起的重量减轻,使得航天器可以携带更多的有效载荷。

(2) 航天器重量减轻可以降低发射成本——可以使用较小的发射工具,或者使用单个发射工具发射多颗卫星。

大多数电力推进卫星的推力来自于在轨推进剂排出的离子和等离子体。氙、氪和氨是首选的推进剂。推力产生的 3 个基本方法是:

(1) 静电——期望加速方向的静电场应用而产生的加速。

(2) 电热——利用电磁场产生的等离子体来提高推进剂的温度。

(3) 电磁——电磁场或洛伦兹力加速离子。电场不在期望的加速方向。

不以存储推进剂中排出物质的方式产生的电力推进装置使用光子来产生反应推力,称为光子驱动装置。光子推进通过引导激光在反射的太阳帆板上实现。激光束将少量的动能传递到反射的太阳帆板上,对设备产生反作用的推力。

最初应用全电推进的美国航天器平台是2012年引进的波音702SP。702SP的发射配置能够容纳5个反射器。此外,由于质量和重量较轻,单次发射装置可以同时发射两个702SP卫星,与其他发射选项相比,发射成本可以节省高达20%。根据卫星轨道条件,702SP的设计寿命有15年或更长。

3.1.7 跟踪、遥测、指令和监控

跟踪、遥测、指令和监控(TTC&M)子系统提供了基本的航天器管理和控制功能,以保证卫星能够安全地在轨道上运行。航天器和地面间的TTC&M链路通常与通信系统链路是分开的。TTC&M链路可以工作在与通信系统链路相同的频段,也可以工作于其他频段。TTC&M通常是通过一个单独的地球终端设施完成的,该地球终端设施是专门为维持在轨航天器所需要的复杂操作而设计的。一个TTC&M设施可以通过TTC&M到各航天器的链路同时为数个航天器提供服务。图3.7显示了通信卫星应用中卫星和地面设施的典型TTC&M功能部件。

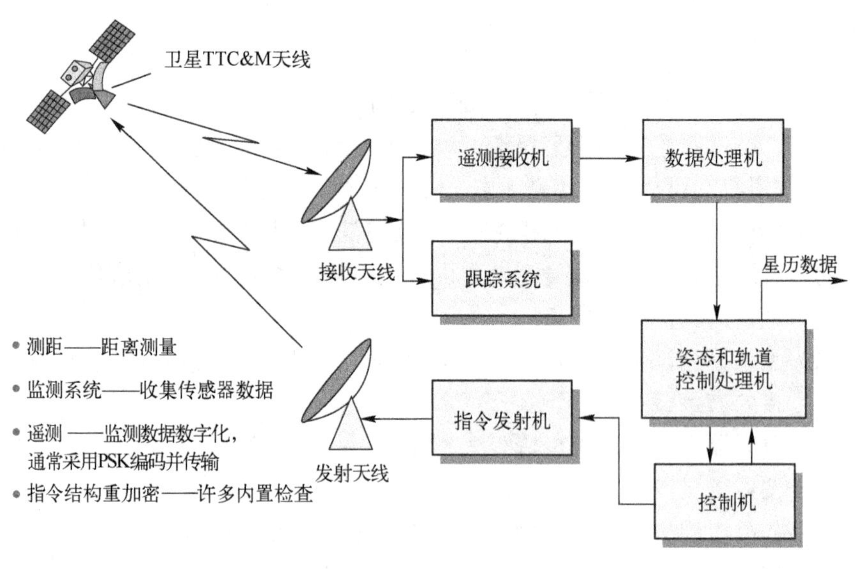

图3.7 跟踪、遥测、指令和监测(TTC&M)

卫星TTC&M子系统包括天线、指令接收机、跟踪和遥测发射机以及可能的跟

踪传感器。遥测数据来自航天器的其他子系统,例如有效载荷、电源、姿态控制以及热量控制。来源于指令接收机的指令数据发往其他子系统以控制相关参数,如天线指向、工作转发器模式、电池以及太阳能电池充电等。

地面部件包括 TTC&M 天线、遥测接收机、指令发射机、跟踪子系统以及相关的处理和分析功能。卫星控制和监测通过显示器和键盘接口实现。TTC&M 的大部分工作是自动完成的,人工干预很少。

跟踪主要指航天器的当前轨道、位置以及运动轨迹的确定。跟踪功能由一系列的技术实现,通常涉及卫星 TTC&M 地球站接收到的卫星信标信号。监测信标信号(或遥测载波)的多普勒位移可以确定距离变化的速率(距离)。来自一个或多个地球终端的角度测量可以用来确定航天器的位置。通过观测来自卫星的单脉冲或脉冲序列的时延可以确定距离。卫星上的加速度和速度传感器可以用来监测轨道位置及其变化量。

遥测功能涉及从航天器的传感器上收集数据及将这些信息转发到地面终端。遥测的数据包括:电力子系统中的电压和电流情况,关键子系统的温度,开关状态,通信和天线子系统的传输、燃料箱压力以及姿态控制传感器的状态。典型的通信卫星遥测链路可能涉及多达 100 个传感器信息频道,通常是数字形式,但是偶尔也有用于诊断评估的模拟信号。遥测载波通常采用频率或相位键控调制,即 FSK 或 PSK,遥测信道通常采用时分多路复用 TDM 格式进行传输。遥测信道数据传输速率低,通常只有每秒几千字节。

指令是遥测附带的功能,指令系统将特定的控制和操作信息由地面发向航天器,通常用来响应航天器传来的遥测信息。典型指令链路涉及的参数包括:

- 姿态控制和轨道控制的变化和校正
- 天线指向和控制
- 转发器工作模式
- 电池电压控制

在发射过程中使用指令系统来控制增压电机的发射,附件的部署(如太阳能帆板和天线反射器)以及自旋稳定航天器星体的旋转。

安全是通信卫星指令系统中一个重要的因素。指令系统的结构必须包含入侵指令链路对故意或无意信号,或者来自航天器发射和接收的未经授权的指令的保障措施。指令链路几乎总是以安全的代码格式加密,以维护卫星的健康和安全。执行发射指令之前,指令过程还涉及对卫星的多次发射,确保指令的验证和正确接收。

发射的转移轨道阶段,遥测和指令通常要求有备份的 TTC&M 系统,因为天线没有展开,或航天器姿态不适于将数据传输到地面,主 TTC&M 系统可能不工作。备份系统通常采用全向天线工作,工作于 UHF 或 S 频段,留有足够的余量,确保卫星在最不利的条件下也可以工作。若主 TTC&M 系统在轨发生故障时备份系统也可能启用。

3.2 卫星有效载荷

接下来的两个部分将讨论空间段的有效载荷部分的主要部件,特别是通信卫星系统、转发器和天线子系统。

3.2.1 转发器

通信卫星的转发器包含一系列部件,用于提供上行链路信号和下行链路信号间的通信信道或链路,其中,上行链路信号由上行链路天线接收,下行链路信号由下行天线发射。典型的通信卫星包括几个信道或转发器,多信道中的一些设备可能是共用的。

每个转发器通常工作于不同频段,分配的频谱段分为很多频段,具有指定的中心频率和工作带宽。例如,C 频段固定卫星业务分配的是 500MHz 的带宽。卫星的典型设计具有 12 个转发器,每个转发器的带宽为 36MHz,各个转发器间具有 4MHz 的保护频段。目前典型的商业通信卫星具有 24~48 个转发器,工作于 C 频段、Ku 频段以及 Ka 频段。

通过极化频率复用方式可以使得转发器的数量加倍,极化频率复用就是使用两个频率相同、正交极化的载波。线极化或圆极化已经得到了应用,线极化包括水平和垂直极化,圆极化包括右旋和左旋极化。通过信号的空间分离也可得到频率复用,以窄聚光波束的形式允许地球上物理分隔的地区进行同频载波复用。先进的卫星系统中可以使用极化复用和聚光波束结合的方法提供四倍、六倍、八倍甚至更高的频率复用因子。

通信卫星转发器主要可分为两类:频率变换转发器和星上处理转发器。

3.2.1.1 频率变换转发器

第一类转发器是频率变换转发器,它是自卫星通信开始以来的主流配置。频率变换转发器,还可称为“非再生转发器”或“弯管”,用于接收上行链路信号,经过放大后,仅在载波频率上进行变换后再次发送。

图 3.8 显示了双频变换转发器的典型实现,上行链路的无线电频率f_{up}变换为中间较低的频率f_{if}后放大,然后变换为下行链路射频频率f_{dwn},便于将信号传输到地

球。频率变换转发器应用于静止轨道和非静止轨道的固定卫星业务、宽带卫星业务和移动卫星业务。上行链路和下行链路是相互依赖的,这意味着上行链路中引入的任何退化均会变换到下行链路上,进而影响整个通信链路。这极大地影响了端到端链路的性能,具体有何影响将会在第 9 章评估复合链路性能时讲述。

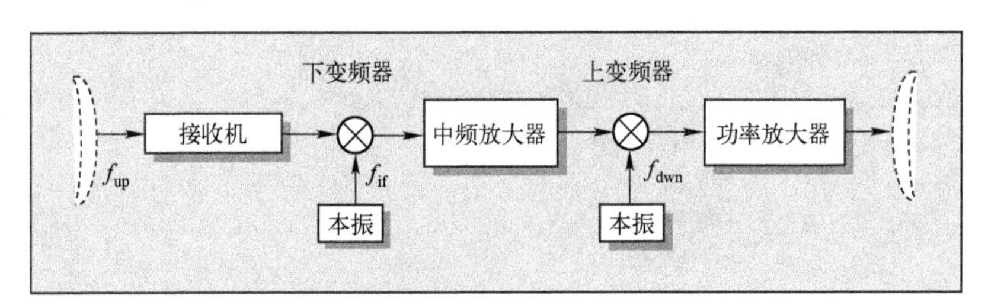

- 频率变换转发器，又称
  - 转发器
  - 非再生转发器
  - ‘弯管’
- 目前在用的主流转发器类型
  - FSS、BSS、MSS
- 上行链路和下行链路是互相依存的

图 3.8　频率变换转发器

3.2.1.2　星上处理转发器

图 3.9 显示了第二类卫星转发器,星上处理转发器,又称为可再生转发器,或解调/重调转发器,或“智能卫星”。上行信号f_{up}解调为基带信号$f_{baseband}$。基带信号用于星上处理,包括重新格式化和纠错。然后将基带信号再次调制到下行链路的载波f_{dwn}上,可以采取不同于上行链路的调制方式,经过最终放大后传输到地面。解调/重调处理从下行链路中消除了上行链路的噪声和干扰,并且可以完成其他的星上处理。因此就整个链路性能评估而言,上行链路和下行链路是相互独立的,不像前面讨论的频率变换转发器,上行链路衰减是互相依赖的。

一般来说,星上处理卫星要比频率变换卫星更复杂而且昂贵。然而,星上处理转发器具有显著的性能优势,特别是那些小型终端用户或大型多元化的网络。星上处理卫星复合链路的性能将在第 9 章进行深入讨论。

行波管放大器(TWTAs)或固态放大器(SSPAs)为每个转发器信道提供最终输出功率。行波管是一种工作在真空管中的慢波结构设备,它需要永磁聚焦和高压直流电源供给支持系统。行波管的主要优点是微波频率的宽频段能力。空间应用的行波管放大器能够很好地工作于 30GHz 以上,输出功率可达 150W 或更高,频段

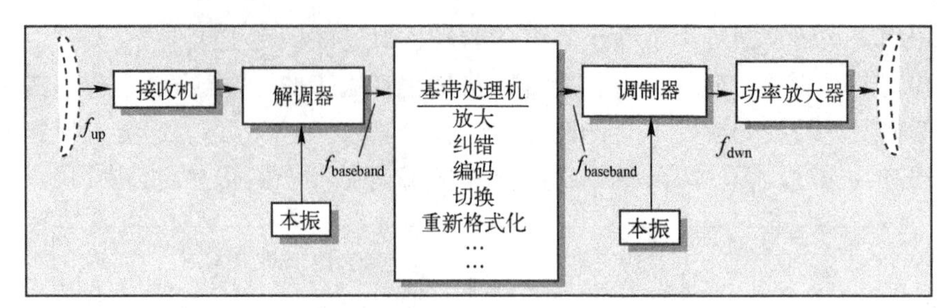

- 星载处理转发器，又称为
  - 再生转发器
  - 解调/重调转发器
  - ‘智能卫星’
- 第一代系统：
  - ACTS、MILSTAR、IRIDIUM…
- 上行链路与下行链路是独立的

图 3.9　星载处理转发器

带宽超过 1GHz。固态放大器通常用于 2~20W 功率需求的场合。固态放大器的电源效率比行波管放大器稍好,然而两者都是非线性设备,直接影响系统的性能,具体内容参见后续章节射频链路性能的讨论。

图 3.8 和图 3.9 的基本转发器配置图中还包括了其他设备。这些设备包括带宽滤波器、开关、输入多路复用器、开关矩阵和输出多路复用器。评估卫星网络空间段的信号损失和系统性能时每个设备都必须考虑。

3.2.2 天线

航天器上的天线系统用来发射和接收射频信号,它是构成通信信道的空间链路部分。天线系统是卫星通信系统的关键部分,因为它是增加发射或接收信号的强度,以便放大、处理和最终重发的基本要素。

定义天线性能最重要的参数是天线增益、天线波束宽度以及天线旁瓣。增益定义了天线系统在集中无线电波能量(无论是发射或接收)时所获得的强度的增加。天线增益通常用 dBi 表示,意为高于各向同性天线的分贝数,各向同性天线指天线所有方向均匀辐射。波束宽度通常用半功率波束宽度或 3dB 波束宽度来表示,该量是最大增益发生的角度度量。旁瓣定义了离轴方向的增益量。大多数卫星通信应用要求天线具有高度方向性(高增益、窄波束宽度)和可忽略不计的旁瓣。关于天线参数及其对卫星链路性能影响的详细定量研究参见第 4 章。

在卫星系统中常用的天线类型有线性偶极子天线、喇叭天线、抛物面反射器以及阵列天线。

线性偶极子天线是一种各向同性的辐射体,它在所有方向上均匀辐射。4 个或更多偶极子天线安装在航天器上,以获得近似全向的方向图。偶极子天线主要用于 VHF 和 UHF 频段的跟踪、遥测和指令链路。此外,偶极子天线在发射阶段很重要,因为航天器姿态尚未确定,而且对于没有姿态控制或星体稳定(尤其对于低轨道系统)的卫星也很重要。

喇叭天线主要用于 4GHz 及以上频率,而且要求的波束比较宽,如地球静止卫星的全球覆盖。喇叭是波导的喇叭形部分,其增益可达 20dBi 左右,波束宽度可达 10°或更高。若需要更高的增益或更窄的带宽,则必须使用反射器或阵列天线。

卫星系统最常使用的天线是抛物面反射器天线,特别是对那些工作于 10GHz 以上的系统。抛物面反射天线通常是由一个或多个喇叭天线馈源汇聚到抛物面的焦点。抛物面反射器提供的增益远高于单靠喇叭天线实现的增益。工作于 C、Ku 或 Ka 频段的抛物面反射器天线可以得到 25dB 或更高的增益,1°或更小的波束宽度。窄波束天线通常要求航天器上的物理指向机构(如平衡环)将波束指向所需的方向。

阵列天线在卫星通信中的应用越来越受到大众的关注。由偶极子、螺旋或喇叭组成的几个小部件辐射的组合,可以形成可操纵的聚焦波束。每个元件上的电子相移信号可以用来实现波束成形。正确选择元件间的相位特征可以控制方向和波束宽度,而不需要天线系统的物理运动。阵列天线的增益随单元数量的平方而增大。阵列天线获得的增益和波束宽度与抛物面反射天线的增益和波束宽度相当。

参考文献

[1] Spilker JJ. Digital Communications By Satellite, Prentice Hall, Englewood Cliffs, NJ,1977.

[2] Pratt T, Bostian CW, Allnutt JE. Satellite Communications, Second Edition, John Wiley & Son, New York, 2003.

[3] 702SP Fact sheet-Boeing. July 2014. Available at: http://www.boeing.com/assets/pdf/defense-space/space/bss/factsheets/702/bkgd_702sp.pdf [accessed 5 October 2016].

第4章 射频链路

本章主要介绍了通信卫星射频(RF)和自由空间链路的基本要素。首先,讲解了基本的传输参数,例如天线增益、波束宽度、自由空间路径损耗等,以及基本的链路功率方程。然后,阐明了系统噪声的概念及其在射频链路上的量化方式,并定义了噪声功率、噪声温度、噪声系数和品质因数等参数。在前面介绍的基本链路和系统噪声参数的基础上,详尽阐述了用于定义通信链路设计和性能的载波噪声比和相关参数。

4.1 传输原理

卫星通信链路的射频(或自由空间)部分是一个影响卫星上通信性能和设计的一个重要因素。基本通信链路定义了链路的基本参数,如图4.1所示。

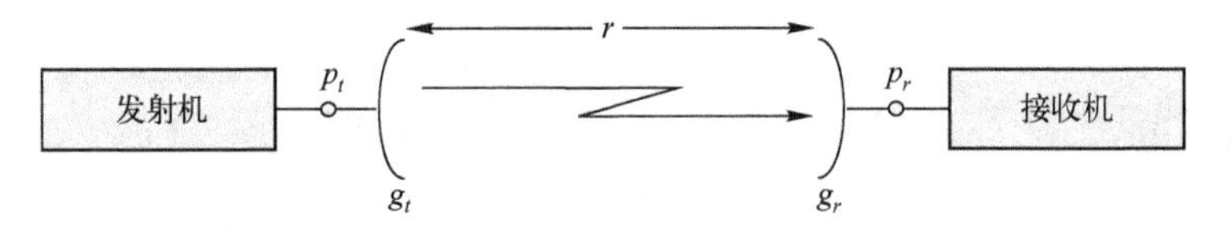

图4.1 基本通信链路

链路参数定义如下:

p_t——发射功率(W);

p_r——接收功率(W);

g_t——发射天线增益;

g_r——接收天线增益;

r——路径距离(m)。

电磁波的标称频率范围为100MHz~100GHz,无线电频段称为无线电波。无线电波的特点是电场和磁场交替变化。空间中特定点的场强以频率 f 做振荡运动，激发相邻的点做类似的振动，无线电波通过此种方式传播。无线电波的波长 λ 是两个连续振荡波的空间分隔，表示为一个振荡周期内波传播的距离。

自由空间中的频率和波长的关系如下(参见图 4.2)：

$$\lambda = \frac{c}{f} \tag{4.1}$$

式中：c 为真空中光的相位速度。

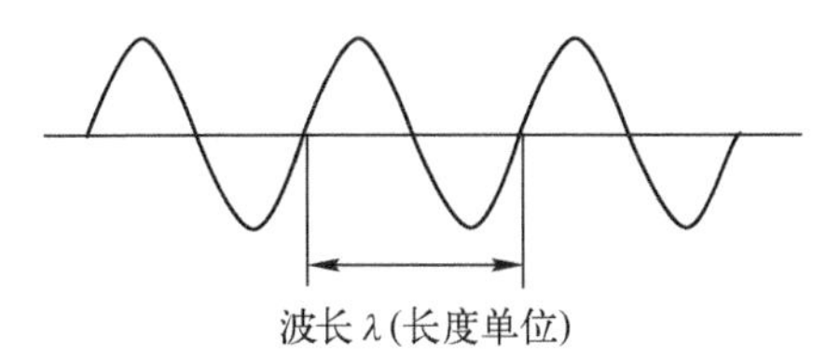

图 4.2　波长定义

$c = 3\times10^8$ m/s 时，自由空间频率为 f(单位为 GHz)的波长可表示为

$$\lambda(\mathrm{cm}) = \frac{30}{f(\mathrm{GHz})} \quad 或 \quad \lambda(\mathrm{m}) = \frac{0.3}{f(\mathrm{GHz})} \tag{4.2}$$

表 4.1 提供了一些典型通信频率的波长示例。

表 4.1　波长和频率

λ/cm	f/GHz
15	2
2.5	12
1.5	20
1	30
0.39	76

假定自由空间中功率为 P_t 的点源 P 的无线电传播。电波在空间中是各向同性的，即从点源 P 以球形方式辐射，如图 4.3 所示。

从点 P 到半径为 r_a 的球体表面上的功率通量密度(或功率密度)可表示为

$$(\mathrm{pfd})_A = \frac{p_t}{4\pi r_a^2}(\mathrm{w/m^2}) \tag{4.3}$$

类似地，半径为 r_b 的球体表面 B 的密度可表示为

$$(\mathrm{pfd})_B = \frac{p_t}{4\pi r_b^2}(\mathrm{w/m^2}) \tag{4.4}$$

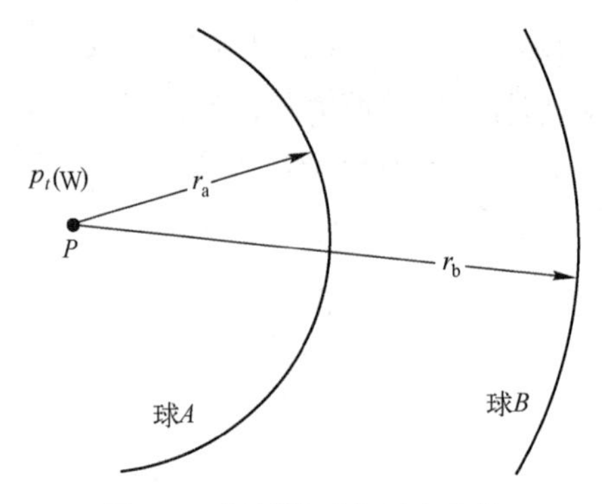

图 4.3　辐射的平方反比定律

两者的功率密度比为

$$\frac{(\mathrm{pfd})_A}{(\mathrm{pfd})_B}=\frac{r_b^2}{r_a^2} \tag{4.5}$$

式中$(\mathrm{pfd})_B<(\mathrm{pfd})_A$,这个关系说明了著名的辐射平方反比定律。从源传播的无线电波的功率密度与源的距离的平方成反比。

4.1.1　有效全向辐射功率

有效全向辐射功率(eirp)是评估射频链路的重要参数。使用图 4.1 中的参数定义,eirp 可定义为

$$\mathrm{eirp}\equiv p_t g_t \quad 或 \quad \mathrm{eirp}=p_t+G_t(\mathrm{dB}) \tag{4.6}$$

eirp 是通信链路传输部分的唯一参数,称为品质因数。

4.1.2　功率通量密度

功率密度的单位通常为 $\mathrm{W/m^2}$,功率通量密度$(\mathrm{pfd})_r$的定义为距增益为 g_t的发射天线 r 处的功率密度 (参见图 4.4)。

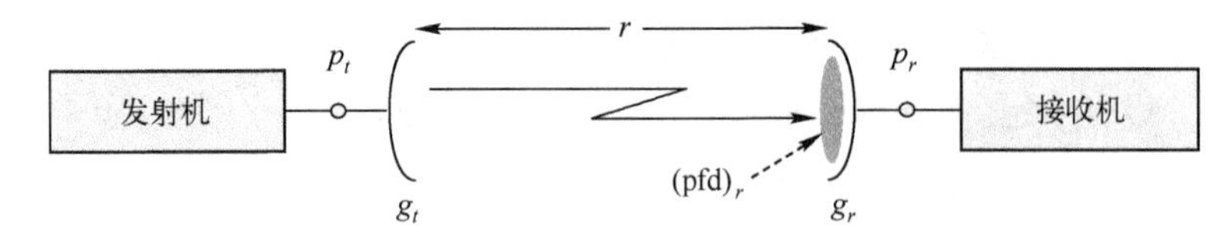

图 4.4　功率通量密度

因此$(\mathrm{pfd})_r$可表示为

$$(\mathrm{pfd})_r = \frac{p_t g_t}{4\pi r^2}(\mathrm{W/m^2}) \tag{4.7}$$

或以 eirp 表示为

$$(\mathrm{pfd})_r = \frac{\mathrm{eirp}}{4\pi r^2}(\mathrm{W/m^2}) \tag{4.8}$$

功率通量密度用分贝为单位可表示为

$$(\mathrm{PFD})_r = 10\log\left(\frac{p_t g_t}{4\pi r^2}\right) = 10\log(p_t)+10\log(g_t)-20\log(r)-10\log(4\pi)$$

当 r 的单位为米时，

$$(\mathrm{PFD})_r = p_t + G_t - 20\log(r) - 10.99$$

或

$$(\mathrm{PFD})_r = \mathrm{eirp} - 20\log(r) - 10.99 \tag{4.9}$$

式中：p_t、g_t 和 eirp 分别是发射功率、发射天线增益和有效全向辐射功率，均是以分贝为单位。

功率通量密度(pfd)是评估卫星通信网络的功率需求和干扰电平的重要参数。

4.1.3 天线增益

全向功率辐射通常不适用于卫星通信链路，因为大多数应用的功率密度电平较低(也有一些例外，如后面第 12 章将要讨论的移动卫星网络)。发射天线和接收天线都需要一定的方向性(增益)。此外，物理天线并不是完美的接收器/发射器，在定义天线增益时必须要考虑到这一点。

首先假定无损(理想)天线，其物理口径面积为 $A(\mathrm{m^2})$。具有物理口径面积 A 的理想天线增益可定义为

$$g_{\mathrm{ideal}} \equiv \frac{4\pi A}{\lambda^2} \tag{4.10}$$

式中：λ 为无线电波的波长。

物理天线并不是理想的——一部分能量会被天线结构反射出去，还有一部分能量会被损耗部件(馈源、框架以及副反射面)吸收。为了考虑这个因素，根据口径效率 η_A 定义了有效口径如下：

$$A_e = \eta_A A \tag{4.11}$$

然后，“实际的”或物理天线增益可定义为

$$g_{\mathrm{real}} \equiv g = \frac{4\pi A_e}{\lambda^2} \tag{4.12}$$

或

$$g=\eta_A\frac{4\pi A}{\lambda^2} \tag{4.13}$$

卫星应用中的天线增益(单位为dB)大于全向同性辐射体的增益(dBi)时,通常采用分贝来表示。因此,式(4.13)可表示为

$$G=10\log\left[\eta_A\frac{4\pi A}{\lambda^2}\right](\text{dBi}) \tag{4.14}$$

还要注意,有效孔径可以表示为

$$A_e=\frac{g\lambda^2}{4\pi} \tag{4.15}$$

圆形抛物面天线的孔径效率典型值为0.55(55%),而高性能天线系统的孔径效率则可达70%或更高。

4.1.3.1 圆形抛物面反射天线

圆形抛物面反射器是卫星地球站和航天器天线最常用的天线类型。它结构简单,具有良好的增益和波束宽度特性,应用范围广。圆形抛物面孔径的物理面积可以表示为

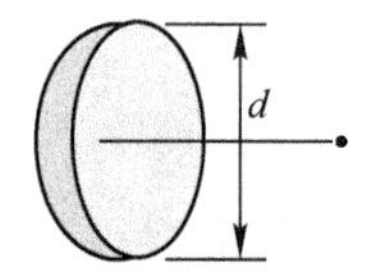

$$A=\frac{\pi d^2}{4} \tag{4.16}$$

式中:d为天线的物理直径。

由天线增益的计算公式(4.13)可得

$$g=\eta_A\frac{4\pi A}{\lambda^2}=\eta_A\frac{4\pi}{\lambda^2}\left(\frac{\pi d^2}{4}\right) \quad 或 \quad g=\eta_A\left(\frac{\pi d}{\lambda}\right)^2 \tag{4.17}$$

分贝形式可表示为

$$G=10\log\left[\eta_A\left(\frac{\pi d}{\lambda}\right)^2\right](\text{dBi}) \tag{4.18}$$

假定天线直径d的单位为m,频率f的单位为GHz,对于给定的天线,其增益可表示为

$$g=\eta_A(10.472fd)^2$$
$$g=109.66f^2d^2\eta_A$$

或以 dBi 可表示为

$$G = 10\log(109.66 f^2 d^2 \eta_A) \tag{4.19}$$

表 4.2 给出了在不同天线直径和频率情况下有代表性的值。计算时天线的效率全部假定为 0.55。

表 4.2 天线增益、直径和频率依赖关系

直径 d/m	频率 f/GHz	增益 G/dBi	直径 d/m	频率 f/GHz	增益 G/dBi
1	12	39	1	24	45
3	12	49	3	24	55
6	12	55	6	24	61
10	12	59	10	24	65

注意,当天线直径增加一倍时,增益增加 6dBi,频率增加一倍时,增益也增加 6dBi。

4.1.3.2 波束宽度

圆形抛物面反射天线的典型方向图以及一些定义天线性能的参数如图 4.5 所示。视线方向指最大增益方向,其增益 g 由上述公式计算可得。半功率波束宽度(有时称为"3dB 波束宽度")是天线增益降低到最大增益方向一半时所包含的锥形角 θ,即功率比最大增益值降低 3dB。

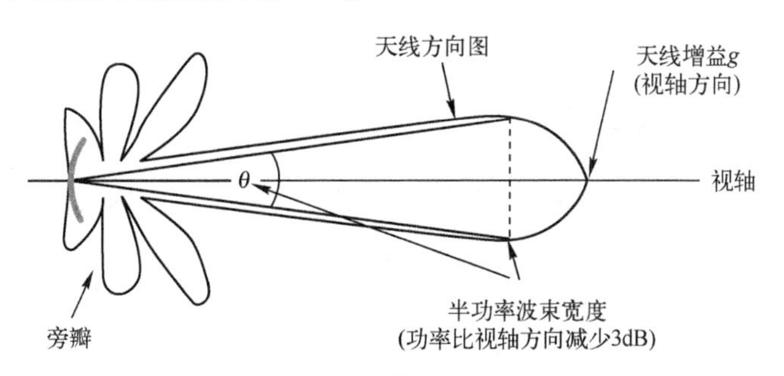

图 4.5 天线波束宽度

天线方向图显示了增益作为距离视线方向的函数。大多数天线都有旁瓣或增益可能增加的区域,天线增益的增加主要是由物理结构部分或天线设计特征等原因造成的。部分能量也可能存在于物理天线反射面的后面。旁瓣作为噪声和干扰的可能来源而受到关注,特别是位于与卫星链路具有相同频段的其他天线或电源附近的卫星地面天线。

抛物面反射天线的天线波束宽度可由简单的关系式近似如下:

$$\theta \cong 75\frac{\lambda}{d}=\frac{22.5}{df} \tag{4.20}$$

式中：θ 为半功率波束宽度，单位为度；d 为天线直径，单位为 m；f 为频率，单位为 GHz。

表 4.3 列出了一些具有代表性的天线波束宽度以及天线增益值，这些值由卫星链路中常用的频率和直径计算得到。

卫星链路天线波束宽度很小，大多数情况下远小于 1°，需要精细的天线指向和控制以维持链路。

表 4.3　圆形抛物面反射天线的天线波束宽度

f/GHz	d/m	G/dBi	θ/(°)
6	3	43	1.25
	4.5	46	0.83
12	1	39	1.88
	2.4	47	0.78
	4.5	53	0.42
30	0.5	41	1.50
	2.4	55	0.31
	4.5	60	0.17

θ/(°)	G/dBi
1	44.85
0.1	64.85

($\eta_A=0.55$)

4.1.4 自由空间路径损耗

假定天线增益为 g_r 的接收机，它与发射机的距离为 r，发射机的功率为 p_t，天线增益为 g_t，如图 4.4 所示。接收天线侦察到的功率为

$$p_r=(\mathrm{pfd})_r A_e=\frac{p_t g_t}{4\pi r^2}A_e(\mathrm{W}) \tag{4.21}$$

式中：$(\mathrm{pfd})_r$ 为接收机的功率通量密度；A_e 为接收机天线的有效面积，单位为 m^2。用式(4.15)代替 A_e 可得

$$p_r=\frac{p_t g_t}{4\pi r^2}\frac{g_r\lambda^2}{4\pi} \tag{4.22}$$

链路分析中使用的几个参数之间相互关系的重新排列如下：

$$p_r=\left[\frac{p_t g_t}{4\pi r^2}\right]g_r\left[\frac{\lambda^2}{4\pi}\right] \tag{4.23}$$

式中：第一个方括号内的项为功率通量密度，记为(pfd)，前面已经定义过了，单位为 W/m^2；第二个方括号内的项为传播损耗，记为 s，单位为 m^2，它只是波长或频率的函数。因此其表达式为

$$s=\frac{\lambda^2}{4\pi}=\frac{0.00716}{f^2} \quad 或 \quad S(\mathrm{dB})=-20\log(f)-21.45 \tag{4.24}$$

式中：频率 f 的单位为 GHz。S 的几个代表性值如下：14GHz 时为−44.37dB，20GHz 时为−47.47dB，30GHz 时为−50.99dB。

以稍微不同的方式重新组织式(4.22)如下：

$$p_r=p_t g_t g_r\left[\left(\frac{\lambda}{4\pi r}\right)^2\right] \tag{4.25}$$

方括号中的项表示平方反比损耗。该项通常用它的倒数形式表示自由空间路径损耗 l_{FS}，即

$$l_{\mathrm{FS}}=\left(\frac{4\pi r}{\lambda}\right)^2 \tag{4.26}$$

或以分贝形式表示为

$$L_{\mathrm{FS}}(\mathrm{dB})=20\log\left(\frac{4\pi r}{\lambda}\right) \tag{4.27}$$

该项反过来是为了“工程设计”，以保持 $L_{\mathrm{FS}}(\mathrm{dB})$ 为一个正数，即 $l_{\mathrm{FS}}>1$。

在自由空间中或其特征近似于自由空间均匀性的地区(如地球大气层)中传播的所有无线电波都存在自由空间路径损耗。

自由空间路径损耗的分贝表达式可简化为链路计算时所采用的特定的单位。基于频率可将式(4.26)改写为

$$l_{\mathrm{FS}}=\left(\frac{4\pi r}{\lambda}\right)^2=\left(\frac{4\pi rf}{c}\right)^2$$

当距离 r 的单位为 m，频率 f 的单位为 GHz 时，

$$l_{\mathrm{FS}}=\left(\frac{4\pi r(f\times10^9)}{3\times10^8}\right)^2=\left(\frac{40\pi}{3}rf\right)^2$$

$$L_{\mathrm{FS}}(\mathrm{dB})=20\log(f)+20\log(r)+20\log\left(\frac{40\pi}{3}\right)$$

$$L_{\mathrm{FS}}(\mathrm{dB})=20\log(f)+20\log(r)+32.44 \tag{4.28}$$

当距离 r 的单位为 km 时，

$$L_{\mathrm{FS}}(\mathrm{dB})=20\log(f)+20\log(r)+92.44 \tag{4.29}$$

表 4.4 列出了一系列卫星链路频率和代表地球静止轨道和非地球静止轨道范

围的路径损耗。对于地球静止轨道，自由空间路径损耗约为200dB，而对于非地球静止轨道，其值约为150dB，在任何链路设计时均需要考虑该损耗。

表4.4 卫星链路代表性的自由空间路径损耗

GSO 轨道

r/km	f/GHz	L_{FS}/dB
35900	6	199
	12	205
	20	209
	30	213
	44	216

NGSO 轨道

r/km	f/GHz	L_{FS}/dB
100	2	138
	6	148
	12	154
	24	160
1000	2	158
	6	168
	12	174
	24	181

4.1.5 接收功率基本链路方程

目前已经具备了用来定义基本链路方程的所有要素，该方程可用来确定卫星通信链路接收机天线终端所接收到的功率(图4.6)。这里再次给出基本通信链路(重画图4.1为图4.6)。

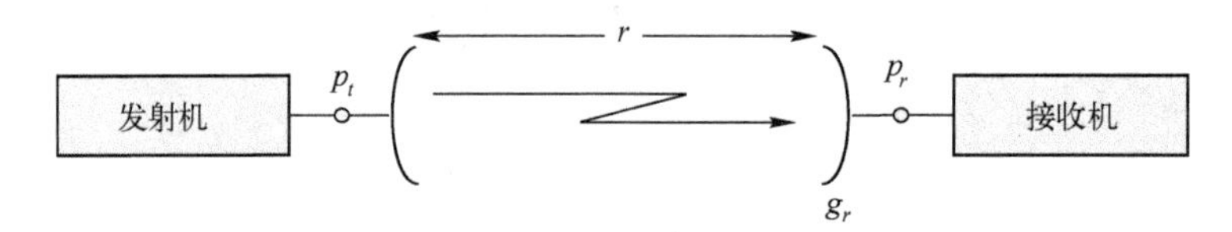

图4.6 基本通信链路

链路参数定义如下：

p_t——发射功率(W)；

p_r——接收功率(W)；

g_t——发射天线增益；

g_r——接收天线增益；

r——路径距离(m 或 km)。

接收天线端的接收机功率可表示为

$$p_r = p_t g_t \left(\frac{1}{l_{\mathrm{FS}}}\right) g_r = \mathrm{eirp}\left(\frac{1}{l_{\mathrm{FS}}}\right) g_r \tag{4.30}$$

或以分贝表示为

$$P_r(\mathrm{dB}) = \mathrm{EIRP} + G_r - L_{\mathrm{FS}} \tag{4.31}$$

结果给出了卫星通信链路的基本链路方程,有时又称为链路功率预算方程,该式是卫星设计和性能评估的设计方程。

4.1.5.1 Ku 频段链路计算举例

本节给出了一个具有代表性的工作于 Ku 频段卫星链路接收功率的计算示例(图 4.7)。假定卫星上行链路具有如下参数:

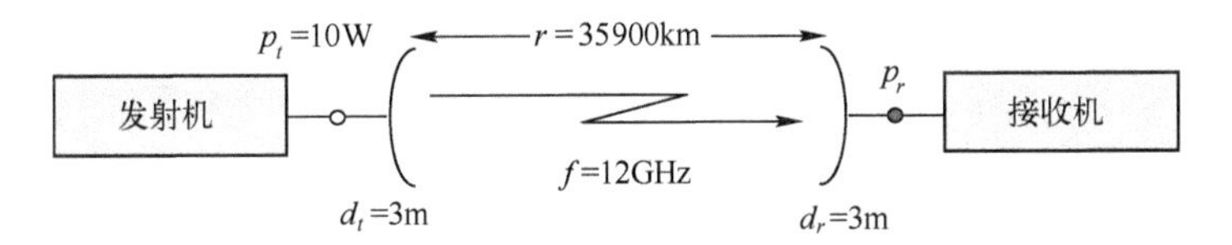

图 4.7 Ku 频段链路参数

发射功率为 10W,发射和接收抛物面天线的直径均为 3m,天线效率均为 55%。卫星位于地球静止轨道位置,距离为 35900km。工作频率为 12GHz。上述数据是中等速率专用网络 VSAT 上行链路终端的典型参数。计算链路的接收功率 p_r 和功率通量密度$(\mathrm{pfd})_r$。

首先由式(4.19)计算天线增益:

$$G = 10\log(109.66 f^2 d^2 \eta_A)$$

$$G_t = G_r = 10\log(109.66 \times (12)^2 \times (3)^2 \times 0.55) = 48.93\mathrm{dBi}$$

由式(4.6)计算的有效辐射功率(单位为 dB)为

$$\begin{aligned}\mathrm{EIRP} &= P_t + G_t = 10\log(10) + 48.93 \\ &= 10 + 48.93 = 58.93\mathrm{dBW}\end{aligned}$$

由式(4.28)计算的自由空间路径损耗(单位为 dB)为

$$\begin{aligned}L_{\mathrm{FS}} &= 20\log(f) + 20\log(r) + 32.44 \\ &= 20\log(12) + 20\log(3.59 \times 10^7) + 32.44 \\ &= 21.58 + 151.08 + 32.44 = 205.1\mathrm{dB}\end{aligned}$$

由链路功率计算式(4.31)可得接收功率(单位为 dB)为

$$\begin{aligned}P_r(\mathrm{dB}) &= \mathrm{EIRP} + G_r - L_{\mathrm{FS}} \\ &= 58.93 + 48.93 - 205.1 \\ &= -97.24\mathrm{dBW}\end{aligned}$$

由上式可知,以 W 为单位的接收功率为

$$p_r = 10^{-\frac{97.24}{10}} = 1.89\times10^{-10}(\mathrm{W})$$

那么由式(4.9)确定的功率通量密度(单位为 dB)可表示为

$$\begin{aligned}(\mathrm{PFD})_r &= \mathrm{EIRP}-10\log(r)-10.99\\ &=58.93-20\log(3.59\times10^{7})-10.99\\ &=58.93-151.08-10.99\\ &=-103.14\mathrm{dB}(\mathrm{W/m^2})\end{aligned}$$

请注意,接收功率非常非常低,在设计链路时,这是一个重要的考虑因素,以便在链路中引入噪声时获得足够的性能,我们将在后面的部分看到这一点。

4.2 系统噪声

来自于发射机终端信号检测和解调的不需要的电源或信号(噪声)沿着信号路径所有的位置引入卫星链路。通信系统中存在许多噪声源。接收机系统中的每个放大器均会在信息带宽中产生噪声功率,在链路性能计算时必须要加以考虑。其他的噪声源包括混频器、上变频器、下变频器、开关、组合器、多路复用器等。上述硬件部分产生的系统噪声将叠加在大气环境中无线电波传输路径所产生的噪声中。

然而,在接收机前端引入通信系统的噪声是最显著的,因为这是信号电平最低的地方。图 4.8 的阴影部分显示了卫星链路的接收机前端区域。

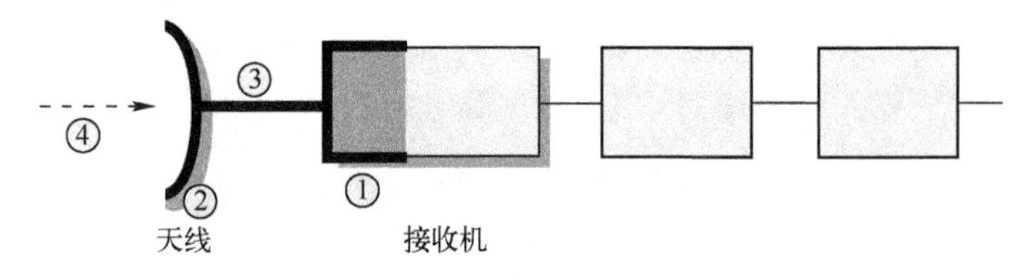

图 4.8 接收机前端

前端区域的 4 个噪声源分别是:①接收机前端;②接收机天线;③接收机前端与天线的连接元件;④来自自由空间路径的噪声,通常称为无线电噪声。

接收机天线、接收机前端以及它们之间的连接元件(包含有源元件和无源元件)是必须设计成尽量能够减小噪声对卫星链路性能影响的子系统。地面终端天线/接收机(下行链路)和卫星天线/接收机(上行链路)都是噪声降低的可能源头。正如前一节所述,接收天线终端接收的载波功率是非常低的(通常以皮瓦计),因此,在该处不需要引入太多的噪声即可降低系统的性能。

无线电频段噪声的主要来源是热噪声，它是由接收机设备（包括有源设备和无源设备）中电子的热运动而产生的。系统中每个设备所引入的噪声通过引入等效噪声温度来量化。等效（或附加）噪声温度 t_e 定义为产生单位带宽噪声功率的无源电阻的温度，该噪声功率与设备所产生的噪声功率相同。

卫星通信系统中接收机系统前端元件的典型等效噪声温度如下：

- 低噪声接收机（C、Ku 和 Ka 频段）：100～500K
- 1dB 线路损耗：60K
- 3dB 线路损耗：133K
- 例如，美国宇航局深空网络所使用的冷却参数放大器（paramp）：15～30K。

奈奎斯特公式定义的噪声功率 n_N 如下：

$$n_N = kt_e b_N (\mathrm{W}) \tag{4.32}$$

式中：k 为玻尔兹曼常数，其值为 $k = 1.39 \times 10^{-23}$ J/K = − 198dBm/K/Hz = −228.6dBW/K/Hz；t_e 为噪声源的等效噪声温度，单位为 K；b_N 为噪声带宽，单位为 Hz。

噪声带宽是承载信息的信号射频段宽，通常是链路的最终检测器/解调器的滤频段宽。不管是模拟的还是数字的基带信号格式都必须要考虑噪声带宽。

奈奎斯特结果显示噪声功率 n_N 与频率无关，即噪声功率均匀分布在带宽内。对于高于无线电通信频谱的更高频率，占主导地位的将是量子噪声而不是热噪声，此时噪声功率计算必须采用量子公式。热噪声和量子噪声间跃迁频率的发生需满足以下条件：

$$f \approx 21 t_e \tag{4.33}$$

式中：f 的单位为 GHz；t_e 的单位为 K。此频率下热噪声占主导地位，反之量子噪声占主导地位。

表 4.5 列出了在卫星无线电通信系统中等效噪声温度的跃迁频率。除了极其低的噪声系统，此时噪声温度 t_e 小于 5K，热噪声将主导无线电通信系统和本书所关注的卫星链路。

表 4.5 热噪声与量子噪声的跃迁频率

t_e/K	f/GHz
100	2100
10	210
4.8	100

由于热噪声与工作频率无关，为了方便使用通常将噪声功率表示为噪声功率密度 n_o（或噪声功率谱密度），其表达式为

$$n_o=\frac{n_N}{b_N}=\frac{kt_e b_N}{b_N} \quad 或 \quad n_o=kt_e(\mathrm{W/Hz}) \tag{4.34}$$

在卫星链路通信系统中，噪声功率密度通常是评价系统噪声功率时选择的参数。

4.2.1 噪声系数

在通信信号通路中，另一种方便的量化放大器或其他设备所产生的噪声的方法是噪声系数 nf。可通过设备输入端信号噪声功率比与设备输出端信号噪声功率比的比值来定义噪声系数（参见图 4.9）。

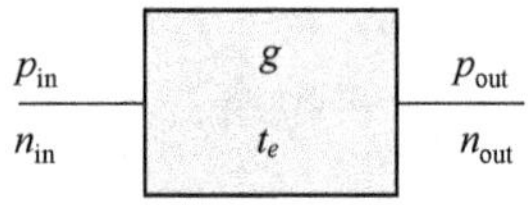

图 4.9 设备噪声系数

假定设备的增益为 g，有效噪声系数为 t_e，如图 4.9 所示。根据噪声系数定义，于是设备噪声系数可表示为

$$nf\equiv\frac{\dfrac{p_{\mathrm{in}}}{n_{\mathrm{in}}}}{\dfrac{p_{\mathrm{out}}}{n_{\mathrm{out}}}}$$

或者根据设备参数可得

$$nf\equiv\frac{\dfrac{p_{\mathrm{in}}}{n_{\mathrm{in}}}}{\dfrac{p_{\mathrm{out}}}{n_{\mathrm{out}}}}=\frac{\dfrac{p_{\mathrm{in}}}{kt_o b}}{\dfrac{gp_{\mathrm{in}}}{gk(t_o+t_e)b}}$$

式中：t_o 为输入参考温度，通常设为 290K；b 为噪声带宽。

于是，简化项为

$$nf=\frac{t_o+t_e}{t_o}=\left(1+\frac{t_e}{t_o}\right) \tag{4.35}$$

用 dB 形式表示的噪声系数为

$$NF=10\log\left(1+\frac{t_e}{t_o}\right) \tag{4.36}$$

当括号里的项$(1+t_e/t_o)$用数值表示时，有时称为噪声因子。

由噪声系数可知，设备输出噪声 n_{out} 为

$$n_{\text{out}}=gk(t_o+t_e)b=gkt_o\left(1+\frac{t_e}{t_o}\right)b$$
$$=nfgkt_ob=nfgn_{\text{in}}$$

还请注意：

$$n_{\text{out}}=gkt_ob+gkt_eb=gkt_ob+gk\left(\frac{t_e}{t_o}\right)t_ob=gkt_ob+(nf-1)gkt_ob \tag{4.37}$$

式中：gkt_ob 为输入噪声影响；$(nf-1)gkt_ob$ 为设备噪声影响。

结果显示，噪声系数量化了设备引入信号通路的噪声，该噪声直接附加到设备输入时已经存在的噪声中。

最后，由噪声系数定义，反推式(4.35)可得等效噪声温度计算公式：

$$t_e=t_o(nf-1) \tag{4.38}$$

噪声系数以分贝表示时，其表示为

$$t_e=t_o\left(10^{\frac{NF}{10}}-1\right) \tag{4.39}$$

结果提供了噪声系数为 NF 分贝设备的等效噪声温度。

表 4.6 列出了卫星通信链路中预期范围内的噪声系数和等效噪声温度。

表 4.6　噪声系数和有效噪声温度

NF/dB	t_e/K	t_e/K	NF/dB
1	75	30	0.4
4	438	100	1.3
6	865	290	3
10	2,610	1,000	6.5
20	28,710	10,000	15.5

C 频段典型的低噪声放大器应该有 1~2dB 范围内的噪声系数，Ku 频段有 1.5~3dB 的噪声系数，Ka 频段有 3~5dB 的噪声系数。通信链路中 10~20dB 的噪声系数并不罕见，特别是在电路的高功率部分。然而，为了保持可行的链路性能，通常必须将接收机前端区域元件的噪声系数保持低至个位数。

4.2.2 噪声温度

在本节中，我们研究确定通信电路中感兴趣的特定元件的等效噪声温度的步骤。将讨论 3 种类型的设备，具体为有源器件、无源器件及接收机天线系统。最

后,综合所有相关噪声温度,开发了计算系统噪声温度的处理过程。

4.2.2.1 有源器件

通信系统中的有源器件有放大器和其他增强信号电平的元件,也就是说,这些元件的输出功率比输入功率大($g>1,G>0$dB)。除放大器外,其他有源器件的例子还包括上变频器、下变频器、混频器、有源滤波器、调制器、解调器以及某些形式的有源组合器和多路复用器等。

放大器和其他有源器件可以用等效噪声电路来表示,以便更好地确定噪声对链路的影响。图4.10显示了增益为g,噪声系数为NF(分贝)的有源器件的等效噪声电路。注意:这个等效电路只是用来评价设备的噪声影响——它不一定适用于分析通过器件的信号传输的信息载体部分的等效电路。

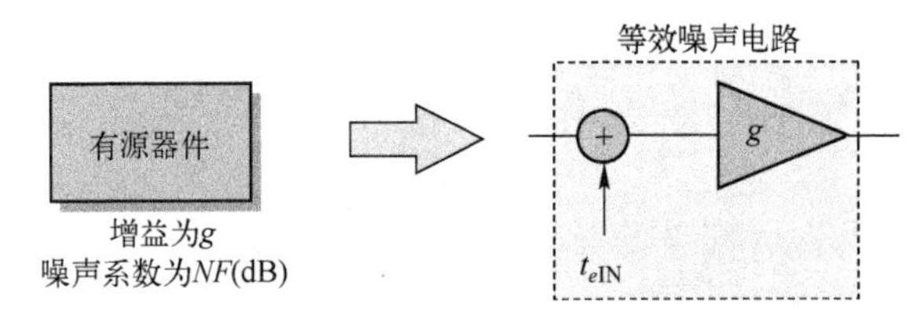

图4.10 有源器件的等效噪声电路

等效电路由增益为g的理想放大器和附加于理想放大器输入端的噪声源t_{eIN}组成,电路通道为理想无噪声。在前面章节的式(4.37)中,我们发现增益为g的器件噪声影响可以用$t_o(nf-1)$来表示,式中nf是噪声系数,t_o是输入参考温度。

因此,t_{eIN}可表示为

$$t_{eIN}=290(nf-1) \tag{4.40}$$

式中,输入参考温度设为290K。

将噪声系数用式(4.35)中的器件等效噪声温度t_e表示,可以看出,有源器件的等效噪声电路附加噪声源等于器件等效噪声温度:

$$t_{eIN}=290\left(\left(1+\frac{t_e}{290}\right)-1\right)=t_e \tag{4.41}$$

有源器件噪声系数以dB为单位时,那么噪声源可表示为

$$t_{eIN}=290\left(10^{\frac{NF}{10}}-1\right) \tag{4.42}$$

图4.10中的等效噪声电路以及式(4.41)或式(4.42)中的输入噪声影响,可以用来表示通信通路中每个有源器件,以确定噪声对系统的影响。

4.2.2.2 无源器件

无源或吸收器件有波导、电缆、双工器、滤波器开关等,它们会减少通过的功率

电平(即 $g<1, G<0$dB)。无源器件由损耗因子 l 来定义:

$$l=\frac{p_{in}}{p_{out}} \tag{4.43}$$

式中,p_{in}和 p_{out}分别为器件的输入和输出功率。

以 dB 为单位的器件损耗可表示为

$$A(\text{dB})=10\log(l) \tag{4.44}$$

图 4.11 显示了损耗为 A 分贝的无源器件的等效噪声电路。再次注意:这个等效电路只是用来评价器件的噪声影响——它不一定适用于分析通过器件的信号传输的信息载体部分的等效电路。

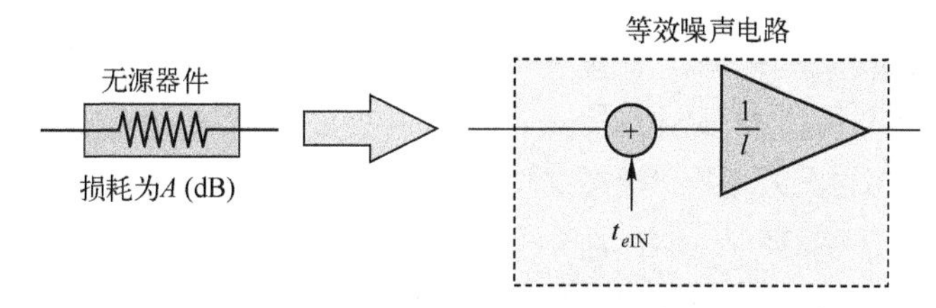

图 4.11 无源器件的等效噪声电路

等效电路由增益为$\frac{1}{l}$的理想放大器和附加于理想放大器输入端的噪声源 t_{eIN} 组成,电路通道为理想无噪声。无源器件的输入噪声影响可表示为

$$t_{eIN}=290(l-1)=290\left(10^{\frac{A(\text{dB})}{10}}-1\right) \tag{4.45}$$

根据损耗可知,理想放大器的"增益"为

$$\frac{1}{l}=\frac{1}{10^{\frac{A(\text{dB})}{10}}}=10^{-\frac{A(\text{dB})}{10}} \tag{4.46}$$

图 4.11 的等效噪声电路、式(4.45)确定的输入噪声影响以及式(4.46)确定的理想"增益",可以用来表示通信通路中损耗为 A(分贝)的每个无源器件,以确定噪声对系统的影响。

4.2.2.3 接收机天线噪声

通过接收机天线将噪声引入系统有两种可能的方式。一种是物理天线结构本身,以天线损耗的形式。另一种来自于无线电路径,通常称为无线电噪声或天空噪声(参见图 4.12)。

天线损耗是物理结构(主反射器、子反射器、架构等)产生的吸收损耗,它有效地降低了无线电波功率电平。天线损耗通常由天线的等效噪声温度来确定。天线的等效噪声温度在开氏度的 10 倍范围内(0.5~1dB 损耗)。天线损耗通常作为天

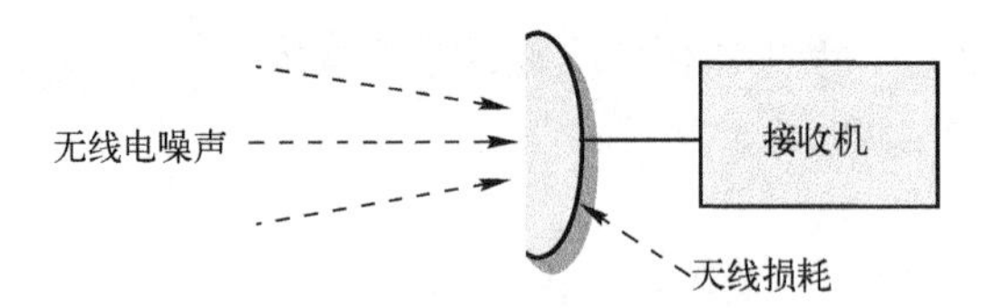

图 4.12　接收机天线噪声源

线孔径效率 η_A 的一部分，在计算链路功率预算时不必将其直接考虑进去。不过，偶尔也会用到专门的天线，由于旁瓣损耗或其他物理条件，天线损耗可能由制造商指定，其可能与仰角有关。

无线电噪声可以从自然源和人为源引入到传输路径中。这种噪声功率将通过增加接收机的天线温度来增加系统噪声。对于超低噪声接收机，无线电噪声是影响通信系统设计和性能的限制因素。

在卫星链路中，无线电噪声的主要自然成分如下：

- 银河噪声，频率高于 1GHz 时约为 2.4K。
- 大气成分，任何吸收无线电波的成分都会以噪声的形式发射通量。影响卫星通信链路的主要大气成分包括氧气、水蒸气、云和雨（频率高于 10GHz 时最严重）。
- 外太空源，包括月亮、太阳和行星。

图 4.13 总结了路径中大气成分对天线温度升高的一些有代表性的数值，包括下行链路和上行链路。

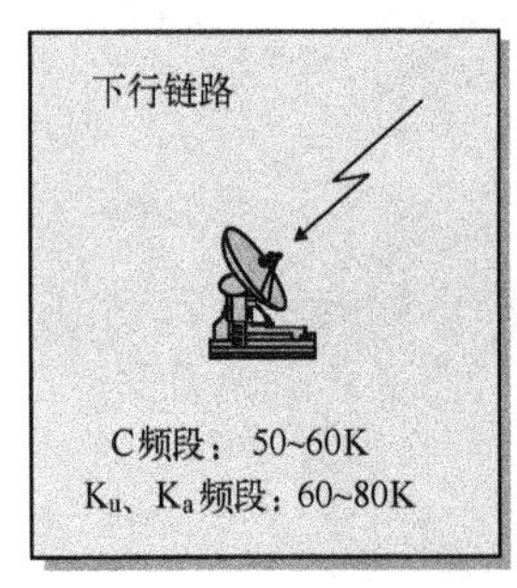

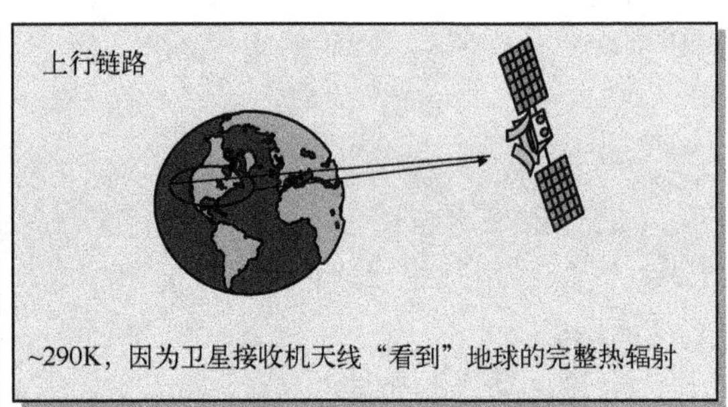

(a) 典型天线温度值(无雨)

雨衰电平/dB	1	3	10	20	30
噪声温度/K	56	135	243	267	270

(b) 降雨引起的附加无线电噪声

图 4.13　由于大气成分引起的天线温度升高

上行链路和下行链路中的无线电噪声,包括特定的影响和无线电噪声功率的确定(包括图 4.13 中所示数值的来源)将在本书第 6 章无线电噪声部分进行充分的讨论。

人为的无线电噪声由同一信息带宽下的干扰噪声组成,具体包括:

- 卫星和地面的通信链路;
- 机械;
- 可能在地面终端附近的其他电子设备。

干扰噪声通常会通过地面接收机天线的旁瓣或后瓣引入系统。干扰噪声通常难以直接量化。在大多数应用中,通常采用测量和仿真的方法来估计干扰噪声。

4.2.3 系统噪声温度

在通信传输通路中每个设备的噪声影响,包括天空噪声在内,将综合产生一个总系统噪声温度,它被用来评价链路的整体性能。噪声影响通过一个共同的参考点进行组合,通常是接收机天线终端,因为这里所需的信号电平最低,也是噪声影响最大的地方。本书描述了一组级联元件噪声温度组合过程。

假定一个具有图 4.14(a)所显示元件的典型卫星接收机系统。接收机前端包括噪声温度为 t_A 的天线,增益为 g_{LA} 且噪声温度为 t_{LA} 的低噪声放大器(LNA),低噪声放大器与下变频器(混频器)连接的线路损耗为 A(dB)的电缆,增益为 g_{DC} 且噪声温度为 t_{DC} 的下变频器,最后还包括增益为 g_{IF} 且噪声温度为 t_{IF} 的中频放大器。无论有源还是无源器件,均采用等效噪声电路来表示,如图 4.14(b)所示。注意在本例中,除电缆线路损耗外,所有器件是有源的。

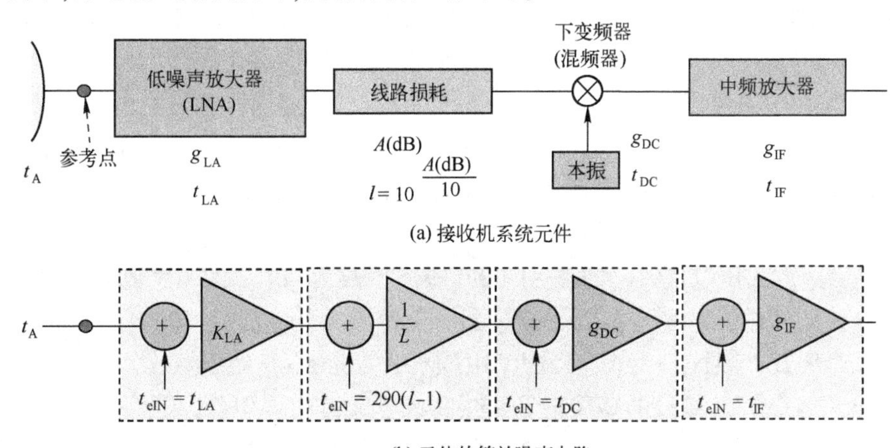

图 4.14 卫星接收机系统和系统噪声温度(见彩图)

所有噪声温度影响将在参考点处汇总,如图 4. 14 中的红点显示。从最左边的器件开始,然后向右移动,加入参考点的噪声温度影响,跟踪通路中的任何放大器。相对于参考点的噪声温度影响汇总是系统噪声温度 t_S。

天线是第一个器件,位于参考点,所以它直接相加。低噪声放大器(LNA)是第二个器件,它的噪声影响为 t_{LA},也位于参考点,因此也是直接相加。

线路损耗噪声影响 $290(l-1)$ 参照参考点,相反的方向通过低噪声放大器。因此,参考点的线路损耗噪声影响为

$$\frac{290(l-1)}{g_{\text{LA}}}$$

考虑了作用在噪声功率上的增益,即低噪声放大器输入端 $\frac{290(l-1)}{g_{\text{LA}}}$ 的功率等效为器件输出端 $290(l-1)$ 的功率。

其他剩余的器件,以类似的方式计算过程中的所有增益,我们可以得到参考点处的总的系统噪声温度为

$$t_S = t_A + t_{\text{LA}} + \frac{290(l-1)}{g_{\text{LA}}} + \frac{t_{\text{DC}}}{\left(\frac{1}{l}\right) g_{\text{LA}}} + \frac{t_{\text{IF}}}{g_{\text{DC}} \left(\frac{1}{l}\right) g_{\text{LA}}} \tag{4.47}$$

由 t_S 可得系统噪声系数为

$$NF_S = 10\log\left(1 + \frac{t_S}{290}\right) \tag{4.48}$$

系统噪声温度 t_S 表示图 4. 14 中所示的所有前端器件在天线端子处的噪声。通信系统中后续的器件也会对系统产生噪声,但是,正如我们在下一节将看到的,与系统中最初几个设备的贡献相比,它们可以忽略不计。

4. 2. 3. 1　系统噪声温度的计算举例

通过假设每个器件的典型值来观察接收机系统中单个器件对总的系统噪声温度的影响。图 4. 15 为上一节介绍的卫星接收机噪声系统,并给出了各器件的具体参数。

低噪声放大器(LNA)的增益为 30dB,噪声系数为 4dB。低噪声放大器通过一个 3dB 线路损耗的电缆连接到下变频器。下变频器的增益为 10dB,噪声系数为 10dB。最终,信号通过一个增益为 40dB,噪声系数为 20dB 的中频放大器。这些是工作于 C、Ku 或 Ka 频段的高质量卫星接收机所具有的典型值。还假设天线温度为 60K,这是在干燥晴朗天气下卫星下行链路工作的典型值。图 4. 15 还显示了接收机的等效噪声电路。

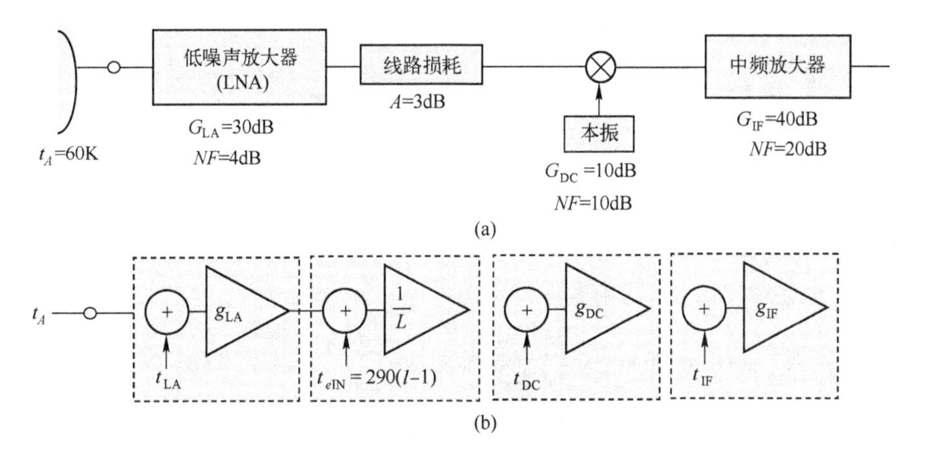

图 4.15 系统噪声温度的计算举例参数

式(4.42)给出了每个器件的等效噪声温度计算：

$$t_{eIN}=290(10^{\frac{NF}{10}}-1) \qquad t_{DC}=290(10^{\frac{10}{10}}-1)=2610\text{K}$$

$$t_{LA}=290(10^{\frac{4}{10}}-1)=438\text{K} \qquad t_{IF}=290(10^{\frac{20}{10}}-1)=28710\text{K}$$

式(4.45)给出了线路损耗的等效噪声温度：

$$t_{eIN}=290(l-1)=290(10^{\frac{3}{10}}-1)=289\text{K}$$

每个器件的增益数值如下：

$$g_{LA}=10^{\frac{30}{10}}=1,000 \qquad g_{DC}=10^{\frac{10}{10}}=10$$

$$\frac{1}{l}=\frac{1}{10^{\frac{3}{10}}}=\frac{1}{2} \qquad g_{IF}=10^{\frac{40}{10}}=10000$$

于是,由式(4.47)可知总的系统噪声温度为

$$t_S=t_A+t_{LA}+\frac{290(l-1)}{g_{LA}}+\frac{t_{DC}}{\left(\frac{1}{l}\right)g_{LA}}+\frac{t_{IF}}{g_{DC}\left(\frac{1}{l}\right)g_{LA}}$$

$$=60+438+\frac{289}{1000}+\frac{2610}{\left(\frac{1}{2}\right)1000}+\frac{28710}{10\left(\frac{1}{2}\right)1000}$$

$$=60+438+0.29+5.22+5.74=509.3(\text{K})$$

式中:天线的噪声温度为 60K;低噪声放大器的噪声温度为 438K;连接线的噪声温度为 0.29K;下变频器的噪声温度为 5.22K;中频放大器的噪声温度为 5.74K,其中

天线与低噪声放大器所产生的噪声占主要因素。

结果证实,系统噪声温度的主要来源为前两个器件,它们构成了卫星接收机的“前端”区域。其余器件虽然具有很高的等效噪声温度,但由于放大器增益极大地降低了等效噪声温度,因此对系统噪声温度的影响很小。若在中频放大器之外加入其他器件,也会得到类似的结果,因为中频放大器的高增益降低了其他器件的噪声影响,就像线路损耗、下变频器和中频放大器一样。

系统的噪声系数NF_S可由系统噪声温度 t_S计算得到:

$$NF_S = 10\log\left(1+\frac{t_S}{290}\right) = 10\log\left(1+\frac{509.3}{290}\right) = 4.40(\text{dB})$$

注意,所有其他器件的贡献只在低噪声放大器噪声系数的基础上增加 0.4dB。

于是噪声功率密度可表示为

$$N_o = K+T_S = -228.6+10\log(509.3) = -201.5(\text{dBW})$$

$$n_o = 10^{-\frac{201.5}{10}} = 7.03\times10^{-21}(\text{W})$$

将此结果与 4.1.5.1 节中举例计算所得到的接收功率$p_r = 1.89\times10^{-10}$W 进行比较,可以发现,噪声功率明显低于信号功率,这对于可接受性能余量的卫星接收机系统而言是一个期望得到的结果。

4.2.4 品质因数

在卫星通信链路中,接收机部分的质量或效率通常由品质因数决定(通常表示为 G/T),品质因素定义为接收机天线增益与接收机系统噪声温度的比值。

$$M \equiv \left(\frac{G}{T}\right) = G_r - T_S = G_r - 10\log_{10}(t_S) \tag{4.49}$$

式中:G_r为接收机天线增益,单位为 dBi;t_S为接收机系统噪声温度,单位为 K。

(G/T)是接收机系统性能的唯一参数度量,与 eirp 类似,eirp 是链路发射机部分性能的唯一参数度量。

在运行的卫星系统中,(G/T)的值范围很广,包括负分贝值。

例如,假定一个代表性的 12GHz 的链路,接收机天线直径为 1m,接收机噪声系数为 3dB,天线噪声温度为 30K(假定线路无损耗,并且天线效率为 55%),增益和系统噪声温度表示如下:

$$G_r = 10\log(109.66\times(12)^2\times(1)^2\times0.55) = 39.4\text{dBi}$$

$$t_S = 30+290(10^{\frac{3}{10}}-1) = 30+290 = 320\text{K}$$

于是,由式(4.49)确定的品质因数为

$$M=G_r-T_S=39.4-10\log_{10}(320)=14.4\text{dB/K}$$

当系统噪声温度变化时，品质因数随着仰角而变化。运行的卫星链路的(G/T)值为20dB/K，甚至更高，也可以低至-3dB/K。较低的品质因数值通常出现在具有宽波束天线的卫星接收机（上行链路）中，用dB表示时，其增益可能低于系统噪声温度。

4.3 链路性能参数

本章前几节讨论了如下内容：①描述卫星通信射频链路所需信号功率电平的相关参数（第4.1节）；②描述了链路的噪声功率电平的相关参数（第4.2节）。在本节中，将结合上述概念来定义系统噪声存在时射频链路的整体性能。为了便于广泛应用和实现，这些结果对于卫星系统设计与链路性能的定义至关重要。

4.3.1 载波噪声比

在相同带宽内，平均射频载波功率c与噪声功率n的比值定义为载波噪声比(c/n)。载波噪声比是通信系统中定义系统总体性能的一个主要参数。可以在链路的任意点处定义，例如接收机天线端或解调输入端。

(c/n)可根据有效全向辐射功率eirp，品质因数G/T以及前面讨论的其他链路参数来表示。假定链路中，发射功率为p_t，发射天线增益为g_t，接收天线增益为g_r，如图4.16所示。

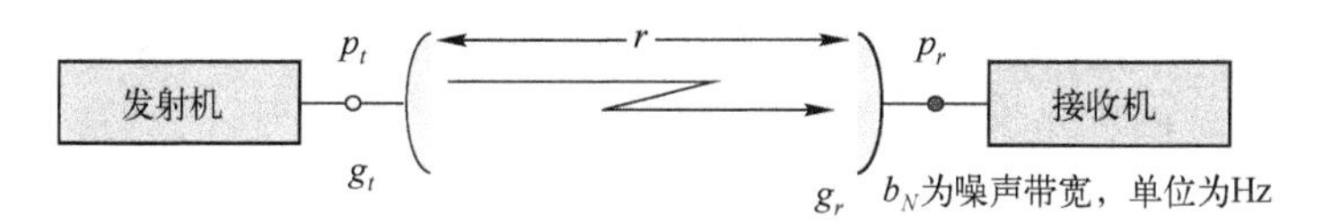

图4.16 卫星链路参数

为了完整起见，将链路上的损耗定义为两个部分，即式(4.26)所示的自由空间路径损耗

$$l_{FS}=\left(\frac{4\pi r}{\lambda}\right)^2 \tag{4.50}$$

和所有其他损耗l_o，可定义为

$$l_o=\sum(\text{其他损耗}) \tag{4.51}$$

式中，其他损耗可能来自自由空间路径本身，如降雨衰减、大气衰减等，或来自硬件器件，如天线馈源、线路损耗等。

接收机天线端子处的功率为

$$p_r = p_t g_t g_r \left(\frac{1}{l_{\mathrm{FS}} l_o}\right) \tag{4.52}$$

由式(4.32)可知，接收机天线端噪声功率为

$$n_r = k t_S b_N \tag{4.53}$$

于是，接收机端的载波噪声比为

$$\left(\frac{c}{n}\right) = \frac{p_r}{n_r} = \frac{p_t g_t g_r \left(\frac{1}{l_{\mathrm{FS}} l_o}\right)}{k t_S b_N}$$

或

$$\left(\frac{c}{n}\right) = \frac{(\mathrm{eirp})}{k b_N}\left(\frac{g_r}{t_S}\right)\left(\frac{1}{l_{\mathrm{FS}} l_o}\right) \tag{4.54}$$

dB 形式可表示为

$$\left(\frac{C}{N}\right) = \mathrm{EIRP} + \left(\frac{G}{T}\right) - \left(L_{\mathrm{FS}} + \sum 其他损耗\right) + 228.6 - B_N \tag{4.55}$$

式中：EIRP 的单位为 dBW；带宽B_N的单位为 dBHz；玻尔兹曼常数 k 为−228.6dBW/K/Hz。

载波噪声比(C/N)是定义卫星通信链路性能的一个最重要的参数。(C/N)越大，链路性能越好。

考虑到可接受的链路性能，典型的通信链路需要最小载波噪声比(C/N)为6~10dB。一些采用重要编码的现代通信系统可以在比较低的载波噪声比下工作。扩展频谱系统可以在负的载波噪声比条件下工作，并且仍然能够得到可接受的性能。

如果载波功率 c 减少和/或噪声功率 n_B增加，链路性能将会降低。在评价链路性能和系统设计时，必须同时考虑这两个因素。

4.3.2 载波噪声密度

载波噪声密度或载波噪声密度比(c/n_o)是链路计算中常用的与载波噪声比相关的一个参数。由式(4.34)定义的噪声功率密度 n_o定义载波噪声密度为

$$n_o \equiv \frac{n_N}{b_N} = \frac{k t_S b_N}{b_N} = k t_S$$

载波噪声比与载波噪声密度比通过噪声带宽相关联：

$$\left(\frac{c}{n}\right)=\left(\frac{c}{n_o}\right)\frac{1}{b_N} \tag{4.56}$$

或

$$\left(\frac{c}{n_o}\right)=\left(\frac{c}{n}\right)b_N \tag{4.57}$$

dB 形式为

$$\left(\frac{C}{N}\right)=\left(\frac{C}{N_o}\right)-B_N \quad (\mathrm{dB})$$

$$\left(\frac{C}{N_o}\right)=\left(\frac{C}{N}\right)+B_N(\mathrm{dBHz}) \tag{4.58}$$

在系统性能方面，载波噪声密度比的表现与载波噪声比类似。其值越大，性能越好。用 dB 表示时，(C/N_o) 比 (C/N) 大得多，因为对于大多数通信链路，B_N 值都很大。

4.3.3 每比特能量噪声密度

对于数字通信系统，在描述链路性能时比特能量 e_b 比载波功率更有用。比特能量与载波功率的关系如下：

$$e_b=cT_b \tag{4.59}$$

式中：c 为载波功率；T_b 为比特持续时间，单位为 s。

比特能量噪声密度比 (e_b/n_o) 是描述数字通信链路性能最常用的参数，(e_b/n_o) 与 (c/n_o) 的关系如下：

$$\left(\frac{e_b}{n_o}\right)=T_b\left(\frac{c}{n_o}\right)=\frac{1}{R_b}\left(\frac{c}{n_o}\right) \tag{4.60}$$

式中，R_b 为比特率，单位为比特每秒(bps)。

对于相同的链路系统参数，利用式(4.60)可以对模拟和数字调制技术以及不同传输率的链路性能进行比较。

还应注意：

$$\left(\frac{e_b}{n_o}\right)=\frac{1}{R_b}\left(\frac{c}{n_o}\right)=\frac{1}{R_b}\left\{\left(\frac{c}{n}\right)b_N\right\}$$

或

$$\left(\frac{e_b}{n_o}\right)=\frac{b_N}{R_b}\left(\frac{c}{n}\right) \tag{4.61}$$

若比特率(b/s)与噪声带宽(Hz)相等时,(e_b/n_o)在数值上等于(c/n)。

在系统性能方面,(e_b/n_o)表现的和(c/n)及(c/n_o)类似,数值越大,性能越好。在评估卫星链路时,考虑3个参数对系统性能的影响时,它们通常可以互换。

参考文献

[1] Ippolito LJ, Jr. ,*Radiowave Propagation in Satellite Communications*, Van Nostrand Reinhold Company, New York, 1986.

习　题

1 假定天线有效因子为0.55,试计算下列天线参数:

a) 直径为3m的抛物面反射天线工作于6GHz和14GHz频率时的增益,单位为dBi;

b) 直径为30m抛物面天线工作于4GHz频率时的增益和有效面积,增益单位为dBi;

c) 天线工作于12GHz频率时的增益为46dBi,试计算其有效面积。

2 计算下列卫星链路的路径和自由空间路径损耗:

a) 对地静止轨道链路,工作于12GHz,与30°仰角的地面站相连;

b) 位于780km高度的铱卫星与70°仰角的地面站间的业务和馈线链路。业务链路频率为1600MHz,馈线链路的上行链路频率为29.2GHz,下行链路频率为19.5GHz。

3 VSAT接收机由以下器件组成:0.66m直径的天线,4dB噪声系数的低噪声放大器(LNA),天线与低噪声放大器间连接的线路损耗为1.5dB。低噪声放大器直接与下变频器相连,下变频器的增益为10dB,噪声温度为2800K。下变频器后面接噪声系数为20dB的中频放大器,低噪声放大器的增益为35dB。接收机的天线温度测定为65K。试计算:

a) 接收机天线端的系统噪声温度和系统噪声系数;

b) 接收机的工作频率为12.5GHz,假定天线效率为55%,接收机的品质因数G/T是多少?

4 QPSK 调制的 SCPC 卫星链路的下行链路传输率为 60Mbps,地面站接收机的 E_b/N_o 为 9. 5dB,试计算:

a) 链路的 C/N_o;

b) 假定上行链路噪声对下行链路的影响是 1. 5dB,试计算链路的误比特率 BER。

5 要求采用 BPSK 调制的卫星链路工作时,其误比特率不能高于 1×10^{-5}。BPSK 系统的实现余量指定为 2dB,计算达到所需性能的E_b/N_o。

第5章
链路系统性能

卫星链路性能取决于若干因素以及发射和接收部件的配置。若不对链路的具体参数和条件进行全面的分析,很难概括给定链路的预期性能,正如将在本章看到的,本章主要关注单链路(上行链路或下行链路)的性能。整个系统的性能,即复合链路性能,将在后面的第9章中讨论。

本章还介绍了链路性能规范的时间百分比这一重要领域,它是定义卫星链路设计和受大气传输损耗影响的性能需求的基本元素,大气传输损耗是不确定的,只能在统计的基础上进行描述。

5.1 链路考虑

正如第4章所述,描述链路性能的主要参数是载波噪声比(c/n)或等效的载波噪声密度比(c/n_o)。我们像之前一样定义卫星链路的参数,如图5.1所示。

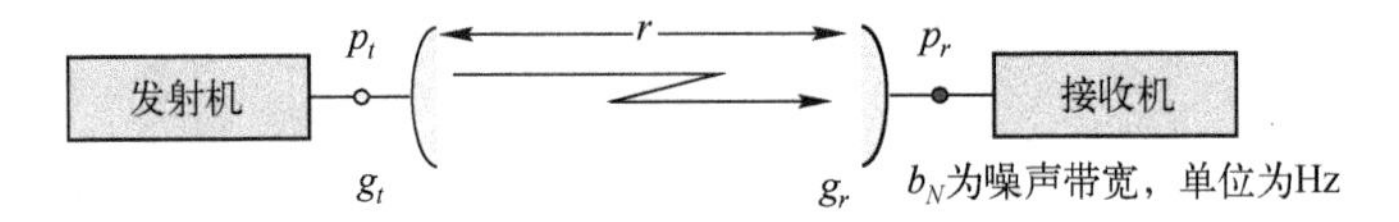

图5.1 卫星链路参数

由式(4.54)可知,接收机端的载波噪声比为

$$\left(\frac{c}{n}\right)=\frac{p_r}{n_r}=\frac{p_t g_t g_r\left(\dfrac{1}{l_{\mathrm{FS}} l_o}\right)}{k t_S b_N}$$

和

$$\left(\frac{c}{n_o}\right)=\left(\frac{c}{n}\right)b_N=\frac{p_t g_t g_r\left(\frac{1}{l_{FS}l_o}\right)}{kt_S} \tag{5.1}$$

将 g_t、g_r、l_{FS}展开,代入式(5.1),(c/n_o)可表示为

$$\left(\frac{c}{n_o}\right)=\frac{p_t\left(\eta_t\frac{4\pi A_t}{\lambda^2}\right)\left(\eta_r\frac{4\pi A_r}{\lambda^2}\right)}{\left(\frac{4\pi r}{\lambda}\right)^2 l_o kt_S} \tag{5.2}$$

整理并简化后可得

$$\left(\frac{c}{n_o}\right)=p_t\eta_t\eta_r\frac{A_tA_r}{\lambda^2r^2l_okt_S} \tag{5.3}$$

结果显示了(c/n_o)与发射功率、天线增益、天线尺寸、波长(或频率)、接收机噪声温度等参数的关系。我们现在考虑3种典型的卫星链路配置,并将性能作为主要系统参数的函数进行评估。

5.1.1 固定天线尺寸链路

考虑一个两端天线大小固定的卫星链路。这种链路的一个例子是每个地面终端都有相同天线的卫星网络,如VSAT网络,如图5.2所示(这种情况也是地面视距链路的典型情况)。

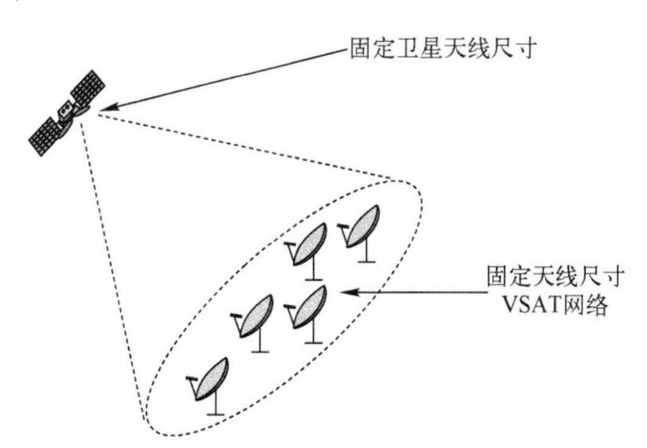

图5.2 固定天线尺寸卫星链路

于是,将式(5.3)中所有固定项放置在方括号里,可得

$$\left(\frac{c}{n_o}\right)=\left[\frac{\eta_t\eta_rA_tA_r}{l_ok}\right]\frac{p_t}{\lambda^2r^2t_S} \tag{5.4}$$

注意,满足以下条件时,链路性能(c/n_o)即增加:

- 发射功率 p_t 的增加;
- λ^2减小(即频率 f 增加);
- 距离 r 减小;
- 系统噪声温度 t_S 减小。

在考虑两端天线尺寸固定的链路时,性能随频率的增加是很重要的,因为这意味着在所有其他参数相同的情况下,频率越高,性能越好(这里我们忽略了其他链路损耗 l_o的频率相关效应,l_o随着频率的增加而增加)。

5.1.2 固定天线增益链路

考虑一个要求地面上保持指定的天线波束宽度的卫星应用(例如具有时区覆盖或点波束覆盖的卫星网络)。波束宽度可能至关重要的典型应用是固定区域覆盖系统,如移动卫星网络(MSS)或广播卫星业务(BSS),如图 5.3 所示。其他的例子还有星间链路,以及应用点波束进行频率复用或提高性能的系统。

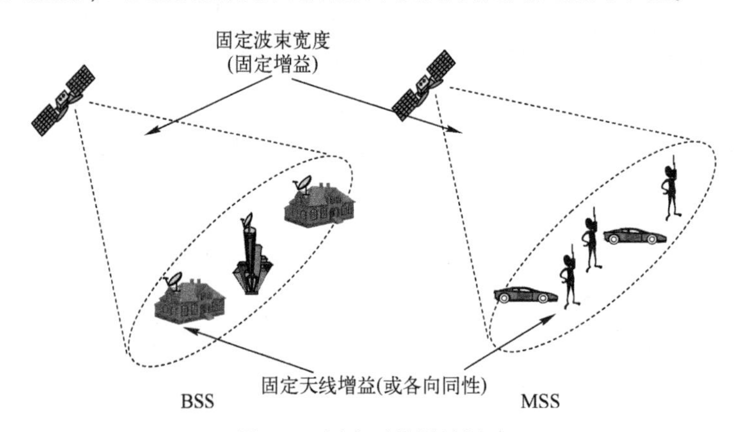

图 5.3 固定天线增益链路

天线的增益是固定的,那么在这种情况下:

$$\left(\frac{c}{n_o}\right)=\frac{p_t g_t g_r}{\left(\frac{4\pi r}{\lambda}\right)^2 l_o k t_S}=\left[\frac{g_t g_r}{(4\pi)^2 l_o k}\right]\frac{p_t \lambda^2}{r^2 t_S} \tag{5.5}$$

式中,方括号里的参数全部都是固定的。

满足以下任一条件时,系统性能将得到提高:

- 发射功率 p_t 增加;

- λ^2增加(即频率f减小);
- 距离r减小;
- 系统噪声温度t_S减小。

卫星链路性能随发射功率、距离及系统噪声温度的变化同前,但是现在(c/n_o)随着频率的减小而增加。这个结果意味着,若波束宽度约束在链路两端都很重要,则应使用尽可能低的频段。波束宽度可能重要的典型应用包括:星星链路、固定区域覆盖系统(MSS,BSS),以及应用点波束进行频率复用或性能改进的系统。

5.1.3 固定天线增益、尺寸链路

最后,我们考虑一个链路,链路中一端天线增益固定,以便覆盖特定的区域,而另一端天线尺寸尽可能大。这在通信卫星下行链路中是一个典型的情况,卫星发射天线增益由所需覆盖区域决定,在成本和物理位置约束下,地面终端接收天线的尺寸应尽可能大,如图 5.4 所示。

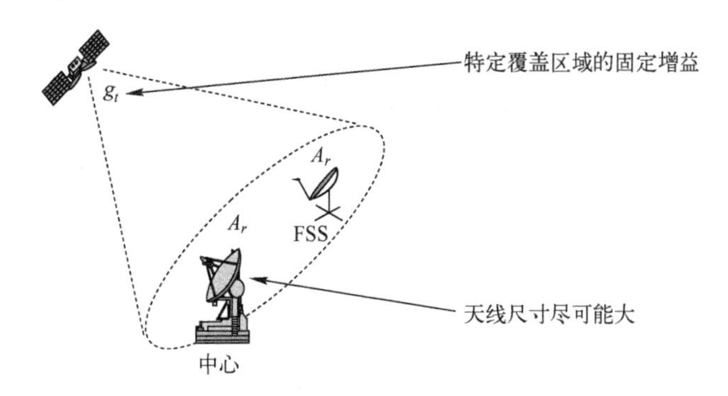

图 5.4 固定天线增益、固定天线尺寸链路

这可以应用于固定卫星业务(FSS)用户终端或大型馈线链路中心终端,如图 5.4 所示。

首先,我们量化卫星天线覆盖需求。覆盖半径为d_S的球面上面积为A_S的立体角Ω为

$$\Omega=\frac{A_S}{d_S^2} \tag{5.6}$$

(注意:整个球面的立体角Ω为4π。)

如果我们合理地假设,卫星天线辐射的大多数能量集中在主要的波束内,那么发射增益g_t与立体角Ω成反比,即

$$g_t \approx \frac{1}{\Omega} \quad g_t = \frac{K_1}{\Omega} = \frac{K_1 d_S^2}{A_S} \tag{5.7}$$

于是由式(5.1)可知,链路的载波噪声密度比为

$$\left(\frac{c}{n_o}\right) = \frac{p_t g_t g_r}{l_{\mathrm{FS}} l_o k t_S} = \frac{p_t \left(\frac{K_1 r^2}{A_S}\right)\left(\eta_r \frac{4\pi A_r}{\lambda^2}\right)}{\left(\frac{4\pi r}{\lambda}\right)^2 l_o k t_S} \tag{5.8}$$

简化

$$\left(\frac{c}{n_o}\right) = \left[\frac{K_1 \eta_r A_r}{4\pi A_S l_o k}\right]\frac{p_t}{t_S} \tag{5.9}$$

结果表明,与以前一样,满足以下任一条件时,链路性能将得到提高:

- 发射功率 p_t 增加;
- 系统噪声温度 t_S 减少。

然而,与频率或路径长度无关!

我们可以得出这样的结论:要求覆盖地球上固定区域的卫星链路,其性能取决于天线特性,但是,不能通过频率弥补(例如,C 频段对 Ku 频段或 Ka 频段)或轨道优选(地球静止轨道对低地球轨道等)来改善系统的性能。当然,如果覆盖区域小,因为在轨航天器上天线尺寸的物理限制,可能需要更高的频率。

同样的结论也适用于上行链路,上行链路在固定的地面业务区域运行。对于上行链路,唯一的变化是式(5.9)中 η_r 和 A_r 分别被 η_t 和 A_t 替换。

5.2 上行链路

上行链路的卫星链路性能评估包括额外的考虑因素和参数,尽管上一节讨论的基本链路性能适用于上行链路或下行链路。

如果我们用下标“U”表示上行链路,那么基本链路方程为

$$\left(\frac{c}{n_o}\right)_{\mathrm{U}} = \frac{\mathrm{EIRP}_{\mathrm{U}}\left(\frac{g_r}{t_S}\right)_{\mathrm{U}}}{l_{\mathrm{FSU}} l_{\mathrm{U}} k} \tag{5.10}$$

和

$$\left(\frac{C}{N_o}\right)_{\mathrm{U}} = \mathrm{EIRP}_{\mathrm{U}} + \left(\frac{G}{T}\right)_{\mathrm{U}} - L_{\mathrm{FSU}} - L_{\mathrm{U}} + 228.6 \tag{5.11}$$

式中:l_{FSU} 为上行链路自由空间路径损耗;l_{U} 为上行链路其他损耗之和。

上行链路性能通常根据卫星接收机天线的功率通量密度要求来指定，以产生所需的卫星输出发射功率。卫星中的末级功率放大器性能是定义上行链路通量密度需求的关键因素，末级功率放大器通常是非线性高功率行波管放大器(TWTA)或固态功率放大器(SSPA)。卫星转发器的简化图如图5.5所示。

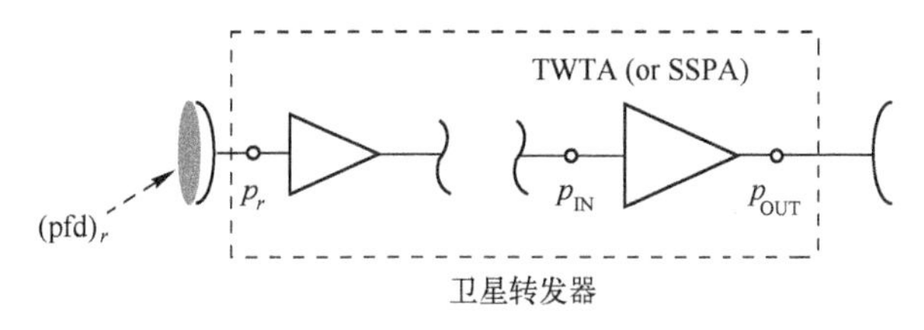

图5.5　基本卫星转发器参数

图5.6显示了典型功率放大器(TWTA或SSPA)输入/输出幅度变换特性。对于单个载波输入，上面的曲线定义了饱和输出工作点，该工作点在最低输入功率p_{In}时提供最大可用输出功率p_{OUT}。

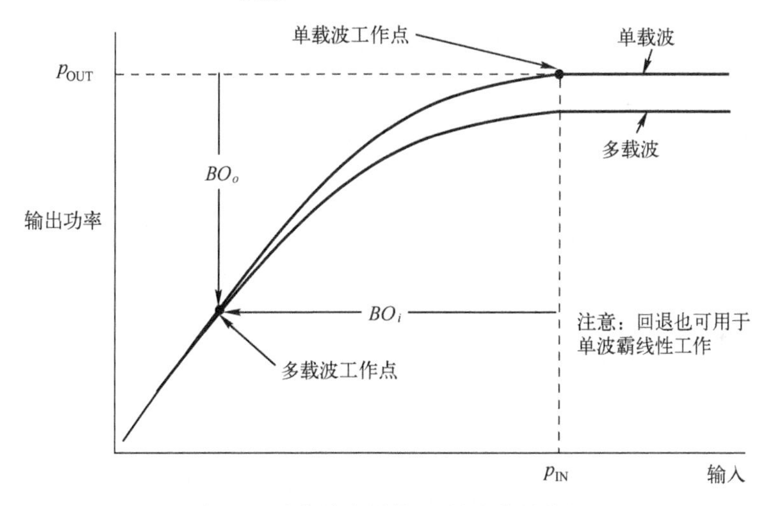

图5.6　功率放大器输入/输出传输特性

单载波饱和通量密度ψ定义为：单载波工作时，卫星接收天线所需的功率通量密度，用以产生转发器的最大饱和输出功率。

回想一下，由式(4.7)可知，功率通量密度具有以下形式：

$$(\text{pfd})_r=\frac{p_t g_t}{4\pi r^2}=\frac{\text{EIRP}}{4\pi r^2} \tag{5.12}$$

式中，r为路径长度。

分别应用式(4.24)扩散损耗和式(4.26)自由空间路径损耗的定义,可得

$$(\mathrm{pfd})_r=\frac{\mathrm{EIRP}}{l_{\mathrm{FS}}s} \tag{5.13}$$

或

$$\mathrm{EIRP}=(\mathrm{pfd})_r l_{\mathrm{FS}}s \tag{5.14}$$

我们将 $\mathrm{EIRP}_{\mathrm{U}}^{\mathrm{S}}$定义为提供单载波饱和通量密度 ψ 在卫星接收天线处的 EIRP,即

$$\mathrm{EIRP}_{\mathrm{U}}^{\mathrm{S}}=\psi l_{\mathrm{FS}}s_{\mathrm{U}} \tag{5.15}$$

因此,对于单载波饱和输出工作时,上行链路的链路方程可表示为(单位为dB)

$$\mathrm{EIRP}_{\mathrm{U}}^{\mathrm{S}}=\Psi+L_{\mathrm{FSU}}+L_{\mathrm{U}}+S_{\mathrm{U}} \tag{5.16}$$

式中,包括了其他上行链路损耗 L_{U}。

因此,链路的(c/n_o)为:

$$\left(\frac{c}{n_o}\right)_{\mathrm{U}}=\frac{\mathrm{EIRP}_{\mathrm{U}}^{\mathrm{S}}\left(\frac{g_r}{t_S}\right)_{\mathrm{U}}}{l_{\mathrm{FSU}}l_{\mathrm{U}}k}=\frac{(\psi l_{\mathrm{FSU}}l_{\mathrm{U}}s_{\mathrm{U}})\left(\frac{g_r}{t_S}\right)_{\mathrm{U}}}{l_{\mathrm{FSU}}l_{\mathrm{U}}k}=\frac{\psi s_{\mathrm{U}}\left(\frac{g_r}{t_S}\right)_{\mathrm{U}}}{k} \tag{5.17}$$

或者,单位为 dB

$$\left(\frac{C}{N_o}\right)_{\mathrm{U}}=\Psi+S_{\mathrm{U}}+\left(\frac{G}{T}\right)_{\mathrm{U}}+228.6 \tag{5.18}$$

该结果给出了单载波饱和输出功率工作时的上行链路性能。注意链路性能与链路损耗和路径长度无关,性能随 S_{U}增加而提高,即随上行链路工作频率的降低而提高。

5.2.1 多载波工作

当 TWTA 或 SSPA 存在多个输入载波时,传输特性表现出不同的非线性响应,如图 5.6 下面的曲线描述。多载波工作的工作点必须回退到传输特性的线性部分,以减少互调失真的影响。多载波工作点由输出功率回退 BO_o和参考单载波饱和输出的输入功率回退 BO_i来量化,如图 5.6 所示。

多载波工作通量密度 ϕ,定义为卫星接收天线端功率通量密度,用以为多载波回退操作提供所需的 TWTA 输出功率。由定义可知:

$$\phi=\psi-BO_i \tag{5.19}$$

式中,ϕ、ψ 和 BO_i的单位均为 dB。

因此,$\mathrm{EIRP}_{\mathrm{U}}^{\mathrm{M}}$为多载波工作点工作所需的地面终端 EIRP,可表示为

$$\mathrm{EIRP}_{\mathrm{U}}^{\mathrm{M}}=\mathrm{EIRP}_{\mathrm{U}}^{\mathrm{S}}-BO_i \tag{5.20}$$

由式(5.16)和式(5.18)可知,链路性能方程为

$$\mathrm{EIRP}_{\mathrm{U}}^{\mathrm{M}}=\Psi-BO_i+L_{\mathrm{FSU}}+L_{\mathrm{U}}+S_{\mathrm{U}} \tag{5.21}$$

和

$$\left(\frac{C}{N_o}\right)_{\mathrm{U}}^{\mathrm{M}}=\Psi-BO_i+S_{\mathrm{U}}+\left(\frac{G}{T}\right)_{\mathrm{U}}+228.6 \tag{5.22}$$

上述结果给出了上行链路多载波工作的 EIRP 和(c/n_o)。

5.3　下行链路

下行链路的基本性能方程可表示为

$$\left(\frac{c}{n_o}\right)_{\mathrm{D}}=\frac{\mathrm{EIRP}_{\mathrm{D}}\left(\frac{g_r}{t_S}\right)_{\mathrm{D}}}{l_{\mathrm{FSD}}l_{\mathrm{D}}k} \tag{5.23}$$

和

$$\left(\frac{C}{N_o}\right)_{\mathrm{D}}=\mathrm{EIRP}_{\mathrm{D}}+\left(\frac{G}{T}\right)_{\mathrm{D}}-L_{\mathrm{FSD}}-L_{\mathrm{D}}+228.6 \tag{5.24}$$

式中:l_{FSD}为下行链路自由空间路径损耗;l_{D}为下行链路其他损耗之和。

当多个载波或线性工作采用输入回退时,链路性能方程中必须包含相应的输出回退。下行链路 EIRP,即来自卫星的 EIRP,由工作于BO_o输出回退点得到:

$$\mathrm{EIRP}_{\mathrm{D}}^{\mathrm{M}}=\mathrm{EIRP}_{\mathrm{D}}^{\mathrm{S}}-BO_o \tag{5.25}$$

式中:$\mathrm{EIRP}_{\mathrm{D}}^{\mathrm{S}}$为单载波饱和输出的下行链路 EIRP;$BO_o$与$BO_i$呈非线性关系,如图 5.6 所示。

上一节描述的上行链路,使用卫星接收机的饱和通量密度量化指定链路性能。通常情况下下行链路并非如此,因为地面终端接收到的信号是整个链路的终点,并不用于驱动高功率放大器。

5.4　时间性能要求的百分比

在统计的基础上指定某些通信链路系统参数常常是必要的,也是有利的。这在考虑受大气传输损耗影响的参数时特别有用,因为基本的无线电波传播机制是不确定的,只能在统计基础上加以描述。

基于统计的性能参数通常以时间百分比为基础指定,也就是说,参数等于或超过特定值的一年或一个月的时间百分比。

通常按时间百分比指定的参数示例如下：

- 载波噪声比和相关的参数：(c/n)、(c/n_o)、(e_b/n_o)
- 大气影响参数，例如：
  - 降雨衰减
  - 交叉极化鉴别
- 视频信噪比：(S/N)
- 载波干扰比：(C/I)

参数指定最常用的两个时间段是年（每年）和最差的月份。大多数传播效果预测模型和固定卫星业务（FSS）的要求是在年（8769h）的基础上指定的。广播业务，包括卫星广播业务（BSS），通常基于一个最糟糕的月份（730h）指定。最糟糕的月份表示传输损耗（主要是降雨衰减）对系统性能的影响最严重的月份。在美国或欧洲大部分地方，七月或八月受降雨衰减影响的参数，例如载波噪声比或信号噪声比，将出现最糟糕的月份值，此时最可能发生大雨。

图 5.7 给出了显示按时间百分比指定的链路性能参数的典型方法。该参数在半对数图的线性尺度上表示，时间变量的百分比放在对数尺度上。

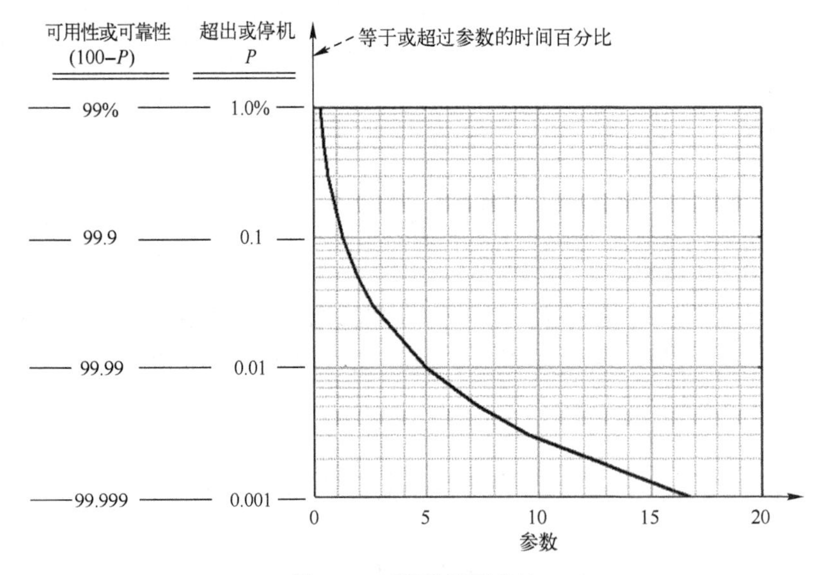

图 5.7　时间性能百分比

指定时间变化百分比时用到了几个术语，包括停机、超出、可用性或可靠性。如果时间变量百分比大于或等于参数的时间百分比 P，显示值代表了参数的超出或停机的时间百分比。如果时间变量百分比是$(100-P)$，显示值则代表参数的可用性或可靠性。

表5.1显示了每年和每月的停机时间(以h和min为单位),与通信链路规范中常见的 P 和(100−P)的百分比值范围相对应。

表5.1 指定比例停机可用性的年和月停机时间

超出或停机 P/(%)	可用性 100−P/(%)	停机	
		年/(h/min 每年)	月/(h/min 每月)
0	100	0hr	0
10	90	876	73
1	99	87.6	7.3
0.1	99.9	8.76	44min
0.05	99.95	4.38	22min
0.01	99.99	53min	4min
0.005	99.995	26min	2min
0.001	99.999	5min	0.4min

例如,可靠性为99.99%的链路(有时称为"4个9")对应于每年预计中断0.01%或53min的链路。BSS通常根据"最糟糕月的1%"的中断来指定链路参数,相当于最糟糕月的7.3h中断或99%链路可靠性。

大多数的传播效应预测模型和测量方法都是在年度统计的基础上发展起来的。由于年度统计可能是预测模型或可用的测量数据的唯一来源,因此经常需要从年度统计数据中确定某些特定应用(例如BSS)的最糟糕月份统计数据。

国际电信联盟无线电通信部门ITU−R在ITU−R P.841.1建议中制定了一套程序,用于将设计无线电通信系统的年度统计数据转换为最糟糕月份统计数据。建议过程产生以下关系:

$$P=0.30P_{w}^{1.15} \tag{5.26}$$

式中:P 为年平均超标百分比,单位为百分比;P_w 为年平均超标最糟糕月份百分比,也以百分比表示。

相反地,

$$P_{w}=2.84P^{0.87} \tag{5.27}$$

作为ITU−R结果应用的例子,假定我们希望确定必要的余量以保证停机时间不超过最糟糕月份的1%,但是,只能得到研究地区基于年度的降雨裕度停机的测量数据。由式(5.26)可知,基于年度的降雨裕量值 P 为0.3%,得到期望的最糟糕月份的 P_w 为1%。

对于最糟糕月份的应用(例如BSS),这种关系对于利用降雨衰减预测模型来确定链路裕量需求特别有用,降雨衰减预测模型有基于年度基础而形成的全球模型或ITU-R模型。

参考文献

[1] Pritchard WL, Sciulli JA. Satellite Communication Systems Engineering, Prentice-Hall, Englewood Cliffs, NJ, 1986.

[2] ITU-R Rec. P. 841-4, "Conversion of annual statistics to worst-month statistics," Geneva, 2005.

习 题

1 一个VSAT网络,其卫星下行链路由3.2m直径的卫星发射天线和1.2m的地面接收天线组成。载波频率是12.25GHz,下行链路的噪声带宽是20MHz,地面站网络的仰角范围为25°~40°。试计算确保网络中任一终端的最小(C/N_o)为55dBHz所需要的最小射频发射功率。系统噪声温度为400K。假定链路的大气路径损耗为1.2dB。线路损耗忽略不计。卫星天线的天线效率为0.65,地面天线的天线效率为0.55。

2 如果题1中VSAT网络的载波频率为20.15GHz,需求的发射功率是多少?假设所有其他参数保持不变。

3 移动卫星通信系统工作时,其卫星上的波束固定,通过增益为0dBi的全向天线与地面上移动车载终端通信。我们希望比较两个可能的卫星轨道位置的下行链路性能,一个是路径长度为36500km的地球静止轨道卫星,另一个是距地950km的低轨道卫星。假定天线增益和路径损耗保持不变,试推导工作频率为980MHz、1.6GHz和2.5GHz时发射功率和接收系统噪声温度的关系。为了得到理想的误比特率性能,假定所有链路的载波噪声密度均为65dBHz。

a) 对于各个频段,哪个轨道位置的整体性能最佳?

b) 地球静止轨道卫星在哪个频段最佳,低轨道卫星在哪个频段最佳?

4 解释为什么对于卫星下行链路,当卫星具有固定天线增益和地面天线尺寸尽可能大时,如式(5.9)所述,链路性能与工作频率无关。在何种链路条件下,链路性能与频率有关?

5 Ku频段的SCPC卫星上行链路的工作频率为14.25GHz。卫星接收机天线增益为22dBi,接收机系统噪声温度为380K,其中包括线路损耗。卫星发射机饱和输出功率为 80W,末级功率放大器具有 2dB 的输出功率回退。自由空间路径损耗为 207.5dB,链路的大气损耗为 1.2dB。试确定地面终端 eirp 取何值时才可以保持链路的(C/N_o)为 58dBHz。

6 如果问题 5 中的卫星上行链路工作于 MCPC 模式,为了保持链路上相同的载波噪声密度,输入功率回退应该是多少?

7 对于链路可靠性为 99.97%、95%和 100%的链路,其每年停机多少小时?如果链路允许每月最多停机 60min,那么平均年链路可靠性将会如何?

8 哪个链路需要较大的载波噪声比才能正常运行?年链路可靠性为 99.93%的链路,还是最糟糕月份停机时间不超过 8h 的链路?

第6章 传输损耗

在卫星通信系统的设计与性能分析中，大气对地球与空间之间的无线电传播的影响一直是人们关注的问题。当单独或与地球空间链路结合时，大气可能导致信号振幅、相位、极化和到达角发生不可控的变化，从而导致模拟信号传输质量的降低和数字信号传输误比特率的增加。

在空间通信中，无线电传播的相对重要性与工作频率、当地气候、当地地理、传播类型和与卫星的仰角有关。一般来说，当工作频率增加和仰角降低时，影响会变得更加显著。

产生传播效应的现象具有随机性质和一般不可预测性，它进一步增加了卫星通信传输损耗评估的复杂性和不确定性。因此，在通信链路的传输损耗中，统计分析和技术通常是最有用的。

6.1 无线电频率和空间通信

无线电频率是决定地球大气层是否会对空间通信造成损耗的一个关键因素。图6.1显示了影响空间通信的无线电波通信的地球大气元素。无线电波将从地球表面传播到外层空间，只要它的频率足够高，就能够穿透电离层，电离层是距地面约15~400km的电离区域。按照高度的增加电离层分为D、E和F（参见图6.1右边），当频率低于约30MHz时，电离层的各个不同区域（或层）对无线电波起反射或吸收作用，在此情况下，空间通信是不可能的。随着工作频率的增加，E层和F层反射特性降低，信号会通过。30MHz以上的无线电波会通过电离层传播，然后，无线电波的性质会根据频率、地理位置以及一天的不同时间而改变或不同程度退化。电离层效应随着无线电波频率的增加而变得不那么重要，频率高于3GHz时，对于空间通信而言，电离层基本上是透明的，有些明显的例外情况将在稍后讨论。

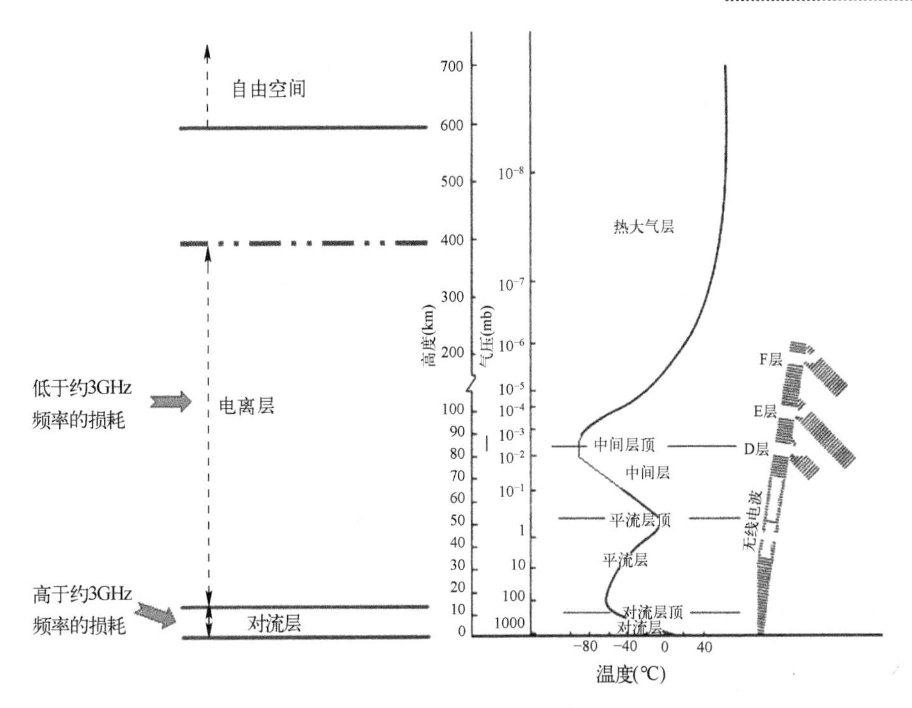

图 6.1　影响空间通信的大气成分

根据传输频率和其他因素,在地球大气中会产生几种不同类型的无线电波传播模式。在电离层穿透频率以下,无线电波将沿地球表面传播,如图 6.2(a)所示。该模式定义为地面波传播,由 3 个分量组成:直达波、地面反射波以及沿地球表面传播的表面波。这种模式支持广播和通信服务,如调幅广播频率、业余无线电、无线电导航以及陆地移动服务。

第二种地面传播模式称为电离层波或天空波,在某种电离层条件下也可以发生,如图 6.2(b)所示。此种模式下,当频率低于 300MHz 时,无线电波来回穿过电离层,沿着地球表面"跳跃"。频率范围包括商业调频和甚高频电视频段以及航空和海洋移动业务。

频率大于 30MHz,最高可达 3GHz 时,地平线上可靠的远距离通信由对流层折射率不规则所产生的能量散射而产生,该区域离地表面高达约 10~20km。这种传播模式称为对流层波或前向散射波[参见图 6.2(c)],它是高度变化的,并且会受到强烈的波动和中断。然后,当没有其他方法可用时,这种模式已经并正在用于远距离通信。

当来自地面发射机的散射信号干扰工作在相同频段的地面接收机时,对流层

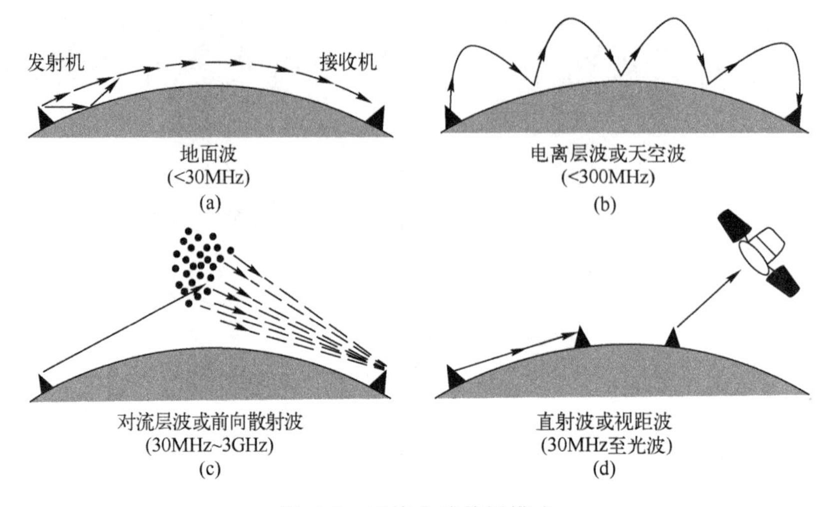

图 6.2　无线电波传播模式

散射传播也是空间通信中的一个因素，对于接收机而言，散射信号作为噪声的形式出现，并且直接影响系统性能。

最后，当频率高于电离层穿透频率时，直接传播或视线传播占主导地位，这是空间通信的主要工作方式，参见图 6.2(d)所示。地面无线电中继通信和广播业务也以这种方式工作，经常与空间服务共用同一频率。

由于传播频率增加到对流层气体组分(主要是氧气和水蒸气)将吸收无线电能量的频率时，视距空间通信将继续畅通无阻。在某些特定的吸收频段，无线电波和气体交互特别强烈，空间通信受到严重限制。实际的地球空间通信正是在吸收频段间的大气窗口中发展起来的，正是在这些窗口中，我们集中精力研究传输损耗。

6.2　无线电波传输机制

在开始详细讨论无线电波在空间通信中的传播之前，有必要介绍一下用来描述影响无线电波特性的传播现象或传播机制的一般术语。与没有这种机制时的自然界或自由空间值相比，这些机制通常是根据波的信号特性的变化来描述的。这里给出的无线电波传播机制定义是一般的和介绍性的。后续的章节将进行详细讨论。大多数定义是基于电气和电子工程师协会(IEEE)无线电波传播术语的标准定义。

6.2.1 吸收

能量在传播路径中从无线电波到物质的不可逆转换所引起的无线电波振幅(场强)的减小。

6.2.2 散射

由于无线电波与传播媒介的各向异性交互作用,无线电波的能量向某个方向扩散的过程。

6.2.3 折射

由介质折射率的空间变化引起的无线电波传播方向的改变。

6.2.4 衍射

障碍物、限制孔径或媒介中其他对象的存在引起的无线电波传播方向的改变。

6.2.5 多径

通过两条或多条传播路径使发射的无线电波到达接收天线的传播条件。对流层或电离层的折射率不规则,或者地球表面的结构和地形散射,均可导致多径现象。

6.2.6 闪烁

由传播路径(或多个路径)中的小尺度不规则现象引起的无线电波的振幅和相位随时间的快速波动。

6.2.7 衰落

由传播路径(或多径)的变化引起的无线电波的振幅(场强)随时间的变化。术语衰落和闪烁通常可以互换使用,然后,衰落通常用于描述较慢的时间变化,以秒或分为单位,而闪烁指的是更快速的变化,以秒的分数为单位。

6.2.8 频散

由色散介质引起了无线电波在频率和相位分量在无线电频段宽上的变化。色散介质的构成要素(介电常数、渗透率和导电性)依赖于频率(时间色散)或波的方向(空间色散)。

上面描述的许多机制可以同时出现在传输路径上,通常很难识别这些机制或多个机制,从而导致传输信号的特性发生变化。这种情况如图 6.3 所示,它表明了各种传播机制如何影响通信链路上信号的可测量参数。典型链路上可观测或可测量的参数有振幅、相位、极化、频率、带宽以及到达角。每一种传播机制,如果出现在路径中,均会影响一个或多个信号参数,如图 6.3 所示。由于所有信号参数,除了频率,都会受到多种机制的影响,因此通常仅通过对参数的观测是无法确定传播条件的,例如,观测到信号振幅的减小,可能是由于吸收、散射、折射、衍射、多径、闪烁、衰落或上述因素的组合造成的。

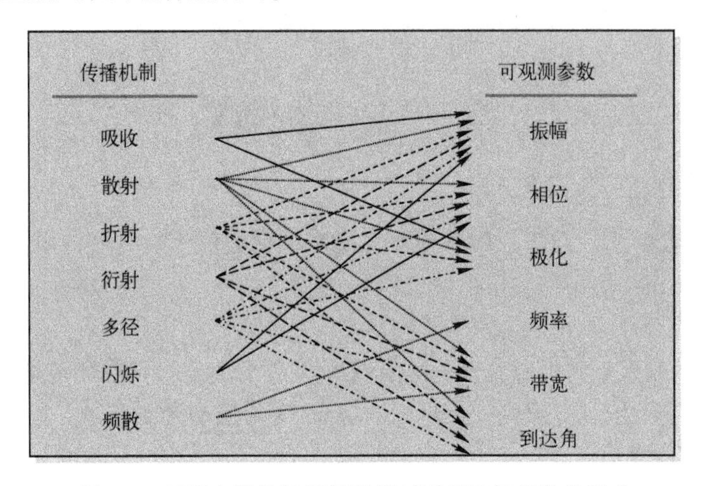

图 6.3　无线电波传播机制及其对通信信号参数的影响

通信链路的传播效应通常根据信号参数的变化来定义,因此链路中可能存在一个或多个机制。例如,路径上降雨引起的信号振幅减小是吸收和散射的结果。当我们在本章或后续的章节中继续讨论传播因素时,回想一下信号参数的传播效应和产生参数变化的传播机制之间的区别将是很有帮助的。

我们已经看到,频率在确定空间通信的无线电波传播特性方面起着主要作用,电离层在评价传播效应时是一个关键因素。因此,将空间通信中有关传播损耗介绍性的讨论分为较低和较高频谱的两个区域是有用的。较低频率区域,其效应主要是由电离层产生,较高频率区域,其效应主要由对流层产生,也就是说,电离层对无线电波是透明的,较低频率区域的效应由电离层决定。

较高与较低两个频率区域的断点不是一个具体的频率,而是通常发生在 3GHz 左右(10cm 波长)。某些传播条件有一些重叠,这些将在适当的时候进行讨论。以下两部分介绍了在两个频率区域发现的影响传播的主要传播因素,后续章节将更详细地讨论这些因素,并强调它们对通信链路设计和性能的影响。

6.3　大约3GHz以下传播

本节介绍在电离层穿透频率以上和高达3GHz左右频率下影响空间通信的主要传播损耗。工作在3GHz以下频段的卫星通信应用包括:

- 移动卫星网络的用户链路(陆地、航空和海上)
- 卫星蜂窝移动用户链路
- 支持卫星运行的指令和遥测链路
- 深空通信
- 宽方向性地面天线是重要的特定业务

当链路的工作频率可达3GHz左右时,电离层是卫星通信链路传播损耗的主要来源。电离层引起无线电波衰落的两个主要特性:

(1) 由传播路径上的总电子含量(TEC)量化的背景电离;

(2) 沿路径的电离层不规则性。

总电子含量(TEC)相关的衰落包括法拉第旋转、群延迟、频散、多普勒频移、到达方向变化和吸收。电离层不规则性的主要影响是闪烁。我们首先描述电离层的基本特性,然后介绍约3GHz以下频段影响空间通信的传播损耗。

电离层是一个由电离气体或等离子体组成的区域,其范围从约15km扩展到地球表面约400~2000km的一个不太明确的上限。电离层是在紫外线和X射线频率范围内被太阳辐射电离而成,含有自由电子和正离子,因此是电中性的。只有一小部分分子(F层小于1%)主要是氧和氮在较低的电离层中被电离,同时也存在大量的中性分子。在卫星通信中,影响电磁波传播的是自由电子。

因为被太阳光谱的不同部分在不同的高度被吸收,电离层由几个离子密度不同的层或区域组成。随着高度的增加,这些层被称为D层、E层和F层,参见图6.1。由于从一层到另一层的转变通常是渐进的,在两层间电子密度没有明显的最小值,所以这些层的界限并不明显。电子密度的代表性曲线参见图6.4所示。

电离层中的电子密度还会随地磁纬度、日周期、年周期和太阳黑子周期(除了别的以外)而变化。大多数温带地区地面站卫星路径都穿过最均匀的中纬度电子密度区。高纬度地球站通常可能受较为不规则的极光区域电子密度的影响。纬度效应的讨论参见ITU-R建议P.531-12部分。

本书简要介绍了归纳自参考文献[4]中的重要的电离层D层、E层和F层的概况。

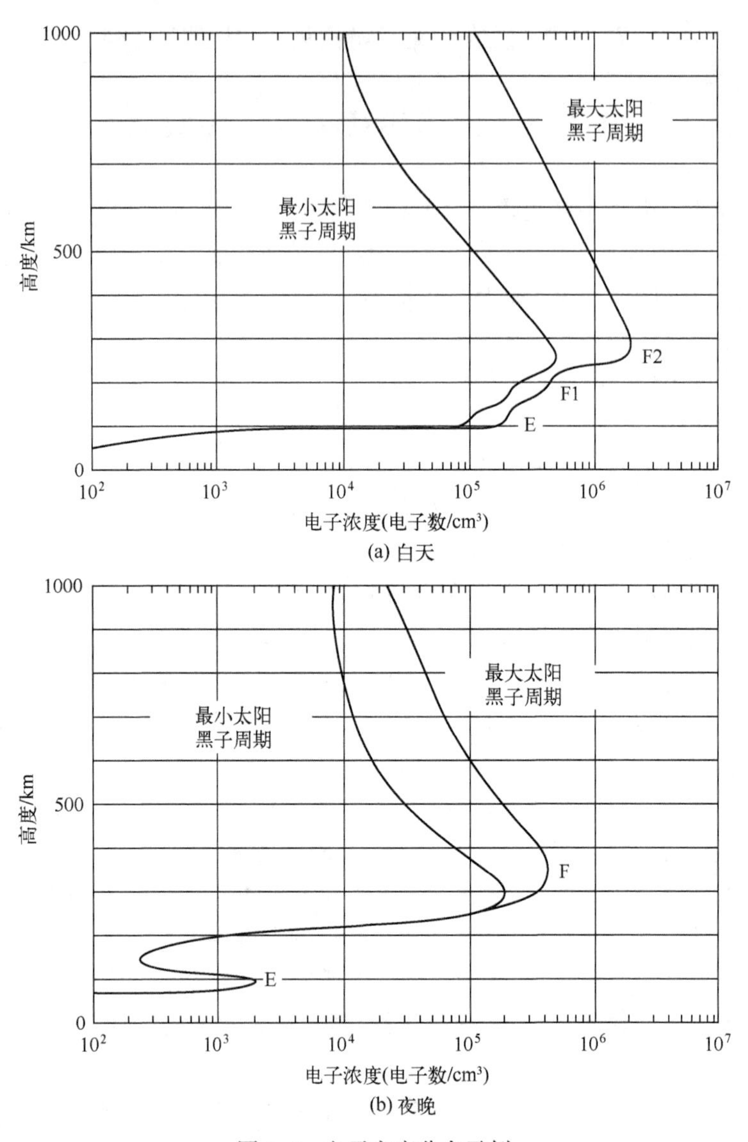

(a) 白天

(b) 夜晚

图 6.4　电子密度分布示例

电离层的最低层为 D 层，其范围约为 50～90km，在白天，75～80km 之间的最大电子密度约为 $10^9/m^3$。在晚上，整个 D 层的电子密度值较小。由于电子浓度低，D 层对无线电波的闪烁作用几乎没有影响。然而，电离层的衰减主要来自电子与中性粒子的碰撞，由于 D 层高度低，存在许多中性原子和分子，碰撞频率高，因此，在白天，调幅广播频段（0.5～1.6MHz）的传播通过 D 层时大大地衰减了，但在晚上时，D 层消失，远距离接收变得可能。

E 层的范围为 90~140km，其峰值的电子浓度范围约为 100~110km。E 层的电子密度随着 11 年太阳黑子周期的变化而变化，在太阳黑子周期的最小值时，其值约为 $10^{11}/m^3$，在太阳黑子周期的峰值时，其值在 $10^{11}/m^3$ 基础上增加 50%。电子浓度在夜间下降了大约 100，但总有驻留的离子。位于 E 层高度（90~140km）的赤道和极光球中存在强烈的电流流动，这些电流被称为赤道和极光电动机。无线电波被与电机相关的电子密度结构在 1GHz 或略高的频率上散射。来自极光电射流的后向散射回波表明极光的发生区域，被称为无线电极光。当表面电子密度远大于 $10^{12}/m^3$ 时，在 E 层中会出现突发 E 层现象，即零星的、通常不连续的强电离层。E 层有利于通信，当高频（3~30MHz）电波可能在一定频率处被 E 层反射回来，其频率是一天中时间和太阳黑子周期时间的函数。会导致甚高频（30~300MHz）地球站间的干扰，零星的 E 层往往是一个麻烦事。

在正常电离层中，F 层的电子密度最高。白天，F 层由 F1 层和 F2 层两部分组成。在夜间，F1 层基本消失了，但是，当太阳黑子周期处于最小或最大值时，中午 F1 层的电子密度达到峰值，其值分别约为 $1.5\times10^{11}/m^3$ 和 $4\times10^{11}/m^3$。在正常的电离层中，F2 层具有最高电子密度峰值，并且夜间其电子密度仍然比 D 层和 E 层高。电子密度峰值在 200~400km 高度范围内，夜间其值处于 $5\times10^{11}/m^3$ 和 $4\times10^{11}/m^3$ 之间，黎明前后达到日最小值。日间 F 层电子密度测定值约为 $5\times10^{12}/m^3$。F2 层的反射是高频通信的主要因素，以前高频通信涉及很大一部分远距离通信，尤其是跨洋通信。

发射机到接收机传播路径上的总电子含量（TEC）在确定电离层对通信信号的影响方面具有重要意义。TEC 定义为横截面为 $1m^2$ 的圆柱内的电子数（el/m^2），其位置与传播路径一致。传播路径为 s 的 TEC 由沿总路径的电子浓度积分确定，即

$$N_T = \int_s n_e(s)\,ds \tag{6.1}$$

式中：N_T 为总电子含量（TEC），单位为 el/m^2；s 为传播路径，单位为 m；n_e 为电子浓度，单位为 el/m^3。

电离层的 TEC 具有明显的日变化特点，并且随着太阳活动而变化，尤其是太阳活动引起的地磁风暴。一天中阳光充足时 TEC 往往达到峰值。法拉第旋转、超时延及相关距离延迟、相位超前、时延和相位超前色散与 TEC 成正比。电离层对无线电传播的影响大多数与 TEC 成比例。

表示 TEC 日变化的代表性曲线如图 6.5 所示。这些数据是在美国马萨诸塞州萨加莫尔山利用美国宇航局的 ATS-3 卫星发射的 136MHz 的信号得到的。

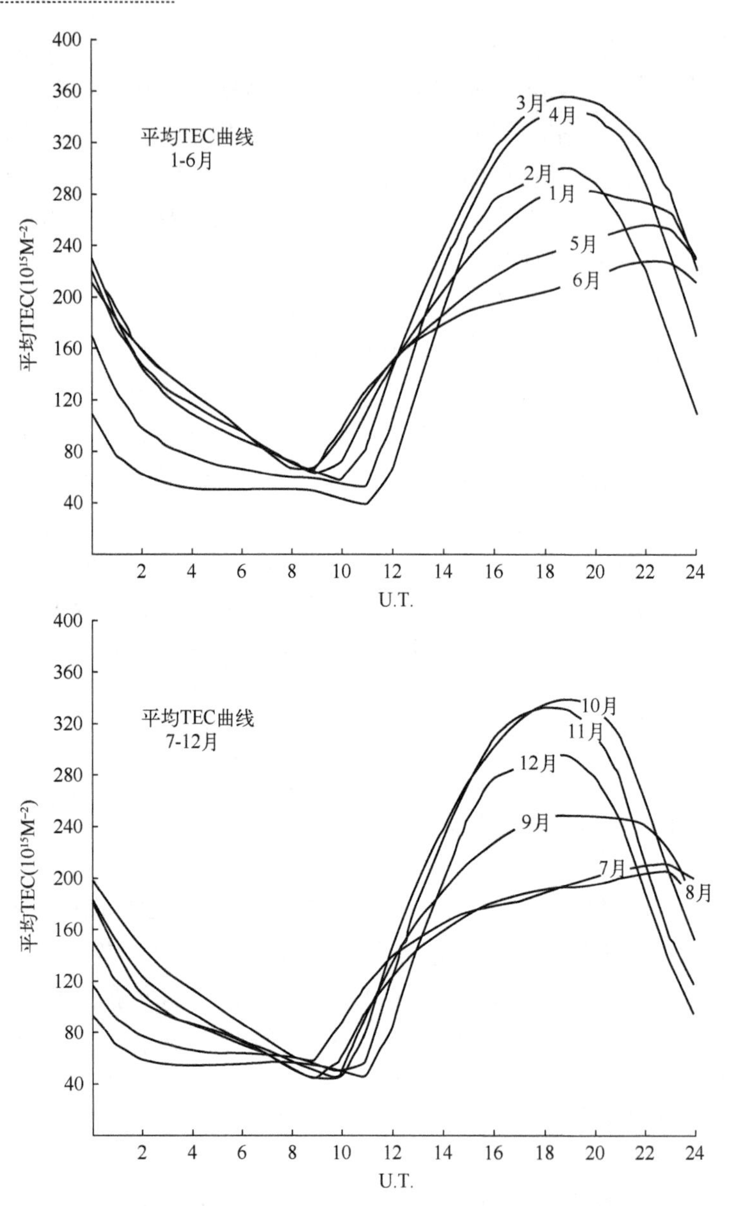

图 6.5 TEC 的日变化,平均月曲线,1967—1973 年间美国马萨诸塞州萨加莫尔山测量

这里讨论的主要损耗是:电离层闪烁、极化旋转、群延迟以及色散。电离层的其他效应,如电离层吸收和到达角的变化,一般是二阶重要的,不会对卫星通信应用的性能或系统设计产生不利影响。文献[3]和[4]中描述了二阶效应。

这里我们关注的是视距链路损耗;其他效应,如阴影、阻塞和多径闪烁等,可能存在于与移动终端相关的卫星链路中,这些内容将在第 12 章移动卫星网络中讨论。

6.3.1 电离层闪烁

电离层闪烁由电离层中电子密度不规则引起的无线电波的振幅和相位的快速波动构成。在 30MHz~7GHz 的链路上可观测到闪烁效应,在甚高频(30~300MHz)频段中,观测到了大量的振幅闪烁。在某种大气条件下,闪烁会变得非常严重,并且可以确定可靠通信的实际限制。电离层闪烁在赤道、极光和极地地区以及一天中的日出和日落期间传播最为严重。电离层闪烁的主要机制是正向散射和衍射。

闪烁指数用来定量电离层闪烁的强度波动。最常用的闪烁指数 S_4定义为

$$S_4 = \left(\frac{<I^2> - <I>^2}{<I>^2} \right)^{\frac{1}{2}} \tag{6.2}$$

式中:I 为信号的强度;<>表示变量的均值。

闪烁指数与强度的峰间波动有关。精确的关系取决于强度的分布,但采用 Nakagami 分布可以很好地描述各种 S_4 值。当 S_4 趋于 1.0 时,分布趋于瑞利分布。在一定条件下,电离层不规则引起的聚焦可使 S_4 大于 1,甚至高达 1.5。

闪烁指数 S_4 可由链路上观测到的峰间波动 P_{p-p}来估算,其近似关系如下:

$$S_4 \cong 0.07197 P_{p-p}^{0.794} \tag{6.3}$$

式中:P_{p-p}为峰间功率波动,单位为 dB。

国际电联报告的这一结果是基于一系列条件下的闪烁指数的经验测量得出的。注意,10dB 的 P_{p-p}对应于大约 0.5 的闪烁指数,而闪烁指数为 1.0 时,P_{p-p}值超过 27dB。

电离层闪烁最强烈的两个地理区域是高纬度地区和磁赤道附近地区。这些区域如图 6.6 所示,图中显示了 L 频段(1~2GHz)在最大和最小太阳活动情况下的闪烁区域。图中还显示了闪烁的日变化效果。最强烈的区域发生在当地午夜赤道±20°范围内的一条带状地带。

电离层闪烁的波动速率相当快,约为 0.1~1Hz。典型闪烁事件发生在局部电离层日落之后,可以持续 30min 甚至数个小时。在太阳活动最活跃的年份,赤道地区几乎每天日落之后都会发生闪烁事件。在此期间,10dB 甚至更高的峰间波动并不罕见。

高纬度地区的电离层闪烁一般不像赤道地区那么严重,很少超过 10dB,即使在太阳活动最活跃的情况下也是如此。

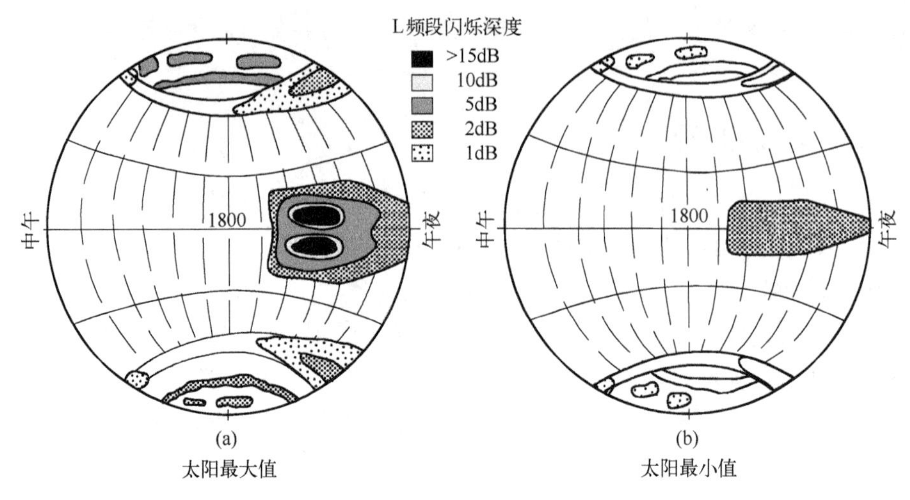

图 6.6 电离层闪烁区域

6.3.2 极化旋转

极化旋转是指在地球磁场存在的情况下,无线电波与电离层中的电子相互作用而产生的无线电波极化方向的旋转。这种情况称为**法拉第效应**,它可以严重影响采用线性极化的甚高频空间通信系统。由于波的两个旋转分量在电离层中以不同传播速度前进,极化面发生旋转。

旋转的角度 θ 取决于无线电波的频率、磁场强度以及电子密度,可表示为

$$\theta = 236 B_{av} N_T f^{-2} \tag{6.4}$$

式中:θ 为法拉第旋转角,单位为 rad;B_{av} 地球平均磁场,单位为 Wb/m^2;f 为无线电波频率,单位为 GHz;N_T 为 TEC,单位为 el/m^2。

图 6.7 显示了频率从 100MHz~10GHz,电子密度从 10^{16}~$10^{19}el/m^2$的法拉第旋转的变化,假定平均磁场取值 $5\times10^{-21}Wb/m^3$。在最大 TEC 条件下,甚高频/极高频区域(300MHz)的法拉第旋转超过 100rad(15 转),而在相同条件下,3GHz 的旋转将小于 1rad。

由于法拉第旋转与电子密度和沿传播路径的地球磁场分量的乘积成正比,其平均值表现出非常有规律的日、季和太阳周期行为,这些行为通常是可能预测的。通过手动调整卫星地球站天线的极化倾斜角来补偿平均的旋转。然而,由于地磁风暴和在较小程度上发生的大规模的电离层扰动,这种规律性的行为可能会在很小的时间百分比内发生大的偏差。这些偏差无法提前预测。在靠近赤道的位置,极高频段的法拉第旋转角的激烈而快速的波动分别与强烈而快速的振幅闪烁相

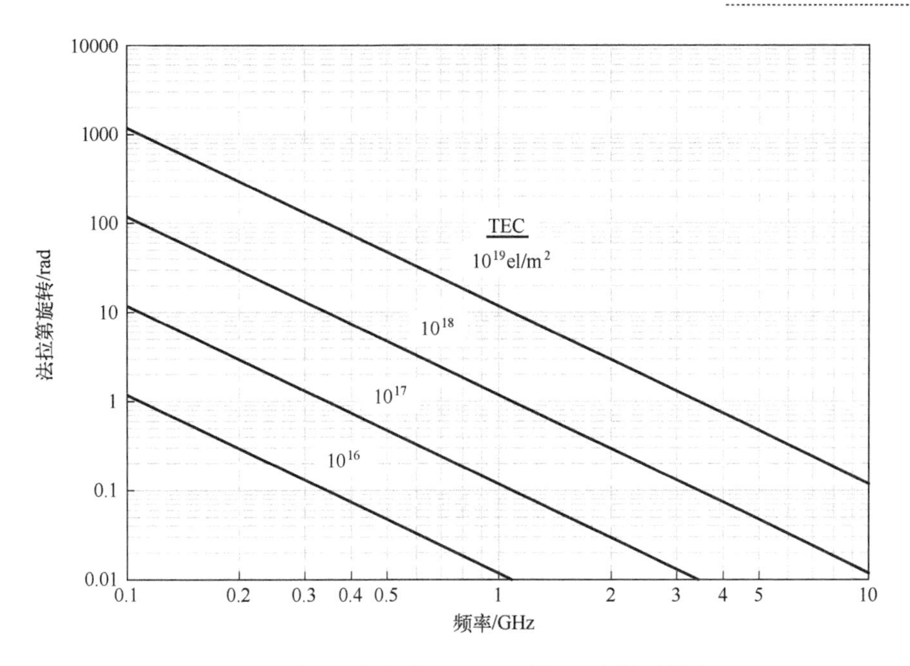

图 6.7　作为工作频率和 TEC 函数的法拉第旋转角

关。需要再次强调的是,法拉第旋转只是线性极化传播的一个潜在问题;圆极化卫星链路不需要补偿。

6.3.3　群时延

群时延(或传播延迟)是指由于传播路径中自由电子的存在而导致的无线电波传播速度的降低。无线电波群速度被延迟(减慢),从而其传播时间要比自由空间路径预期的要长。这个效应对于无线电导航或卫星测距链路来说极其关键,这些链路需要精确地了解距离和传播时间才能正确完成任务。

群时延与频率平方的倒数近似成正比,具有以下形式:

$$t=1.345\frac{N_{\mathrm{T}}}{f^{2}}\times10^{-25} \tag{6.5}$$

式中:t 为在真空中传播的电离层群时延,单位为 s;f 为无线电波频率,单位为 GHz;N_{T} 为 TEC,单位为 $\mathrm{el/m^2}$。

图 6.8 显示了电子密度为 $10^{16}\sim10^{19}\mathrm{el/m^2}$ 范围内电离层群时延随频率的变化。电子密度范围内,L 频段观测到的时延小于 1μs,而电子密度处于最大的情况下,甚高频/极高频段的时延将超过 10μs。

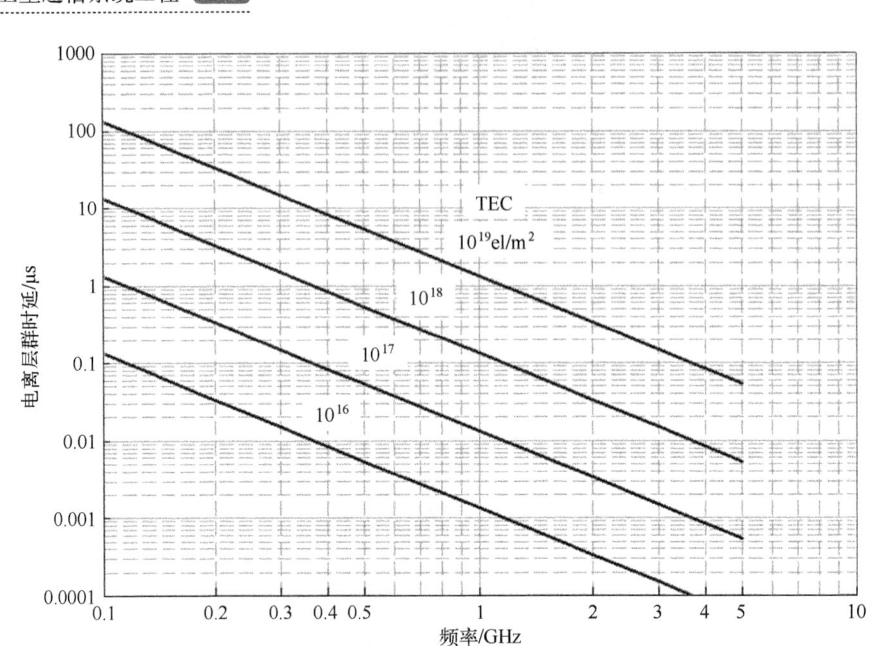

图 6.8　工作频率和 TEC 函数的电离层群时延

6.3.4　频散

具有显著带宽的无线电波通过电离层传播时，作为频率函数的传播时延引入了频散，即发射信号频谱的低频与高频之间的时间延迟差。

带宽上的差分时延与沿传播路径的积分电子密度成正比。对于固定带宽，相对频散与频率的立方成反比。频散效应是在宽带信号中引入失真，甚高频和可能涉及宽带传播的极高频系统必须考虑频散效应。

图 6.9 显示了 ITU-R 对电离层单向横截面差分时延的估计，TEC 为 5×10^{17} el/m^2。图中显示了通过电离层传播的脉冲频谱宽度为 τ 的低频与高频间的时延差别。时延随频率的增加和脉冲宽度减小而减小。例如，1μs 脉冲长度的信号在 200MHz 频率时的差分时延为 0.02μs，而在 600MHz 频率时的时延只有 0.00074μs。

相干带宽定义为大气频散特性或多径传播引起的无线电支持的信息带宽或信道容量的上限。电离层频散引起的相干带宽通常不是设计因素，因为合理利用的带宽远远超过射频载波所能支持的带宽容量。空间通信频率高达 30GHz 及以上的所有大气原因引起的相干带宽为一个或多个 GHz，通常不是一个严重的问题，除了超宽带（多 GHz）链路和如航天器重返等必须穿过等离子体传播的链路。

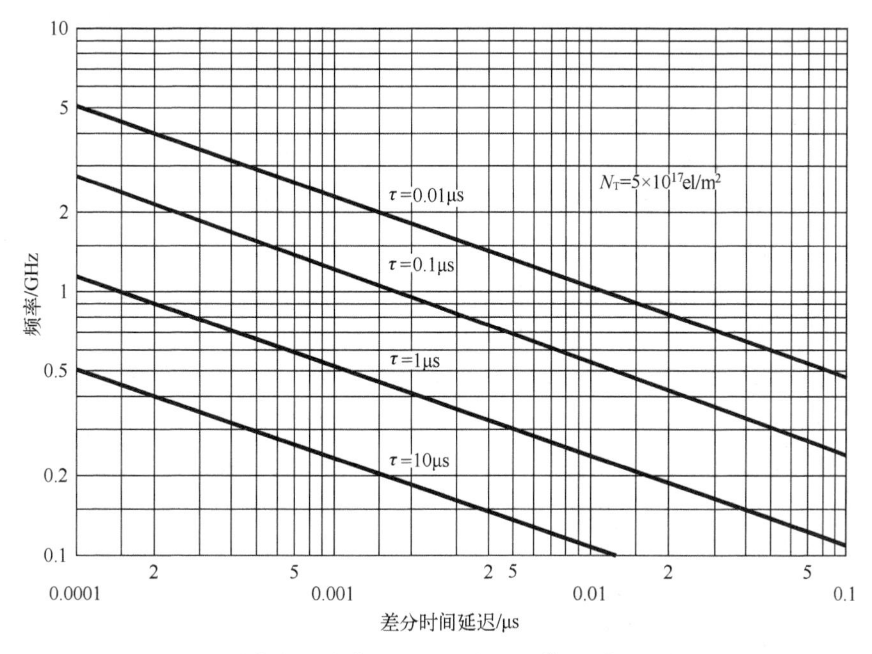

图 6.9 τ 微秒宽度的脉冲通过 TEC 为 5×10^{17} el/m^2 的电离层的频散

6.4 大约 3GHz 以上传播

本节简要描述了 3GHz 以上频段妨碍空间通信的主要传播损耗。许多卫星通信链路工作于 3GHz 以上频段，包括 C 频段、Ku 频段、Ka 频段及 V 频段。在上述频段工作的卫星应用包括：

- 固定卫星业务(FSS)用户链路；
- 广播卫星业务(BSS)下行用户链路；
- BSS 和移动卫星业务(MSS)馈源链路；
- 深空通信；
- 军事通信链路。

对流层是运行于上述频段的卫星通信中传播损耗的主要来源。

这里讨论的损耗主要有降雨衰减、气体衰减、云衰减、雨冰去极化以及潮湿表面效应。这里我们关注的是视距链路损耗；第 12 章移动卫星网络中讨论了可能存在于涉及移动终端的卫星链路上的其他效应，如阴影、阻塞和多径闪烁。这些因素按降低对空间通信系统设计和性能影响的近似顺序列出。

6.4.1 降雨衰减

传输路径上的降雨是在3GHz以上频段运行的地球空间通信所关注的主要天气影响。对于10GHz以上工作频率而言,降雨问题尤为严重。雨滴吸收和散射无线电波能量,导致降雨衰减(传输信号振幅的降低),从而降低通信链路的可靠性和性能。雨滴的非球形结构还会改变传输信号的极化特性,引起降雨去极化(能量从一种极化状态转移到另一种极化状态)。降雨效应取决于频率、降雨速度、雨滴尺寸分布、雨滴形状(扁率),对环境温度和压力的依赖相对来说较小。

降雨系统的宏观和微观特性影响对流层的衰减和去极化效应及其统计特性。宏观特性包括雨区的尺寸、分布、运动、融化层的高度以及冰晶的存在。微观特性包括雨滴和冰晶的尺寸分布、密度和扁率。宏观和微观尺度特性的混合效应导致衰减和去极化随时间的累积分布、衰减和去极化周期的持续时间以及特定衰减/去极化随频率的变化。

6.4.1.1 降雨空间结构

降雨条件对传输信号的相对影响取决于降雨的空间结构。评价降雨对地球空间通信的影响方面具有重要意义的两类降雨结构为:层状雨和对流雨。

6.4.1.1.1 层状雨

中纬度地区,层状降雨是一种降雨类型,它通常表现为数百公里的水平分层范围,超过1h的持续时间以及小于约每小时25mm(每小时1英寸)的降雨速度。层状降雨通常发生在春季和秋季,由于气温较低,垂直高度为4~6km。对于通信应用,层状降雨表示发生时间足够长的降雨速率,因此,链路余量可能要求超过与每小时1英寸(25mm/h)降雨速率相关的衰减。

6.4.1.1.2 对流雨

垂直大气运动产生的对流降雨导致垂直的传输和混合。对流流动发生在水平范围通常为几公里的区域内。由于对流上涌,在特定位置该区域扩展到比平均结冰层更高的区域。该区域可能被隔离或嵌入到与经过的天气锋有关的雷暴地区。由于锋面的运动和沿锋面区域的滑动运动,高降雨速率的持续时间通常只有几分钟。这些降雨是美国和世界温带地区高降雨速率的最常见的来源。

层状雨覆盖了大的地理位置,其中一个风暴的总降雨的空间分布预计是均匀的。同样,对于相距数十千米的地面站点来说,数小时内的平均降雨率也很相似。然而,对流风暴是区域性的,对于一个特定的风暴,降雨量和降雨率的空间分布往往不均匀。

6.4.1.2 降雨衰减的典型描述

确定辐射的无线电波降雨衰减的典型描述基于描述无线电波传播和预测本质的 3 个假设：

（1）当无线电波通过雨区传播时，其强度呈指数衰减。

（2）雨滴假定为球形水滴，从入射的无线电波中同时散射和吸收能量。

（3）每一滴的贡献都是相加的，而且与其他水滴无关；这意味着能量的“单一散射”，然而，典型发展的经验结果确实允许一些“多次散射”效应。

无线电波在传播方向上通过厚度为 L 的降雨区域传播时的衰减可表示为

$$A = \int_0^L \alpha \mathrm{d}x \tag{6.6}$$

式中：α 为雨量的具体衰减，以 dB/km 表示，并且沿着传播路径的范围进行积分，x 范围从 $0 \sim L$。

以传播功率为 p_tW 的平面波为例，入射在大量均匀分布的球形水滴上，其半径为 r，沿波传播方向延伸长度为 L，如图 6.10 所示。假设电波通过雨柱传播时，电波强度呈指数衰减，接收到的功率 p_r 为

$$p_r = p_t \mathrm{e}^{-kL} \tag{6.7}$$

式中：k 为雨区衰减系数，以长度的倒数为单位。

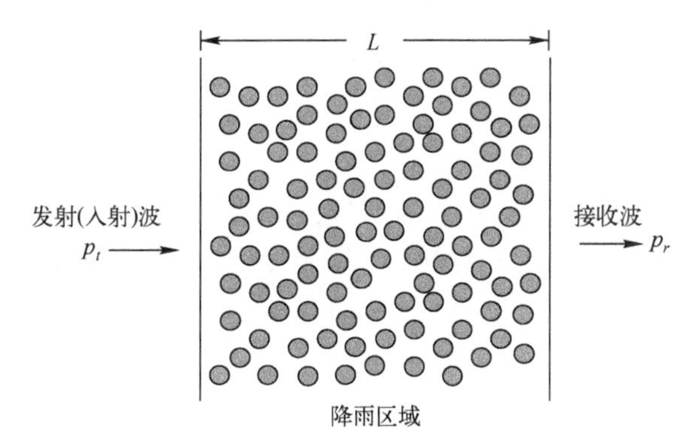

图 6.10 入射在球形均匀分布水滴的雨区上的平面波

波的衰减，通常以正的分贝来表示，可表示为

$$A(\mathrm{dB}) = 10\log_{10}\left(\frac{p_t}{p_r}\right) \tag{6.8}$$

将对数转换为以 e 为底的数，应用式(6.7)可变为

$$A(\mathrm{dB}) = 4.343kL \tag{6.9}$$

衰减系数 k 可表示为

$$k=\rho Q_t \tag{6.10}$$

式中:ρ 为雨滴密度,即单位体积的雨滴数;Q_t 为雨滴衰减截面,用面积单位表示。

横截面描述了物体投影到无线电波方向的物理轮廓。它定义为从电波提取的总功率(W)与总入射功率密度(W/m^2)之比,因此单位为面积,即 m^2。

对于雨滴,Q_t 是散射截面 Q_s 和吸收截面 Q_a 之和。衰减截面是雨滴半径 r,无线电波的波长 λ 及雨滴的复折射率 m 的函数。即

$$Q_t=Q_s+Q_a=Q_t(r,\lambda,m) \tag{6.11}$$

"真实"降雨中的雨滴并非都是均匀半径,衰减系数必须通过对所有雨滴尺寸进行积分来确定,即

$$k=\int Q_t(r,\lambda,m)\eta(r)\,\mathrm{d}r \tag{6.12}$$

式中:$\eta(r)$ 为雨滴尺寸分布;$\eta(r)\mathrm{d}r$ 为半径为 r 和 $r+\mathrm{d}r$ 之间的单位体积内的雨滴数量。

由式(6.9)和式(6.12)可知,当 $L=1$ 时得到的具体衰减 α(单位为 dB/km)为

$$\alpha\left(\frac{\mathrm{dB}}{\mathrm{km}}\right)=4.343\int Q_t(r,\lambda,m)\eta(r)\,\mathrm{d}r \tag{6.13}$$

上述结果表明了降雨衰减取决于雨滴尺寸、雨滴尺寸分布、降雨速率和衰减截面。前 3 个参数只是降雨结构的特征。通过衰减截面确定了降雨衰减的频率和温度依赖性。所有参数均表现出时间和空间的变化,这些变化不是确定性的,也不是直接可预测的,因此大多数降雨衰减分析必须依靠统计分析来定量评估降雨对通信系统的影响。

式(6.13)的解要求 Q_t 和 $\eta(r)$ 为雨滴尺寸 r 的函数。

采用经典的米氏散射理论,可以求出辐射吸收球的平面波的 Q_t 值。

几位研究人员研究了雨滴尺寸分布是降雨速率和风暴活动类型的函数,并且雨滴尺寸分布可以用指数形式很好地表示:

$$\eta(r)=N_o\mathrm{e}^{-\Lambda r}=N_o\mathrm{e}^{-[cR^{-d}]r} \tag{6.14}$$

式中:R 为降雨速率,单位为 mm/h;r 为雨滴半径,单位为 mm;N_o、Λ、c 和 d 为由测量分布决定的经验常数。

然后通过对总路径 L 上的具体衰减进行积分得到路径的总降雨衰减,即

$$a(\mathrm{dB})=4.343\int_0^L\left[N_o\int Q_t(r,\lambda,m)\mathrm{e}^{-\Lambda r}\mathrm{d}r\right]\mathrm{d}l \tag{6.15}$$

式中,l 上的积分范围是传播方向上的降雨区域。Q_t 和雨滴尺寸分布随路径而变化,这些变化必须包含在积分过程中。确定传播路径上的变化是非常困难的,特别是对于在轨卫星的倾斜路径。为了开发有用的降雨衰减预测模型,必须对这些变

化进行近似或统计处理。

6.4.1.3 降雨衰减和降雨率

将地面路径上的降雨衰减测量值与路径上测量的降雨率进行比较时,观察到具体的衰减可以用以下公式很好地近似:

$$\alpha\left(\frac{\mathrm{dB}}{\mathrm{km}}\right) \cong aR^b \tag{6.16}$$

式中:R 为降雨率,单位为 mm/h;a 和 b 为与频率和温度相关的常数。常数 a 和 b 表示由式(6.13)给出的特定衰减的完整表示的复杂行为。这种相对简单的衰减和降雨率的表达直接来自早期研究人员如 Ryde&Ryde 和 Gunn&East 等的测量结果。然而,分析研究,尤其是 Olsen,Rogers 和 Hodge 的研究,已经证明了表达式 aR^b 的分析基础。书的附录 C 提供了上述 aR^b 表达式的分析基础的完整推导。

目前几乎所有已公布的预测降雨率引起的路径衰减的模型都包含了表达式 aR^b 的使用。

图 6.11 显示了平均每年最差为 1%的预期降雨衰减(相当于每年 99%的链路可用性)。这些图是为位于华盛顿特区的一个地面终端绘制的,图中卫星的仰角范围为 5°~30°。

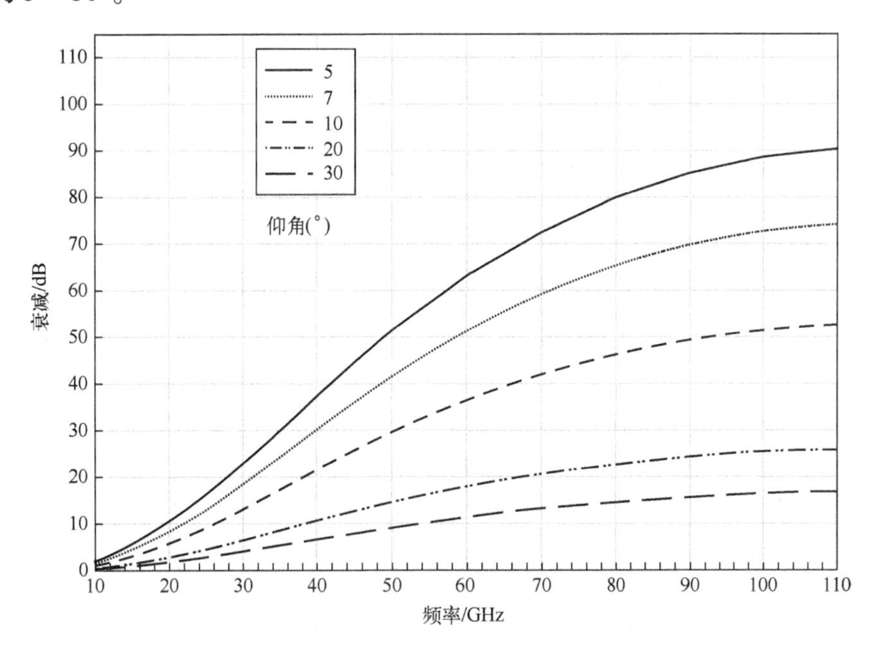

图 6.11 华盛顿特区链路可用性为 99%时频率和仰角的总路径降雨衰减函数

图中显示了降雨衰减的一些基本特征。降雨衰减随频率的增加和仰角的减小而增大。降雨衰减水平可能非常高,特别是在 30GHz 以上的频率。这些图用于 99%的年度链路可用性,相当于 1%的链路中断(不可用),即每年 88h 左右。

卫星路径上降雨衰减的预测模型和程序参见 7.3 节。

6.4.2 气体衰减

由于传播路径中存在气体成分,在地球大气中传播的无线电波信号电平将降低。信号衰减的轻微或严重取决于频率、温度、气压和水蒸气浓度。大气气体还会通过在链路中添加大气噪声(即无线电噪声)来影响无线电通信。

有关气体成分和无线电波的主要相互作用机制是分子吸收,这导致信号的振幅(衰减)减小。由分子转动能量的量子能级变化而引起的无线电波吸收发生在特定的共振频率或窄带频率上。相互作用的共振频率取决于分子初始和最终旋转能态的能级。

大气的主要成分及其近似的体积百分比为

- 氧气(21%);
- 氮气(78%);
- 氩气(0.9%);
- 二氧化碳(0.1%);
- 水蒸气(可变,海平面高度和 100%相对湿度时约为 1.7%)。

对于空间通信,只有氧气和水蒸气在感兴趣的频段具有可观察到的共振频率,高达 100GHz 左右。氧气在 60GHz 附近具有一系列非常接近的吸收线,在 118.74GHz 处具有隔离的吸收线。水蒸气具有 22.3GHz、183.3GHz 和 323.8GHz 的吸收线。氧气吸收涉及磁偶棚子的变化,而水蒸气吸收包括旋转态之间的电偶极子跃迁。气体吸收取决于大气条件,最显著的是空气温度和水蒸气含量。

图 6.12 显示了位于华盛顿特区的卫星路径上观测到的气体总衰减,卫星的仰角为 5°~30°。这些值是在美国标准大气下得到的,其绝对湿度为 7.5g/m^3。可以看到氧气在 60GHz 附近的吸收线很明显。观测到水蒸气的吸收线在 22.3GHz。随着仰角的减小,通过对流层的路径长度增加,由此产生的总衰减也随之增加。例如,在 35GHz 时,随着仰角从 30°降到 5°,路径衰减从约 0.7dB 增加到近 4dB。

大气气体衰减的计算程序参见 7.1 节。

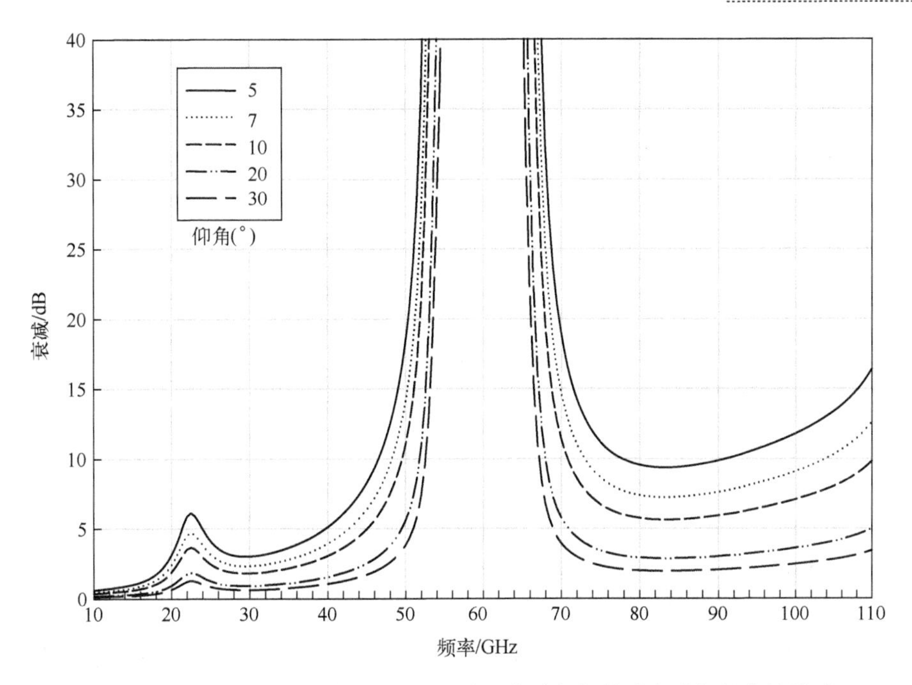

图 6.12 华盛顿特区,仰角为5°~30°范围内路径气体总衰减与频率的关系

6.4.3 云和雾衰减

虽然雨是影响无线电波传播的最显著的水文气象,但地球空间路径上也存在云和雾的影响,必须加以考虑。云和雾通常由直径小于 0.1mm 的水滴组成,而雨滴的直径通常为 0.1~10mm。云是水滴,而不是水蒸气;但是,云中相对湿度通常接近 100%。诸如卷云之类的高层云由冰晶组成,冰晶不会对无线电波衰减产生实质的影响,但会导致去极化效应。

对于小于约 100GHz 的频率,由雾引起的衰减极低。雾中的液态水密度对于中雾(300m 量级的能见度)通常约为 0.05g/m^3,而对于浓雾(50m 量级的能见度)为 0.5g/m^3。即使仰角低,通过雾的卫星链路总路径也很短,约 100m 量级,对于 100GHz 以下的链路,雾引起的总衰减可忽略。我们将在本节的其余部分重点介绍云的影响。

云的平均液态水含量变化很大,范围从 0.05g/m^2 至超过 2g/m^3。从与雷暴相关的大积云中观测到云的平均液态水含量峰值超过 5g/m^3。然而,晴天积云的峰值通常小于 1g/m^3。表 6.1 总结了一系列典型云类型的浓度、液态水含量和液滴直径。

表 6.1 典型云类型的观测特性

云类型	浓度/no/cm^3	液态水/g/m^3	平均半径/μm
淡积云	300	0.15	4.9
层积云	350	0.16	4.8
层云(陆地)	464	0.27	5.2
高层云	450	0.46	6.2
层云(海上)	260	0.49	7.6
浓积云	2-7	0.67	9.2
积雨云	72	0.98	14.8
雨层云	330	0.99	9.0

6.4.3.1 云的特定衰减

云引起的特定衰减由下式确定：

$$\gamma_c = \kappa_c M\left(\frac{\text{dB}}{\text{km}}\right) \tag{6.17}$$

式中：γ_c为云的特定衰减，单位为 dB/km；κ_c为特定衰减系数，单位为(dB/km)/(g/m^3)；M 为液态水密度，单位为 g/m^3。

小尺度的云滴可以采用瑞利近似来计算云的特定衰减。瑞利近似对于频率高达约 100GHz 的无线电波有效。基于瑞利散射的数学模型，采用双德拜模型得到水的介电常数 $\varepsilon(f)$，可用于计算频率高达 1000GHz 的特定衰减系数 κ_c的值：

$$\kappa_c = \frac{0.819f}{\varepsilon''(1+\eta^2)} \frac{\left(\frac{\text{dB}}{\text{km}}\right)}{\left(\frac{\text{g}}{\text{m}^3}\right)} \tag{6.18}$$

式中：f 为频率，单位为 GHz；$\varepsilon'(f)+\mathrm{i}\varepsilon''(f)$ 为水的复介电常数；η 的计算公式为

$$\eta = \frac{2+\varepsilon'}{\varepsilon''} \tag{6.19}$$

图 6.13 显示了频率为 5~200GHz，温度为-8~20℃时的特定衰减系数 K_l的值。

6.4.3.2 总云衰减

云引起的总衰减 A_T 可由统计数据中得到：

$$A_T = \frac{L\kappa_c}{\sin\theta}(\text{dB}) \tag{6.20}$$

式中：θ 为仰角($5° \leqslant \theta \leqslant 90°$)；$\kappa_c$为特定衰减系数，单位为(dB/km)/(g/m^3)；L 为液态水的总柱含量，单位为 kg/m^2，或相当于以毫米为单位的降水量。

液态水总柱含量的统计数据可以从辐射测量或无线电探空仪发射中获得。

图 6.14 显示了 5°~30°仰角的总云衰减与频率的函数关系(ITU-R)。计算基

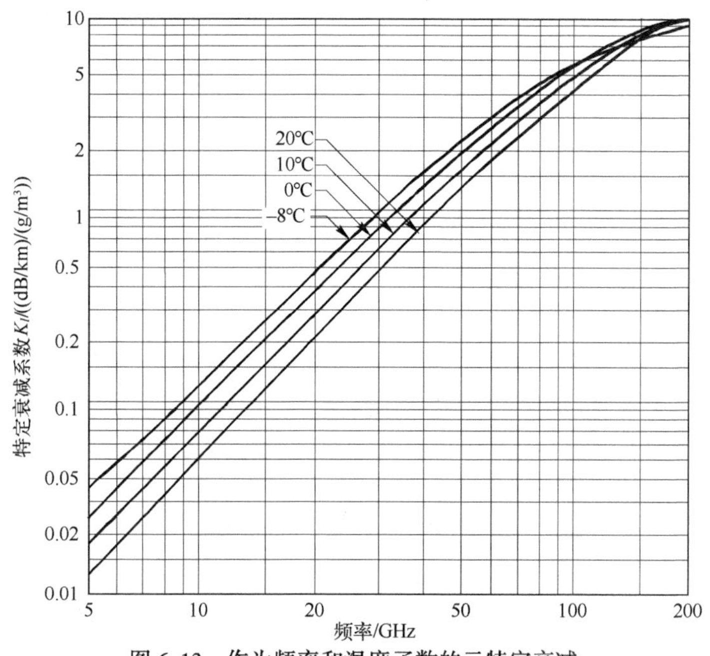

图 6.13　作为频率和温度函数的云特定衰减

于层云，云深为 0.67km，云底为 0.33km，液态水含量为 0.29g/m³。云衰减随频率增加而增加，随仰角增加而减小。

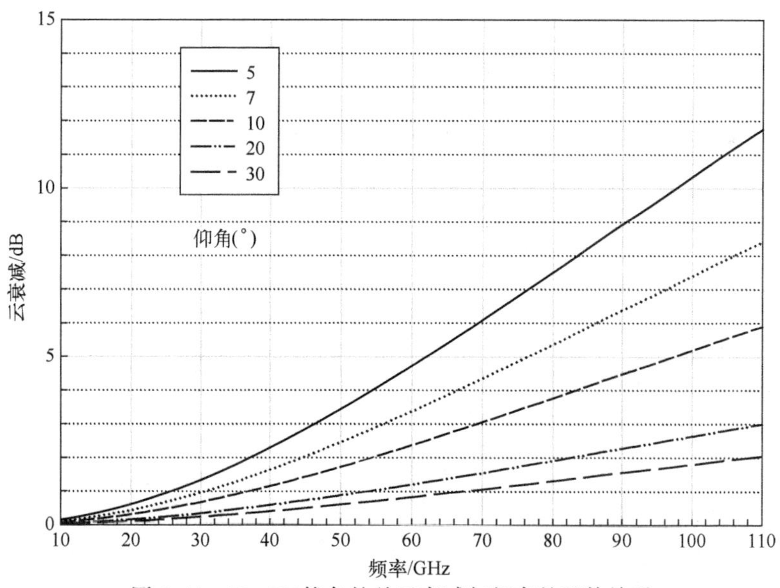

图 6.14　5°～30°仰角的总云衰减与频率的函数关系

计算云衰减的程序参见7.2节。

6.4.4 去极化

去极化是指无线电波极化特性的改变。改变的因素主要有:

(1) 水凝物,主要是路径上的雨或冰粒;

(2) 多径传播。

去极化的无线电波将改变其极化状态,使得功率从期望的极化状态转换到不期望的正交极化状态,导致两个正交极化通道之间的干扰或串扰。雨和冰去极化在大约12GHz以上的频段中可能是一个问题,特别是对于频率复用通信链路,其在相同频段中采用双独立正交极化信道以增加信道容量。多径去极化通常局限于非常低的仰角空间通信,并且将取决于接收天线的极化特性。

6.4.4.1 雨去极化

雨引起的去极化是由非球形雨滴引起的差分衰减和相移产生的。随着雨滴尺寸的增加,它们的形状趋向于从球形(由于表面张力而优选的形状)变为扁球状,并且由于向上作用于液滴的空气动力产生越来越明显的平坦或凹陷的基部。此外,由于垂直的风梯度,雨滴也可能倾向于水平(倾斜)。线性极化无线电波的去极化特性将在很大程度上取决于传输极化角。

理解地球大气的去极化特性对于频率复用通信系统的设计尤其重要,该系统在相同频段中采用双独立正交极化信道以增加信道容量。采用线性或圆极化传输的频率复用技术可能受到传播路径的影响,传播时能量从一个极化状态转移到另一个正交状态,产生两个通道之间的干扰。

图6.15显示了在线性极化传输链路中的E场(电场)矢量的去极化效应的表示。矢量E_1和E_2是成90°(正交)极化传输的垂直和水平方向波,以在传输时提供两个独立的信号。传输的电波被介质去极化为几个分量,如图的右侧所示。

针对线性极化波而言,线性垂直方向的交叉极化鉴别XPD定义为

$$XPD_1 = 20\log\frac{|E_{11}|}{|E_{12}|} \tag{6.21}$$

线性水平方向的交叉极化鉴别XPD定义为

$$XPD_2 = 20\log\frac{|E_{22}|}{|E_{12}|} \tag{6.22}$$

E_{11}和E_{22}分别是共极化(期望)1和2方向上的接收电场,E_{12}和E_{21}是转换为正交交叉极化(非期望)方向1和2的电场。

一个密切相关的参数是隔离度I,它将共极化接收功率与在相同极化状态下接

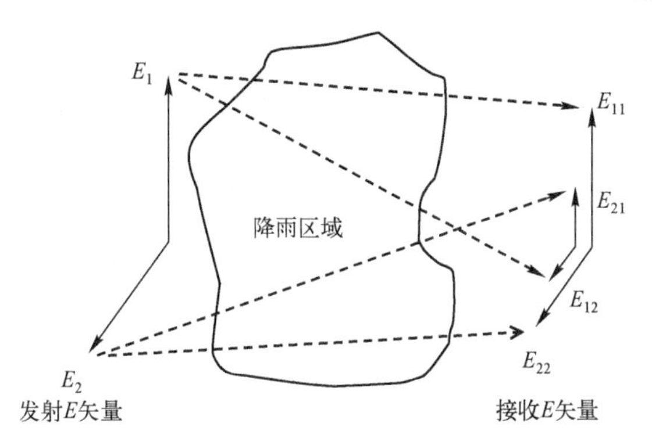

图 6.15　线性极化波的去极化分量

收的交叉极化功率进行比较，对于垂直方向有

$$I_1 = 20\log \frac{|E_{11}|}{|E_{21}|} \tag{6.23}$$

对于水平方向有

$$I_2 = 20\log \frac{|E_{22}|}{|E_{12}|} \tag{6.24}$$

隔离考虑了接收器天线、馈电和其他组件以及传播介质的性能。当接收机系统极化性能接近理想值时，XPD 和 I 几乎相同，只有传播介质对系统性能产生去极化效应。

还可以定义用于圆极化传播电波的 XPD 和 I。圆极化的 XPD 几乎等于从水平方向取向为 45°的线性或水平极化波的 XPD[12]。

确定降雨的去极化特性需要了解雨滴的倾斜角度，其被定义为水滴主轴与局部水平之间的角度，如图 6.16 中的 θ 所示。

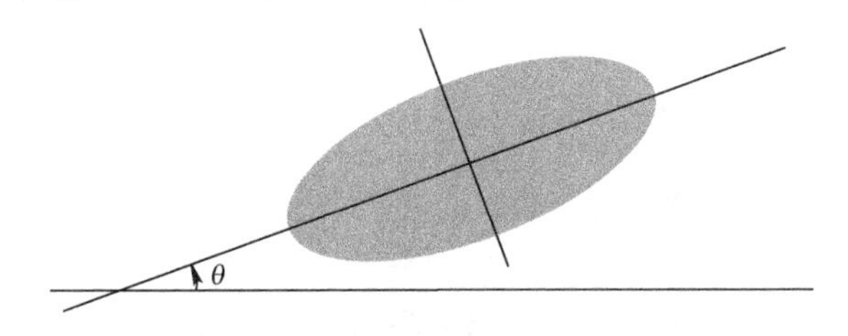

图 6.16　扁球体雨滴的倾斜角

典型降雨中每个雨滴的倾斜角度是不同的，且当它落到地面时将不断变化，因为空气动力将引起水滴“摆动”并改变方向。因此，对于雨去极化的建模，通常需要倾斜角的分布，并且 XPD 是根据倾斜角的平均值来定义。采用卫星信标测量地球—空间

路径表明,对于大多数非球形雨滴,平均倾斜角倾向于非常接近0°(水平)[13]。在这种情况下,圆极化XPD与离水平方向成45°的线性水平或垂直极化的XPD相同。

当在无线电波路径上观察到的去极化测量值与在同一路径上同时观察到的雨衰测量值进行比较时,值得注意的是,XPD的测量统计量与共极化衰减A之间的关系可以通过如下关系进行很好地拟合:

$$\mathrm{XPD}=U-V\log A\,(\mathrm{dB}) \tag{6.25}$$

式中:U和V是经验确定的系数,它们取决于频率、极化角、仰角、倾斜角以及其他链路参数。该发现类似于6.4.1.3节中讨论的雨衰与降雨率之间观察到的aR^b关系。上面给出的雨去极化和衰减之间关系的理论基础是由Nowland等人[14]从应用于扁球体雨滴的散射理论的小参数近似而提出的。

对于大多数降雨去极化预测模型,系数U和V可采用半经验关系计算。雨去极化预测模型的应用示例如图6.17所示。该图显示了作为频率和仰角函数的交叉极化鉴别XPD。这些曲线来自于华盛顿特区的地面终端,链路可用性设定为99%。降雨去极化预测的模型和程序参见7.4节。

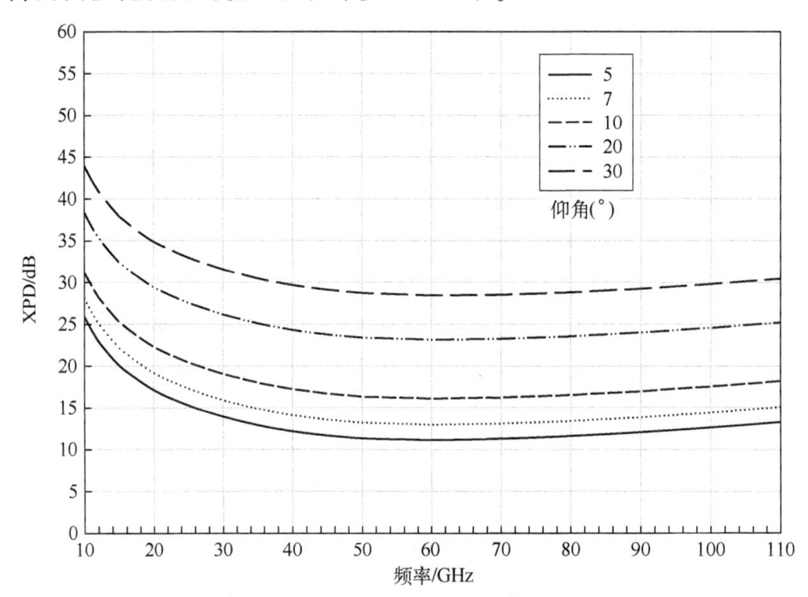

图6.17 频率和仰角函数的雨去极化XPD,地点:华盛顿特区,链路可用性:99%

6.4.4.2 冰去极化

除了降雨之外,地球—空间路径上的第二个去极化源是在高海拔地区存在的冰晶。冰晶去极化主要由差分相移而不是差分衰减引起,差分衰减是雨滴去极化的主要机制。冰晶去极化可以在很少或没有共极化衰减的情况下发生。交叉极化分量的幅度和相位会随着大的偏移而发生突变。

尘埃颗粒周围形成冰晶,其形状受环境温度影响。在卷云中,它们可能无限期地存在,但在积雨云中,它们通过云下游升华、下降和融化而经历一个生长周期。

无线电、雷达和光学观测证实,云冰晶具有与静电场方向相关的某种优选方向。晶体的尺寸范围为 0.1~1mm,浓度范围为 $10^3 \sim 10^6$ 晶体/m^3。浓度的变化和事件的发生可能来源于各种气团中"种子"核的变化。例如,大陆气团比海洋气团含有更多的尘埃核,因此在内陆地面站更频繁地发生冰晶去极化。

温度和空气动力会影响冰晶的形状。冰晶的两种优选形状是针状和板状。在低于-25℃的温度下,晶体主要呈现针状,而在-25℃~-9℃的温度下,它们主要呈现板状。晶体非常轻,往往会非常缓慢地下降。在4~30GHz及更高频率的卫星链路上可以观察到冰的去极化效应[1]。

冰去极化对卫星链路上总去极化的贡献难以通过直接测量来确定,但可以通过去极化事件期间共极化衰减的观测来推断。当共极化衰减较低时(即小于1~1.5dB)发生的去极化可以假设仅由冰粒引起,而当共极衰减较高时发生的去极化可归因于降雨和冰粒。

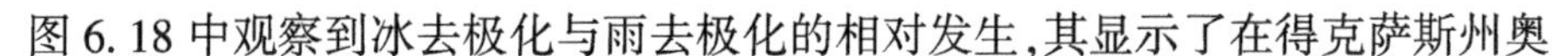

图6.18中观察到冰去极化与雨去极化的相对发生,其显示了在得克萨斯州奥

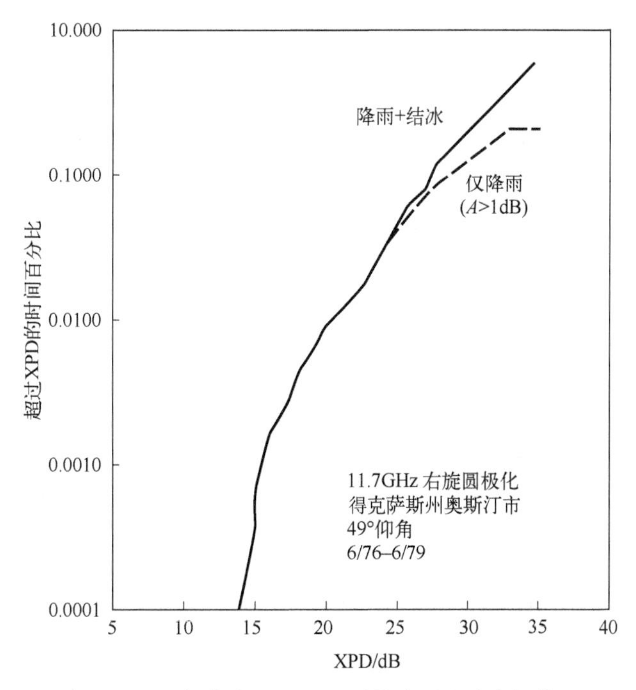

图6.18 频率为11.7GHz时的降雨和冰去极化

斯汀处频率为 11.7GHz 时测量的 XPD 的三年累积分布[16]。标记为降雨+冰的曲线用于所有观察到的去极化,而标记为只有降雨的曲线对应于共极化衰减大于 1dB 的测量值。只有大于 25dB 的 XPD 值才能观察到冰的贡献,其中大约 10%的时间存在冰效应。在 XPD 为 35dB 时,冰效应超过 50%的时间。在给定的百分比时间内,由冰导致的 XPD 减少平均约 2~3dB。

在美国新泽西州克劳福德山频率为 19GHz 时,使用 COMSTAR 信标[17]测量可观察到类似结果,如图 6.19 所示。对于这些测量,当共极化衰减为 1.5dB 或更小时,假设冰去极化一直存在。图中显示了标记为降雨+冰、仅冰和仅降雨的曲线。同样,只有 XPD 值为 25dB 或更高时才能观察到冰的贡献,对应于该数据集的年可用性约为 0.063%。在给定时间内,由于冰的作用,XPD 的下降幅度约为 1~5dB。冰去极化预测的模型和程序参见 7.4 节。

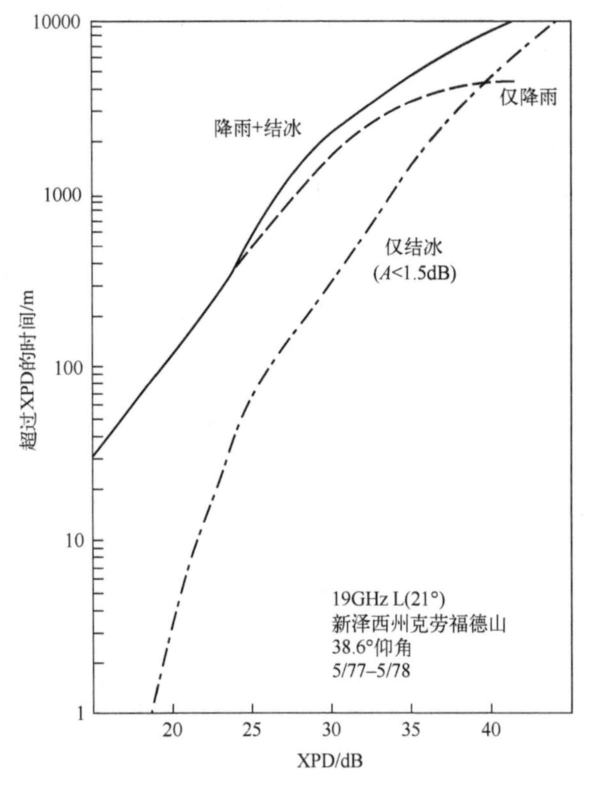

图 6.19 频率为 19GHz 时降雨和冰去极化

6.4.5 对流层闪烁

闪烁描述了由传输路径中时间相关的不规则性引起的无线电波信号参数快速波动的状况。影响的信号参数包括：

- 振幅
- 相位
- 到达角
- 极化

电离层和对流层都可以产生闪烁效应。电离层中发生的电子密度的不规则性可影响高达约 6GHz 的频率，而对流层中发生的折射率的不规则性导致高于约 3GHz 的频段中的闪烁效应。

对流层闪烁是由最初几千米高度的折射率波动产生的，是由高湿度梯度和逆温层引起的。这些影响是季节性的，每天都有所不同，因当地气候而异。在频率为 10GHz 的视距链路和频率高于 50GHz 的地球空间路径上能够观察到对流层闪烁。

对于第一近似，对流层中的折射率结构可以被认为是水平分层的，并且随着薄层的高度变化而变化。因此，低仰角处的倾斜路径(即高度倾斜于层结构)往往受闪烁条件影响最显著。

对流层折射率的一般性质是众所周知的。无线电波频段的大气无线电折射率 n 是温度、压力和水蒸气含量的函数。为方便起见，由于 n 非常接近 1，因此折射率特性通常以无线电折射率(N)来定义：

$$N=(n-1)\times10^{6}=\frac{77.6}{T}\left(p+4810\,\frac{e}{T}\right) \tag{6.26}$$

式中：p 为大气压力，单位为 mb；e 为水蒸气压力，单位为 mb；T 为温度，单位为 K。

式(6.26)中的第一项通常称为“干项”：

$$N_{\text{dry}}=77.6\,\frac{P}{T} \tag{6.27}$$

第二项称为“湿项”：

$$N_{\text{wet}}=3.732\times10^{5}\frac{e}{T^{2}} \tag{6.28}$$

对于高达 100GHz 的频率，此表达式精确到 0.5%以内。

研究发现，通过指数形式可以很好地表达折射率对海拔高度的长期平均依赖关系。

$$N=315\mathrm{e}^{-\frac{h}{7.36}} \tag{6.29}$$

式中:h 为海拔高度,单位为 km。此近似值适用于高达约 15km 的海拔高度。

折射率的小规模变化,例如由逆温层或湍流引起的变化,将对卫星信号产生闪烁效应。通过假设薄湍流层上的小波动并应用 Tatarski 的湍流理论来确定对流层中湍流层产生的振幅闪烁电平的定量估计。

6.4.5.1 闪烁参数

在文献中可互换地使用几个参数来描述对透射电磁波的闪烁。在无线电波应用中,感兴趣的是接收功率或幅度,而对于光波长,通常测量其强度。描述湍流和闪烁的其他参数包括相关函数和频谱图。我们关注的是无线电波频段,因此我们将着重于根据传输电波的接收功率来描述闪烁。

接收功率的对数,以 dB 表示,定义为

$$\chi_{\mathrm{dB}} = 20\log_{10}\left(\frac{A}{A_0}\right)(\mathrm{dB}) \tag{6.30}$$

式中:A 为接收信号振幅;$A_0 = \langle A \rangle$为平均接收振幅。

在通信系统应用中,闪烁强度通常由基于传输参数的接收功率对数的方差 σ_x^2 指定为

$$\sigma_x^2 = 42.25\left(\frac{2\pi}{\lambda}\right)^{\frac{7}{6}} \int_0^L C_n^2(x)\, x^{\frac{5}{6}} \mathrm{d}x \tag{6.31}$$

式中:C_n^2 为折射率结构常数;λ 为波长;x 沿路径的距离;L 总路径长度。

振幅闪烁的精确了解取决于 C_n^2,C_n^2 值不易获取。

方程(6.31)显示了均方根幅度波动 σ_x 随$f^{\frac{7}{12}}$变化。例如,频率为 10GHz 的测量结果显示具有的波动范围为 0.1~1dB,频率为 100GHz 时波动范围扩展到约 0.38~3.8dB 的范围。

6.4.5.2 振幅闪烁测量

在地球-空间通信链路上观察到的最主要的闪烁形式涉及传输信号的振幅。因为路径相互作用区域增加,闪烁随着仰角减小而增加。随着仰角下降到 10°以下,闪烁效应会急剧增加。

在 2~30GHz 以上频率的闪烁测量中显示,在高仰角(20°~30°)下闪烁的一般特征具有广泛的一致性。在温带气候下,夏季晴空中闪烁的峰值为 1dB 量级,冬季为 0.2~0.3dB,有云环境下为 2~6dB。然而,闪烁波动变化范围很大,从 0.5Hz 到超过 10Hz。通常观察到一个慢得多的波动分量,周期为 1~3min,同时还有上面讨论的更快速的闪烁。在低仰角(低于约 10°)时,闪烁显著增加,结构和可预测性的均匀性较差。观察到 20dB 或更大的剧烈波动,持续时间为几秒。

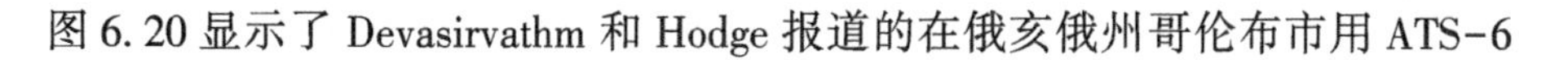
图 6.20 显示了 Devasirvathm 和 Hodge 报道的在俄亥俄州哥伦布市用 ATS-6

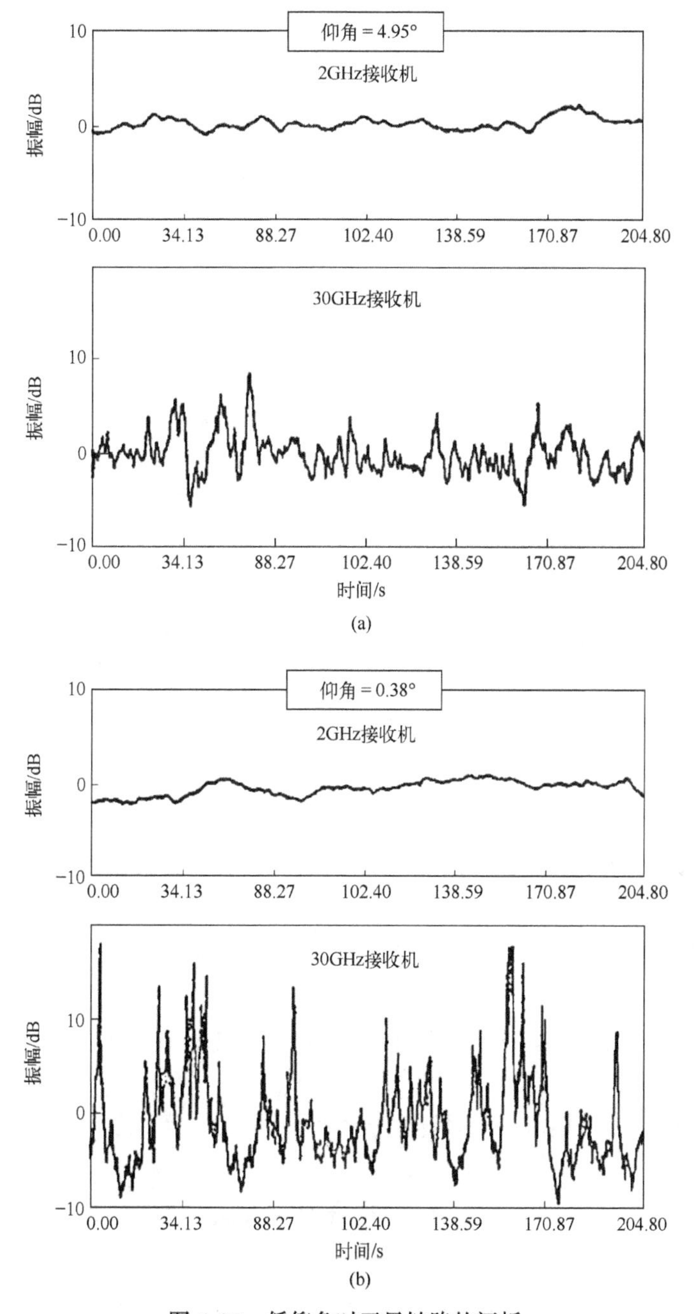

图 6.20 低仰角时卫星链路的闪烁

卫星进行的 2GHz 和 30GHz 低仰角振幅闪烁测量的例子[20]。在图(a)与(b)中,与卫星的仰角分别为 4.95°和 0.38°。测量是在晴朗的天气条件下进行的,仰角高达 44°,图 6.21 总结了测量数据,其中绘制了作为仰角函数的平均振幅方差。图中描述最小均方根误差的曲线符合假定的余割幂律关系:

$$\sigma_x^2 \approx A(\csc\theta)^B \tag{6.32}$$

式中:θ 为仰角。如图所示,得到的 B 系数在其误差范围内与 Kolmogorov 型湍流大气的预期理论值 1.833 相当。

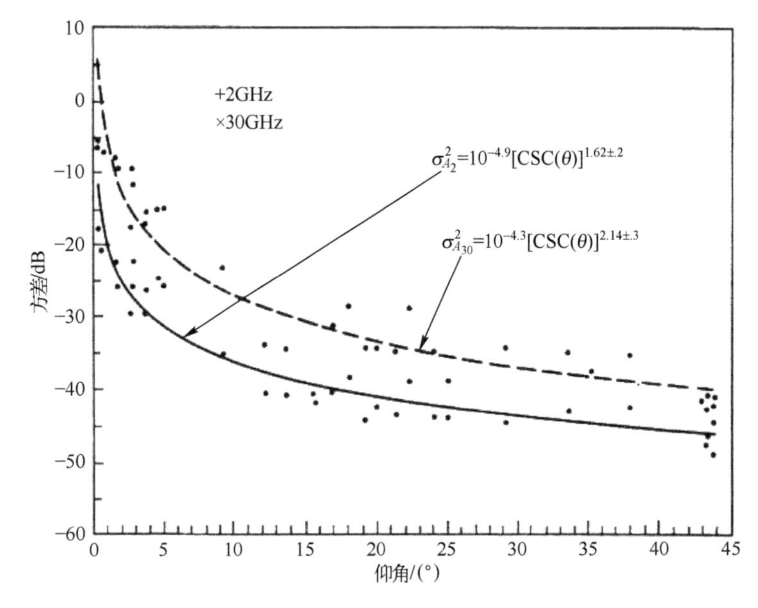

图 6.21 天气晴朗条件下,2GHz 和 30GHz 时随仰角变化的平均振幅方差

美国新泽西州 Holmdel 的 COMSTAR 卫星(Titus&Arnold)在频率为 19GHz 时进行了类似的测量[21]。监测水平和垂直极化信号,仰角为 1°~10°。结果表明两种极化状态下的振幅闪烁高度相关,由此得出结论,振幅闪烁与极化状态无关。

卫星路径上对流层闪烁的预测方法参见 7.5 节。

6.5 无线电噪声

无线电噪声可以通过自然和人为来源引入卫星通信系统的传播路径。大气中与传播的无线电波相互作用的任何自然吸收介质不仅会导致信号振幅降低(衰减),还会成为热噪声功率辐射的来源。与这些源相关的噪声(称为无线电噪声或天空噪声)将通过增加接收机的天线温度直接增加系统噪声。对于噪声极低的通信接收机,无线电噪声可能是系统设计和性能的限制因素。

无线电噪声来源广泛,包括自然(陆地和外层空间)和人为产生。

地面来源包括:

- 大气气体的辐射(氧气和水蒸气);
- 水凝物(雨和云)的辐射;
- 雷电放电产生的辐射(闪电引起的大气噪声);
- 从天线波束内的地面或其他障碍物再次辐射。

外层空间来源包括:

- 宇宙背景辐射;
- 太阳和月亮辐射;
- 天体无线电源的辐射(无线电恒星)。

人为因素包括:

- 来自电机、电气和电子设备的意外辐射;
- 输电线路;
- 内燃机点火;
- 其他通信系统的辐射。

以下部分描述了卫星通信中的主要无线电噪声源,并为评估通信系统性能提供了计算无线电噪声的简明方法。

6.5.1　无线电噪声规范

基于基尔霍夫定律的热力学平衡的气体热噪声发射等于其吸收,并且这种等式适用于所有频率。地面站通过大气在给定方向上观察到的噪声温度 t_b(也称为亮度温度)由辐射传输理论给出(Waters,1976[22];Wulfsberg,1964[23])。

$$t_b = \int_0^{\infty} t_m \gamma^{-\tau} \mathrm{d}l + t_{\infty} \mathrm{e}^{-\tau_{\infty}} \tag{6.33}$$

式中:t_m为环境温度;γ 为吸收系数;τ 为到指定点的光学厚度。τ 的值可由下式决定:

$$\tau = 4.343A(\mathrm{dB}) \tag{6.34}$$

式中:A 为所讨论路径上的吸收,单位为 dB。对于 10GHz 以上的频率,式(6.33)右侧的第二项减少到 2.7K,即宇宙背景分量(除非太阳位于光圈的光束中)。

对于等温大气(t_m不随高度变化),式(6.33)进一步简化为

$$t_b = t_m(1-e^{\tau})$$

$$t_b = t_m(1-10^{-\frac{A}{10}})\text{(K)} \tag{6.35}$$

式中,仍然是以 dB 为单位的大气吸收。式(6.35)中 t_m 的取值范围为 260~280K。Wulfsburg[34] 提供了一种由表面测量温度确定 t_m 值的关系:

$$t_m = 1.12t_s - 50\text{(K)} \tag{6.36}$$

式中:t_s为表面温度,单位为 K。

来自诸如大气气体、太阳、地球表面等各个来源的噪声通常根据其亮度温度给出。天线温度是天线方向图和天空与地面的亮度温度的卷积。对于方向图包含单个分布式源的天线,天线温度和亮度温度相同。

通信系统中的噪声用等效噪声温度 t_a(单位为 K)和噪声系数 F_a(单位为 dB)表示为

$$F_a\text{(dB)} = 10\log\left(\frac{t_a}{t_0}\right) \tag{6.37}$$

式中:t_0为环境参考温度,设为 290K。噪声系数等效地可以表示为

$$F_a\text{(dB)} = 10\log\left(\frac{p_a}{kt_0 b}\right) \tag{6.38}$$

式中:p_a为天线终端的可用噪声功率;k 为玻尔兹曼常数;b 为接收系统的噪声功率带宽。

图 6.22 由 ITU-R(ITU-R P.372-12)[5] 制定,总结了适用于实际空间通信的频率范围内外部无线电噪声源产生的预期中值噪声电平。噪声电平用噪声温度 t_a(右垂直轴)和噪声系数 F_a(dB)(左垂直轴)表示。大约 30MHz~1GHz 之间,银河噪声(曲线 B 和 C)占主导地位,但在人口稠密区域人为噪声通常会超过银河噪声(曲线 A)。1GHz 以上,大气的吸收成分,即氧气和水蒸气(曲线 E),也可作为噪声源,在极端条件下可达到最大值 290K。

太阳是一个强大的可变噪声源,在宁静太阳条件下,使用窄波束宽度天线(曲线 D)观察时,其噪声温度达到 10000K 或更高的值。2.7K(曲线 F)的宇宙背景噪声电平非常低,且不是空间通信中关注的因素。

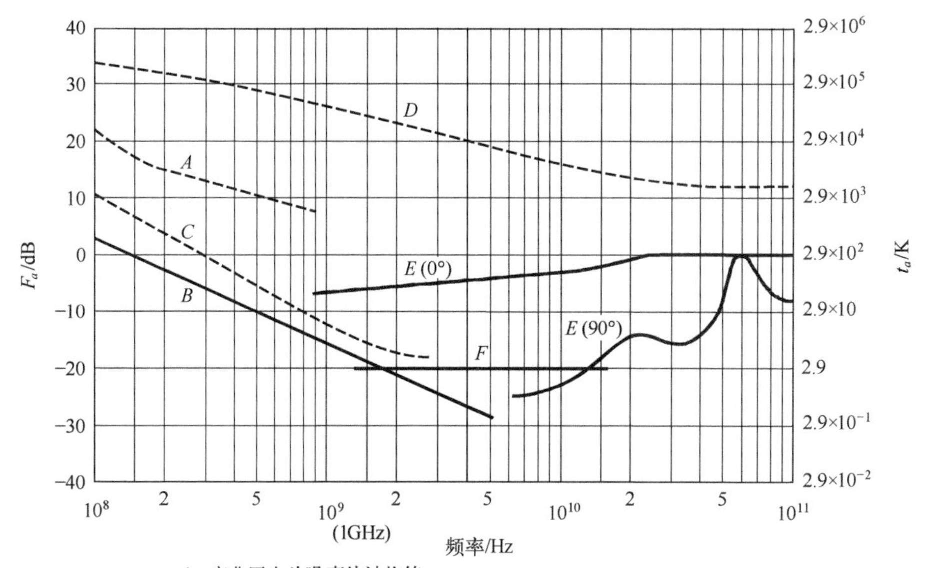

图 6.22 外部源的噪声因子和亮度温度

6.5.2 大气气体噪声

地球大气的气态成分通过分子吸收过程与无线电波相互作用,导致信号衰减。相同的吸收过程将产生热噪声功率辐射,由式(6.35)可知,该辐射取决于吸收强度。

影响空间通信的主要大气气体是氧气和水蒸气。通过直接应用辐射传输方程,在 1~340GHz 之间的频率(Smith,1982)[24],计算了不同仰角下无限窄光束的氧气和水蒸气的天空噪声温度。图 6.23 和图 6.24 总结了有代表性大气条件的计算结果(ITU-R P.372-12 建议书)[5]。两个图代表了中等大气条件(7.5g/m³水蒸气,50%相对湿度)。图 6.24 提供了一个扩展频率尺度版本,适用于频率低于 60GHz 的情况。在 7 个不同仰角和平均大气条件下,采用辐射传输程序计算得到如图所示的曲线。不包括 2.7K 宇宙噪声或其他外星源的贡献。干燥大气采用 1976 年美国标准大气。在对流层顶上方增加了典型的水蒸气贡献。

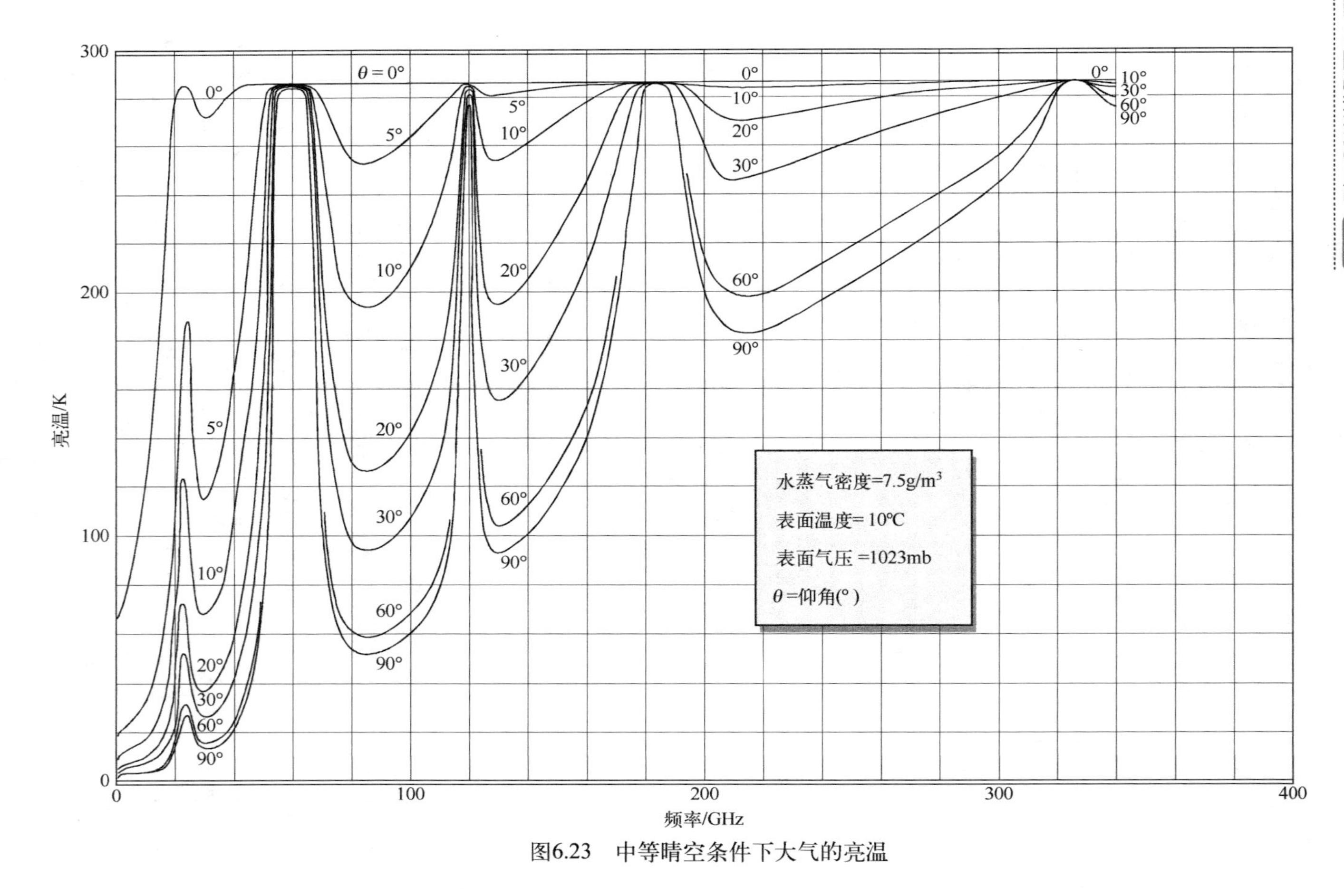

图6.23 中等晴空条件下大气的亮温

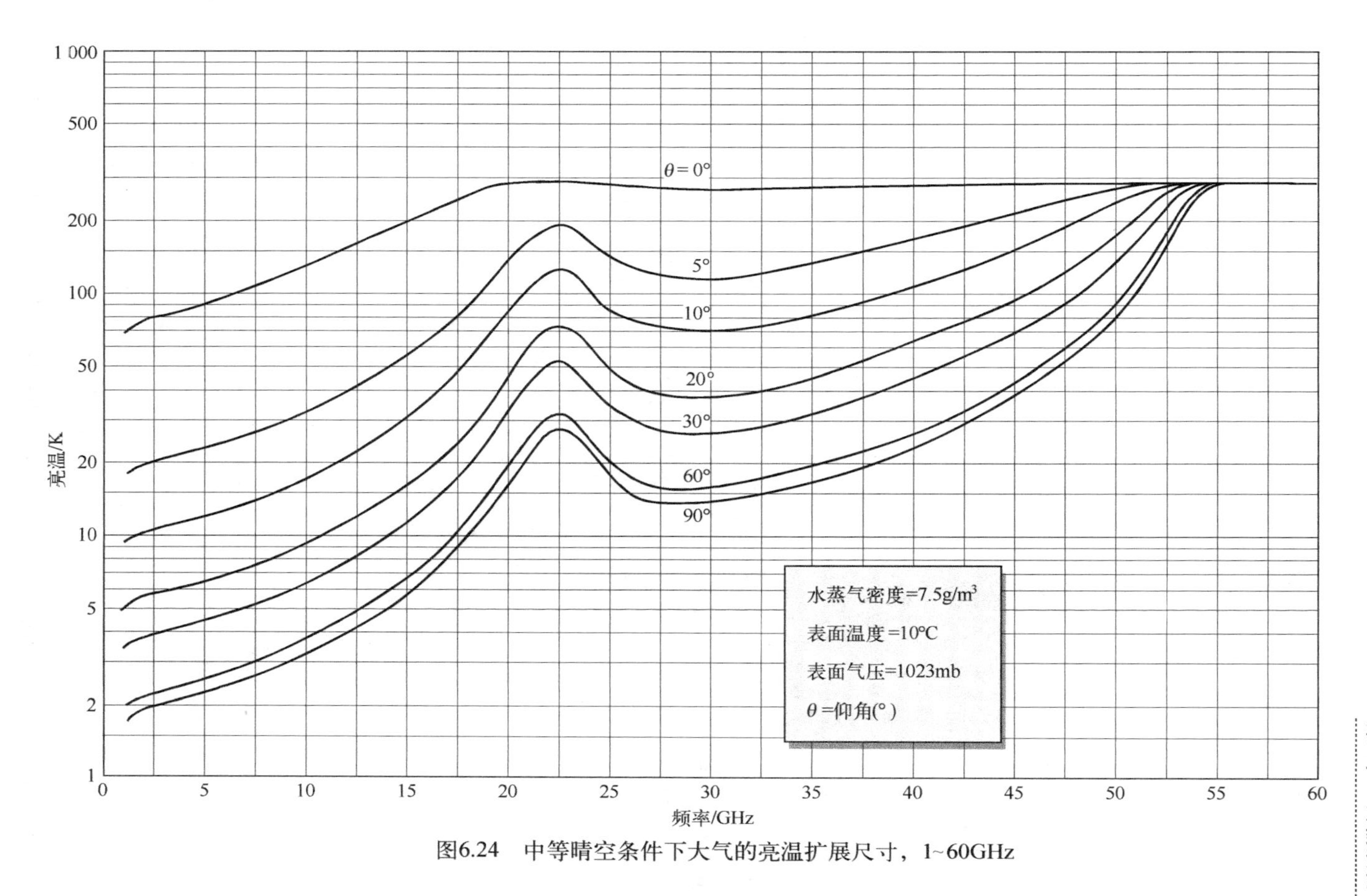

图6.24 中等晴空条件下大气的亮温扩展尺寸，1~60GHz

6.5.3 雨引起的天空噪声

雨吸收引起的天空噪声也可以通过5.9.1节中描述的辐射传输近似方法确定。雨水引起的噪声温度 t_r 可以直接从雨衰中确定，见式(6.35)：

$$t_r = t_m\left(1-10^{-\frac{A_r(\mathrm{dB})}{10}}\right)(\mathrm{K}) \tag{6.39}$$

式中：t_m为平均路径温度，单位为K；A_r 为总路径降雨衰减，单位为dB。值得注意的是，噪声温度与频率无关，也就是说，对于给定的降雨衰减，无论传播频率如何，产生的噪声温度均是相同的。

如6.5.1节描述的平均路径温度 t_m可以通过表面温度 t_s由下式估算出来：

$$t_m = 1.12t_s - 50(\mathrm{K}) \tag{6.40}$$

式中：t_s为表面温度，单位为K。

难以直接测量 t_m。使用卫星传播信标同时测量倾斜路径上的雨衰和噪声温度可以很好地估计 t_m的统计范围。对于绝大多数报告的测量值，噪声温度和衰减测量值的良好的总体统计相关性发生在 t_m为270～280K之间(Ippolito，1971[25])，(Strickland，1974[26])，(Hogg&Chu，1975[27])。

图6.25显示了由式(6.39)计算得到的随总路径雨衰变化的噪声温度，t_m值的范围为270～280K。噪声温度接近“饱和”，即 t_m的值迅速超过衰减值约10dB。低

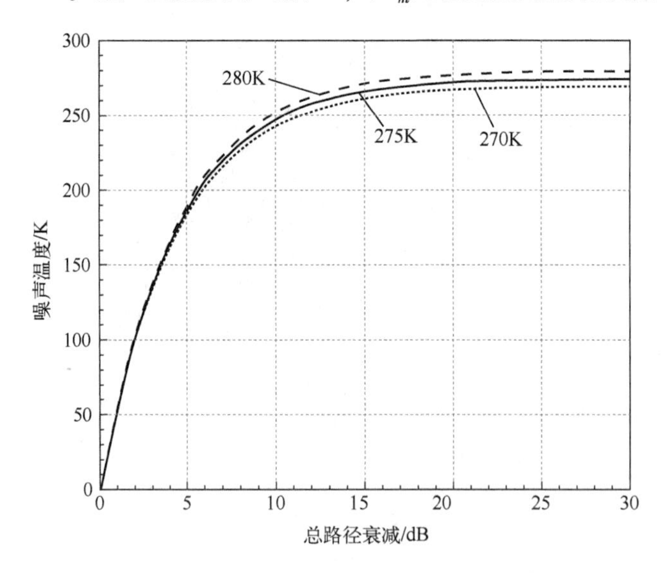

图6.25 平均路径温度为270K、275K和280K时随总路径衰减变化的噪声温度

于该值，t_m的选择不是很关键。中心线（$t_m=275\mathrm{K}$）是 t_r 的最佳预测曲线。噪声温度随衰减电平迅速上升。1dB 衰减时的噪声温度为 56K，3dB 衰减时为 137K，5dB 衰减时为 188K。

降雨引入的噪声温度将直接增加接收机系统的噪声系数，并会降低链路的整体性能。噪声功率增加与雨衰导致的信号功率降低同时发生，这两种效应都是加性的，均会导致链路载波噪声比的降低。

6.5.4 云引起的天空噪声

云引起的天空噪声可以通过辐射传输近似来确定，其方式与前一节中针对雨引起的天空噪声的方式大致相同。可以应用式（6.33）和式（6.34）来定义沿路径的温度和云吸收系数的变化。Slobin（1982）[10]使用辐射传输方法和 4 层云模型计算了美国几个地点的云衰减和云噪声温度。表 6.2 总结了 Slobin 针对几个感兴趣的频率计算的天顶（90°仰角）天空噪声温度。其他仰角的云温可由下式估算：

$$t_\theta=\frac{t_z}{\sin\theta}10°\leqslant\theta\leqslant 90° \tag{6.41}$$

式中：t_z为天顶角云温度；t_θ为路径仰角为 θ 时的云温度。

表 6.2 天顶（仰角 90°）的云天空温度

频率/GHz	淡薄云	淡云	中云	厚云Ⅰ	厚云Ⅱ	加厚云Ⅰ	加厚云Ⅱ
6/4	<6°	<6°	<13°	<13°	<13°	<19°	<19°
14/12	6	10	13	19	28	36	52
17	13	14	19	28	42	58	77
20	16	19	25	36	52	77	95
30	19	25	30	56	92	130	166
42	42	52	68	107	155	201	235
50	81	99	117	156	204	239	261

Slobin 还为 8.5~90GHz 的 15 个频率的特定云区开发了天顶云天温的年累积分布。如图 6.26 所示，Slobin 将美国划分为 15 个统计上“一致”的云区域。区域边界是高度风格化，应该进行自由地解释。一些边界与主要山脉（瀑布、落基山脉和内华达山脉）重合，并且可以在全球模型的云区域和降雨率区域之间注意到相似性。每个云区域的特征是在特定的国家气象局观测站观测的基础上得到的。观测站的位置在地图上以三个字母的标识符显示。对于每一个观测站，根据降雨量测量结果选择“平均年份”。“平均年份”被认为是年度月降雨量分布与 30 年平均月

度分布最匹配的年份。每个站的“平均年份”的每小时地面观测值用于推导由于氧气、水蒸气和云引起的天顶衰减和噪声温度的累积分布。

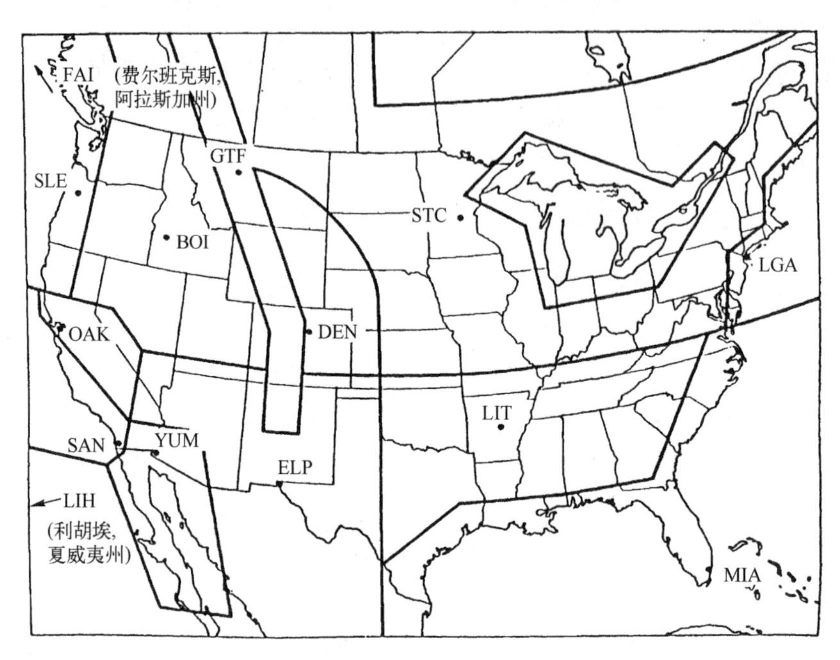

图 6.26 Slobin 云区

图 6.27(a)~(d)显示了 4 个 Slobin 云区域中的天顶天空温度累积分布的示例,4 个云区分别为丹佛、纽约、迈阿密和奥克兰,频率分别为 10GHz,18GHz,32GHz,44GHz 和 90GHz。Slobin(1982)[10]提供了所有 15 个云区的图。

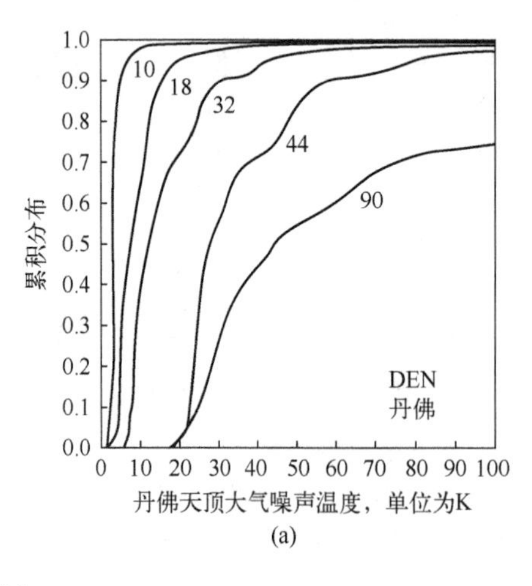

(a)

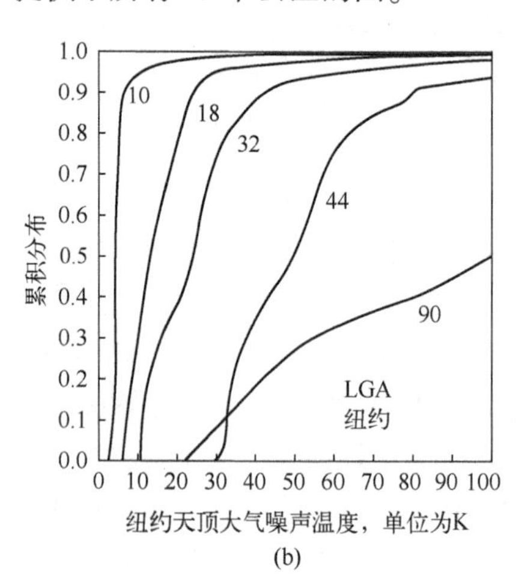

(b)

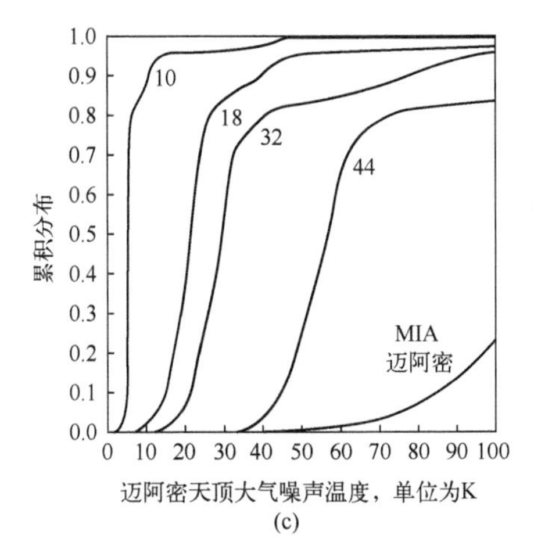

(c)

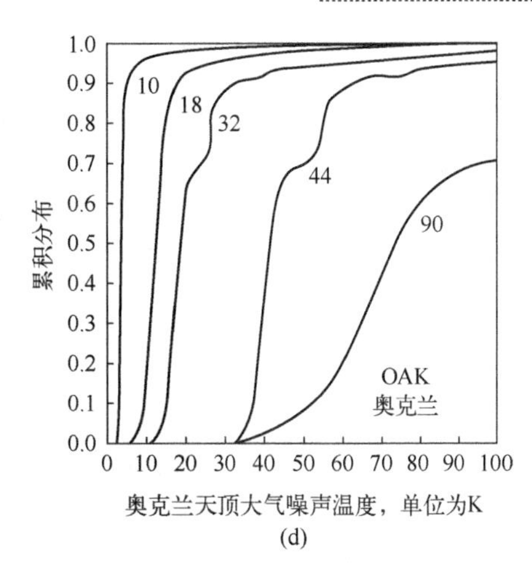

(d)

图 6.27　Slobin 云模型中 4 个地区的天顶天空温度的累积分布

分布给出了噪声温度为给定值或更小的时间百分比。例如，在丹佛，在频率为 32GHz、时间百分比为 0.5(50%)时，噪声温度为 12K 或更低。分布范围为 0～0.5(0～50%)的噪声温度值可以被认为是晴空条件的范围。噪声温度值为 0%是测试年份观察到的最低值。

通过应用式(6.35)，云的平均路径温度设置为 280K，可以从云衰减值近似得到天空温度值。

6.5.5　陆地外源起的噪声

来自地球外的源引起的天空噪声存在于上行链路和下行链路中，并且在很大程度上取决于源的夹角和工作频率。0.1～100GHz 频率范围内常见的外星噪声源的亮度温度范围如图 6.28 所示。

在工作频率达 2GHz 以上时，计算噪声时只需考虑太阳、月亮和一些非常强大的非热源，如仙后座 A，天鹅座 A 和 X，以及蟹状星云。宇宙背景仅贡献 2.7K，而银河系则显示为强度略微增强的狭窄区域。

6.5.5.1　宇宙背景噪声

首先考虑一般天空中的背景噪音。图 6.28 显示，在低频时，银河背景噪声将存在，频率高达约 2GHz 时迅速下降。对于 2GHz 以下的通信，只有太阳和银河系值得关注，它们看起来像是一个强烈发射的宽带。对于高达约 100MHz 的频率，忽略电离层屏蔽，银河系噪声的中值噪声系数由下式给出：

$$NF_m = 52 - 23\log f \tag{6.42}$$

式中：f 为频率，单位为 MHz。

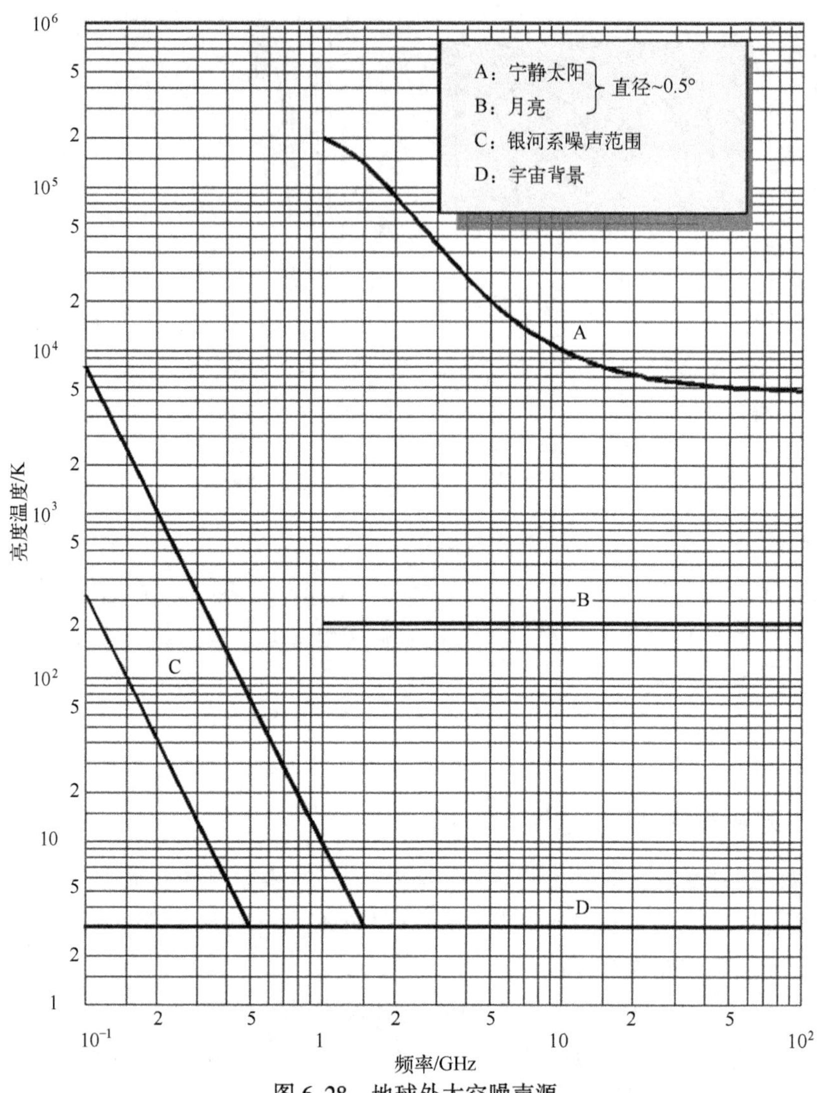

图 6.28　地球外太空噪声源

图 6.29 和图 6.30 提供了银河系天空温度图。这些图表将 408MHz 的总无线电天空温度平滑到 5°角分辨率。以赤道坐标显示,赤纬 δ(纬度)和赤经 α(从春分点到赤道以东的小时数)给出。

每个图中显示的区域如下：

	赤径 α	赤伟 δ
图 6.29	0000 时至 1200 时	0°～+90°
图 6.30	0000 时至 1200 时	0°～-90°

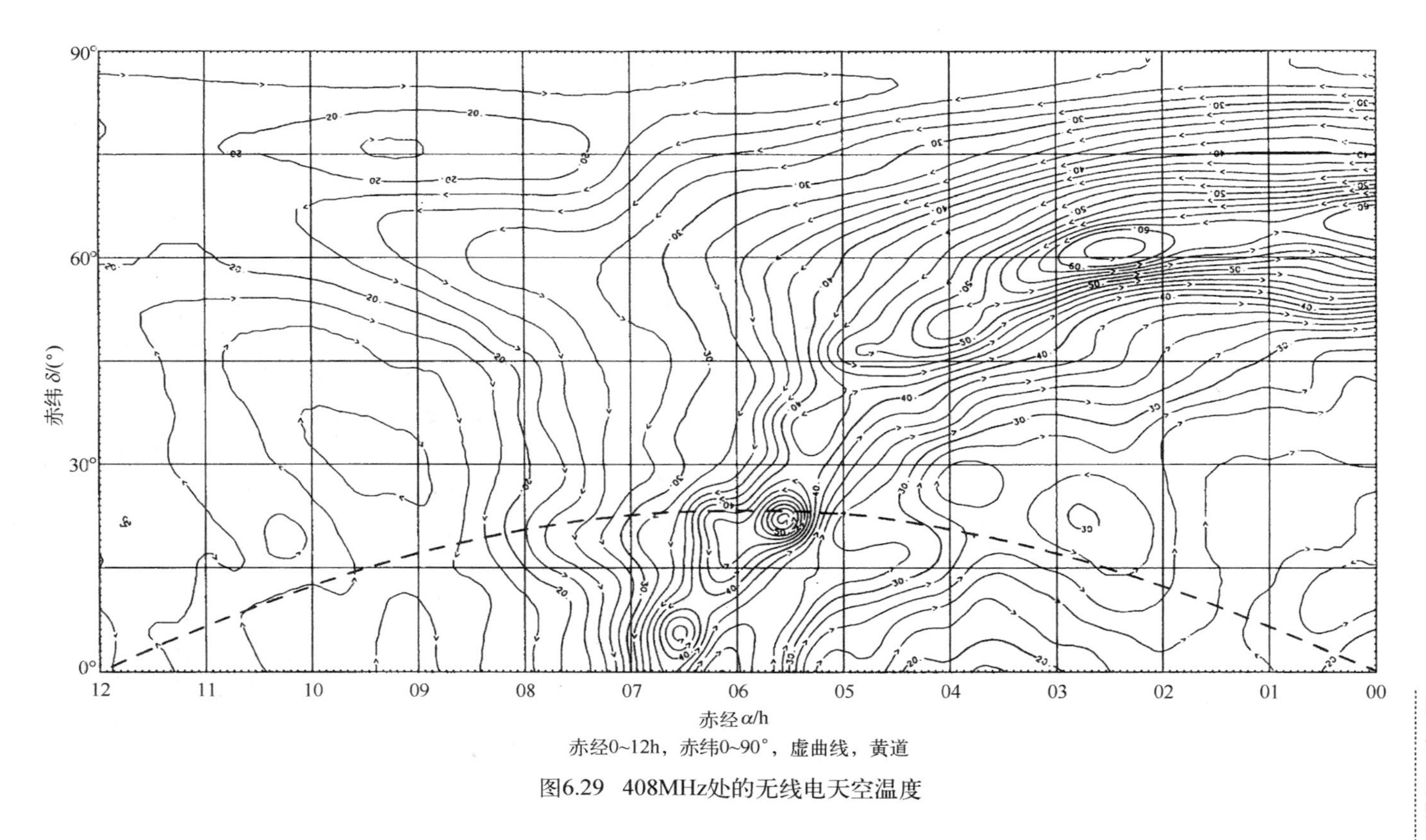

赤经0~12h，赤纬0~90°，虚曲线，黄道

图6.29 408MHz处的无线电天空温度

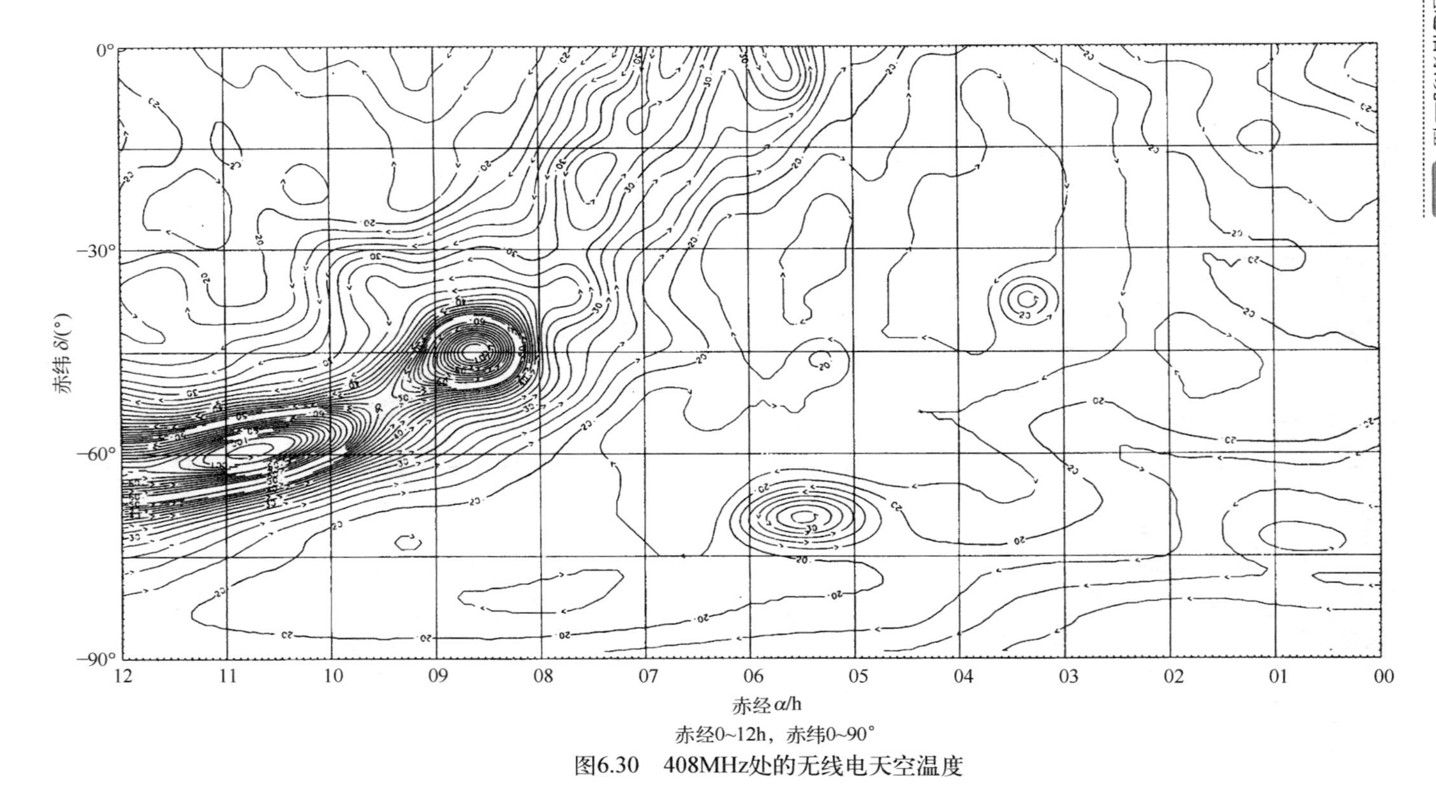

赤经0~12h，赤纬0~90°

图6.30 408MHz处的无线电天空温度

轮廓直接在 2.7K 以上,单位为 K。精度为 1K。轮廓间隔为

- 60K 以下时 2K;
- 60~100K 为 4K;
- 100~200K 为 10K;
- 200K 以上为 20K。

未标记轮廓线上的箭头顺时针指向亮度分布中的最小值。±23.5°之间的虚线正弦曲线定义了在靠近银河系中心的地方穿过银河系的黄道。最强点源由温度分布的窄峰表示,而较弱的源由于角分辨率有限而不太明显。

Ko&Kraus(1957)[28]对宇宙背景的早期绘图为银河系和恒星源提供了无线电天空的等高线图。图 6.31 显示了赤道坐标(赤纬与赤经)中频率为 250MHz 的无线电天空图。从地球上看到的地球同步卫星表现为+8.7°~-8.7°之间的固定赤纬水平线,如图中的阴影带所示。

图 6.31 的轮廓中 80K 以上的单位为 6K,这些值对应于天空中最冷的部分。例如,在 1800h 和 0°赤纬时,轮廓值为 37。那么频率为 250MHz 时的亮度温度值为 6×37+80=302(K)。另一个频率 f_i 的亮度温度由下式决定:

$$t_b(f_i)=t_b(f_o)\left(\frac{f_i}{f_o}\right)^{-2.75}+2.7 \tag{6.43}$$

例如,1GHz 的亮度温度可以由 250MHz 的值确定:

$$t_b(1\text{GHz})=302\left(\frac{1}{.25}\right)^{-2.75}+2.7=9.4(\text{K})$$

同理,4GHz 的亮度温度为

$$t_b(4\text{GHz})=302\left(\frac{4}{.25}\right)^{-2.75}+2.7=2.8(\text{K})$$

图 6.31 中显示了几个相对较强的非热源,如仙后座 A、天鹅座 A 和 X 以及蟹状星云(标记为 A~D)。它们不在地球静止卫星的观测区内,只能在很短的时间内出现在非地球静止轨道的视野中。

6.5.5.2 太阳噪声

太阳产生非常高的噪声电平,并且当它与地球站-卫星路径共线时会产生很大的噪声。对于地球静止卫星,这种情况发生在昼夜平分点附近,每天发生一小段时间。由太阳产生的功率通量密度作为频率的函数显示在图 6.32 中[Perlman 等,1960 (6.29)]。在大约 30GHz 以上,太阳噪声温度实际上恒定在 6000K[Kraus,1986 (6.30)]。太阳噪声的存在可以定量地表示为天线噪声温度相等的增加量 t_{sun}。t_{sun}取决于接收机天线波束宽度与太阳的表观直径(0.48°)的相对大小,以及

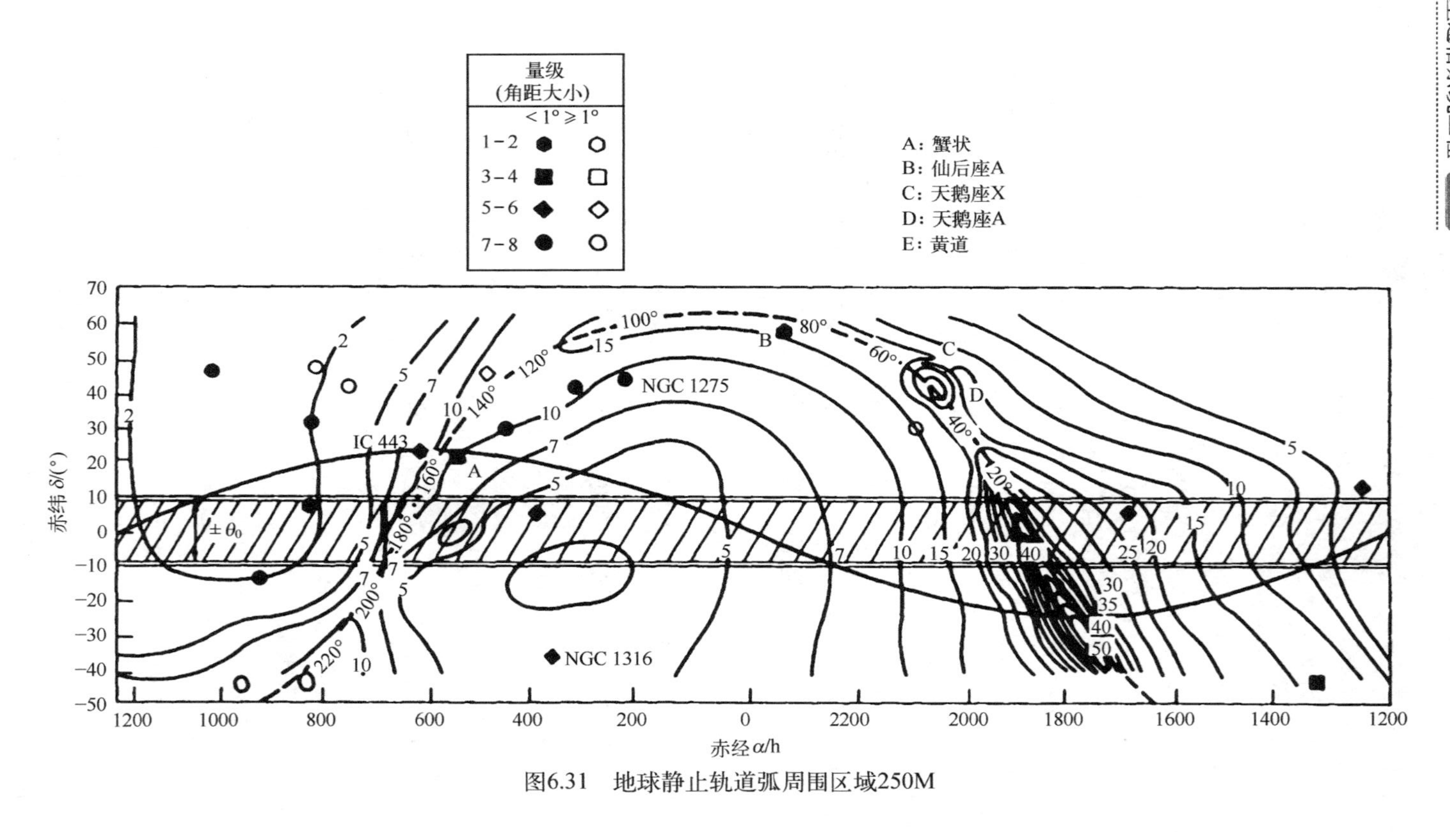

图6.31 地球静止轨道弧周围区域250M

太阳接近天线视轴的距离。在 Baars[1973(6.31)]之后，下面的公式给出了当太阳或另一个外星噪声源在光束中心时的 t_{sun}(以 K 为单位)的估计。

$$t_{sun}=\frac{1-e^{-\left(\frac{\delta}{1.2\theta}\right)^2}}{f^2\delta^2}\log^{-1}\left(\frac{S+250}{10}\right) \tag{6.44}$$

式中：δ 为太阳的表观直径，单位为(°)；f 为频率，单位为 GHz；S 为功率通量密度，单位为 dBW/Hz · m^2；θ 为天线半功率波束宽度，单位为(°)。

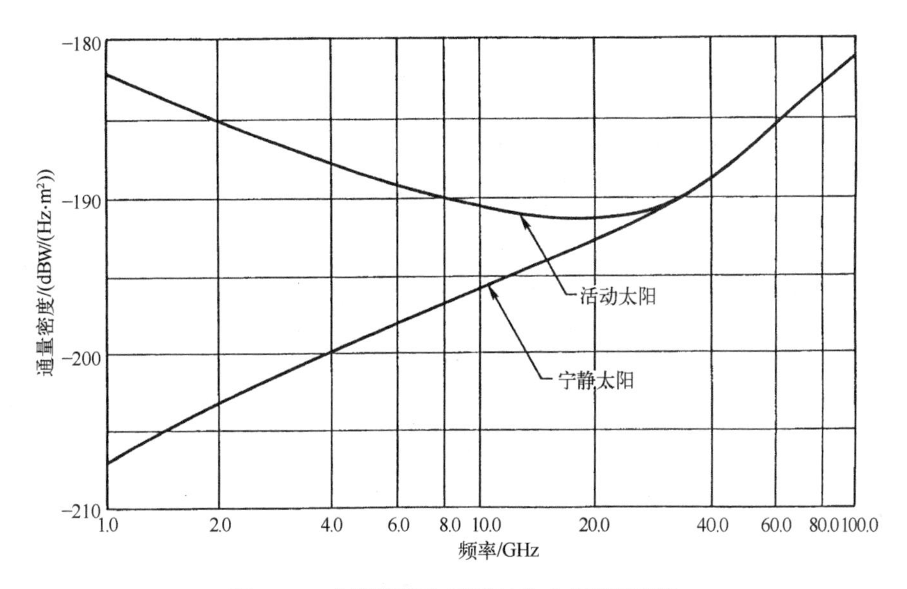

图 6.32 太阳宁静和活跃时的功率通量密度

对于工作频率为 20GHz，天线直径为 2m(波束宽度约为 0.5°)的地球站，宁静日凌引起的天线温度最大增加约为 8100K。太阳的通量已被广泛用于测量对流层衰减。这是通过太阳跟踪辐射计完成的，该辐射计监测天线的噪声温度，该天线被设计为自动指向太阳。

6.5.5.3 月亮噪声

月球将太阳射电能量反射回地球。其表观尺寸直径约为 0.5°，与太阳角度相似。来自月球的噪声功率通量密度直接随频率的平方而变化，这是来自“黑体”的辐射特征。满月时的功率通量密度在 20GHz 时约为-202dBW/Hz · m^2。对于前一节中考虑的 20GHz 工作频率，直径为 2m 的天线，月亮引起的最大天线温度升高为 320K。月球的相位及其轨道的椭圆率导致表观尺寸和通量变化很大，但是变化得有规律且可预测。月球已用于测量地球站的天线特性(Johannsen&Koury，1974)[32]。

6.5.5.4 射电星

最强的射电星比月球辐射弱 10 倍。最强的恒星(Wait et al,1974)[33]在 10~100GHz 频率范围内通常发射-230dBW/Hz · m^2。其中 3 个强大的星源是仙后座 A、金牛座 A 和猎户座 A。这些恒星通常用于校准地面站天线的品质因数 G/T。校准期间,通常通过比较恒星上的天空噪声并减去相邻(暗)天空噪声来抵消对流层引起的衰减。

参考文献

[1] Ippolito LJ. Radiowave Propagation In Satellite Communications, Van Nostrand Reinhold, 1986.

[2] IEEE Standard Definitions of Terms for Radio Wave Propagation, IEEE Std. 211(New York, August 6, 2002).

[3] ITU-R Recommendation P. 531-12, "Ionospheric propagation data and prediction methods required for the design of satellite services and systems," International Telecommunications Union, Geneva, September 2013.

[4] Flock WL. Propagation Effects on Satellite Systems at Frequencies Below 10GHz, *A Handbook for Satellite Systems Design*, NASA Reference Publication 1108(02), Washington, DC, 1987.

[5] ITU-R Recommendation P. 372-12, "*Radio Noise*," International Telecom-munications Union, Geneva, July 2015.

[6] Mie G. Ann Physik 1908;25:377.

[7] Ryde JW, Ryde D. "*Attenuation of centimetere and millimetre waves by rain, hail, fogs, and clouds*," Rep. No. 8670, Research Laboratories of the General Electric Co., Wembley, England, 1945.

[8] Gunn KLS, East TWR. The microwave properties of precipitation particles. Quarterly J Royal Meteor Soc 1954;80:522-545.

[9] Olsen RL, Rogers DV, Hodge DB. The aRb relation in the calculation of rain attenuation. IEEE Trans on Antennas and Propagation 1978;AP-26(2):318-329.

[10] Slobin SD. Microwave noise temperature and attenuation of clouds: statistics of these effects at various sites in the United States, Alaska, and Hawaii. Radio Science 1982;17(6):1443-1454.

[11] ITU-R Recommendation P. 840-6, "*Attenuation due to clouds and fog*," International Telecommunications Union, Geneva, September 2013.

[12] Chu TS. Rain-Induced Cross-Polarization at Centimeter and Millimeter Wavelengths. The Bell System Technical Journal 1974;53(8):1557-1579.

[13] Arnold HW, Cox DC, Hoffman HH, Leck RP. Characteristics of Rain and Ice Depolarization for a 19 and 28GHz Propagation Path from a Comstar Satellite. IEEE Trans on Antennas and Propagation 1980; AP 28(1):22-28.

[14] Nowland WL, Olsen RL, Shkarofsky IP. Theoretical Relationship Between Rain Depolarization and Attenuation. Electronics Letters 1977;13(22):676-678.

[15] Allnutt JE. *Satellite-to-Ground Radiowave Propagation*. Peter Peregrinus Ltd., London, 1989.

[16] Vogel WJ. "CTS Attenuation and Cross Polarization Measurements at 11. 7GHz," Final Report, University of Texas, Report No. 22576 1, June 1980.

[17] Cox DC, Arnold HW. Results from the 19 and 28 GHZ COMSTAR Satellite Propagation Experiments at Crawford Hill. Proceedings of the IEEE 1982;70(5).

[18] ITU-R Recommendation P. 453-10, "*The radio refractive index: its formula andrefractivity data*," International Telecommunications Union, Geneva, February 2012.

[19] Tatarski VE. "*The Effects of the Turbulent Atmosphere on Wave Propagation*," Springfield, VA: National Technical Information Service, 1971.

[20] Devasirvathm DJM, Hodge DB. "Amplitude Scintillation of Earth - Space Propagation Paths at 2 and 30GHz," Ohio State University, Tech. Report 4299-4, March 1977.

[21] Titus JM, Arnold HW. "Low Elevation Angle Propagation Effects on COMSTAR Satellite Signals," Bell System Technical Journal, Vol. 61, No. 7, pp. 1567-1572, Sept 1982.

[22] Waters JW. "Absorption and Emissions by Atmospheric Gases," *Methods of Experimental Physics*, *Vol. 12B*, *Radio Telescopes*. Meeks ML, ed. , Academic Press, New York, 1976.

[23] Wulfsberg KN. "Apparent Sky Temperatures at Millimeter Wave Frequencies," Phys. Science Res. Paper No. 38, Air Force Cambridge Res. Lab. , No. 64,590, 1964.

[24] Smith EK. Centimeter and Millimeter Wave Attenuation and Brightness Temperature Due to Atmospheric Oxygen and Water Vapor. Radio Science 1982;17(6):1455-1464.

[25] Ippolito LJ. Jr. Effects of precipitation on 15. 3 and 31. 65GHz earth space transmissions with the ATS V satellite. Proc of the IEEE 1971;59:189-205.

[26] Strickland JI. The measurement of slant path attenuation using radar, radiometers and a satellite beacon. J Res Atmos 1974;8:347-358.

[27] Hogg DC, Chu T. The role of rain in satellite communications. Proc of the IEEE 1975;63(9):1308-1331.

[28] Ippolito LJ. *Propagation Effects Handbook for Satellite Systems Design*, Fifth Edition, NASA Reference Publication 1082(5), June 1999.

[29] Perlman I, *et al.* S potentials and horizontal cells. Proc Natl Acad Sci U S A. 1960;46(5):587-608.

[30] Kraus JD. *Radio Astronomy*, 2nd Edition. Cygnus-Quasar Books, 1986.

[31] Baars JWM. The Measurement of Large Antennas with Cosmic Radio Sources. IEEE Trans Antennas & Propagat 1973;AP 21(4):461-474.

[32] Johannsen KG, Koury A. (1974), The Moon as a Source for G/T Measurements. IEEE Trans Aerospace and Electronic Systems 1974;AES 10(5):718-727.

[33] Wait DF, Daywitt WC, Kanda M, Miller CKS. "A Study of the Measurement of G/T Using Casseopeia A," National Bureau of Standards, Report. No. NBSIR 74 382, 1974.

习　题

1 描述以下应用的主要传播模式：

a) 无线高清电视；

b）微波无线电中继链路；

c）超视距高频通信；

d）业余无线电通信；

e）空对地甚高频通信；

f）流星猝发通信；

g）卫星到手持的移动终端链路；

h）室内无线通信。

2 按照L频段卫星基站通信链路预期电离层闪烁增加顺序排列以下位置：挪威，奥斯陆；巴西，圣保罗；悉尼，澳大利亚；意大利，罗马；关岛；日本，东京；印度，德里。

3 确定1.2GHz移动卫星链路的法拉第旋转角，平均总电子含量（TEC）为10^{17} el/m^2，平均地球磁场为5×10^{-21} Wb/m^2。上述条件使法拉第旋转角保持在60°以下的最大允许TEC是多少？

4 船载移动通信终端工作的上行链路频率为1.75GHz和下行链路频率为1.60GHz。该系统的大小应允许在任何季节或一天中的任何时间对任何全球海洋区域进行可接受的工作，最小仰角为10°。考虑到这些要求，假设视距传播，确定链路预期的以下各量的最大大气衰减：闪烁指数、法拉第旋转、群延迟和微分时间延迟。上行链路的传输带宽为200MHz，下行链路的传输带宽为500MHz。说明评估中使用的任何假设或链接条件。

5 云衰减电平随着频率的增加和仰角的减小而增加。确定以下卫星链路的总云衰减：

a）20GHz，5°仰角；

b）74GHz，30°仰角；

c）30GHz，10°仰角；

d）44GHz，7°仰角；

e）94GHz，45°仰角。

按照云衰减增加的顺序排列结果。

6 评估位于华盛顿特区运行的卫星地面终端的相对性能。3种运行选项是Ku频段，14.5GHz上行链路/12.25GHz下行链路；Ka频段，30GHz上行链路/20.75GHz下行链路；以及V频段，50GHz上行链路/44GHz下行链路。卫星的仰角为30°，并且链路的大小应具有足够的功率余量，以确保链路中断平均年份不超过1%。确定每个链路所需的总大气功率裕度,包括气体衰减、雨衰、云衰减和对流层闪烁的贡献。同时确定相同链路中断要求的预期XPD降低,以及由于每个大气成分引起的预期天空噪声的增加。最后评估链路的预期性能以及实现所需功率裕度的难度。

7 解释为什么降雨引入的噪声温度接近高雨衰电平路径的平均路径温度。这种效应如何与地面终端天线和接收机前端硬件的物理温度相关?

第 7 章 传播效应建模与预测

本章介绍了用于评估卫星链路上大气传播衰减的预测模型和程序。在可用的情况下提供循序渐进的程序。本章按主要天气影响分节,并向卫星系统工程师提供其关注的传播效应背景、历史发展、理论和基本概念的信息。

第 7 章讨论的天气影响是大气气体衰减、云雾衰减、雨衰、雨冰去极化和闪烁。

7.1 大气气体

通过地球大气层传播的无线电波将由于传输路径中存在的气体成分而经历信号电平的降低。根据频率、温度、压力和水蒸气浓度,信号衰减可能很小或很严重。大气气体还通过向链路添加大气噪声(即无线电噪声)来影响无线电通信。

两种优秀的软件源可用于预测气体吸收引起的衰减。它们是 Liebe 复折射率模型[1],以及 ITU-R[2] 开发的程序。Liebe 模型对水蒸气和氧气的谱线进行了详细的逐行求和。ITU-R 提供了两种气体衰减预测程序:①水蒸气和氧气谱线的详细逐行求和,类似于 Liebe 方法;②逐行逼近法。

Liebe 复折射率模型和 ITU-R 模型都计算了氧气和水蒸气吸收引起的特定衰减(也称为衰减系数)、单位为 dB/km。两种模型都假定大气分层并将其分成小层,采用湿度含量、温度和气压来描述这些层。计算每层的特定衰减,并且通过对地球表面至高达 30km 天顶高度的特定衰减进行积分从而获得总路径衰减。这个积分给出了垂直于地球表面 90°的总路径衰减(天顶衰减)。沿着卫星路径的总气体吸收是通过缩放天顶衰减作为地面站仰角而获得的,该仰角通过相对于局部水平而测量得到。计算特定衰减需要大气中各层气压、气温和湿度。建议采用无线电探空气球测量方法,直接局部测量天气参数随高度的变化,但此方法不适用于定期获得。使用一组"廓线"代替这些测量,其在功能上描述每个天气参数如何随高度变化。

图 7.1 比较了几种廓线与测量值随高度的变化情况,假设表面绝对湿度测量值为 7.5g/m^3 和 20g/m^3[3]。该图显示测量廓线和模型廓线的一般趋势是相似的;因此,平均而言,模型廓线足以代表高层大气。ITU-R P.835-3[4]提供了 ITU-R 模型的推荐廓线。

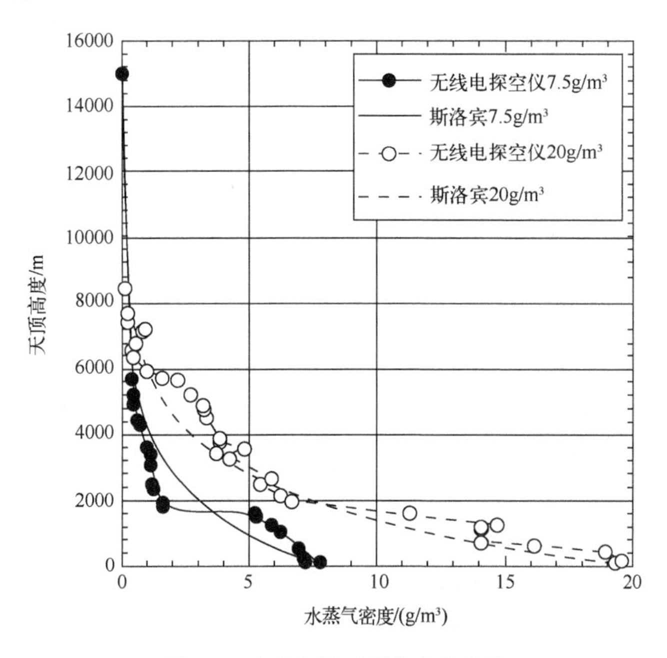

图 7.1 水蒸气随天顶高度的变化

7.1.1 Leibe 复折射率模型

Hans Liebe[1,5,6]开发了可能是预测气体吸收引起衰减的最耗时的程序。称为 Liebe 复折射率模型的 Liebe 程序,它对水蒸气和氧气的谱线进行了详细的逐行求和。它设计用于预测 1~1000GHz 频率范围内气体吸收引起的衰减。它基于水蒸气和氧气的光谱特征。Liebe 模型的输入参数:

- 相对湿度;
- 气温;
- 气压。

大气光谱特征是由复折射率 N 给定的:

$$N = N_o + N' + \vec{i} N'' \tag{7.1}$$

式中:N_o+N' 为复折射率的实部;N'' 为复折射率的虚部。

特定衰减由 N 的虚部决定：

$$\gamma = K(\lambda)N'' \tag{7.2}$$

式中：γ 为特定衰减，单位为 dB/km；$K(\lambda)$ 为依赖于波长 λ 的常数。

N''通过两个表达式计算：一个用来描述氧气贡献，其基于 44 个氧气吸收谱线，第二个用来描述水蒸气贡献，其基于 34 个共振线。然后确定大气每层的 γ，使用相对湿度、气温和大气压力的高度相关曲线，然后求和得到通过大气的总天顶衰减。最后一步是乘以比例因子，即角度高达 90°的仰角函数，以 dB 为单位得出总路径衰减。Liebe 复折射率模型是一个计算量较大的程序，一般难以直接应用于工程分析和链接预算评估。以下各节中描述的 ITU-R 程序基于 Leibe 模型，并提供两种方法，这些方法通常更容易应用于卫星设计和性能评估，同时保留 Leibe 模型开发的准确性和深度。

7.1.2 ITU-R 大气衰减模型

ITU-R 开发了两种建模程序用于预测气体衰减：①水蒸气和氧气谱线的详细逐行求和，类似于 Liebe 方法；②逐行逼近法。这里提供了两个程序，首先是逐行求和模型，然后是逐行逼近模型。

7.1.2.1 ITU-R 逐行计算

逐行程序包含在 ITU-R 的 ITU-R P.676-10 建议书[2]的附件 1 中。该程序声明对频率高达 1000GHz、仰角为 0°~90°范围内均有效。该程序所需的输入天气参数是：干燥空气压力 p(hPa)、水蒸气分压 e(hPa)以及空气温度 T(K)。p 和 e 通常不是测量的天气参数，但它们与更常见的参数有关，如下所示：

$$B_p = p + e \,(\mathrm{hPa}) \tag{7.3}$$

式中：B_p 为大气压力，很容易得到。水蒸气分压 e 可由下式计算得到：

$$e = \frac{\rho T}{216.7} \,(\mathrm{hPa}) \tag{7.4}$$

式中：ρ 为水蒸气密度(g/m^3)。ρ 值由下式确定：

$$\rho = \frac{RH}{5.752} \theta_c^6 10^{(10-9.834\theta)} \tag{7.5}$$

式中：RH 为相对湿度，单位为%；T_c为测量的空气温度，单位为℃。

$$\theta_c = \frac{300}{T_c + 273.15}$$

那么，基于更常见的测量天气参数表示所需的输入参数如下：

$$p = B_p - \left(\frac{\rho T}{216.7}\right) (\mathrm{hPa}) \tag{7.6}$$

$$e=\left(\frac{\rho T}{216.7}\right)(\text{hPa}) \tag{7.7}$$

理想情况下,天气参数应作为高度的函数在本地进行测量。在没有本地测量的情况下,ITU 在随附的 ITU-R P.835-5 建议书[4]中提供了参考标准大气。

特定衰减 γ 取决于

$$\gamma=\gamma_o+\gamma_w=0.1820fN''(f) \tag{7.8}$$

式中:γ_o、γ_w分别是干燥空气和水蒸气的特定衰减值,单位为 dB/km;f 为频率,单位为 GHz;$N''(f)$ 为依赖于频率复折射率的虚部,其值为

$$N''(f)=\sum_i S_iF_i+N''_D(f)+N''_W(f) \tag{7.9}$$

式中:$N''_D(f)$、$N''_W(f)$ 分别是干湿连续光谱;S_i 为第 i 条线的强度;F_i 为线形状因子。总和包括所有的直线。

线强度 S_i 计算如下:

$$\begin{cases} S_i=a_1\times10^{-7}e\theta^3\exp[a_2(1-\theta)] & \text{氧气} \\ S_i=b_1\times10^{-1}e\theta^{3.5}\exp[b_2(1-\theta)] & \text{水蒸气} \end{cases} \tag{7.10}$$

式(7.10)中的氧气和水蒸气吸收谱线的系数 a_1、a_2、b_1和 b_2分别列于表 7.1 和表 7.2 中。

表 7.1　氧气衰减光谱数据

f_0	a_1	a_2	a_3	a_4	a_5	a_6
50.474238	0.94	9.694	8.60	0	1.600	5.520
50.987749	2.46	8.694	8.70	0	1.400	5.520
51.503350	6.08	7.744	8.90	0	1.165	5.520
52.021410	14.14	6.844	9.20	0	0.883	5.520
52.542394	31.02	6.004	9.40	0	0.579	5.520
53.066907	64.10	5.224	9.70	0	0.252	5.520
53.595749	124.70	4.484	10.00	0	−0.066	5.520
54.130000	228.00	3.814	10.20	0	−0.314	5.520
54.671159	391.80	3.194	10.50	0	−0.706	5.520
55.221367	631.60	2.624	10.79	0	−1.151	5.514
55.783802	953.50	2.119	11.10	0	−0.920	5.025
56.264775	548.90	0.015	16.46	0	2.881	−0.069
56.363389	1344.00	1.660	11.44	0	−0.596	4.750

（续）

f_0	a_1	a_2	a_3	a_4	a_5	a_6
56. 968206	1763. 00	1. 260	11. 81	0	−0. 556	4. 104
57. 612484	2141. 00	0. 915	12. 21	0	−2. 414	3. 536
58. 323877	2386. 00	0. 626	12. 66	0	**−2. 635**	2. 686
58. 446590	1457. 00	0. 084	14. 49	0	6. 848	−0. 647
59. 164207	2404. 00	0. 391	13. 19	0	−6. 032	1. 858
59. 590983	2112. 00	0. 212	13. 60	0	8. 266	**−1. 413**
60. 306061	2124. 00	0. 212	13. 82	0	−7. 170	0. 916
60. 434776	2461. 00	0. 391	12. 97	0	5. 664	−2. 323
61. 150560	2. 504. 00	0. 626	12. 48	0	1. 731	−3. 039
61. 800154	2298. 00	0. 915	12. 07	0	1. 738	−3. 797
62. 411215	1933. 00	1. 260	11. 71	0	−0. 048	−4. 277
62. 486260	1517. 00	0. 083	14. 68	0	−4. 290	0. 238
62. 997977	1503. 00	1. 665	11. 39	0	0. 134	−4. 860
63. 568518	1087. 00	2. 115	11. 08	0	0. 541	−5. 079
64. 127767	733. 50	2. 620	10. 78	0	0. 814	−5. 525
64. 678903	463. 50	3. 195	10. 50	0	0. 415	−5. 520
65. 224071	274. 80	3. 815	10. 20	0	0. 069	−5. 520
65. 764772	153. 00	4. 485	10. 00	0	−0. 413	−5. 520
66. 302091	80. 09	5. 225	9. 70	0	−0. 428	−5. 520
66. 836830	39. 46	6. 005	9. 40	0	−0. 726	−5. 520
67. 369598	18. 32	6. 845	9. 20	0	−1. 002	−5. 520
67. 900867	8. 01	7. 745	8. 90	0	**−1. 255**	−5. 520
68. 431005	3. 30	8. 695	8. 70	0	−1. 500	−5. 520
68. 960311	1. 28	9. 695	8. 60	0	−1. 700	**−5. 520**
118. 750343	945. 00	0. 009	16. 30	0	−0. 247	0. 003
368. 498350	67. 90	0. 049	19. 20	0. 6	0	0
424. 763124	638. 00	0. 044	19. 16	0. 6	0	0
487. 249370	235. 00	0. 049	19. 20	0. 6	0	0
715. 393150	99. 60	0. 145	18. 10	0. 6	0	0
773. 839675	671. 00	0. 130	18. 10	0. 6	0	0
834. 145330	180. 00	0. 147	18. 10	0. 6	0	0

线形状因子取值为

$$F_i=\frac{f}{f_i}\left[\frac{\Delta f-\delta(f_i-f)}{(f_i-f)^2+\Delta f^2}+\frac{\Delta f-\delta(f_i+f)}{(f_i+f)^2+\Delta f^2}\right] \tag{7.11}$$

式中：f_i为线频率；Δf为线宽度。

表 7.2 水蒸气衰减光谱数据

f_0	b_1	b_2	b_3	b_4	b_5	b_6
22.235080	0.1090	2.143	28.11	0.69	4.80	1.00
67.813960	0.0011	8.735	28.58	0.69	4.93	0.82
119.995941	0.0007	8.356	29.48	0.70	4.78	0.79
183.310074	2.3000	0.668	28.13	0.64	5.30	0.85
321.225644	0.0464	6.181	23.03	0.67	4.69	0.54
325.152919	1.5400	1.540	27.83	0.68	4.85	0.74
336.187000	0.0010	9.829	26.93	0.69	4.74	0.61
380.197372	11.9000	1.048	28.73	0.69	5.38	0.84
390.134508	0.0044	7.350	21.52	0.63	4.81	0.55
437.346667	0.0637	5.050	18.45	0.60	4.23	0.48
439.150812	0.9210	3.596	21.00	0.63	4.29	0.52
443.018295	0.1940	5.050	18.60	0.60	4.23	0.50
448.001075	10.6000	1.405	26.32	0.66	4.84	0.67
470.888947	0.3300	3.599	21.52	0.66	4.57	0.65
474.689127	1.2800	2.381	23.55	0.65	4.65	0.64
488.491133	0.2530	2.853	26.02	0.69	5.04	0.72
503.568532	0.0374	6.733	16.12	0.61	3.98	0.43
504.482692	0.0125	6.733	16.12	0.61	4.01	0.45
556.936002	510.0000	0.159	32.10	0.69	4.11	1.00
620.700807	5.0900	2.200	24.38	0.71	4.68	0.68
658.006500	0.2740	7.820	32.10	0.69	4.14	1.00
752.033227	250.0000	0.396	30.60	0.68	4.09	0.84
841.073593	0.0130	8.180	15.90	0.33	5.76	0.45
859.865000	0.1330	7.989	30.60	0.68	4.09	0.84
899.407000	0.0550	7.917	29.85	0.68	4.53	0.90

（续）

f_0	b_1	b_2	b_3	b_4	b_5	b_6
902. 555000	0. 0380	8. 432	28. 65	0. 70	5. 10	0. 95
906. 205524	0. 1830	5. 111	24. 08	0. 70	4. 70	0. 53
916. 171582	8. 5600	1. 442	26. 70	0. 70	4. 78	0. 78
970. 315022	9. 1600	1. 920	25. 50	0. 64	4. 94	0. 67
987. 926764	138. 0000	0. 258	29. 85	0. 68	4. 55	0. 90

$$\begin{cases}\Delta f=a_3\times10^{-4}(p\theta^{(0.8-a_4)}+1.1e\theta) & \text{氧气}\\ \Delta f=b_3\times10^{-4}(p\theta^{b_4}+b_5e\theta^{b_6}) & \text{水蒸气}\end{cases} \tag{7.12}$$

δ 是一种必要的校正因子，用以补偿氧线中的干扰效应。

$$\begin{cases}\delta=(a_5+a_6\theta)\times10^{-4}p\theta^{0.8} & \text{氧气}\\ \delta=0 & \text{水蒸气}\end{cases} \tag{7.13}$$

其余光谱系数列于表 7.1 和表 7.2 中。

干燥空气连续谱 $N''_D(f)$，来源于 10GHz 以下氧气的非共振德拜谱和 100GHz 以上压力诱导的氮气衰减。该变量取值为

$$N''_D=fp\theta^2\left[\frac{6.14\times10^{-5}}{d\left(1+\left[\frac{f}{d}\right]^2\right)}+1.4\times10^{-12}(1-1.2\times10^{-5}f^{1.5})p\theta^{1.5}\right] \tag{7.14}$$

式中：d 为德拜谱的宽度参数，计算公式为

$$d=5.6\times10^{-4}(p+1.1e)\theta \tag{7.15}$$

式(7.9)中最后一项 $N''_W(f)$ 为湿连续谱，其值为

$$N''_W(f)=f(3.57\theta^{7.5}e+0.113p)e\theta^3\times10^{-7} \tag{7.16}$$

倾斜路径的具体衰减是通过将大气分为水平层并指定路径上的压力温度和湿度，在大气的不同层次上计算出来的。无线电探空仪测量廓线，例如 ITU-R 建议书 P. 835-5[4] 中的廓线，用于此计算。沿着倾斜路径的总衰减是通过对路径上的特定衰减进行积分而获得的。海拔高于海平面 h 和仰角 $\theta\geqslant0$ 的地面站的总倾斜路径衰减如下：

$$A(h,\theta)=\int_h^{\infty}\frac{\gamma(H)}{\sin\Phi}\mathrm{d}H \tag{7.17}$$

式中，Φ 值为

$$\Phi=\arccos\left(\frac{c}{(r+H)\times n(H)}\right) \tag{7.18}$$

且

$$c=(r+h)\times n(h)\times\cos\theta \tag{7.19}$$

式(7.18)中的 $n(H)$ 是根据 ITU-R 建议书 P.453-10[7] 由路径上压力、温度和水蒸气压力计算得出的大气无线电折射率。

注意,式(7.17)中的积分在 $\Phi=0$ 时将变为无穷大。通过在积分中使用替换 $u^4=H-h$ 来缓解这个问题。若 $\Phi<0$,则有一个最小高度 $h_{\min}$,此时无线电波束与地球表面平行。$h_{\min}$ 值可以通过以下方式确定:

$$(r+h_{\min})\times n(h)=c \tag{7.20}$$

通过使用 $h_{\min}=h$ 作为初始值重复以下计算公式从而得到 $h_{\min}$ 值:

$$h'_{\min}=\frac{c}{n(h_{\min})}-r \tag{7.21}$$

还可以使用数值算法代替积分,如式(7.17)来计算大气气体引起的衰减。将大气分成数层,并在每一层考虑射线弯曲。图 7.2 显示了几何结构,层 1 和层 2 相关的参数如下:a_1、a_2是路径长度,δ_1、δ_2是层厚度,n_1、n_2是折射率,α_1、α_2是入射角和出射角。r_1、r_2 和 r_3 分别是地球中心到各层的半径。那么路径长度可由下式计算:

$$\begin{aligned}a_1&=-r_1\cos\beta_1+\sqrt{4r_1^2\cos^2\beta_1+8r_1\delta_1+4\delta_1^2}/2\\a_2&=-r_2\cos\beta_2+\sqrt{4r_2^2\cos^2\beta_2+8r_2\delta_2+4\delta_2^2}/2\end{aligned} \tag{7.22}$$

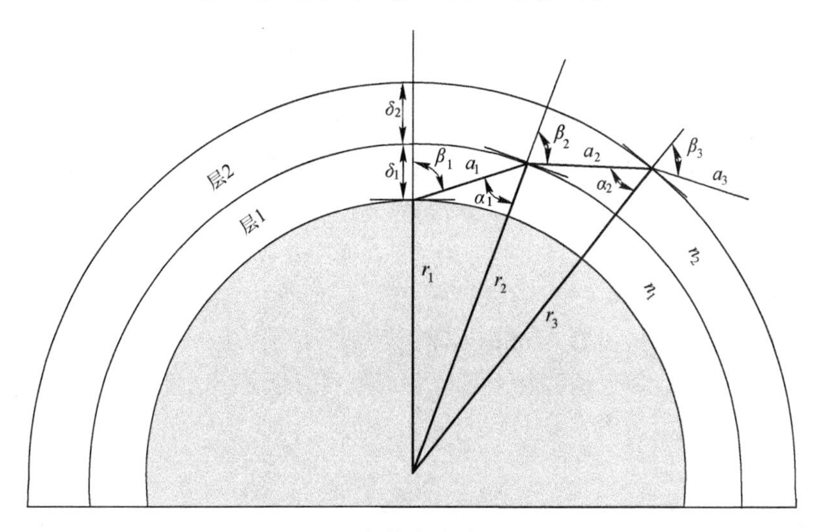

图 7.2 气体衰减分层几何

对于地对空应用而言,积分范围至少达到 30km。

角度 α_1、α_2分别来自于:

$$\alpha_1 = \pi - \arccos\left(\frac{-a_1^2 - 2r_1\delta_1 - \delta_1^2}{2a_1r_1 + 2a_1\delta_1}\right)$$
$$\alpha_2 = \pi - \arccos\left(\frac{-a_2^2 - 2r_2\delta_2 - \delta_2^2}{2a_2r_2 + 2a_2\delta_2}\right) \tag{7.23}$$

β_1为地面站入射角,即仰角 θ 的余角。

根据斯涅尔定律,β_2和β_3计算公式如下:

$$\beta_2 = \arcsin\left(\frac{n_1}{n_2}\sin\alpha_1\right)$$
$$\beta_3 = \arcsin\left(\frac{n_2}{n_3}\sin\alpha_2\right) \tag{7.24}$$

那么,总倾斜路径气体衰减为

$$A_{\text{gas}} = \sum_{i=1}^{k} a_i\gamma_i(\text{dB}) \tag{7.25}$$

式中:γ_i为式(7.8)中给定第 i 层的特定衰减;a_i为式(7.22)给定的路径长度。

7.1.2.2 ITU-R 气体衰减近似方法

ITU-R 提供了一种估算程序,该程序与前一节中描述的逐行程序相近。目的是为特定范围的气象条件和几何配置提供简化计算。近似模型在 ITU-R P.676-10[2] 的附件 2 中提供。

该近似方法提供了频率 1~350GHz 的频率预测,以及位于海平面到 10km 高度地面站的预测。对于地面站高度大于 10km,并且在需要更高精度的情况下,应使用逐行计算。允许仰角范围为 $5° \leqslant \theta \leqslant 90°$。对于仰角小于 5°,必须使用逐行计算。

近似方法基于逐行计算的曲线拟合,在远离主要吸收线中心频率处,它的平均值在±15%范围内与更精确的计算结果一致。近似算法与逐行计算结果的绝对差异通常小于 0.1dB/km,并且在 60GHz 附近达到峰值,为 0.7dB/km。

下面描述用于计算倾斜路径上氧气和水蒸气引起衰减的逐步计算程序。

计算需要的输入参数:

- 频率 f(GHz);
- 压力 p(hPa);
- 空气温度 T(℃);
- 水蒸气密度 ρ(g/m³)。

该程序假定所使用的气象数据和廓线是基于当地资源或ITU-R数据库提供的地面数据或无线电探空仪数据。

ITU-R近似方法的有效范围：

对卫星的仰角：5°~90°；

海平面上地面站高度：0~10km；

频率：1~350GHz。

计算还需要另外两个参数是 r_p 和 r_t，计算公式如下：

$$r_p \equiv \frac{p}{1013} \quad r_t \equiv \frac{288}{273+T} \tag{7.26}$$

逐行计算步骤如下：

步骤1：干燥空气和水蒸气的特定衰减。

基于工作频率，干燥空气的特定衰减 γ_o(dB/km)由以下算法确定：

$f \leqslant 54$GHz：

$$\gamma_o = \left[\frac{7.2r_t^{2.8}}{f^2+0.34r_p^2r_t^{1.6}} + \frac{0.62\xi_3}{(54-f)^{1.16\xi_1}+0.83\xi_2}\right] f^2 r_p^2 \times 10^{-3} \tag{7.27a}$$

54GHz$<f\leqslant$60GHz：

$$\gamma_o = \exp\left[\frac{\ln\gamma_{54}}{24}(f-58)(f-60) - \frac{\ln\gamma_{58}}{8}(f-54)(f-60) + \frac{\ln\gamma_{60}}{12}(f-54)(f-58)\right] \tag{7.27b}$$

60GHz$<f\leqslant$62GHz：

$$\gamma_o = \gamma_{60} + (\gamma_{62}-\gamma_{60})\frac{f-60}{2} \tag{7.27c}$$

62GHz$<f\leqslant$66GHz：

$$\gamma_o = \exp\left[\frac{\ln\gamma_{62}}{8}(f-64)(f-66) - \frac{\ln\gamma_{64}}{4}(f-62)(f-66) + \frac{\ln\gamma_{66}}{8}(f-62)(f-64)\right] \tag{7.27d}$$

66GHz$<f\leqslant$120GHz：

$$\gamma_o = \exp\left\{3.02\times10^{-4}r_t^{3.5} + \frac{0.283r_t^{3.8}}{(f-118.75)^2+2.91r_p^2r_t^{1.6}} + \frac{0.502\xi_6[1-0.0163\xi_7(f-66)]}{(f-66)^{1.4346\xi_4}+1.15\xi_5}\right\} f^2 r_p^2 \times 10^{-3} \tag{7.27e}$$

120GHz<f≤350GHz：

$$\gamma_o=\left[\frac{3.02\times10^{-4}}{1+1.9\times10^{-5}f^{1.5}}+\frac{0.283r_t^{0.3}}{(f-118.75)^2+2.91r_p^2r_t^{1.6}}\right]f^2r_p^2r_t^{3.5}\times10^{-3}+\delta \tag{7.27f}$$

式中，

$$\xi_1=\varphi(r_p,r_t,0.0717,-1.8132,0.0156,-1.6515) \tag{7.28a}$$

$$\xi_2=\varphi(r_p,r_t,0.5146,-4.6368,-0.1921,-5.7416) \tag{7.28b}$$

$$\xi_3=\varphi(r_p,r_t,0.3414,-6.5851,0.2130,-8.5854) \tag{7.28c}$$

$$\xi_4=\varphi(r_p,r_t,-0.0112,0.0092,-0.1033,-0.0009) \tag{7.28d}$$

$$\xi_5=\varphi(r_p,r_t,0.2705,-2.7192,-0.3016,-4.1033) \tag{7.28e}$$

$$\xi_6=\varphi(r_p,r_t,0.2445,-5.9191,0.0422,-8.0719) \tag{7.28f}$$

$$\xi_7=\varphi(r_p,r_t,-0.1833,6.5589,-0.2402,6.131) \tag{7.28g}$$

$$\gamma_{54}=2.192\varphi(r_p,r_t,1.8286,-1.9487,0.4051,-2.8509) \tag{7.28h}$$

$$\gamma_{58}=12.59\varphi(r_p,r_t,1.0045,3.5610,0.1588,1.2834) \tag{7.28i}$$

$$\gamma_{60}=15.0\varphi(r_p,r_t,0.9003,4.1335,0.0427,1.6088) \tag{7.28j}$$

$$\gamma_{62}=14.28\varphi(r_p,r_t,0.9886,3.4176,0.1827,1.3429) \tag{7.28k}$$

$$\gamma_{64}=6.819\varphi(r_p,r_t,1.4320,0.6258,0.3177,-0.5914) \tag{7.28l}$$

$$\gamma_{66}=1.908\varphi(r_p,r_t,2.0717,-4.1404,0.4910,-4.8718) \tag{7.28m}$$

$$\delta=-0.00306\varphi(r_p,r_t,3.211,-14.94,1.583,-16.37) \tag{7.28n}$$

$$\varphi(r_p,r_t,a,b,c,d)=r_p^a r_t^b\exp[c(1-r_p)+d(1-r_t)] \tag{7.28o}$$

1~350GHz 频率范围内，水蒸气的特定衰减 γ_w(dB/km)由以下算法确定：

$$\begin{aligned}\gamma_w=\Bigg\{&\frac{3.98\eta_1\exp[2.23(1-r_t)]}{(f-22.235)^2+9.42\eta_1^2}g(f,22)+\frac{11.96\eta_1\exp[0.7(1-r_t)]}{(f-183.31)^2+11.14\eta_1^2}\\&+\frac{0.081\eta_1\exp[6.44(1-r_t)]}{(f-321.226)^2+6.29\eta_1^2}+\frac{3.66\eta_1\exp[1.6(1-r_t)]}{(f-325.153)^2+9.22\eta_1^2}\\&+\frac{25.37\eta_1\exp[1.09(1-r_t)]}{(f-380)^2}+\frac{17.4\eta_1\exp[1.46(1-r_t)]}{(f-448)^2}\\&+\frac{844.6\eta_1\exp[0.17(1-r_t)]}{(f-557)^2}g(f,557)+\frac{290\eta_1\exp[0.41(1-r_t)]}{(f-752)^2}g(f,752)\\&+\frac{8.3328\times10^4\eta_2\exp[0.99(1-r_t)]}{(f-1780)^2}g(f,1780)\Bigg\}f^2r_t^{2.5}\rho\times10^{-4}\end{aligned} \tag{7.29}$$

式中：

$$\eta_1=0.955r_pr_t^{0.68}+0.006\rho \tag{7.30a}$$

$$\eta_2 = 0.735 r_p r_t^{0.5} + 0.0353 r_t^4 \rho \tag{7.30b}$$

$$g(f, f_i) = 1 + \left(\frac{f - f_i}{f + f_i}\right)^2 \tag{7.30c}$$

采用上述方法计算 1~350GHz 频率范围内的干燥空气、水蒸气和总的特定衰减值，图 7.3 显示了上述计算结果的曲线图。该图所示为海平面地面终端，温度为15℃，压力为 1013hPa 且水蒸气密度为 7.5g/m³。

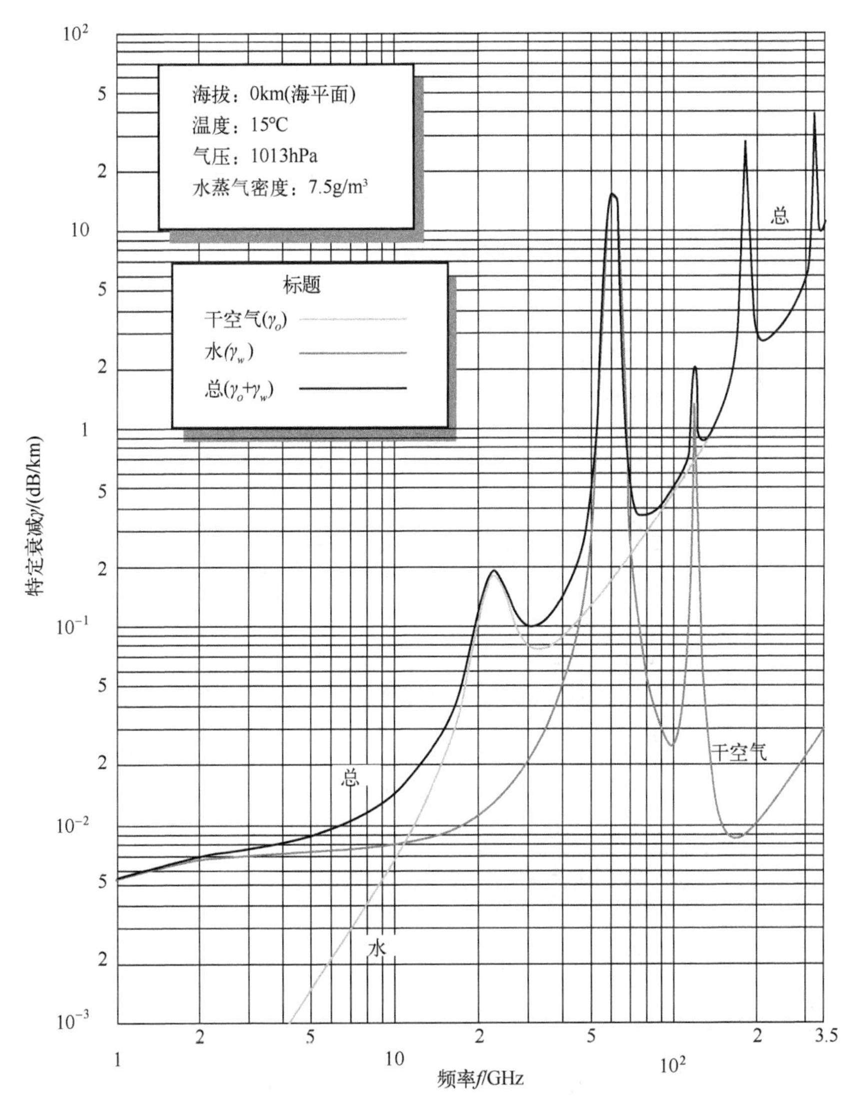

图 7.3　大气气体特定衰减(见彩图)

步骤 2：干燥空气和水蒸气的等效高度。

气体总衰减将通过大气中干燥空气和水蒸气应用等效高度来确定。等效高度的概念是基于由标高指定的指数大气廓线的假设来描述密度随高度的衰减。

干燥空气和水蒸气的标高可随纬度、季节和/或气候而变化，并且真实大气中的水蒸气分布可能与指数分布相差很大，相应高度也相应变化。等效高度取决于压力，可用于高达约 10km 的高度。使用适合于所关注海拔高度的压力、温度和水蒸气密度，从海平面到高度约 10km，所产生的天顶衰减对干燥空气的精确度为±10%以内，对水蒸气的精确度为±5%[2]。对于高于 10km 的海拔高度，以及谐振线中心 0.5GHz 以内的频率，在任何高度，均应使用前一节（7.1.2.1 节）给定的 ITU-R 的逐行程序。

干燥空气的等效高度 h_o(km) 由下面的式子决定：

$$h_o=\frac{6.1}{1+0.17r_p^{-1.1}}(1+t_1+t_2+t_3) \tag{7.31}$$

式中：

$$t_1=\frac{4.64}{1+0.066r_p^{-2.3}}\exp\left[-\left(\frac{f-59.7}{2.87+12.4\exp(-7.9r_p)}\right)\right] \tag{7.32a}$$

$$t_2=\frac{0.14\exp(2.12r_p)}{(f-118.75)^2+0.031\exp(2.2r_p)} \tag{7.32b}$$

$$t_3=\frac{0.0114}{1+0.14r_p^{-2.6}}f\frac{-0.0247+0.0001f+1.61\times10^{-6}f^2}{1-0.0169f+4.1\times10^{-5}f^2+3.2\times10^{-7}f^3} \tag{7.32c}$$

约束条件是：

$$h_o\leqslant10.7r_p^{0.3}(f<70\text{GHz}) \tag{7.33}$$

1~350GHz 频率范围内水蒸气的等效高度 h_w(km) 由下面的式子决定：

$$h_w=1.66\left(1+\frac{1.39\sigma_w}{(f-22.235)^2+2.56\sigma_w}+\frac{3.37\sigma_w}{(f-183.31)^2+4.69\sigma_w}+\frac{1.58\sigma_w}{(f-325.1)^2+2.89\sigma_w}\right) \tag{7.34}$$

式中：

$$\sigma_w=\frac{1.013}{1+\exp[-8.6(r_p-0.57)]} \tag{7.35}$$

步骤 3：总天顶衰减。

总天顶角（仰角为 90°）衰减的计算公式为

$$A_z=\gamma_o h_o+\gamma_w h_w(\text{dB}) \tag{7.36}$$

式中,变量 γ_o、γ_w、h_o 和 h_w 由步骤 1 和步骤 2 确定。

图 7.4 显示了总天顶衰减以及干燥空气和水蒸气引起的衰减。该图所示为海平面地面终端,温度为 15℃,压力为 1013hPa 且水蒸气密度为 7.5g/m³。约 50~70GHz 之间区域因存在大量氧气吸收线而具有广泛的结构,并且这里仅示出了包络。

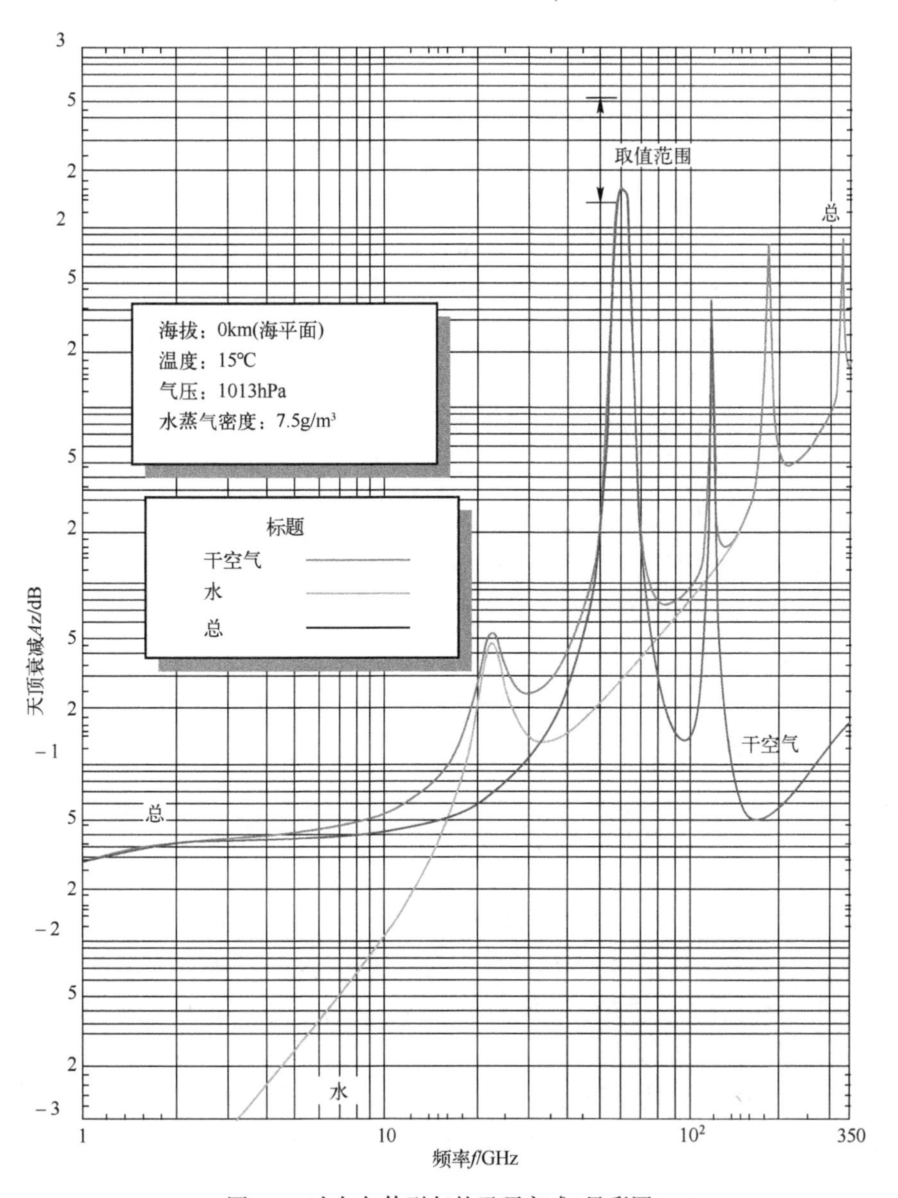

图 7.4 大气气体引起的天顶衰减(见彩图)

步骤 4:总路径衰减。

两个程序可用来确定地球-卫星倾斜路径的总气体衰减。程序的选择取决于仰角 θ。

仰角范围为 $5° \leqslant \theta \leqslant 90°$:

对于仰角在 5°~90°范围内的地—空路径,可以使用简单的余割定律由天顶衰减来计算总倾斜路径气体衰减:

$$A_{gas}=\frac{A_z}{\sin\theta}=\frac{\gamma_o h_o+\gamma_w h_w}{\sin\theta}\text{dB} \tag{7.37}$$

仰角范围为 $0° \leqslant \theta < 5°$:

由于地球的曲率,0°~5°范围内非常低的地球—空间仰角的总路径衰减计算要复杂得多。最新版本的 ITU-R P. 676-10[2] 建议仰角低于 5°时应该使用前面描述的逐行计算程序(7. 1. 2. 1 节)。早期版本 P. 676-5(2001 年)提供了极低仰角的程序,但已被最新建议所取代。不过,这里提供了早期的估计,用于那些需要粗略估计的情况,而不需要逐行执行完整的程序。

极低仰角的总倾斜路径气体衰减可由下式估计:

$$A_{gas}=\frac{\sqrt{R_e}}{\cos\theta}\left[\gamma_o\sqrt{h_o}F\left(\tan\theta\sqrt{\frac{R_e}{h_o}}\right)+\gamma_w\sqrt{h_w}F\left(\tan\theta\sqrt{\frac{R_e}{h_w}}\right)\right](\text{dB}) \tag{7.38}$$

式中:R_e 为考虑折射的地球有效半径,其值为 8500km(ITU-R P. 834-6[8])。

$$F(x)=\frac{1}{0.661x+0.339\sqrt{x^2+5.51}} \tag{7.39}$$

式中:氧气和水蒸气的 x 计算公式分别为($\tan\theta\sqrt{R_e/h_o}$)、($\tan\theta\sqrt{R_e/h_w}$)。

7.2 云 和 雾

云和雾可以归类为水溶胶——悬浮的液态水滴,其直径通常小于 0. 01cm。水溶胶引起的衰减对于工作在 20GHz 以上的系统尤其重要。衰减随着频率的增加和仰角的减小而增加。被冻结的部分云和雾不会引起显著的衰减,尽管它们可能是信号去极化的原因。

对于高余量系统,降雨是主要的衰减。然而,对于低余量系统和更高频率,云对衰减起到了重要的作用。降雨发生的时间少于约 5%~8%,而云平均占 50%的时间,并且可以持续覆盖长达数周(Slobin)[9]。

云衰减建模需要了解沿着倾斜路径的云特征。液态水滴是衰减的主要来源。

冰粒在卷云中还以板和针状存在,或者在雨云中作为熔化层上方的较大粒子存在。然而,冰不是衰减的重要来源,通常被忽略。主要关注球形水滴直径小于100μm的非降雨云。该上限是要求液滴悬浮在云中而没有强烈的内部上升气流。

本节中描述的模型基于瑞利近似,适用于频率高达约300GHz、尺寸小于100μm的粒子。瑞利区域的云液态水滴主要通过吸收来衰减无线电波;相比之下,散射效应可以忽略不计。因此,云的衰减特性可能与云液态水(CLW)含量有关,而不是与各个液滴尺寸有关。云液态水的精确测量是确定云衰减的必要条件。还需要云温来计算水的介电常数。

ITU-R云衰减模型和Slobin云模型用于卫星路径上的云和雾的衰减估计,将在以下两节中介绍。

7.2.1 ITU-R云衰减模型

ITU-R在ITU-R P.840-6建议[10]中提供了一个用于计算云和雾沿地球-空间路径衰减的模型。该模型最初于1992年被纳入P.840建议书,并于1994年、1997年、1999年更新。它仅适用于液态水和工作频率高达200GHz的系统。

计算所需的输入参数是:

- 频率f(GHz);
- 仰角θ(°);
- 表面温度T(K)(见下面的讨论);
- 总柱状液态水含量L($\mathrm{kg/m^2}$)。

计算所需的中间参数是逆温常数Φ,由下式确定:

$$\Phi=\frac{300}{T} \tag{7.40}$$

式中:T为温度,单位为K。

云衰减:假定温度T=273.15K,因此:

$$\Phi=1.098 \tag{7.41}$$

雾衰减:T等于地面温度,使用式(7.40)计算。

逐步计算程序如下:

步骤1:计算松弛频率。

计算双德拜模型的主要和次要松弛频率f_p和f_s,以获得水的介电常数:

$$\begin{aligned} f_p&=20.09-142(\Phi-1)+294(\Phi-1)^2 \\ f_s&=590-1500(\Phi-1)\ (\mathrm{GHz}) \end{aligned} \tag{7.42}$$

步骤 2:复介电常数。

计算水的复介电常数的实部和虚部公式如下:

$$\varepsilon''(f)=f\cdot\frac{\varepsilon_0-\varepsilon_1}{f_p\cdot\left[1+\left(\frac{f}{f_p}\right)^2\right]}+f\cdot\frac{\varepsilon_1-\varepsilon_2}{f_s\cdot\left[1+\left(\frac{f}{f_s}\right)^2\right]}$$

$$\varepsilon'^{(f)}=\frac{\varepsilon_0-\varepsilon_1}{\left[1+\left(\frac{f}{f_p}\right)^2\right]}+\frac{\varepsilon_1-\varepsilon_2}{\left[1+\left(\frac{f}{f_s}\right)^2\right]}+\varepsilon_2 \tag{7.43}$$

式中:

$$\varepsilon_0=77.6+103.3\cdot(\Phi-1)$$

$$\varepsilon_1=5.48$$

$$\varepsilon_2=3.51$$

步骤 3:特定衰减系数。

计算特定衰减系数 K_l(dB/km)/(g/m^3)公式如下:

$$K_l=\frac{0.819f}{\varepsilon''(1+\eta^2)}\left(\frac{\text{dB/km}}{\text{g/m}^3}\right) \tag{7.44}$$

式中:

$$\eta=\frac{2+\varepsilon'}{\varepsilon''}$$

特定衰减系数表示在指定频率和水蒸气浓度下的"点"衰减。

步骤 4:柱状液态水含量。

确定云的柱状液态水含量 L,单位为(kg/m^2)。

如果感兴趣的地点得不到云液态水含量的统计数据,则 ITU-R 提供了包含云液态水含量的等高线的全球地图。图 7.5 至图 7.8 显示了云液态含水量(kg/m^2)分别超过平均年份的 20%、10%、5%和 1%的廓线。这些地图来自两年的数据,纬度和经度的空间分辨率为 1.5°。数据文件纬度网格范围为+90°N~-90°S,步长为 1.5°;经度网格范围为从 0°~360°,步长为 1.5°。

对于与网格点不同的位置,通过对 4 个最接近网格点处的值执行双线性插值来获得所需位置处的总柱状内容。要获得不同于数据文件中概率的超出值,请使用半对数插值(概率的对数百分比表示和总柱状内容的线性表示)。

步骤 5:总衰减。

总云衰减 A_c(dB)计算如下:

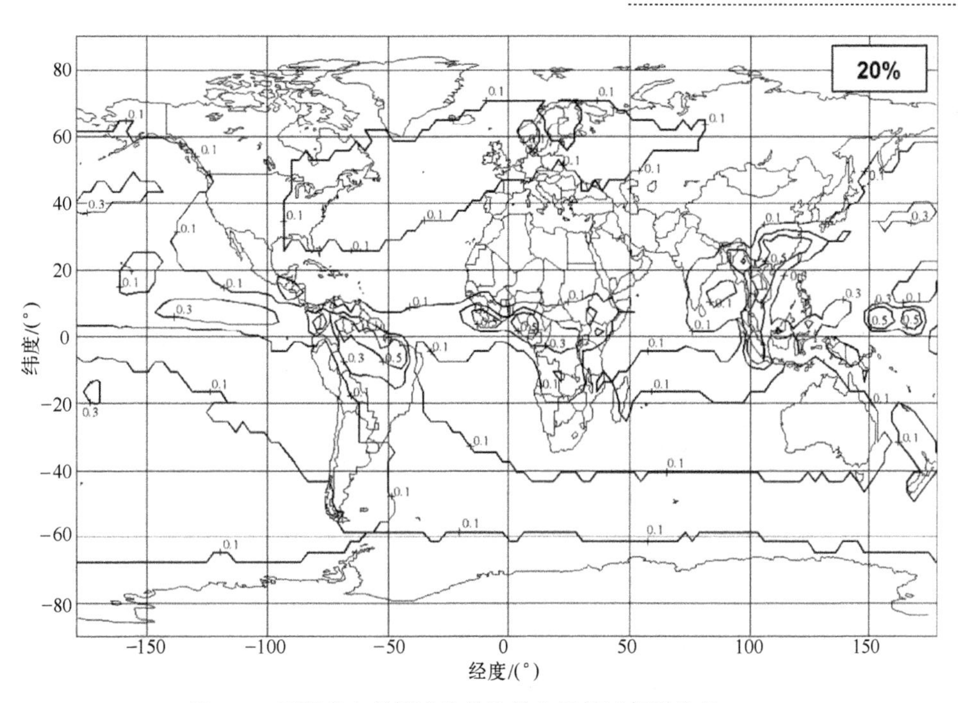

图 7.5　云液态水的标准化总柱状含量超过年平均的 20%

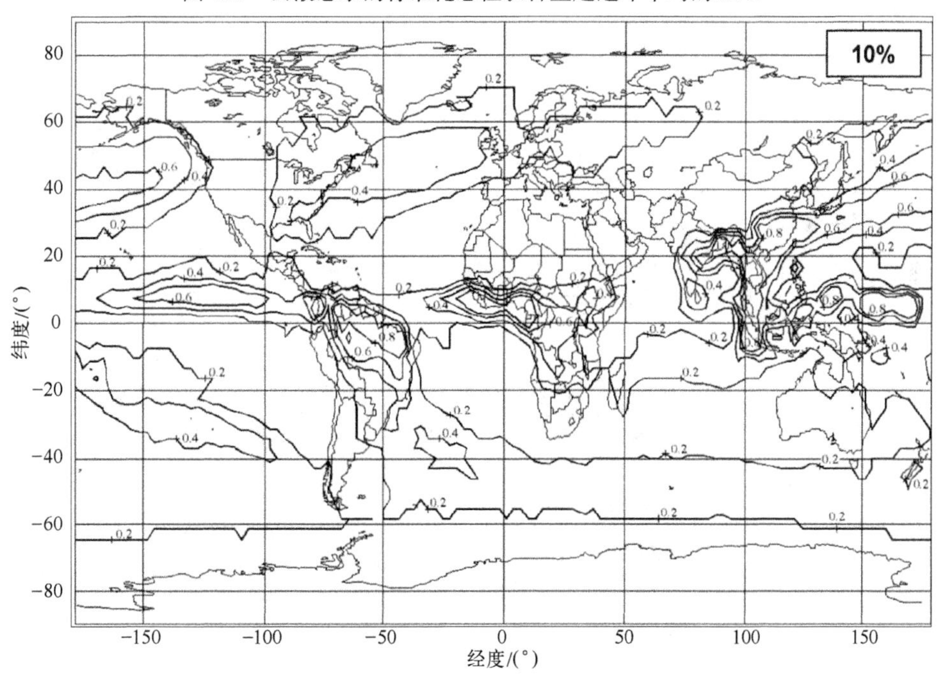

图 7.6　云液态水的标准化总柱状含量超过年平均的 10%

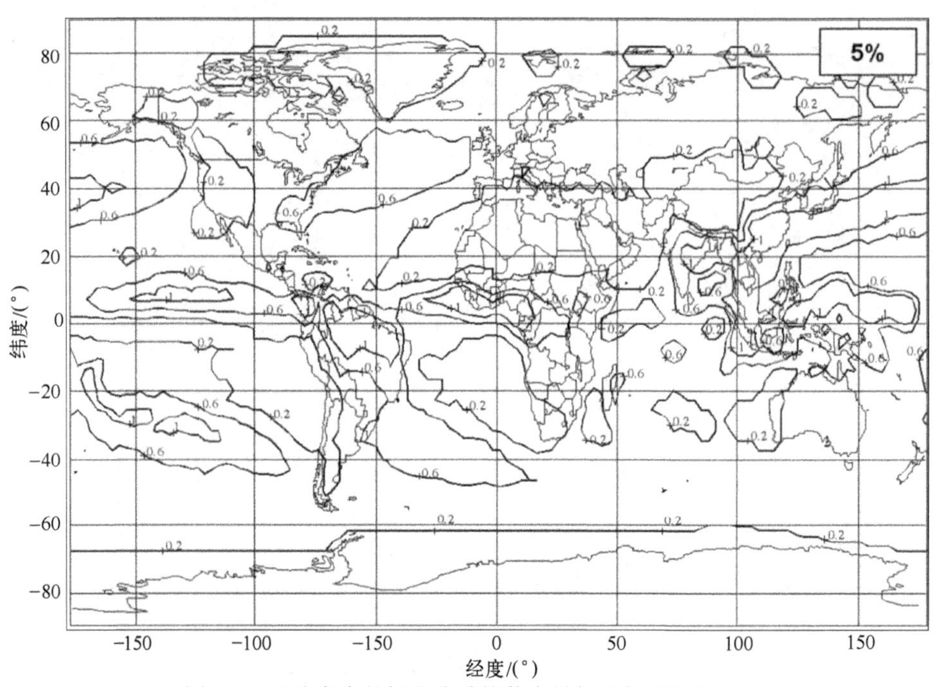

图 7.7 云液态水的标准化总柱状含量超过年平均的 5%

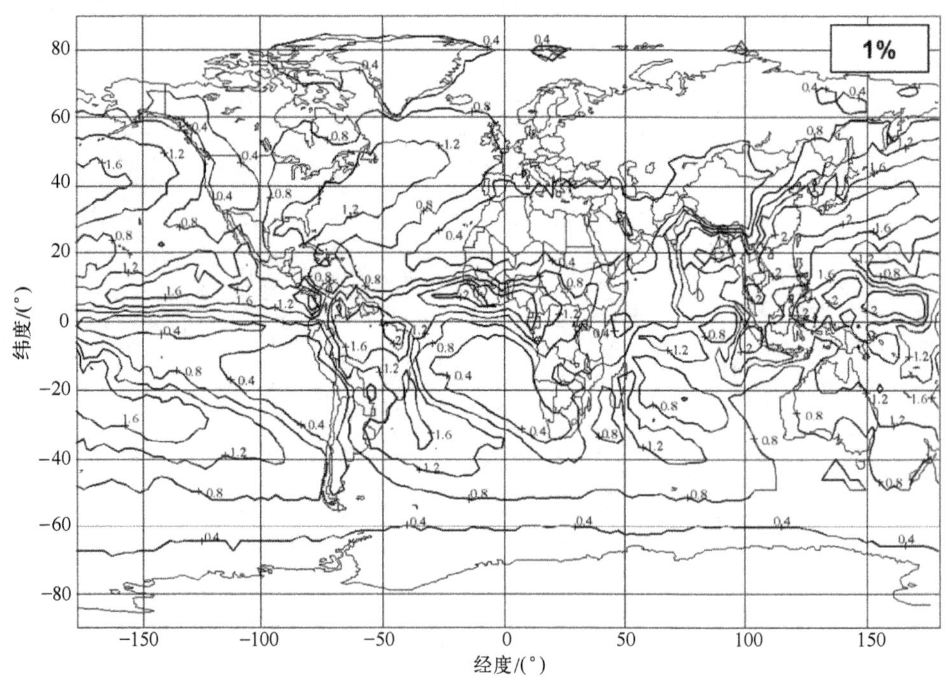

图 7.8 云液态水的标准化总柱状含量超过年平均的 1%

$$A_c = \frac{LK_l}{\sin\theta}(\mathrm{dB}) \tag{7.45}$$

式中：$10° \leqslant \theta \leqslant 90°$。

对于仰角低于约10°，不能采用 $1/\sin\theta$ 关系，因为这假设云的范围接近无限。因此，在计算仰角接近0°时，应对路径长度进行物理限制。

7.2.2 Slobin 云模型

Slobin[9]对美国、阿拉斯加和夏威夷等相邻地区不同位置的云的无线电波传播效应进行了详细的研究，开发了一个云模型，该模型确定了卫星路径上的云衰减和噪声温度。通过每天两次的无线电探空仪测量和每小时的温度和相对湿度廓线测量，收集了大量关于云特征的数据，如类型、厚度和覆盖范围。

基于液态水含量、云层厚度和表面上空的云底高度，Slobin 模型定义了12种云类型。一些更强烈的云类型包括两个云层，两者的组合效果包含在模型中。表7.3列出了7种 Slobin 云类型，这里标记为从淡薄云到非常厚的云，并显示了每种类型的特征。表中列出的案例编号对应于 Slobin 指定的编号。

表7.3 Slobin 模型云类型的特征

云类型	案例号	液态水密度/(g/m^3)	下层云		上层云	
			云底/km	厚度/km	云底/km	厚度/km
淡，薄	2	0.2	1.0	0.2	—	—
淡	4	0.5	1.0	0.5	—	—
中等	6	0.5	1.0	1.0	—	—
厚Ⅰ	8	0.5	1.0	1.0	3.0	1.0
厚Ⅱ	10	1.0	1.0	1.0	3.0	1.0
极厚Ⅰ	11	1.0	1.0	1.5	3.5	1.5
极厚Ⅱ	12	1.0	1.0	2.0	4.0	2.0

对于每种云类型，通过辐射传输方法计算10~50GHz频率范围的总天顶（90°仰角）衰减。表7.4列出了几个感兴趣频段的天顶云衰减。这些值还包括晴空气体衰减。即使对于最强烈的云类型，C频段和Ku频段的值也小于1dB。

表7.4 Slobin 模型的天顶（仰角90°）云衰减

频率/GHz	淡薄云	淡云	厚云Ⅰ	厚云Ⅰ	厚云Ⅱ	极厚云Ⅰ	极厚云Ⅱ
6/4	<0.1dB	<0.1dB	<0.2dB	<0.2dB	<0.2dB	<0.3dB	<0.3dB

（续）

频率/GHz	淡薄云	淡云	厚云Ⅰ	厚云Ⅰ	厚云Ⅱ	极厚云Ⅰ	极厚云Ⅱ
14/12	0.1	0.15	0.2	0.3	0.45	0.6	0.9
17	0.2	0.22	0.3	0.45	0.7	1.0	1.4
20	0.25	0.3	0.4	0.6	0.9	1.4	1.8
30	0.3	0.4	0.5	1.0	1.7	2.7	3.9
42	0.7	0.9	1.2	2.1	3.5	5.5	7.9
50	1.5	1.9	2.3	3.6	5.7	8.4	11.7

Slobin 模型还开发了指定云区域云衰减的年累积分布，频率范围为 8.5～90GHz。Slobin 将美国划分为 15 个统计上“一致”的云区域，如图 7.9 所示。该地区的边界高度程式化，应予以充分解释。一些边界与主要山脉（Cascades，Rockies 和 Sierra Nevada）重合，并且可以在云区域和全球模型的降雨率区域之间观察到相似性。每个云区域的特点是在特定的国家气象局观测站进行观测。观测站的位置在地图上以三字母标识符显示。每一个观测站的“平均年份”都是根据降雨量测量结果选定的。“平均年份”被认为是年度月降雨量分布与 30 年平均月度分布最匹配的年份。每小时利用每个观测站“平均年”的地面观测数据，推导出由于氧气、水蒸气和云引起的 8.5～90GHz 频率范围内多个频率天顶衰减和噪声温度的累积分布。Slobin 采用以下程序计算累积分布。

- 对于每小时的观测，基于层的水粒子密度、厚度和温度计算每个报告的云层（最多四层）的衰减。
- 针对 16 种可能的云配置计算由于所有云层和气体引起的总衰减和噪声温度，对应于在四层高度处云存在或不存在的所有组合。
- 使用对应于每个云层报告的百分比覆盖值来计算衰减和噪声温度的累积概率分布。例如，如果第 1 层的覆盖率为 60%，第 2 层的覆盖率为 20%，那么天线波束中存在的各种云配置的概率如下：

无云存在：　　　　　$(1-0.6)\times(1-0.2)=0.32$

云仅存在层 1：　　　$(0.6)\times(1-0.2)=0.48$

云仅存在层 2：　　　$(1-0.6)\times(0.2)=0.08$

云存在于层 1 和层 2：$(0.6)\times(0.2)=0.12$

图 7.10 显示了 5 个云区域在 30GHz 频率下的分布示例，范围从非常干燥、清晰的尤马到非常潮湿、阴天的利胡埃。

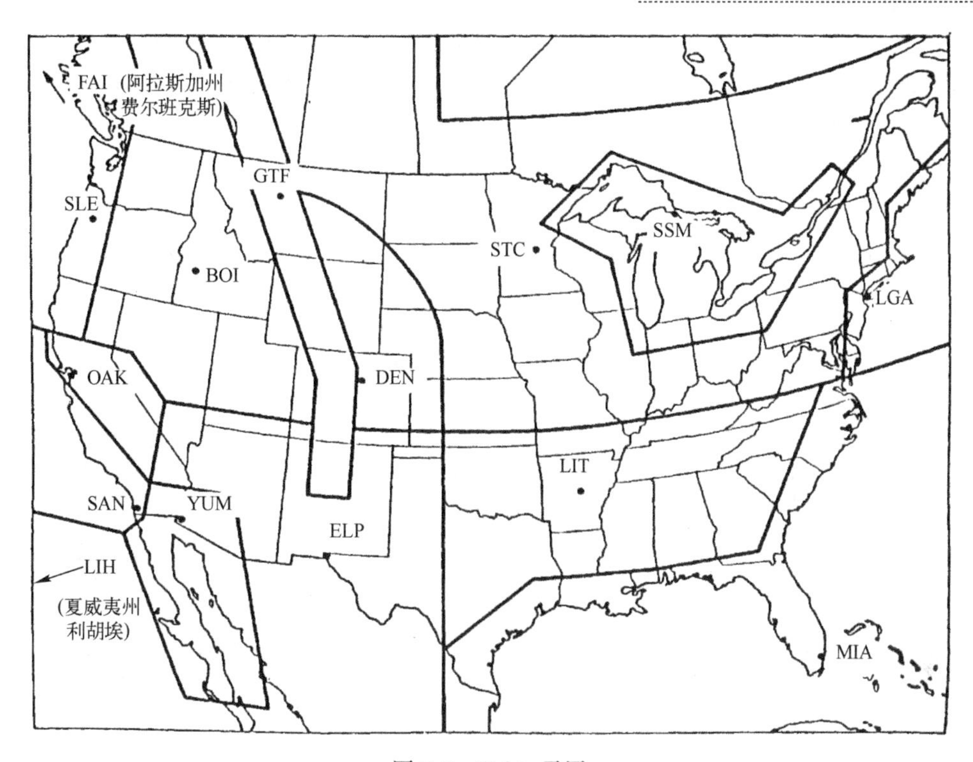

图 7.9 Slobin 云区

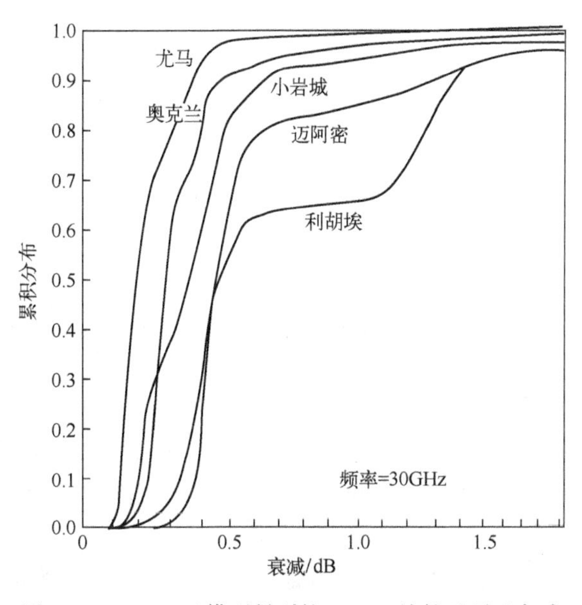

图 7.10 Slobin 云模型得到的 30GHz 处的天顶云衰减

图 7.11 中(a)~(d)显示了在 10、18、32、44 和 90GHz 频率下,丹佛、纽约、迈阿密和奥克兰 4 个云区域的衰减分布示例。所有云区的图可在 Slobin(1982)[9]参考文献中找到。

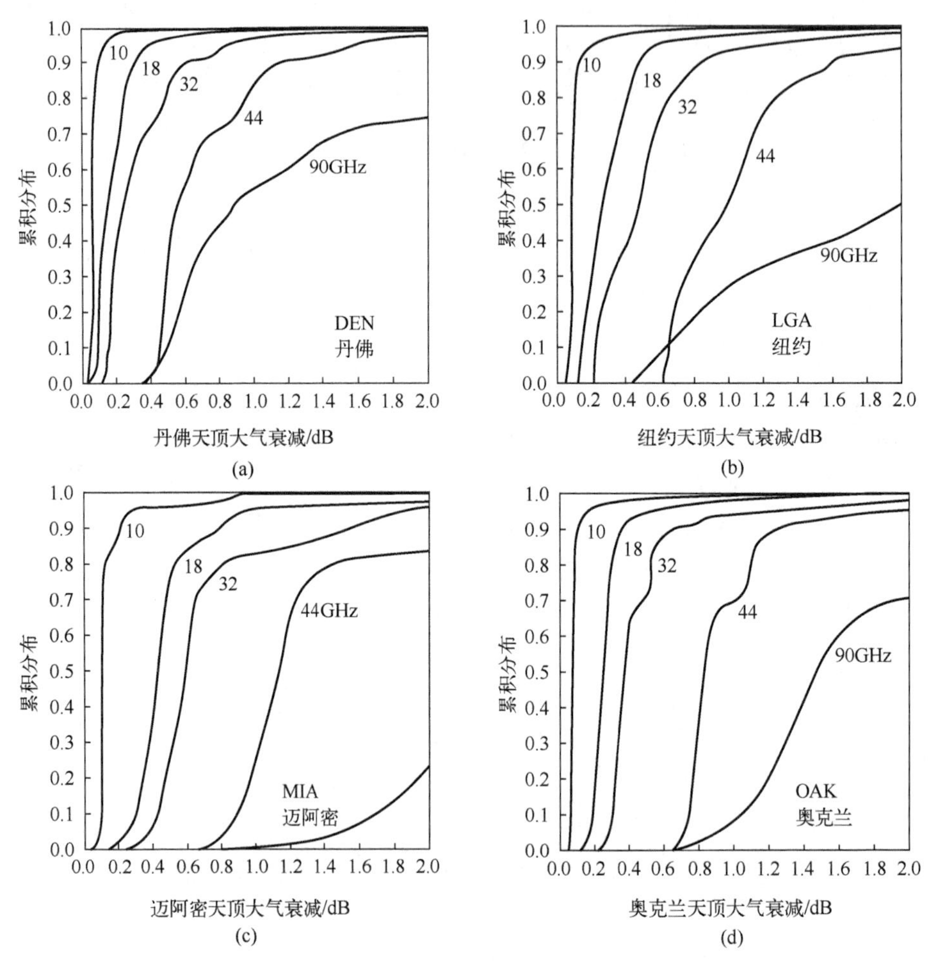

图 7.11 Slobin 云模型得到的 4 个位置天顶云衰减的累积分布

这些分布给出了云衰减为等于或小于给定值的时间百分比。例如,在迈阿密的图中,在 32GHz 的 0.5(50%)时间内,云衰减为 0.6dB 或更低。分布范围为 0~0.5(0%~50%)中的衰减值可以被视为晴空效应的范围。衰减值为 0%是测试年份观察到的最低值。

应该注意的是,曲线仅适用于天顶路径,但可以使用余割定律扩展到倾斜路径。这种延伸可能导致低仰角和小时间百分比的过高估计。这是因为垂直发展较大的云在倾斜路径上的厚度小于天顶路径的厚度。在降雨影响显著的时间百分比(累积分布超过 5%)时,还应考虑由于降雨引起的衰减和噪声温度。

7.3 雨 衰

频率在 10GHz 以上,降雨衰减成为波在对流层传播的主要障碍。为了辅助通信系统的设计,人们已经进行了大量的努力来测量和模拟长期的降雨衰减统计数据。测量数据必须限于特定位置和链路参数。因此,模型通常用于预测给定系统规范预期的降雨衰减。

在本节中,我们提出了两个在许多不同地区和类型的降雨中表现良好的降雨衰减模型:ITU-R 降雨衰减模型和 Crane 全球模型。这些模型本质上是半经验的,它们基于通过参数 a 和 b 将特定衰减 $\gamma=aR^b$(dB/km)与降雨率 r(mm/h)相关联。这些模型不同于将特定衰减转换为降雨路径上总衰减的方法。

7.3.1 ITU-R 雨衰模型

ITU-R 雨衰模型是国际上公认的预测降雨对通信系统影响的方法。该模型于 1982 年首次获得国际电联的批准,并不断更新,因为它可以更好地理解雨衰建模,并可从全球来源获得更多信息。自 1999 年以来,ITU-R 模型以 DAH 雨衰模型为基础,该模型以其作者(dissanayake、allnutt 和 haidara)命名[12]。与验证研究中的其他模型相比,DAH 模型在总体性能上表现最佳[13,14]。

本节描述了最新版建议 ITU-R P. 618-12[15] 中提出的 ITU-R 模型。雨水模型程序中提到的其他 ITU-R 报告包括 ITU-R 建议 P. 837-6[16]、P. 838-3[17]、P. 839-4[18] 和 P. 678-3[19]。

ITU-R 指出,建模过程估计了频率高达 55GHz 的给定位置的路径衰减年度统计数据。

ITU-R 雨衰模型所需的输入参数为

工作频率 f,单位为 GHz;

卫星的仰角 θ,单位为(°);

地面站的纬度 φ,单位为°N 或°S;

相对于水平面的极化倾斜角 τ,单位为(°);

地面站海拔高度 h_s,单位为 km;

平均年降雨量的 0.01%的感兴趣地区点降雨率 $R_{0.01}$,单位为 mm/h。

步骤如下：

步骤 1：确定关注的地面站降雨高度。

计算关注的地面站降雨高度公式：

$$h_R = h_o + 0.36(\text{km}) \tag{7.46}$$

式中：h_o为年平均 0℃ 等温线高度；h_o为处于雨与冰过渡状态的上层大气高度。降雨高度以海拔为基准，单位为 km。

如果无法从本地数据确定 ITU-R 模型的年平均高度 h_o，可以根据 ITU-R 839-4[18] 中提供的代表值的全局等值线图进行估算，图 7.12 为全球等值线图。可以使用 4 个最接近网格点处值的双线性插值来确定特定位置的降雨高度。

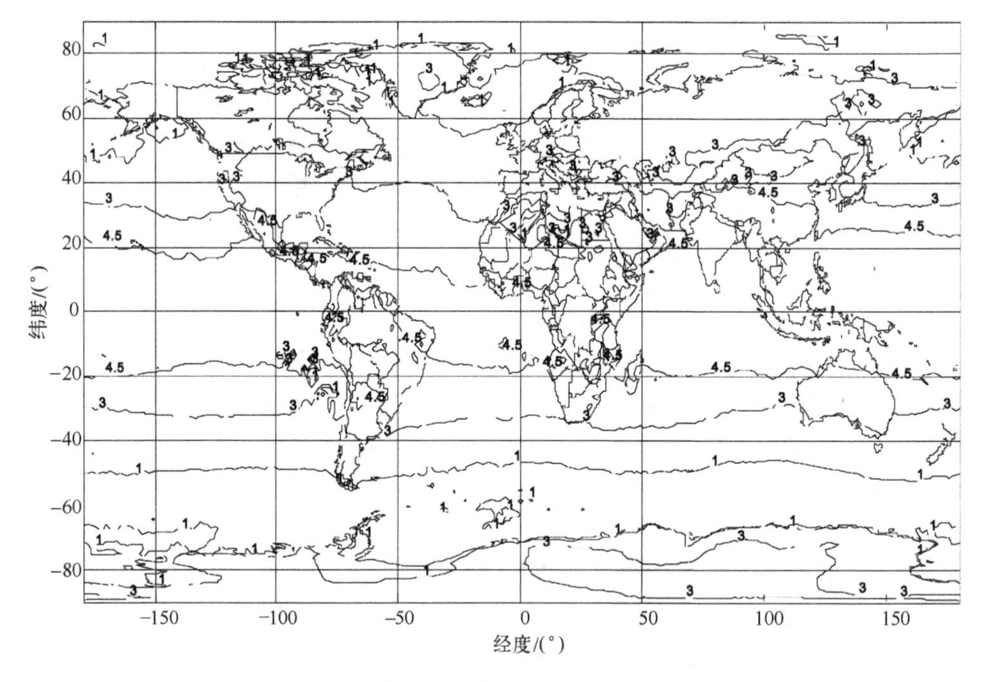

图 7.12 年均 0℃ 等温线海拔高度/(km)

步骤 2：计算倾斜路径长度和水平投影。

根据降雨高度、仰角和地面接收站点的高度计算倾斜路径长度 L_S 和水平投影 L_G。雨衰与倾斜路径长度成正比。倾斜路径长度 L_S 定义为受雨区影响的卫星对地路径的长度，如图 7.13 所示。

倾斜路径长度 L_S 的单位为 km，由下式确定：

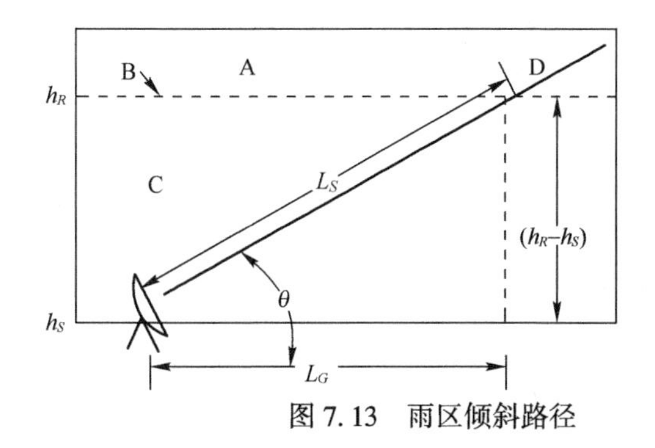

图 7.13　雨区倾斜路径

$$L_S(\theta)=\begin{cases}\dfrac{h_R-h_S}{\sin\theta} & \theta\geqslant 5^\circ\\[2ex] \dfrac{2(h_R-h_S)}{\left[\sin^2\theta+\dfrac{2(h_R-h_S)}{R_e}\right]^{\frac{1}{2}}+\sin\theta} & \theta<5^\circ\end{cases}\tag{7.47}$$

式中：h_R 为步骤 1 得到的降雨高度，单位为 km；h_S 为地面接收站点海拔高度，单位为 km；θ 为仰角；R_e为 8500km（有效地球半径）。

若降雨高度小于地面接收站点的海拔高度时，L_S 可能产生负值。若 L_S 为负值，将其设置为 0。

水平投影计算如下：

$$L_G=L_S\cos\theta\tag{7.48}$$

式中，L_S 和 L_G的单位为 km。

步骤 3：确定年均 0.01%的降雨量。

获得关注的地面位置的年平均降雨量（积分时间为 1min）超过 0.01%的降雨率 $R_{0.01}$。如果无法从当地数据的长期统计中获得该降雨率，则从图 7.14 至图 7.19 中提供的所关注的地理位置处降雨强度图中选择 0.01%中断时的降雨率值。地图分为 6 个区域，提供了超过陆地和海洋区域平均年份的 0.01%的降雨强度 ISO 值，单位为 mm/h[16]。

步骤 4：计算特定衰减。

特定衰减基于以下关系：

$$\gamma_R=kR_{0.01}^{\alpha}\tag{7.49}$$

式中：γ_R 为特定衰减，单位为 dB/km；k 和 α 是与频率、仰角和极化倾斜角相关的变量。

使用关注频率的回归系数 k_H、k_V、α_H和 α_V计算 k 和 α，公式如下：

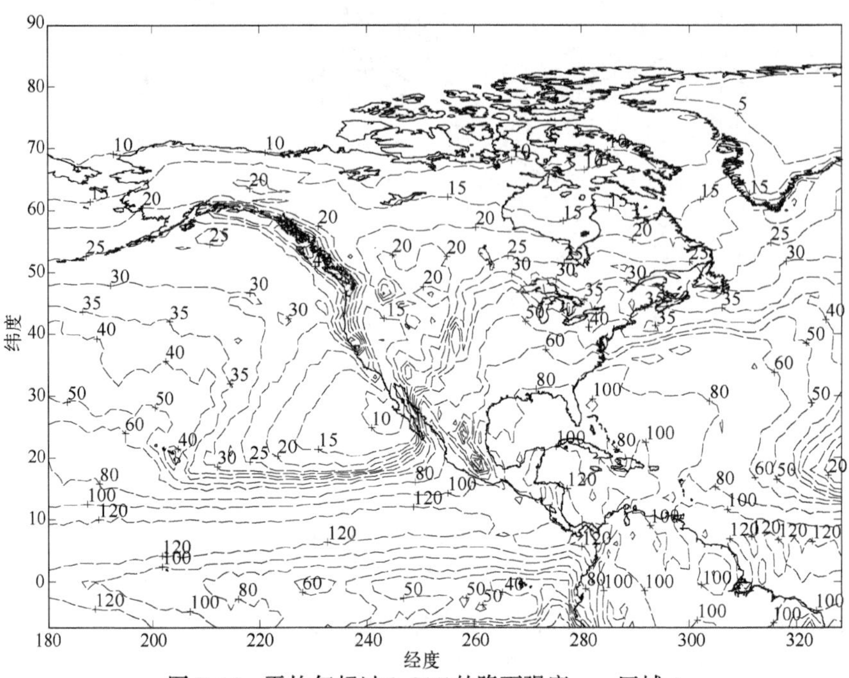

图 7.14　平均年超过 0.01%的降雨强度——区域 1

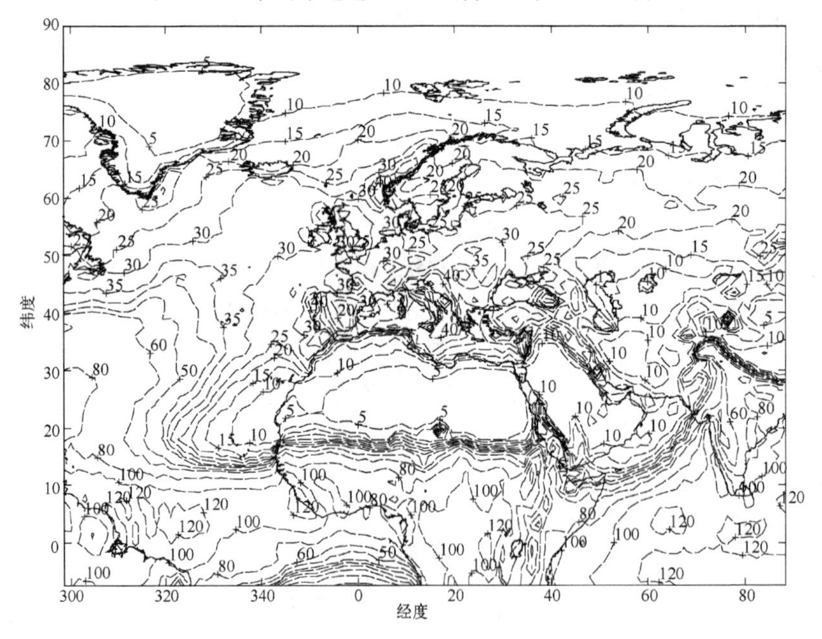

图 7.15　平均年超过 0.01%的降雨强度——区域 2

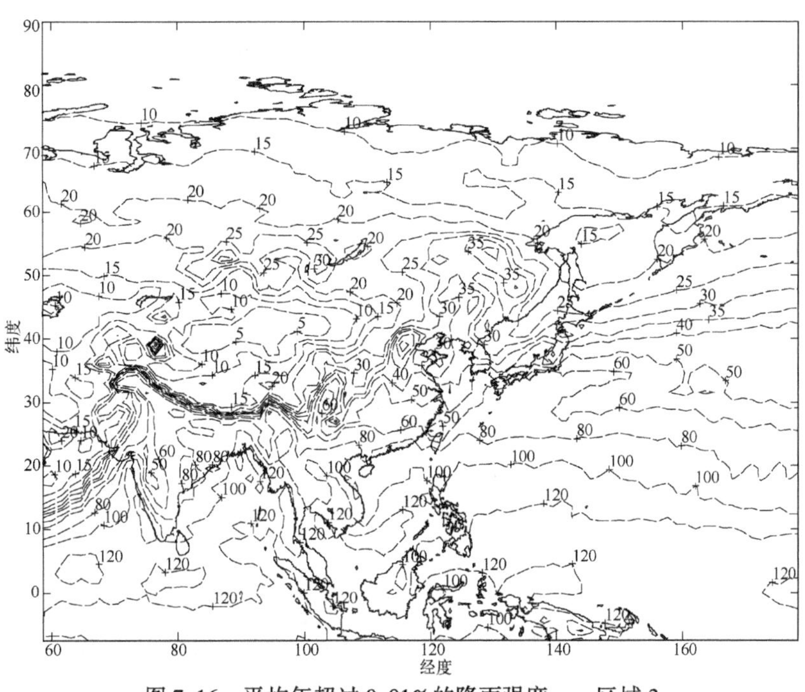

图 7.16 平均年超过 0.01%的降雨强度——区域 3

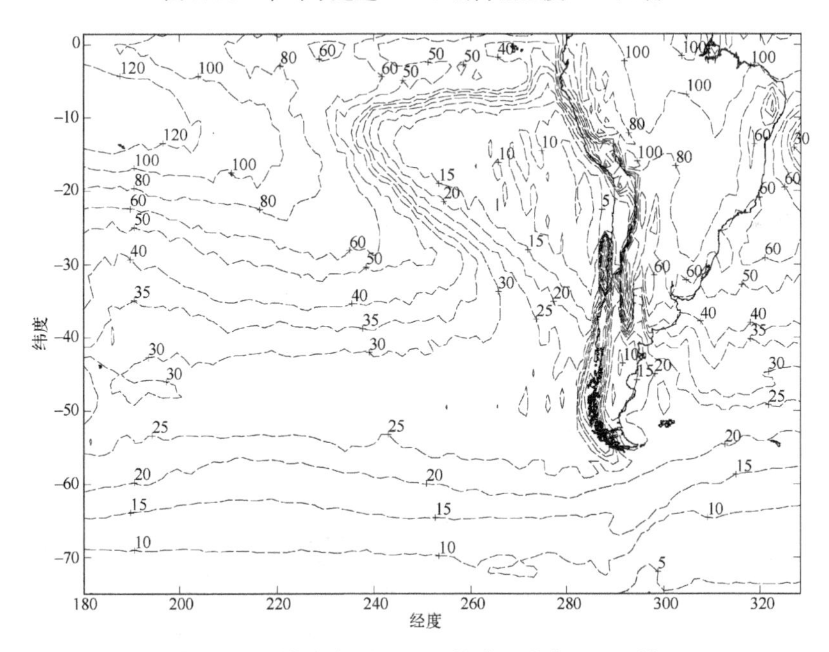

图 7.17 平均年超过 0.01%的降雨强度——区域 4

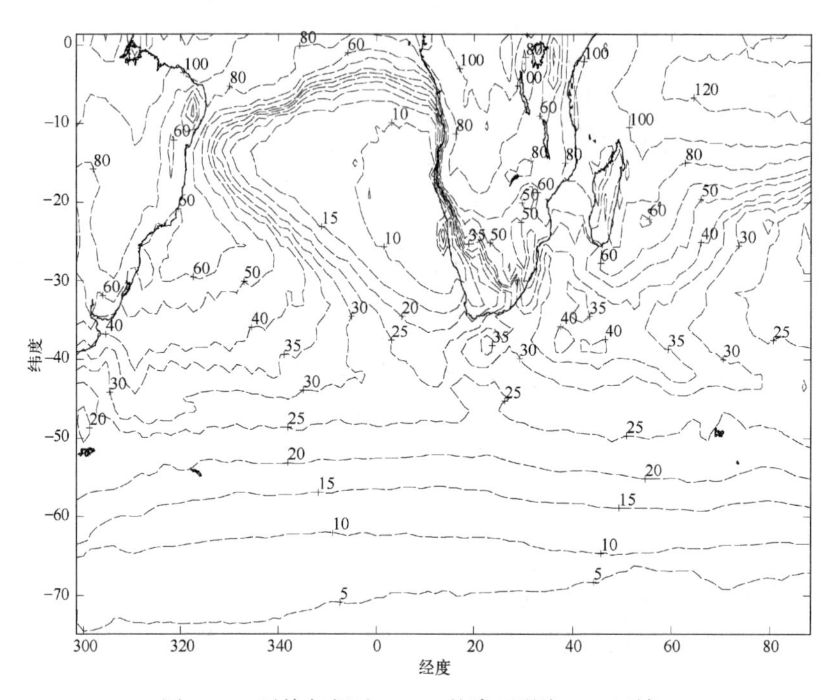

图 7.18 平均年超过 0.01%的降雨强度——区域 5

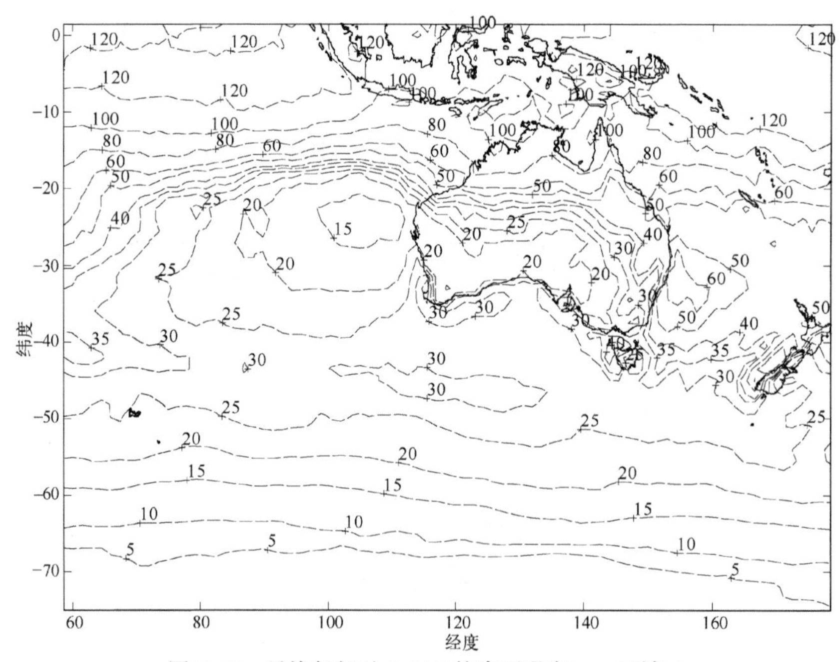

图 7.19 平均年超过 0.01%的降雨强度——区域 6

$$k=\frac{k_H+k_V+(k_H-k_V)\cos^2\theta\cos2\tau}{2} \tag{7.50}$$

$$\alpha=\frac{k_H\alpha_H+k_V\alpha_V+(k_H\alpha_H-k_V\alpha_V)\cos^2\theta\cos2\tau}{2k} \tag{7.51}$$

式中:θ 为路径仰角;τ 为线性极化传输时相对于水平面的极化倾斜角。$\tau=45°$为圆极化传输。

表 7.5 提供了 1~100GHz 内具有代表性频率的回归系数值。1~1000GHz 范围内其他频率的回归系数,可根据图 7.20 至图 7.23 进行估算,这些图来自于 ITU-R 建议 P.838-3[17] 中的计算图。

表 7.5 确定特定衰减的回归系数

频率/GHz	k_H	k_V	α_H	α_V
1	0.0000259	0.0000308	0.9691	0.8592
2	0.0000847	0.0000998	1.0664	0.9490
4	0.0001071	0.0002461	1.6009	1.2476
6	0.007056	0.0004878	1.5900	1.5882
7	0.001915	0.001425	1.4810	1.4745
8	0.004115	0.003450	1.3905	1.3797
10	0.01217	0.01129	1.2571	1.2156
12	0.02386	0.02455	1.1825	1.1216
15	0.04481	0.05008	1.1233	1.0440
20	0.09164	0.09611	1.0586	0.9847
25	0.1571	0.1533	0.9991	0.9491
30	0.2403	0.2291	0.9485	0.9129
35	0.3374	0.3224	0.9047	0.8761
40	0.4431	0.4274	0.8673	0.8421
45	0.5521	0.5375	0.8355	0.8123
50	0.6600	0.6472	0.8084	0.7871
60	0.8606	0.8515	0.7656	0.7486
70	1.0315	1.0253	0.7345	0.7215
80	1.1704	1.1668	0.7115	0.7021
90	1.2807	1.2795	0.6944	0.6876
100	1.3671	1.3680	0.6815	0.6765

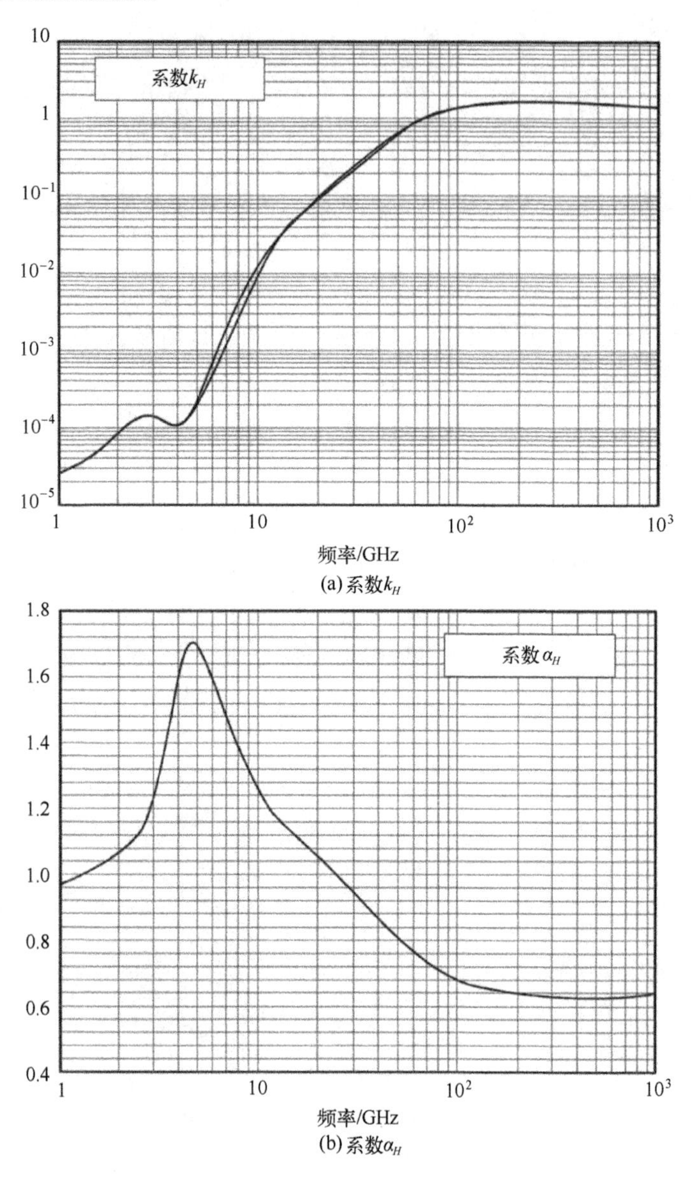

图 7.20 计算 k 和 α 时的回归系数 k_H和 α_H

步骤 5：计算水平压缩因子。

水平压缩因子 $r_{0.01}$由降雨率 $R_{0.01}$确定如下：

$$r_{0.01}=\frac{1}{1+0.78\sqrt{\frac{L_G\gamma_R}{f}}-0.38(1-e^{-2L_G})} \tag{7.52}$$

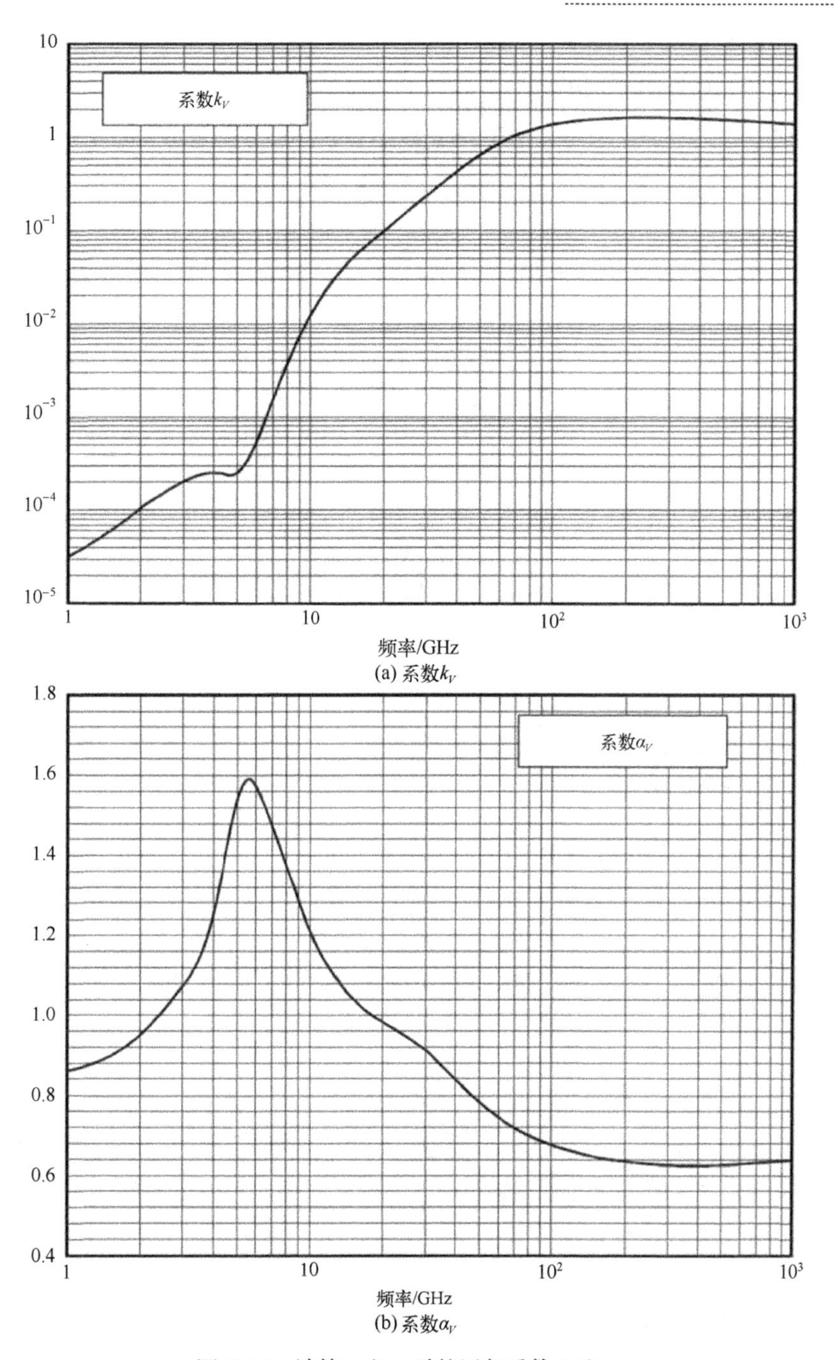

(a) 系数k_V

(b) 系数α_V

图 7.21　计算 k 和 α 时的回归系数 k_V 和 α_V

式中,L_G为步骤 2 中计算的水平投影。

步骤 6:计算垂直调节因子。

时间百分比为 0.01%的垂直调节因子为

$$\nu_{0.01}=\frac{1}{1+\sqrt{\sin\theta}\left[31\left(1-\mathrm{e}^{-\left(\frac{\theta}{1+\chi}\right)}\right)\frac{\sqrt{L_R\gamma_R}}{f^2}-0.45\right]} \tag{7.53}$$

式中:

$$L_R=\begin{cases}\dfrac{L_G r_{0.01}}{\cos\theta} & (\mathrm{km})\ \zeta>\theta\\ \dfrac{h_R-h_S}{\sin\theta} & (\mathrm{km})\ \zeta\leqslant\theta\end{cases} \tag{7.54}$$

$$\zeta=\arctan\left(\frac{h_R-h_S}{L_G r_{0.01}}\right)(°) \tag{7.55}$$

$$\begin{aligned}\chi&=36-|\varphi|(°) & |\varphi|<36\\ &=0° & |\varphi|\geqslant 36\end{aligned} \tag{7.56}$$

步骤 7:确定有效路径长度。

有效路径长度 L_E可由下式计算:

$$L_E=L_R\nu_{0.01}(\mathrm{km}) \tag{7.57}$$

步骤 8:计算平均年超过 0.01%的衰减。

平均年超过 0.01%的预测衰减可由下式计算:

$$A_{0.01}=\gamma_R L_E \quad (\mathrm{dB}) \tag{7.58}$$

平均年超过百分比为 $p(0.001\%\leqslant p\leqslant 5\%)$的衰减可由下式计算:

$$A_p=A_{0.01}\left(\frac{p}{0.01}\right)^{-[0.655+0.033\ln(p)-0.045\ln(A_{0.01})-\beta(1-p)\sin\theta]} \quad (\mathrm{dB}) \tag{7.59}$$

式中,

$$\beta=\begin{cases}0 & p\geqslant 1\%\text{或}|\varphi|\geqslant 36°\\ -0.005(|\varphi|-36) & p<1\%\text{且}|\varphi|<36°\text{且}\ \theta\geqslant 25°\\ -0.005(|\varphi|-36)+1.8 & \text{其他}\\ -4.25\sin\theta & \end{cases} \tag{7.60}$$

这种方法提供了降雨引起的长期统计数据的衰减估计。当将预测结果与实测数据进行比较时,可预计降雨量统计数据的年际变化较大(见 ITU-R P.678-3[19])。

7.3.2 Crane 雨衰模型

R. K. Crane(1980)[20]开发了第一个为全球应用提供独立降雨衰减预测程序的模型。Crane 开发的模型,通常被称为全球模型,基于给定地面点降雨率或超过衰减值的年时间百分比,利用地球物理资料来确定地面点降雨率,降雨率的点对路径变化以及衰减的高度依赖关系,针对某一给定年时间百分比,该模型还提供了衰减预测值的年与年之间和站之间预期变化的估计。Crane(1996)提供了全球模型的更新[22]。

二分量降雨模型是 Crane 提供的全球模型的一个扩展,包括关于降雨运动和大小的统计信息,并对原有的全球模型进行了几项改进,以预测降雨衰减统计数据。

在全球模型(Crane,1982 年)[21]发布之后两年首次引入二分量模型,随后进行了修订[22]。

这两个模型将在以下两节中进行介绍。

7.3.2.1 Crane 全球降雨模型

全局模型所需的输入参数为

f:工作频率,单位为 GHz;

θ:卫星的仰角,单位为(°);

φ:地面站的纬度,单位为 N 或 S;

h_S:地面站海拔高度,单位为 km;

τ:相对于水平的极化倾斜角,单位为(°)。

分步过程如下:

步骤 1:确定降雨率分布。

从全球地图(图 7.22、图 7.23 和图 7.24)中确定感兴趣地面站的全球降雨气候区模型 R_p,全球地图分别显示了美洲、欧洲和非洲以及亚洲的气候区。图 7.25 和图 7.26 分别为北美和西欧的气候区提供了更详细的信息。选定气候区后,从表 7.6 中获得降雨率分布值。

表 7.6 全球降雨模型气候区的降雨率分布

年百分比	A	B	B_1	B_2	C	D_1	D_2	D_3	E	F	G	H
	mm/h	mm/h	mm/h	mm/h	mm/h	mm/h	mm/h	mm/h	mm/h	mm/h	mm/h	mm/h
5	0.0	0.2	0.1	0.2	0.3	0.2	0.3	0.0	0.2	0.1	1.8	1.1
3	0.0	0.3	0.2	0.4	0.6	0.6	0.9	0.8	1.8	0.1	3.4	3.3
2	0.1	0.5	0.4	0.7	1.1	1.2	1.5	2.0	3.3	0.2	5.0	5.8
1	0.2	1.2	0.8	1.4	1.8	2.2	3.0	4.6	7.0	0.6	8.4	12.4

（续）

年百分比	A	B	B_1	B_2	C	D_1	D_2	D_3	E	F	G	H
	mm/h	mm/h	mm/h	mm/h	mm/h	mm/h	mm/h	mm/h	mm/h	mm/h	mm/h	mm/h
0.5	0.5	2.0	1.5	2.4	2.9	3.8	5.3	8.2	12.6	1.4	13.2	22.6
0.3	1.1	2.9	2.2	3.4	4.1	5.3	7.6	11.8	18.4	2.2	17.7	33.1
0.2	1.5	3.8	2.9	4.4	5.2	6.8	9.9	15.2	24.1	3.1	22.0	43.5
0.1	2.5	5.7	4.5	6.8	7.7	10.3	15.1	22.4	36.2	5.3	31.3	66.5
0.05	4.0	8.6	6.8	10.3	11.5	15.3	22.2	31.6	50.4	8.5	43.8	97.2
0.03	5.5	11.6	9.0	13.9	15.6	20.3	28.6	39.9	62.4	11.8	55.8	125.9
0.02	6.9	14.6	11.3	17.6	19.9	25.4	34.7	47.0	72.2	15.0	66.8	152.4
0.01	9.9	21.1	16.1	25.8	29.5	36.2	46.8	61.6	91.5	22.2	90.2	209.3
0.005	13.8	29.2	22.3	35.7	41.4	49.2	62.1	78.7	112.0	31.9	118.0	283.4
0.003	17.5	36.1	27.8	43.8	50.6	60.4	75.6	93.5	130.0	41.4	140.8	350.3
0.002	20.9	41.7	32.7	50.9	58.9	69.0	88.3	106.6	145.4	50.4	159.6	413.9
0.001	28.1	52.1	42.6	63.8	71.6	86.6	114.1	133.2	176.0	70.7	197.0	542.6
站年编号	40	102	7	178	29	158	46	25	12	20	3	7

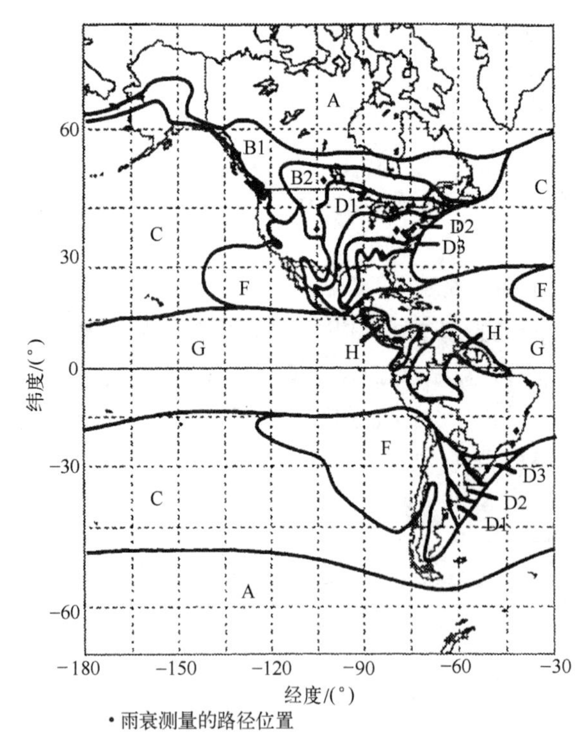

图 7.22　北美洲和南美洲的全球降雨气候区模型

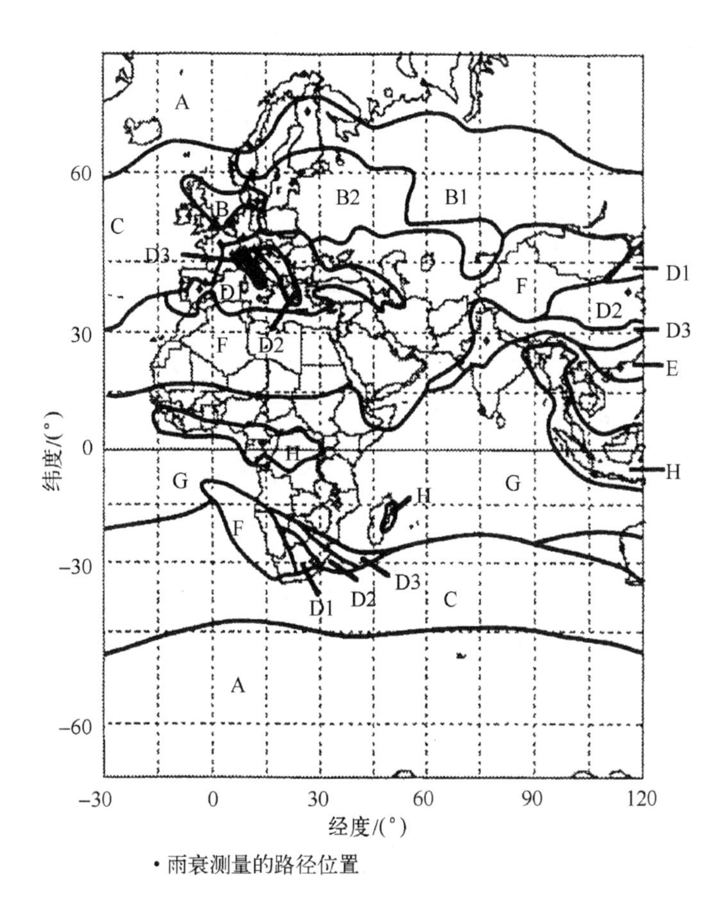

图 7.23　欧洲和非洲的全球降雨气候区模型

如果可以对感兴趣的位置获得长期测量的降雨率分布(最好是 1min 的平均数据),则可以使用它们代替全局模型分布。如果观测的时间少于 10 年(Crane),则建议谨慎使用测量分布[20]。

步骤 2:确定雨高。

用于全局模型的降雨高度 $h(p)$ 是基于 0°等温线(融化层)高度的位置相关参数。降雨高度是站纬度 φ 和年百分比 p 的函数。图 7.27 给出了从 0°～70°的站纬度的 0.001、0.01、0.1 和 1%概率的降雨高度 $h(p)$(该图可用于北纬或南纬位置)。Crane[22] 提供的概率值分别为 0.001 和 1.0%的降雨高度表如表 7.7 所列。其他概率值的雨高值可以通过给定概率值之间的对数插值来确定。

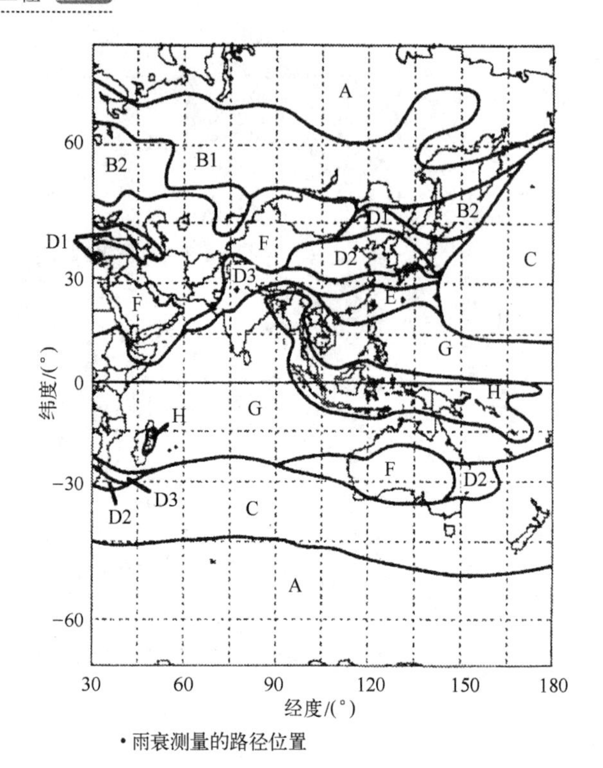

图 7.24　亚洲的全球降雨气候区模型

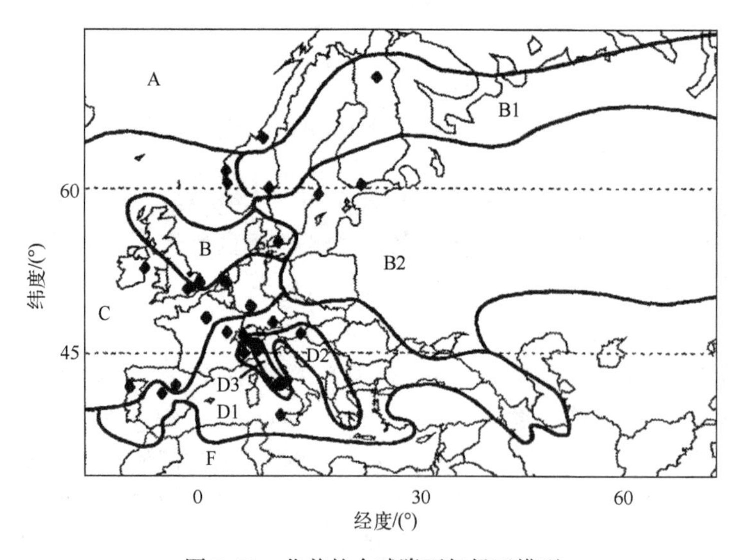

图 7.25　北美的全球降雨气候区模型

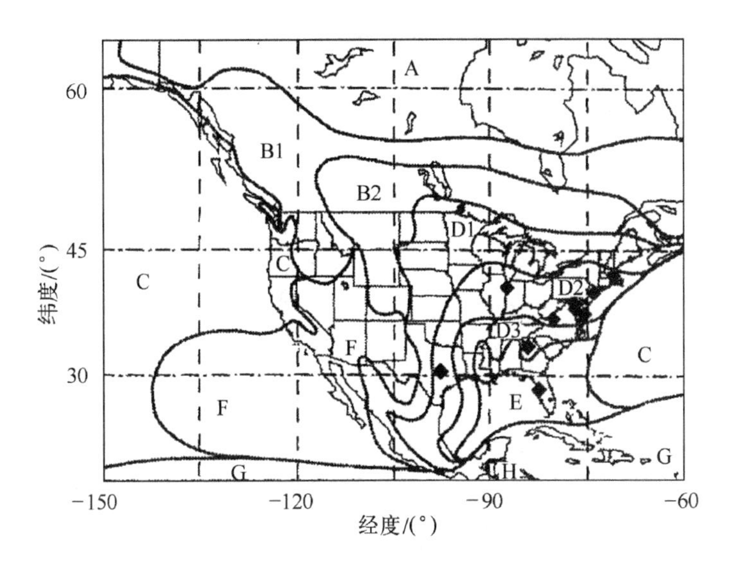

图 7.26 西欧的全球降雨气候区模型

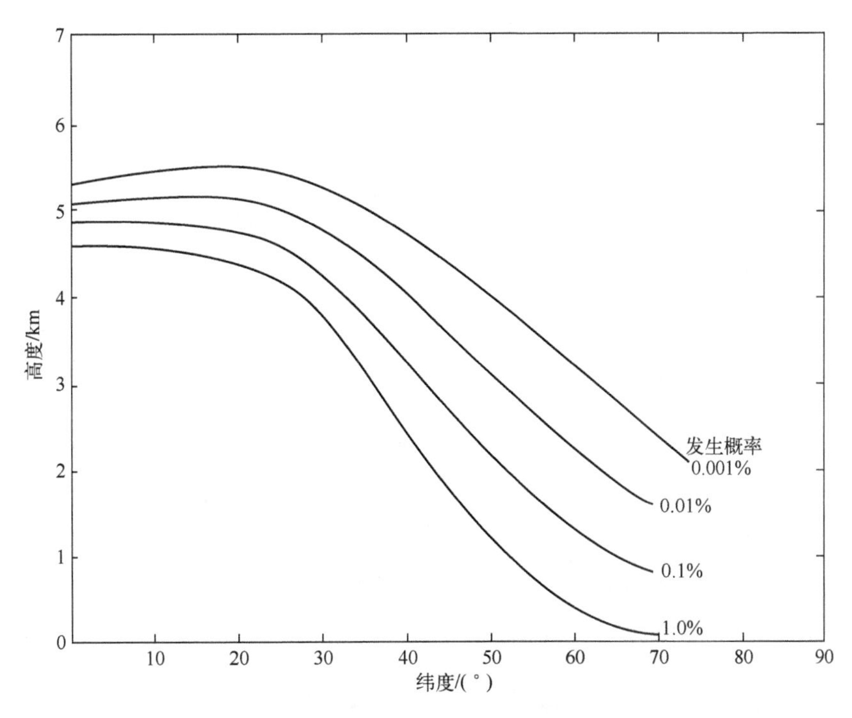

图 7.27 全球雨衰模型的雨高

表 7.7 年发生概率为 0.001%和 1.0%时的全球模型降雨高度

地面站纬度 φ(北或南)单位为(°)	雨高 $h(p)$/km	
	年 0.001%	年 1.0%
≤2	5.30	4.60
4	5.31	4.60
6	5.32	4.60
8	5.34	4.59
10	5.37	4.58
12	5.40	4.56
14	5.44	4.53
16	5.47	4.50
18	5.49	4.47
20	5.50	4.42
22	5.50	4.37
24	5.49	4.30
26	5.46	4.20
28	5.41	4.09
30	5.35	3.94
32	5.28	3.76
34	5.19	3.55
36	5.10	3.31
38	5.00	3.05
40	4.89	2.74
42	4.77	2.45
44	4.64	2.16
46	4.50	1.89
48	4.35	1.63
50	4.20	1.40
52	4.04	1.19
54	3.86	1.00
56	3.69	0.81
58	3.50	0.67

（续）

地面站纬度 φ（北或南）单位为(°)	雨高 $h(p)$/km	
	年 0.001%	年 1.0%
60	3.31	0.51
62	3.14	0.50
64	2.96	0.50
66	2.80	0.50
68	2.62	0.50
≥70	2.46	0.50

步骤3：确定曲面的投影路径长度。

倾斜路径 D 的水平（表面）路径投影则可用下式获取：

对于 $\theta\geqslant 10°$，

$$D=\frac{h(p)-h_S}{\tan\theta} \tag{7.61}$$

对于 $\theta<10°$，

$$D=R\arcsin\left[\frac{\cos\theta}{h(p)+R}\left(\sqrt{(h_s+R)^2\sin\theta+2R(h(p)-h_s)+h^2(p)-h_s^2}-(h_s+R)\sin\theta\right)\right] \tag{7.62}$$

式中：R 为地球的有效半径，假定为 8500km。

步骤4：确定特定的衰减系数。

具体的衰减基于以下关系：

$$\gamma_R=aR^b \tag{7.63}$$

式中：γ_R为特定衰减，单位为 dB/km；a 和 b 为频率相关的特定衰减系数。

使用先前在表7.5、图7.20和图7.21中提供的ITU-R回归系数 k_H、k_V、α_H和 α_V计算 a 和 b 系数。a 和 b 系数可从以下回归系数中得到

$$a=\frac{k_H+k_V+(k_H-k_V)\cos^2\theta\cos2\tau}{2} \tag{7.64}$$

$$b=k_H\alpha_H+k_V\alpha_V+(k_H\alpha_H-k_V\alpha_V)\cos^2\theta\cos2\tau \tag{7.65}$$

式中：θ 为路径仰角；τ 为相对于水平方向的极化倾斜角。

步骤5：确定经验常数。

为每个感兴趣的概率 p 确定以下4个经验常数：

$$X=2.3R_p^{-0.17} \tag{7.66}$$

$$Y=0.026-0.03\ln R_p \tag{7.67}$$

$$Z=3.8-0.6\ln R_p \tag{7.68}$$

$$U=\frac{\ln(Xe^{YZ})}{Z} \tag{7.69}$$

式中：R_p为从步骤1获得的概率，为$p\%$的降雨率。

步骤6：平均倾斜路径衰减

对于每个发生概率p，平均倾斜路径雨衰$A(p)$确定如下：

当$0<D\leqslant d$时：

$$A(p)=\frac{aR(p)^b}{\cos\theta}\left[\frac{e^{UbD}-1}{Ub}\right] \tag{7.70}$$

当$d<D\leqslant 22.5$时：

$$A(p)=\frac{aR(p)^b}{\cos\theta}\left[\frac{e^{UbD}-1}{Ub}-\frac{X^b e^{YbD}}{Yb}+\frac{X^b e^{YbD}}{Yb}\right] \tag{7.71}$$

当$D>22.5$时，按照$D=22.5$以及概率值为p'的降雨率$R'(p)$来计算。其中，可由下式确定

$$p'=\left(\frac{22.5}{D}\right)p \tag{7.72}$$

步骤7：上下边界

Crane全球模型提供了平均倾斜路径衰减的上下边界估计。上下边界为围绕均值的测量值标准差，可以根据表7.8所列估计：

表7.8　年百分比时间与标准偏表关系

年百分比时间	标准偏差/%
1.0	±39
0.1	±32
0.01	±32
0.001	±39

例如，年百分比时间为0.01的15dB平均预报值产生±32%或±4.8dB的上下边界。上述边界值产生由全球模型得到的路径衰减预报范围10.2~19.8dB，其均值为15dB。

7.3.2.2　Crane二分量雨量衰减模型

二分量降雨模型是Crane所提供的全局模型的扩展，其中包括关于雨团的

运动和尺寸的统计信息,并对原始的全局模型进行了一些改进,以预测降雨衰减统计数据。该模型分别解决了阵雨(大雨团区)和阵雨周围的较轻降雨强度(碎雨区)的较大区域的贡献。每个气候区的降雨分布被建模为“二分量”函数,由大雨团分量和碎雨区分量组成。计算与每个分量相关的概率,并将两个值独立求和得到所需的总概率。二分量模型中使用了原始全球模型的降雨气候区域。

堪萨斯州古德兰市三年雷达测量计划的结果被用于建立大雨团区和碎雨区的统计描述。利用了来自25个风暴日收集的240000个大雨团区的数据。

发现由大雨团区产生的实测降雨率分布与指数分布很好地近似。发现碎雨区分布函数在一年的0.001%~5%范围内接近对数正态分布。

总的降雨分布函数由下式给出:

$$P(r \geqslant R)=P_C \mathrm{e}^{-\frac{R}{R_C}}+P_D N\left(\frac{\ln R-\ln R_D}{\sigma_D}\right) \tag{7.73}$$

大雨团区产生的降雨分布为

$$P_C \mathrm{e}^{-\frac{R}{R_C}}$$

碎雨区产生的降雨分布为

$$P_D N\left(\frac{\ln R-\ln R_D}{\sigma_D}\right)$$

式中:$P(r \geqslant R)$为观测降雨率r超过指定降雨率R的概率;N为正态概率分布函数;P_C为雨团的概率;R_C为平均雨团降雨率;P_D为碎雨区的概率;R_D为碎雨区中的平均降雨率;σ_D为降雨率自然对数的标准偏差。

二分量模型所需的输入参数为

f:工作频率,单位为GHz;

θ:卫星的仰角,单位为(°);

φ:地面站的纬度,单位为°N或°S;

h_S:地面站海拔高度,单位为km;

τ:相对于水平的偏振倾斜角,单位为(°)。

以下是二分量模型的分步过程。

步骤1:确定降雨气候区和雨团参数。

从先前提供的全球地图(图7.22至图7.26和表7.6)确定感兴趣的地面站的全球模型降雨气候区域。选择气候区后,从表7.9中获取5个雨团参数P_C、R_C、P_D、R_D和σ_D。

表 7.9　二分量模型降雨分布参数

雨区	单元参数		德布里参数			$R(P(r\geqslant R)=0.01\%)$ /(mm/h)
	P_C/(%)	R_C/(mm/h)	P_D/(%)	P_D/(mm/h)	σ_D	
A	0.009	11.3	3.0	0.20	1.34	10
B_1	0.016	15.2	9.0	0.24	1.26	15
B	0.018	19.6	7.0	0.32	1.23	18
B_2	0.019	23.9	7.0	0.40	1.19	22
C	0.023	24.8	9.0	0.43	1.15	26
D_1	0.030	25.7	5.0	0.83	1.14	36
D_2	0.037	27.8	5.0	1.08	1.19	49
D_3	0.100	15.0	5.0	1.38	1.30	62
E	0.120	29.1	7.0	1.24	1.41	100
F	0.016	20.8	3.0	0.35	1.41	10
G	0.070	39.1	9.0	1.80	1.19	95
H	0.060	42.1	9.0	1.51	1.60	245

步骤 2:确定特定的衰减系数。

具体的衰减基于以下关系:

$$\gamma_R = aR^b \tag{7.74}$$

式中:γ_R为特定衰减,单位为 dB/km;a 和 b 为与频率相关的特定衰减系数。

系数 a 和 b 的计算方法如 7.3.2 节中 Crane 全球降雨模型程序第 4 步所述。

步骤 3:确定大雨团区和碎雨区高度。

可从以下公式计算大雨团区高度 H_C和碎雨区高度 H_D(单位为 km):

$$H_C = 3.1 - 1.7\sin[2(\phi - 45)] \tag{7.75}$$

$$H_D = 2.8 - 1.9\sin[2(\phi - 45)] \tag{7.76}$$

最大投影雨团和碎雨区路径长度 D_C和 D_D由下式确定:

当 $\theta \geqslant 10°$时,

$$D_{C,D} = \frac{(H_{C,D} - h_S)}{\tan\theta} \tag{7.77}$$

对于 θ 取任意值,

$$D_{C,D} = \frac{2(H_{C,D} - h_S)}{\tan\theta + \left[\tan^2\theta + \frac{2(H_{C,D} - h_S)}{8500}\right]^{\frac{1}{2}}} \tag{7.78}$$

步骤 4：初始大雨团区降雨率。

选取一个感兴趣的衰减值 A（单位为 dB）并计算初始的大雨团区降雨率估算值 R_i，

$$R_i=\left(\frac{A\cos\theta}{2.671a}\right)^{\frac{1}{b-0.04}} \tag{7.79}$$

式中：a 和 b 为步骤 1 中的衰减系数。

步骤 5：大雨团区水平范围。

利用以下公式计算大雨团区的水平范围 W_C，单位为 km：

当 $D_C>W_C$，

$$W_C=1.87R_i^{-0.04} \tag{7.80}$$

当 $D_C\leqslant W_C$时，

$$W_C=D_C \tag{7.81}$$

步骤 6：碎雨区调整。

计算与大雨团区相关的碎雨区的调整：

$$C=\frac{1+0.7(D_C-W_C)}{1+(D_C-W_C)} \tag{7.82}$$

步骤 7：大雨团区尺寸参数。

通过以下方式计算大雨团区尺寸参数 T_C和 W_T，单位为 km：

$$T_C=1.6R_i^{-0.24} \tag{7.83}$$

当 $W_C<W_T$时，

$$W_T=\frac{2T_C}{\tan\theta+\left(\tan^2\theta+\dfrac{2T_C}{8500}\right)^{\frac{1}{b}}} \tag{7.84}$$

当 $W_C\geqslant W_T$时，

$$W_T=W_C \tag{7.85}$$

步骤 8：最终大雨团区降雨率。

根据以下公式计算大雨团区降雨率估算值的最终值：

$$R_f=\left(\frac{CA\cos\theta}{aW_C}\right)^{\frac{1}{b}} \tag{7.86}$$

步骤 9：大雨团区相交的概率。

根据以下公式确定在传播路径上与大雨团区相交的概率：

$$P_f = P_C\left(1+\frac{D_C}{W_T}\right)e^{-\frac{R_f}{R_C}} \tag{7.87}$$

这样就完成了第一个概率的计算步骤,该概率与大雨团区分量选定的衰减值相关。接下来,继续处理碎雨区分量。

步骤 10:初始碎雨区降雨率。

确定所选衰减 A 的初始碎雨区降雨率估算值 R_a 为

$$R_a = \left(\frac{A\cos\theta}{29.7a}\right)^{\frac{1}{b-0.34}} \tag{7.88}$$

式中:a 和 b 为步骤 2 中的衰减系数。

步骤 11:碎雨区水平范围。

计算碎雨区水平范围 W_D,单位为 km。

当 $D_D>W_D$ 时,

$$W_D = 29.7R_a^{-0.34} \tag{7.89}$$

当 $D_D \leqslant W_D$ 时,

$$W_D = D_D \tag{7.90}$$

步骤 12:碎雨区尺寸参数。

从中计算出碎雨区尺寸参数 T_D 和 W_D,单位为 km,

$$T_D = (H_D - h_S)\left\{\frac{1+\left[\frac{1.6}{(H_D-h_S)}\right]\ln(R_a)}{1-\ln(R_a)}\right\} \tag{7.91}$$

当 $W_D<W_L$ 时,

$$W_L = \frac{2T_D}{\tan\theta+\left(\tan^2\theta+\frac{2T_D}{8500}\right)^{\frac{1}{2}}} \tag{7.92}$$

当 $W_D \geqslant W_L$ 时,

$$W_L = W_D \tag{7.93}$$

步骤 13:最终碎雨区降雨率。

计算碎雨区降雨率的最终值,

$$R_z = \left(\frac{A\cos\theta}{aW_D}\right)^{\frac{1}{b}} \tag{7.94}$$

步骤 14:碎雨区相交的概率。

确定在传播路径上与碎雨区区域相交的概率为

$$P_g = P_D\left(1+\frac{D_D}{W_L}\right)\frac{1}{2}\text{erfc}\left[\frac{\ln\left(\frac{R_z}{R_D}\right)}{\sqrt{2}\sigma_D}\right] \tag{7.95}$$

式中：erfc 为互补误差函数。

步骤 15：超过衰减的概率。

超过所选衰减 A 的概率 $P(a>A)$ 为在步骤 9 中得到的 P_f 和在步骤 14 中得到的 P_g 的总和。

$$P(a>A) = P_f + P_g \tag{7.96}$$

这样就完成了对单个所选衰减值 A 的计算。

步骤 16：其他衰减值的概率。

对所需其他每个衰减值 A 重复步骤 4~15，然后获得总衰减分布 $P(a>A)$。

7.4 去 极 化

基于天线系统的特性和所需的应用，会以特定的极化状态生成无线电波。卫星通信中使用的主要状态是线性极化和圆极化。两者都有特定的优势，并且两者都用于频率复用应用中，在这种应用中，采用双正交极化来使传输链路的容量增加一倍。

去极化是指无线电波在大气中传播时其极化特性的变化。线性极化和圆极化系统都可能发生去极化。去极化的主要原因是路径中的降雨、路径中的高海拔冰粒以及多径传播。当波退化时会发生去极化现象，从而改变极化特性。6.4.4 节中介绍了定义去极化的基本参数，包括交叉极化鉴别 XPD 和隔离度 I。

去极化的无线电波将改变其极化状态，使功率从所需的极化状态转移到不希望的正交极化状态，从而导致两个正交极化信道之间发生干扰或串扰。在约 12GHz 以上的频段中，雨水和冰的去极化可能是个问题，特别是对于频率复用通信链路，该链路在同一频段中使用双独立的正交极化信道来增加信道容量。多径去极化通常仅限于非常低仰角的空间通信，并且取决于接收天线的极化特性。

以下各节介绍了可用于估算雨水和冰层去极化的过程。

7.4.1 雨去极化建模

第 6 章提供了雨水引起的去极化的一般说明。本节介绍了降雨去极化建模以及可用于预测通信链路上降雨引起 XPD 退化的过程。

将在无线电波路径上观察到的去极化测量结果与在同一路径上同时观察到的降雨衰减测量结果进行比较(见 6.4.4.1 节),应注意的是,测得的 XPD 统计量与同极化衰减之间的关系可以通过下式很好地近似:

$$\mathrm{XPD}=U-V\log A(\mathrm{dB}) \tag{7.97}$$

式中:U 和 V 为根据经验确定的系数,取决于频率、极化角、仰角、倾斜角和其他链路参数。

式(7.97)的简单性以及它可以用于根据现有的雨衰测量结果确定 XPD 的事实,使得它适合于系统设计目的。通常,A 是根据降雨衰减模型估算的,其中几个模型已在 7.3 节中介绍。

ITU-R 去极化模型基于上述 XPD 经验关系,现已发展成为可用于预测卫星路径上去极化效应的最全面、最有效的模型。

7.4.1.1 ITU-R 去极化模型

本节介绍了 ITU-R(ITU-R P.618-12)建议的当前 ITU-R 去极化模型。ITU-R 模型还包括冰去极化和雨去极化的贡献项。

ITU-R 雨去极化模型所需的输入参数为

f:工作频率,单位为 GHz;

θ:卫星的仰角,单位为(°);

τ:相对于水平的极化倾斜角,单位为(°);

A_p:所涉及路径的所需时间百分比 p 超过降雨衰减量(dB),通常称为同极衰减(CPA)。

下述方法根据同一路径的降雨衰减统计量计算交叉极化鉴别(XPD)统计量。对于 $8\mathrm{GHz}\leqslant f\leqslant 35\mathrm{GHz}$ 和 $\theta\leqslant 60°$ 有效。在该过程的最后给出了一种将频率缩放至 4GHz 的方法。

步骤 1:计算频率相关项。

$$C_f=30\log_{10}f(\mathrm{dB}) \quad 8\mathrm{GHz}\leqslant f\leqslant 35\mathrm{GHz} \tag{7.98}$$

步骤 2:计算降雨衰减相关项。

$$C_{\mathrm{A}}=V(f)\log_{10}A_p(\mathrm{dB}) \tag{7.99}$$

式中:

$$V(f)=12.8f^{0.19} \quad 8\mathrm{GHz}\leqslant f\leqslant 20\mathrm{GHz} \tag{7.100}$$

$$V(f)=22.6 \quad 20\mathrm{GHz}\leqslant f\leqslant 35\mathrm{GHz} \tag{7.101}$$

步骤 3:计算极化改善系数。

$$C_\tau=-10\log_{10}[1-0.484(1+\cos(4\tau))](\mathrm{dB}) \tag{7.102}$$

注意,对于 $\tau=45°$,$C_\tau=0$,而对于 $\tau=0°$或 $90°$,则达到最大值,为 15dB。

步骤 4:计算仰角相关项。

$$C_\theta=-40\log_{10}(\cos\theta)(\mathrm{dB}) \quad \theta\leqslant 60° \tag{7.103}$$

步骤 5:计算倾斜角相关项。

$$C_\sigma=0.0052\sigma^2(\mathrm{dB}) \tag{7.104}$$

式中:σ 为雨滴倾斜角分布的有效标准偏差,以度表示;当 p 分别为 1%、0.1%、0.01%和 0.001%的时间,σ 取值依次为 0°、5°、10°和 15°。

步骤 6:计算未超过时间百分比 p%的雨 XPD。

$$\mathrm{XPD}_{雨}=C_f-C_A+C_\tau+C_\theta+C_\sigma(\mathrm{dB}) \tag{7.105}$$

步骤 7:计算冰晶相关项。

$$C_{冰}=\mathrm{XPD}_{雨}\times\frac{0.3+0.1\log_{10}p}{2}(\mathrm{dB}) \tag{7.106}$$

步骤 8:计算未超过时间百分比 p%的 XPD,包括冰的影响。

$$\mathrm{XPD}_p=\mathrm{XPD}_{雨}-C_{冰}(\mathrm{dB}) \tag{7.107}$$

步骤 9:计算 8GHz 以下频率的 XPD。

对于 $4\leqslant f<8\mathrm{GHz}$ 范围内的频率,使用以下半经验比例公式:

$$\mathrm{XPD}_2=\mathrm{XPD}_1-20\log_{10}\left(\frac{f_2}{f_1}\right)(\mathrm{dB}) \tag{7.108}$$

其中,对于 $f_1=8\mathrm{GHz}$,由步骤 8(式(7.107))计算 XPD_1,而 f_2 是 $4\mathrm{GHz}\leqslant f<8\mathrm{GHz}$ 范围内的所需频率。

7.4.2 冰去极化建模

悬浮冰引起的去极化(参见 6.4.4.2 节)基于与降雨引起的去极化相同的机制,即粒子散射。雨滴主要通过微分衰减来去极化,而冰粒主要通过微分相位去极化,因为与水不同,冰是几乎无损的介质。

本书提供了两种评估冰去极化的预测程序;第一种方法采用物理模型进行冰粒的散射,并采用传输矩阵表示。第二个是经验估计,作为 ITU-R 去极化模型的一部分。

7.4.2.1 Tsolakis 和 Stutzman *T* 矩阵模型

转换矩阵(***T*** 矩阵)是描述大气对双极化系统接收信号影响的 2×2 矩阵,如图 7.28 所示。信道的主要部件是发射天线、大气信道和接收天线。对于信道 1 和信道 2,发射天线端子处的电压分别指定为 V_1^T 和 V_2^T。类似地,在接收天线端子处的电压分别指定为 V_1^R 和 V_2^R。

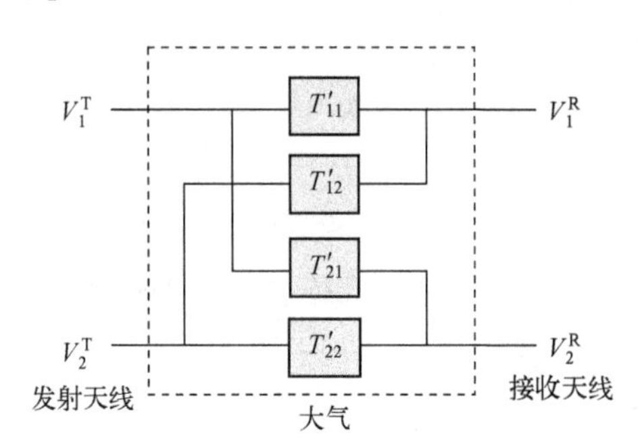

图 7.28 双极化系统的 **T** 矩阵表示

从发射电压矢量到接收电压矢量的转换被指定为 2×2 矩阵,该矩阵包括发射和接收天线以及天线之间发生的一种或多种类型的大气粒子的影响。

转换具有以下形式:

$$\begin{bmatrix} V_1^R \\ V_2^R \end{bmatrix} = \begin{bmatrix} T'_{11} & T'_{12} \\ T'_{21} & T'_{22} \end{bmatrix} \begin{bmatrix} V_1^T \\ V_2^T \end{bmatrix} \tag{7.109}$$

式中,

$$\begin{bmatrix} T'_{11} & T'_{12} \\ T'_{21} & T'_{22} \end{bmatrix} = \begin{bmatrix} A_{11}^R & A_{12}^R \\ A_{21}^R & A_{22}^R \end{bmatrix} \begin{bmatrix} T_{11}^1 & T_{12}^1 \\ T_{21}^1 & T_{22}^1 \end{bmatrix} \begin{bmatrix} T_{11}^2 & T_{12}^2 \\ T_{21}^2 & T_{22}^2 \end{bmatrix} \cdots \begin{bmatrix} A_{11}^T & A_{12}^T \\ A_{21}^T & A_{22}^T \end{bmatrix} \tag{7.110}$$

上式表示 **T** 矩阵。

T 矩阵是天线极化矩阵($[\boldsymbol{A}^R]$ 和 $[\boldsymbol{A}^T]$)和各种粒子类型($[T^1]$,$[T^2]\cdots$)矩阵的合成,如式(7.110)所列。在冰效应的情况下,仅使用一个粒子矩阵。但是,可以对除悬浮冰以外的几种粒子类型(如雨、雪)的综合效果进行建模。

天线矩阵具有一般形式(Tsolakis&Stutzman,1983)[23]:

$$\begin{bmatrix} A_{11}^R & A_{12}^R \\ A_{21}^R & A_{22}^R \end{bmatrix} = \begin{bmatrix} \cos\gamma_1^R & \sin\gamma_1^R \exp(-j\delta_1^R) \\ \cos\gamma_2^R & \sin\gamma_2^R \exp(-j\delta_2^R) \end{bmatrix} \tag{7.111}$$

$$\begin{bmatrix} A_{11}^T & A_{12}^T \\ A_{21}^T & A_{22}^T \end{bmatrix} = \begin{bmatrix} \cos\gamma_1^T & \cos\gamma_2^T \\ \sin\gamma_1^T \exp(j\delta_1^T) & \sin\gamma_2^T \exp(j\delta_2^T) \end{bmatrix} \tag{7.112}$$

式中:γ 和 δ 为天线极化参数(Stutzman&Thiele,1998)[24],下标表示信道(即 1 或 2),上标表示发射机(T)或接收机(R)。

产生的冰粒 $\boldsymbol{T}$ 矩阵为

$$\begin{bmatrix} T'_{11} & T'_{12} \\ T'_{21} & T'_{22} \end{bmatrix} = \begin{bmatrix} A^{\mathrm{R}}_{11} & A^{\mathrm{R}}_{12} \\ A^{\mathrm{R}}_{21} & A^{\mathrm{R}}_{22} \end{bmatrix} \begin{bmatrix} T^{\mathrm{I}}_{11} & T^{\mathrm{I}}_{12} \\ T^{\mathrm{I}}_{21} & T^{\mathrm{I}}_{22} \end{bmatrix} \begin{bmatrix} A^{\mathrm{T}}_{11} & A^{\mathrm{T}}_{12} \\ A^{\mathrm{T}}_{21} & A^{\mathrm{T}}_{22} \end{bmatrix} \tag{7.113}$$

式中：$[\boldsymbol{T}^{\mathrm{I}}]$是冰的粒子矩阵；$[\boldsymbol{A}^{\mathrm{R}}]$是接收天线矩阵；$[\boldsymbol{A}^{\mathrm{T}}]$是发射天线矩阵。

XPD 是从 $\boldsymbol{T}$ 矩阵的 XPD 定义中得到的，

$$\mathrm{XPD}_1 = 20\log_{10}\left(\frac{|T'_{11}|}{|T'_{21}|}\right) \tag{7.114}$$

$$\mathrm{XPD}_2 = 20\log_{10}\left(\frac{|T'_{22}|}{|T'_{12}|}\right) \tag{7.115}$$

式中：下标 1 和 2 对应于双极化系统中的两个极化方向。

冰粒矩阵的确定需要有关冰粒数量的详细信息。必须知道形状、方向、尺寸和数密度的分布。通常，关于这些特征的数据很少。但是，就像下雨的情况一样，可以简化假设，从而得出可以提供有用信息的模型。

冰粒通常建模为球体。假设有两种类型的粒子（Pruppacher&Klett，1980）：碟形（扁平球形）和针形（扁长球形）。可以使用严格的数值方法（Yeh 等，1982）[26]找到冰的单粒子散射矩阵，或者使用瑞利近似（Bostian&Allnutt，1979）来获得简单的解析解。后一种近似仅在粒子相对于波长较小时成立，但由于冰粒子较小，瑞利近似适用于高达 50GHz 的频率（Shephard 等，1981）。

Tsolakis&Stutzman（1983）[23]利用瑞利近似来获得从冰中去极化的解析公式。由以下公式确定包含传输矩阵和冰粒矩阵的复合矩阵 $\boldsymbol{D}$

$$[\boldsymbol{D}] = [\boldsymbol{T}^{\mathrm{I}}][\boldsymbol{A}^{\mathrm{T}}] \tag{7.116}$$

该模型所需的输入参数如下：

ε：路径仰角（°）；

$\langle\phi\rangle$、σ_ϕ：方位角 ϕ 的平均值和标准偏差，它测量针对称轴从 xy 平面旋转的角度（°）；

$\langle\psi\rangle$、σ_ψ：倾斜角 ψ 的平均值和标准偏差，它测量从 x 轴投射到 xy 平面中的粒子长轴的角度（°）；

m：冰的复折射率（无单位）；

δ：发射机天线矩阵中 E_x 和 E_y 之间的相差，$-180° \leqslant \delta \leqslant 180°$（°）；

IC：冰含量，$IC=\rho L\langle V\rangle$（m）。1～5km 的云厚产生的冰含量为 $10^{-3} \sim 5\times10^{-3}$m；

ρ：粒子数密度（每立方米粒子数）；

L：冰云厚度（m）；

$\langle V \rangle$:冰粒平均体积(m^3);

P:平面的分数。$(1-P)$表示针的分数(无单位);

f:用于确定自由空间波数 $k_0 = 2\pi f/0.3$ 的工作频率(GHz)。

分步过程如下。

步骤1:计算中间角相关项。

$$\begin{aligned} A_1 &= \exp(-2\sigma_\phi^2)\cos(2\langle\phi\rangle), \quad A_2 = \exp(-2\sigma_\psi^2)\cos(2\langle\psi\rangle) \\ A_3 &= \exp(-2\sigma_\phi^2)\sin(2\langle\phi\rangle), \quad A_4 = \exp(-2\sigma_\psi^2)\sin(2\langle\psi\rangle) \end{aligned} \tag{7.117}$$

$$p_x^2 = 1 + (A_1 + A_2)\cos^2\varepsilon + A_1 A_2 (1 + \sin^2\varepsilon) + \sin^2\varepsilon + 2A_3 A_4 \sin\varepsilon \tag{7.118}$$

$$p_y^2 = 1 + (A_1 - A_2)\cos^2\varepsilon - A_1 A_2 (1 + \sin^2\varepsilon) + \sin^2\varepsilon - 2A_3 A_4 \sin\varepsilon \tag{7.119}$$

$$p_x p_y = 2A_2 A_3 \sin\varepsilon - A_4 \cos^2\varepsilon - 2A_1 A_4 (1 + \sin^2\varepsilon) \tag{7.120}$$

步骤2:计算碟形粒子的单个粒子散射矩阵

$$\langle [f']_{碟形} \rangle = (m^2-1)\begin{bmatrix} 1 + \dfrac{1-m^2}{m^2}\left(\dfrac{1-A_2}{2}\right)\cos^2\delta & \dfrac{1-m^2}{2m^2}A_4\cos^2\delta \\ \dfrac{1-m^2}{2m^2}A_4\cos^2\delta & 1 + \dfrac{1-m^2}{m^2}\left(\dfrac{1+A_2}{2}\right)\cos^2\delta \end{bmatrix} \tag{7.121}$$

步骤3:计算针形粒子的单子粒子散射矩阵。

$$\langle [f']_{针形} \rangle = \frac{2(m^2-1)}{m^2+1}\begin{bmatrix} 1 + \dfrac{1}{8}(m^2-1)p_x^2 & \dfrac{1}{8}(m^2-1)p_x p_y \\ \dfrac{1}{8}(m^2-1)p_x p_y & 1 + \dfrac{1}{8}(m^2-1)p_y^2 \end{bmatrix} \tag{7.122}$$

步骤4:计算中间矩阵。

$$[K] = \frac{k_0}{2}(IC)\{P\langle [f']_{碟形} \rangle + (1-P)\langle [f']_{针形} \rangle\} \tag{7.123}$$

步骤5:计算冰粒矩阵。

$$[D] = \frac{1}{\lambda_1 - \lambda_2} \begin{bmatrix} (k_{22}-\lambda_2)\exp(-j\lambda_2) - (k_{22}-\lambda_1)\exp(-j\lambda_1) & k_{12}[\exp(-j\lambda_1) - \exp(-j\lambda_2)] \\ k_{12}[\exp(-j\lambda_1) - \exp(-j\lambda_2)] & (k_{22}-\lambda_2)\exp(-j\lambda_1) - (k_{22}-\lambda_1)\exp(-j\lambda_2) \end{bmatrix} \tag{7.124}$$

$$\lambda_1, \lambda_2 = \frac{1}{2}\{k_{11} + k_{22} \pm [(k_{11}-k_{22})^2 + (2k_{12})^2]^{\frac{1}{2}}\} \tag{7.125}$$

步骤 6:确定每个信道的 XPD。

将[D]的矩阵元素代入式(7.116)和式(7.113)至式(7.115)计算每个信道的 XPD。

7.4.2.2 ITU-R 冰去极化估计

在本节中,将介绍计算冰去极化的 ITU-R 经验程序。下面的步骤摘自 7.4.1.1 节中介绍的 ITU-R 去极化模型。从直接测量或预测模型获得的由于降雨引起的冰去极化概率分布来确定冰去极化的贡献。

所需的输入参数为

$\mathrm{XPD}_{雨}(p)$:因直接测量或预测获得的降雨引起的交叉极化被超过概率 p(%),单位为 dB。

分步过程(与 ITU-R 去极化模型的步骤 7、8 和 9 相同)如下:

步骤 1:计算冰晶相关项

$$C_{冰}=\mathrm{XPD}_{雨}\times\frac{0.3+0.1\log_{10}p}{2}(\mathrm{dB}) \tag{7.126}$$

步骤 2:计算未超过时间百分比 p%的 XPD,包括冰的影响

$$\mathrm{XPD}_p=\mathrm{XPD}_{雨}-C_{冰}(\mathrm{dB}) \tag{7.127}$$

步骤 3:计算 8GHz 以下频率的 XPD

对于 $4\mathrm{GHz}\leqslant f<8\mathrm{GHz}$ 范围内的频率,请使用以下半经验比例公式:

$$\mathrm{XPD}_2=\mathrm{XPD}_1-20\log_{10}\left(\frac{f_2}{f_1}\right)(\mathrm{dB}) \tag{7.128}$$

式中:对于 $f_1=8\mathrm{GHz}$,根据式(7.128)计算 XPD_1,f_2是 $4\mathrm{GHz}\leqslant f<8\mathrm{GHz}$ 范围内的所需频率。

7.5 对流层闪烁

在 6.4.5 节中介绍的对流层闪烁描述了卫星通信系统上接收信号电平的快速波动,这是由温度、压力和湿度的湍流波动引起的,湍流波动会引起折射率的小范围变化。这继而引起电场的大小和相位的变化。

对于低仰角、低裕度系统,在 10GHz 以上对流层闪烁的建模和预报显得尤为重要。例如,具有低仰角(例如低于约 10°)的低天气裕度系统(小于 3~4dB)可能因闪烁比因雨水而经历更多的退化。因此,需要精确的闪烁模型来规划这些类型的系统。

长期以来,晴空湍流一直被认为是闪烁的主要来源。

关注晴空效应的模型包括 Karasawa 和 ITU-R 模型，分别将在 7.5.1 节和 7.5.2 节中介绍。最近，穿越该链路的晴空积云与强烈的闪烁事件有关。范德坎普(Van de Kamp)开发了一个模型，该模型扩展了 Karasawa 模型，以包括云闪烁的影响。该模型在 7.5.3 节中介绍。

7.5.1 Karasawa 闪烁模型

Karasawa 等引入了一种闪烁模型，该模型明确地将气象数据纳入其预测中，从而考虑了区域和季节变化。在下一部分中讨论的当前 ITU 模型是 Karasawa 模型的修改版本。

该模型的基础包括理论和经验两方面。为了估计信号电平衰减和增强的长期统计数据，有必要确定累积分布函数(CDF)。假设短期波动(≤1h)服从高斯分布，而长期标准偏差(>1 个月)服从伽马分布，Karawawa 证明(附录 I)[29]归一化的累积分布采用以下形式

$$p(X > X_0)\mid_{m=1} = 1.099 \times 10^4 \int_{X_0}^{\infty}\int_{0}^{\infty} \sigma_X^8 \exp\left(\frac{-X^2}{2\sigma_X^2 - 10\sigma_X}\right) \mathrm{d}\sigma_X \mathrm{d}X \quad (7.129)$$

式中：X 是相对信号电平，单位为 dB；$m=\langle\sigma_X\rangle$ 是 X 的月平均标准偏差。给出 X 的长期概率密度函数的内部积分仅取决于平均标准偏差 m。在式(7.129)中将此数量设置为 1，以获得归一化的 CDF。

通过数值计算式(7.129)并求解 X_0 得出信号电平 X 的以下表达式，它是时间百分比 p 的函数：

$$X(p,m)=X_0(p)m \quad (7.130)$$

式中，X_0 乘以 m 以消除式(7.129)中的归一化。为了将 $X_0(p)$ 与测量数据进行比较，将其分为增强和衰减百分比因子 $\eta_E(p)$ 和 $\eta_A(p)$。

在日本山口县进行的为期一年的实验(Karasawa 等)中，将 3 个月(2 月、5 月和 8 月)的数据与式(7.129)的结果进行了比较。3 个月的最佳拟合线与增强情况下的理论曲线一致，但与衰减情况下的理论曲线不一致。在其他实验的测量数据中也观察到了信号电平分布的这种不对称性，这表明短期波动可以用偏对称分布而不是高斯分布来更好地建模。从测量数据获得以下表达式：

当 $0.01 \leqslant p \leqslant 50$ 时

$$\eta_E(p)=-0.0597\,(\log_{10}p)^3-0.0835\,(\log_{10}p)^2-1.258\log_{10}p+2.672 \quad (7.131)$$

$$\eta_A(p)=-0.061\,(\log_{10}p)^3+0.072\,(\log_{10}p)^2-1.71\log_{10}p+3.0 \quad (7.132)$$

将其乘以 m 即可得到实际衰减和增强，它们是时间百分比的函数

$$E_p = \eta_E(p)m \tag{7.133}$$

$$A_p = \eta_A(p)m \tag{7.134}$$

这需要估计 $m=\langle\sigma_X\rangle$,即信号电平标准偏差的月平均值。

m 的表达式是利用山口的信标测量和天气数据开发的。产生了以下气象和链路参数函数:

$$m = \sigma_{X,\mathrm{REF}} \cdot \eta_f \cdot \eta_\theta \cdot \eta_{D_a}(\mathrm{dB}) \tag{7.135}$$

式中:$\sigma_{X,\mathrm{REF}}$取决于温度(t)和湿度(U);η_f取决于频率(f);η_θ取决于仰角(θ);η_{D_a}取决于天线孔径尺寸(D_a)。

将模型与来自世界不同站点的数据进行了比较,数据涵盖了从 7~14GHz 的频率和从 4°~30°的仰角。结果表明,信号电平(X)和平均标准偏差(m)具有良好的一致性。

本书提供了应用 Karasawa 闪烁模型的逐步过程。

Karasawa 闪烁模型的输入参数为

T:一个月或更长时间的平均表面环境温度(℃);

H:一个月或更长时间的平均表面相对湿度(%);

f:频率(GHz),范围为 $4\mathrm{GHz} \leqslant f \leqslant 20\mathrm{GHz}$;

θ:路径仰角,$\theta \geqslant 4°$;

D:地球站天线的物理直径(m);

η:天线效率。如果未知,则假设 $\eta=0.5$。

步骤 1:计算饱和水蒸气压力

$$e_s = 6.11\exp\left(\frac{19.7t}{t+273}\right)(\mathrm{mb}) \tag{7.136}$$

步骤 2:计算湿项折射率

$$N_{\mathrm{wet}} = \frac{3730He_s}{(T+273)^2} \tag{7.137}$$

步骤 3:计算与折射率相关的项

$$\sigma_{X,\mathrm{REF}} = 0.15+5.2\times10^{-3}N_{\mathrm{wet}}(\mathrm{dB}) \tag{7.138}$$

步骤 4:计算频率相关项

$$\eta_f = \left(\frac{f}{11.5}\right)^{0.45} \tag{7.139}$$

步骤 5:计算仰角相关项

$$\eta_\theta=\begin{cases}(\sin 6.5°/\sin\theta)^{1.3}, & \theta\geqslant 5°\\ \left(2\sin 6.5°\Big/\left[\sqrt{\sin^2\theta+\dfrac{2h}{R_e}}+\sin\theta\right]\right)^{1.3}, & \theta<5°\end{cases} \tag{7.140}$$

式中：R_e为 8500km；h 为 2km。

步骤 6：计算天线孔径项

$$\eta_D=\sqrt{\frac{G(D)}{G(7.6)}} \tag{7.141}$$

式中，

$$G(R)=\begin{cases}1.0-1.4\left(\dfrac{R}{\sqrt{\lambda L}}\right), & 当\ 0\leqslant\dfrac{R}{\sqrt{\lambda L}}\leqslant 0.5\\ 0.5-0.4\left(\dfrac{R}{\sqrt{\lambda L}}\right), & 当\ 0.5<\dfrac{R}{\sqrt{\lambda L}}\leqslant 1.0\\ 0.1, & 当\ 1.0<\dfrac{R}{\sqrt{\lambda L}}\end{cases} \tag{7.142}$$

$$R=0.75\left(\frac{D}{2}\right)(\text{m}) \tag{7.143}$$

$$\lambda=\frac{0.3}{f}(\text{m}) \tag{7.144}$$

$$L=\frac{2h}{\sqrt{\sin^2\theta+\dfrac{2h}{R_e}}+\sin\theta}(\text{m}) \tag{7.145}$$

$$R_e=8.5\times 10^6(\text{m}) \tag{7.146}$$

$$h=2000(\text{m}) \tag{7.147}$$

步骤 7：计算信号电平的月平均标准偏差

信号电平的月平均标准偏差 $m=\langle\sigma_X\rangle$ 计算公式为

$$m=\sigma_{X,\text{REF}}\cdot\eta_f\cdot\eta_\theta\cdot\eta_D(\text{dB}) \tag{7.148}$$

步骤 8：计算超过时间百分比 p%的增强

$$E_p=m\eta_E(p),0.01\leqslant p\leqslant 50 \tag{7.149}$$

式中，

$$\eta_E(p)=-0.0597\ (\log_{10}p)^3-0.0835\ (\log_{10}p)^2-1.258\log_{10}p+2.672 \tag{7.150}$$

步骤 9：计算超过时间百分比 p%的衰减

$$A_p = m\eta_A(p), 0.01 \leqslant p \leqslant 50 \tag{7.151}$$

式中，

$$\eta_A(p) = -0.061(\log_{10}p)^3 + 0.072(\log_{10}p)^2 - 1.71\log_{10}p + 3.0 \tag{7.152}$$

7.5.2　ITU-R 闪烁模型

ITU-R(ITU-R Rec. P.618-12)提供了一种快速有效的方法,可以根据当地环境参数估计对流层闪烁的统计数据。

ITU-R 模型计算参数 $\sigma_{\sigma X}$,即瞬时信号幅度(幅度以 dB 表示)的标准偏差。参数 $\sigma_{\sigma X}$通常称为闪烁强度,由以下系统和环境参数确定:

(1) 天线尺寸和效率;

(2) 天线仰角;

(3) 工作频率;

(4) 当地月平均气温;

(5) 当地月平均相对湿度。

闪烁强度随频率、温度和湿度的增加而增加,随天线尺寸和仰角的增加而减小,如 ITU-R 模型所规定。

ITU-R 程序已在 7~14GHz 的频率下进行了测试,但建议应用于高达至少 20GHz 的应用,推荐在仰角≥4°的情况下使用。

注意:此处描述的方法适用于倾斜路径仰角≥4°。对于低于 4°的仰角,对流层效应变得更加难以建模,并且闪烁更加严重且变化更大。

ITU-R 建议书 P.618-12 确实提供了附加程序来估计仰角小于 5°的深衰落和浅衰落分量,其中包括了闪烁和多径衰落。该程序尚未经过测试或验证,但是,结果可能会有很大差异。

ITU-R 闪烁模型的输入参数为

T:一个月或更长时间的平均表面环境温度(℃);

H:一个月或更长时间的平均表面相对湿度(%);

f:频率(GHz),范围为 4GHz≤f≤20GHz;

θ:路径仰角,θ≥4°;

D:地球站天线的物理直径(m);

η:天线效率。如果未知,则 η=0.5 为保守估计。

ITU-R 闪烁模型的步骤如下。

步骤 1:计算饱和水蒸气压力

确定 T 的饱和水蒸气压力 e_s

$$e_s = 6.1121\exp\left(\frac{17.502T}{T+240.97}\right)(\text{kPa}) \tag{7.153}$$

步骤 2：计算无线电折射率的湿项

从以下公式确定对应于 e_s、T 和 H 的无线电折射率的湿项 N_{wet}，

$$N_{\text{wet}} = \frac{3732He_s}{(273+T)^2} \tag{7.154}$$

步骤 3：计算信号幅度的标准偏差

确定用作参考的信号幅度的标准偏差 σ_{ref}

$$\sigma_{\text{ref}} = 3.6\times10^{-3} + N_{\text{wet}}\times10^{-4}(\text{dB}) \tag{7.155}$$

步骤 4：计算有效路径长度 L

$$L = \frac{2h_L}{\sqrt{\sin^2\theta + 2.35\times10^{-4}} + \sin\theta}(\text{m}) \tag{7.156}$$

式中：h_L 为湍流层的高度。使用的值为 $h_L = 1000\text{m}$。

步骤 5：计算有效天线直径

根据几何直径 D 和天线效率 η 估算有效天线直径 D_{eff}，

$$D_{\text{eff}} = \sqrt{\eta}D(\text{m}) \tag{7.157}$$

步骤 6：计算天线平均系数

$$g(x) = \sqrt{3.86\,(x^2+1)^{\frac{11}{12}} \cdot \sin\left[\frac{11}{6}\arctan\left(\frac{1}{x}\right)\right] - 7.08x^{\frac{5}{6}}} \tag{7.158}$$

式中，

$$x = 1.22\frac{D_{\text{eff}}^2 f}{L} \tag{7.159}$$

步骤 7：计算周期和传播路径的信号标准偏差

$$\sigma = \sigma_{\text{ref}} f^{\frac{7}{12}} \frac{g(x)}{(\sin\theta)^{1.2}} \tag{7.160}$$

步骤 8：计算时间百分比因子

确定时间百分比 p（单位为%）在 $0.01<p\leqslant50$ 范围内的时间百分比因子 $a(p)$：

$$a(p) = -0.061\,(\log_{10}p)^3 + 0.072\,(\log_{10}p)^2 - 1.71\log_{10}p + 3.0 \tag{7.161}$$

式中：p 为停机百分比。

步骤 9：计算闪烁衰减深度

时间百分比 p 的闪烁衰减深度 $A_s(p)$ 确定为

$$A_s(p) = a(p)\cdot\sigma(\text{dB}) \tag{7.162}$$

7.5.3　van de Camp 云闪烁模型

上一节中介绍的 Karasawa 和 ITU-R 模型基于这样的假设,即大多数闪烁是由始于地面并持续到固定湍流高度的晴空湍流引起的。强烈的闪烁事件通常与穿过链路的积云的存在相一致。云湍流发生在位于云层的薄层中。薄层模型的基础理论要求短期信号电平具有偏对称的 Rice-Nakagami 分布(Van de Kamp)。相反,表面层的几何形状产生高斯分布的短期信号电平。

Van de Kamp 等[32]引入了一个闪烁模型,该模型将 Karasawa 模型扩展到包括表层和云层闪烁。新模型保留了频率、仰角和天线平均值的关系,但修改了以下内容:

(1) 信号波动的长期标准偏差 σ_{lt}与湿项折射率 N_{wet}之间的关系。新的关系保留了对 N_{wet}的季节性依赖,但引入了一个额外的与站点有关的术语$\overline{W}_{hc}$,这是重云的长期平均水含量。如果水含量超过 0.7kg/m^2,则云很重。

(2) 时间百分比因子 $\eta_A(p)$和 $\eta_E(p)$。在 Karasawa 模型中,将这些因素乘以长期信号电平标准偏差 σ_{lt},以获得随时间百分比 p 的函数变化的衰减或增强。新的关系添加了一个二次项,该二次项说明了百分比因子对 σ_{lt}的依赖性。

两种修改都是基于闪烁数据,包括 Karasawa 使用的 Yamaguchi 数据,这些数据来自世界各地的许多实验站点。

Van de Camp 模型所需的输入参数为

T:一个月或更长时间的平均表面环境温度(℃);

H:一个月或更长时间的平均表面相对湿度(%);

θ:路径仰角,$\theta \geqslant 4°$;

f:工作频率,单位为 GHz;

η:天线效率,如果未知,则 $\eta=0.5$ 为保守估计;

D:天线直径,单位为 m。

步骤 1:计算水蒸气压力

$$e_s = 6.1121\exp\left(\frac{17.502T}{T+240.97}\right)(\text{hPa}) \tag{7.163}$$

步骤 2:计算无线电折射率的湿项

$$N_{wet} = \frac{3732He_s}{(273+T)^2} \tag{7.164}$$

步骤 3:计算长期云参数

长期云参数 Q 为

$$Q=-39.2+56\overline{W}_{\mathrm{hc}} \tag{7.165}$$

式中:$\overline{W}_{\mathrm{hc}}$为重云长期平均水含量。

步骤 4:计算信号幅度的归一化标准偏差

$$\sigma_n=0.98\times10^{-4}(N_{\mathrm{wet}}+Q)(\mathrm{dB}) \tag{7.166}$$

步骤 5:计算有效路径长度 L

$$L=\frac{2h_L}{\sqrt{\sin^2\theta+2.35\times10^{-4}}+\sin\theta}(\mathrm{m}) \tag{7.167}$$

式中:h_L为湍流层的高度。使用的值为 $h_L=2000\mathrm{m}$。

步骤 6:计算有效天线直径

根据几何直径 D 和天线效率 η 估算有效天线直径 D_{eff},

$$D_{\mathrm{eff}}=\sqrt{\eta}D(\mathrm{m}) \tag{7.168}$$

步骤 7:计算天线平均系数

$$g(x)=\sqrt{3.86\,(x^2+1)^{\frac{11}{12}}\cdot\sin\left[\frac{11}{6}\arctan\left(\frac{1}{x}\right)\right]-7.08x^{\frac{5}{6}}} \tag{7.169}$$

式中,

$$x=1.22D_{\mathrm{eff}}^2\left(\frac{f}{L}\right) \tag{7.170}$$

步骤 8:计算长期标准偏差

$$\sigma_{lt}=\sigma_n f^{0.45}\frac{g(x)}{(\sin\theta)^{1.3}}(\mathrm{dB}) \tag{7.171}$$

步骤 9:计算时间百分比因子

时间百分比因子 $a_1(p)$和 $a_2(p)$可表示为

$$a_1(p)=-0.0515\,(\log_{10}p)^3+0.206\,(\log_{10}p)^2-1.81\log_{10}p+2.81 \tag{7.172}$$

$$a_2(p)=0.172\,(\log_{10}p)^2-0.454\log_{10}p+0.274 \tag{7.173}$$

步骤 10:计算信号增强

超过时间百分比 p 的信号增强 E_p确定为

$$E_p=a_1(p)\sigma_{lt}-a_2(p)\sigma_{lt}^2,0.001\leqslant p\leqslant20 \tag{7.174}$$

步骤 11:计算衰减

超过时间百分比 p 的衰减 A_p 可表示为

$$A_p = a_1(p)\sigma_{lt} + a_2(p)\sigma_{lt}^2, 0.001 \leqslant p \leqslant 20 \quad (7.175)$$

参考文献

[1] Liebe HJ, Hufford GA, Cotton MG. "Propagation Modeling of Moist Air and Suspended Water/Ice Particles at Frequencies Below 1000GHz," AGARD 52nd Specialists' Meeting of the Electromagnetic Wave Propagation Panel, Palma De Mallorca, Spain, May 1993, pp. 17-21.

[2] ITU-R Recommendation, pp. 676-610, "Attenuation by atmospheric gases," International Telecommunications Union, Geneva, September 2013.

[3] Ippolito LJ. "Propagation Effects Handbook for Satellite Systems Design," Fifth Edition, NASA/TP-1999-209373, NASA Jet Propulsion Laboratory, June 1999.

[4] ITU-R Recommendation P. 835-5, "Reference standard atmosphere for gaseous attenuation," International Telecommunications Union, Geneva, February 2012.

[5] Liebe HJ. An Updated Model for Millimeter Wave Propagation in Moist Air. Radio Science 1985;20:1069-1089.

[6] Liebe HJ. MPM- An Atmospheric Millimeter-Wave Propagation Model. Int J Infrared and Millimeter Waves 1989;10:631-650.

[7] ITU-R Recommendation P. 453-10, "The radio refractive index: its formula and refractivity data," International Telecommunications Union, Geneva, February 2012.

[8] ITU-R Recommendation P. 834-7, "Effects of tropospheric refraction on radiowave propagation," International Telecommunications Union, Geneva, October 2015.

[9] Slobin SD. Microwave Noise Temperature and Attenuation of Clouds: Statistics of These Effects at Various Sites in the United States, Alaska, and Hawaii. Radio Science1982;17(6):1443-1454.

[10] ITU-R Recommendation P. 840-6, Attenuation due to clouds and fog, International Telecommunications Union, Geneva, September 2013.

[11] Ippolito LJ, Jr., *Radiowave Propagation in Satellite Communications*, Van Nostrand Reinhold Company, New York, 1986.

[12] Dissanayake A, Allnutt J, Haidara F. A Prediction Model that Combines Rain Attenuation and Other Propagation Impairments Along Earth-Satellite Paths. IEEE Transactions on Antennas Propagation 1997;45:1546-1558.

[13] Feldhake G. "A Comparison of 11 Rain Attenuation Models with Two Years of ACTS Data from Seven Sites," Proc. 9th ACTS Propagation Studies Workshop, Reston, VA, 1996, pp. 257-266.

[14] Paraboni A. "Testing of Rain Attenuation Prediction Methods Against the Measured Data Contained in the ITU-R Data Bank," ITU-R Study Group 3 Document, SR2-95/6, Geneva, Switzerland 1995.

[15] ITU-R Rec. P. 618-12, Propagation Data and Prediction Methods Required for the Design of Earth-space

Telecommunication Systems, International Telecommunications Union, Geneva, July 2015.

[16] ITU-R Rec. P. 837-6, Characteristics of Precipitation for Propagation Modeling, International Telecommunications Union, Geneva, February 2012.

[17] ITU-R Rec. P. 838-3, Specific Attenuation Model for Rain Use in Prediction Methods, International Telecommunications Union, Geneva, March 2005.

[18] ITU-R Rec. P. 839-4, Rain Height Model for Prediction Methods, International Telecommunications Union, Geneva, September 2013.

[19] ITU-R Rec. P. 678-3, Characterization of the Natural Variability of Propagation Phenomena, International Telecommunications Union, Geneva, July 2015.

[20] Crane RK. Prediction of Attenuation by Rain. IEEE Trans Comm 1980; COM-28(9).

[21] Crane RK. A Two-Component rain model for the prediction of Attenuation Statistics. Radio Science 1982; 17(6): 1371-1387.

[22] Crane RK. *Electromagnetic Wave Propagation Through Rain.* John Wiley & Sons, Inc., New York, 1996.

[23] Tsolakis A, Stutzman WL. Calculation of Ice Depolarization on Satellite Radio Paths. Radio Science 1983; 18(6): 1287-1293.

[24] Stutzman WL, Thiele GA. *Antenna Theory and Design.* John Wiley & Sons Inc., 1998, p. 48.

[25] Pruppacher HR, Klett JD. (1980) *Microphysics of Clouds and Precipitation*, D. Reidel, Hingham, MA.

[26] Yeh C, Woo R, Ishimaru A, Armstrong J. Scattering by Single Ice Needles and Plates at 30GHz. Radio Science 1982; 17(6): 1503-1510.

[27] Bostian CW, Allnutt JE. Ice-Crystal Depolarization on Satellite-Earth Microwave Radio Paths. Proc Inst Electr Eng 1979; 126: 951-960.

[28] Shephard JW, Holt AR, Evans BG. The Effects of Shape on Electromagnetic Scattering by Ice Crystals. IEE Conf Publ 1981; 195(2): 96-100.

[29] Karasawa Y, Yamada M, Allnutt JE. New Prediction Method for Tropospheric Scintillation on Earth-Space Paths. IEEE Trans Antennas Propagation 1988a; AP-36(11): 1608-1614.

[30] Karasawa Y, Yasukawa K, Matsuichi Y. Tropospheric Scintillation in the 14/11-GHz Bands on Earth-Space Paths with Low Elevation Angles. IEEE Trans Antennas Propagation 1988b; AP-36(4): 563-569.

[31] Van de Kamp MMJL. Asymmetric Signal Level Distribution Due to Tropospheric Scintillation. Electronics Letters 1998; 34(11): 1145-1146.

[32] Van de Kamp MMJL, Tervonen JK, Salonen ET, Baptista JPVP. Improved Models for Long-Term Prediction of Tropospheric Scintillation on Slant Paths. IEEE Trans. Antennas Propagation, 1999; AP-47(2): 249-260.

[33] Salonen E, Uppala S. New Prediction Method of Cloud Attenuation. Electronics Letters 1991; 27(12): 1106-1108.

习　题

1 Ka 频段 FSS 链路运行于加利福尼亚州洛杉矶的 30.5GHz 上行链路集线器终端和佐治亚州亚特兰大、佛罗里达州迈阿密和马萨诸塞州波士顿的 20.5GHz VSAT 下行链路终端。卫星位于西经105°。我们希望评估在晴朗天空下工作的预期气体衰减。在以下当地条件下确定上行链路和3个下行链路的气体衰减。

位　置	温度/(℃)	水蒸气密度/(g/m^3)	气压/hPa
洛杉矶市	20	3.5	1013
佐治亚州亚特兰大市	25	10	1013
佛罗里达州迈阿密市	30	12.5	1013
马萨诸塞州波士顿市	15	7.5	1013

假设所有地面站位于海平面上。

2　确定问题1中链路的预期云衰减,其中上行链路的链路可用性为99%,下行链路VSAT的链路可用性为95%。

3　考虑位于华盛顿特区的卫星地面站(纬度:38.9°N,经度:77°W,海拔高度:200m),其工作在Ka频段中,上行链路载波频率为30.75GHz(线性垂直极化),而下行链路载波频率为20.25GHz(线性水平极化)。与GSO卫星的仰角为30°。地面终端尺寸满足年99.5%的链路利用率的要求。假设标称表面温度为20℃,标称表面压力为1013mb。确定上行链路和下行链路的以下参数:

a) 气体衰减,单位为dB;

b) 雨衰,单位为dB;

c) 由于雨和冰造成的XPD,单位为dB;

d) 由于链路上的雨衰,系统噪声温度(K)增加量;

e) 每个链路将链路可用性保持在99.5%所需的功率裕度。

4　比较问题3中两个链路的ITU-R降雨衰减模型、全球降雨模型和二分量模型的降雨衰减计算结果。讨论如何解释结果,以及如何利用这3种计算为每个链路产生一个推荐的雨衰容限。

5　使用线性极化分集的FSS下行链路的性能将被评估在降雨环境中的性能。在非雨天条件下,在地面天线端子处测得的XPD为42dB,工作频率为12.5GHz,仰角为35°。链路在接收机地面天线处以22°的极化倾斜角工作。链路上允许将XPD退化限制为不超过20dB的最大同极性雨衰值是多少。解释评估中所做的任何假设。

6　正在为国际BSS服务提供商设计位于中纬度位置的卫星馈线链路终端。载频为17.6GHz,到卫星的仰角为9°。由于仰角较低,应确定天线尺寸,以便在高湿度条件下的预期闪烁期间能够正常工作。确定终端可以使用的天线直径(单位为m),以使闪烁衰落强度保持在3.5dB以下,以便地面终端在最坏的月份仍可以工作。最差月份的平均表面相对湿度为48%,月平均表面温度为28℃。天线系统效率假定为0.55。

第8章
降低雨衰

运行于10GHz以上的空间通信系统会受到与天气有关的路径衰减影响，主要是降雨衰减，这在相当长的一段时间内可能很严重。通过在上行链路和下行链路段上提供足够的功率裕度，可以将这些系统设计为在可接受的性能水平上运行。可以通过增加天线尺寸或增加RF发射功率，或同时通过两者来直接实现上述目标。通常情况下，对于C频段和K频段，要求其功率裕度分别达到5~10dB和10~15dB，使用尺寸合理的天线和允许的射频功率可以相对容易地实现。射频功率电平很可能受到卫星主要功率限制和国际协议规定的地面辐射功率限制的约束。

如果预期的路径衰减超过了可用的功率裕度，并且很容易在地球上许多区域的Ku、Ka和EHF频段中发生，那么必须考虑采用其他方法来克服严重的衰减情况，并恢复链路上可接受的性能。

本书讨论的技术主要适用于固定卫星链路。对于受多径衰落影响的信道，包括移动和蜂窝无线电应用，则采用了其他恢复技术。

固定卫星恢复技术可分为两类。第一种类型是功率恢复，在恢复链路的过程中不会改变基本信号格式。第二种类型为信号改变恢复，是通过改变信号的基本特性来实现的。信号特性包括载波频率、带宽、数据速率和编码方案。

本章回顾了两种类型的几种恢复技术，可供系统设计师用于克服地球—空间链路上的严重衰减情况。

8.1 功率恢复技术

功率恢复技术在恢复链路的过程中不改变信号的基本格式。按实现复杂性增加的大致顺序，本节讨论的功率恢复技术主要包括：

- 波束分集

- 功率控制
- 站点分集
- 轨道分集

波束分集和功率控制涉及并增加信号功率或 EIRP,以“穿过”严重衰减事件。站点分集和轨道分集涉及两个或多个具有相同信息信号的冗余链路之间的选择性切换。数据速率和信息速率不变,信号格式本身不需要处理。

8.1.1 波束分集

通过切换到波束宽度较窄的卫星天线,可以在路径衰减期间增加卫星下行链路上的接收功率密度。较窄的波束宽度,对应于较高的天线增益,将功率集中到地球表面较小的区域上,从而在经过路径衰减的地面终端处产生较高的 EIRP。

图 8.1(a)~(d)显示了从位于美国上空的地球同步卫星上观察到的 4 个天线波束分集选项的覆盖区域轮廓(足迹)。每个轮廓显示 3dB(半功率)波束宽度和轴上增益(假设 55%孔径效率)。美国大陆是固定卫星服务系统的典型覆盖范围,而时区波束则用于直接广播应用。区域和大都市区域的点波束用于频率复用系统以及雨衰恢复应用。

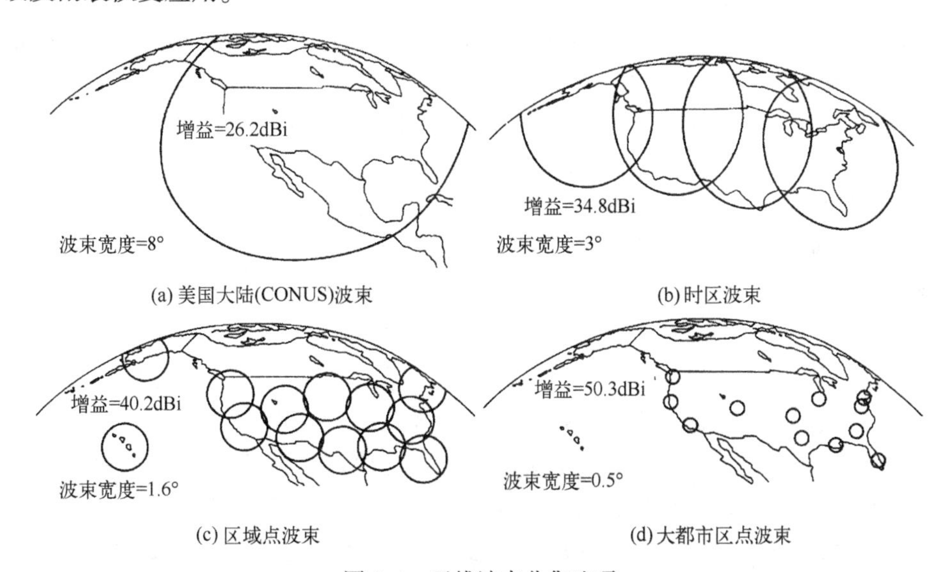

(a) 美国大陆(CONUS)波束 (b) 时区波束

(c) 区域点波束 (d) 大都市区点波束

图 8.1 天线波束分集选项

如图 8.2 所示,地面终端 EIRP 增加可能非常显著,这显示了每个波束选项之间可用的分贝改善。例如,使用大都市区域点波束天线代替美国大陆覆盖天线将提供 24.1dB 的额外 EIRP。从时区波束切换到区域点波束可提供 5.4dB 的附加功率。

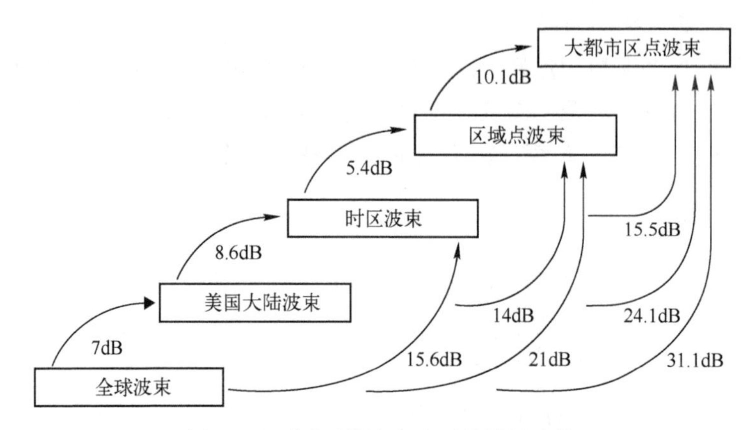

图 8.2　不同天线波束选项的增益改善

服务于许多地面终端的卫星可以在卫星上具有一个或多个星载高增益天线(有时称为点波束天线),以提供对正在发生或预期严重衰落的特定区域的覆盖。通过单独反射器的机械运动或通过电子开关天线馈送系统,点波束天线定向到所需的地面终端位置。但是,点波束恢复的使用通常受到限制;由于增加额外硬件的成本和复杂性可能令人望而却步。

那些已经有多个天线覆盖的卫星可以利用卫星上现有的资源实现点波束恢复。例如,国际电信卫星组织的大多数车载设备都有半球、区域和大都市区域天线,并能够根据需要将大多数用户切换到每个天线系统。

8.1.2　功率控制

功率控制是指在存在路径衰减的情况下改变卫星链路上的发射功率以在接收机处保持所需功率电平的过程。功率控制尝试通过在雨衰期间增加发射功率,然后在雨衰恢复之后降低功率的方式来恢复链路。

功率控制的目的是与链路上的衰减成正比地改变发射功率,以使接收功率在严重衰落时保持恒定。上行链路或下行链路均可以采用功率控制。

当采用功率控制时,尤其是在上行链路上,必须经常监视的一个重要考虑因素是确保功率电平不要设置得太高,否则可能导致接收器前端过载,从而导致接收器可能关闭,或严重时造成人身伤害。同样,当多个载波利用非线性功率放大器共享同一转发器时,必须保持功率平衡以避免对较弱载波的增益抑制。

功率控制需要了解要控制链路上的路径衰减。获取此信息的特定方法取决于是否正在实施上行链路或下行链路功率控制,以及空间通信系统的特定配置。

有源功率控制可以补偿的最大路径衰减等于地面站或卫星功率放大器的最大输出与非衰落条件下所需输出之间的差值。假设控制精确,那么功率控制对可用性的影响与在任何时候的功率裕度是一样的。一个精确的功率控制系统可以根据降雨衰减的比例来精确调节其功率。功率控制中的错误会导致额外的中断,从而有效地降低了这个裕度(Maseng 和 Baaken,1981)。

功率控制的一个副作用是系统间干扰的潜在增加。用于克服沿所需视距路径的路径衰减的功率提升将同时导致干扰路径上功率的增加。如果在干扰路径上不存在相同的雨衰,则受影响的地面站(如其他地面站)所接收到的干扰功率会增加。

由于大雨的不均匀性,与直接地球—空间路径成大角度的干扰路径上的衰减通常会比该路径上的衰减小得多。尽管在晴朗的天空条件下可以接受地面站引起的地面系统干扰,但当使用上行链路功率控制时,在有雨的情况下可能变得无法容忍。下行链路功率控制同样会增加使用邻近卫星干扰地面站的可能性。有益于接收站经历雨衰的下行链路功率提升等同于未经历衰落的易受攻击地球站干扰的增加。

在雨中,由于交叉极化效应,功率控制也会引起额外的干扰。由于在降雨期间交叉极化分量增加,发射功率的增加也会增加交叉极化分量,从而增加了附近轨道位置上相邻交叉极化卫星受到干扰的概率。与上行链路和下行链路功率控制独特特性相关的考虑将在以下几节中进行讨论。

8.1.2.1　上行链路功率控制

上行链路功率控制提供了一个直接的手段,以恢复上行链路在雨衰期间的信号损失。它被用于固定卫星业务应用以及广播卫星业务和移动卫星业务馈线链路。

功率控制实现包括闭环或开环系统两种类型。在闭环系统中,根据卫星检测到的接收信号电平直接调整发射功率电平,其中,接收信号电平通过遥测链路返回地面,并随时间变化。控制范围可高达20dB,如果遥测接收信号电平是连续的,则响应时间几乎可以连续。图8.3为闭环上行链路功率控制系统的功能框图。

在开环功率控制系统中,通过对射频控制信号进行操作来调整发射功率电平,该射频控制信号本身会经历路径衰减,并用于推断上行链路所经历的衰减。射频控制信号可以是:

(1) 下行链路信号;

(2) 上行链路频率或附近的信标信号;

(3) 地面辐射计或雷达。

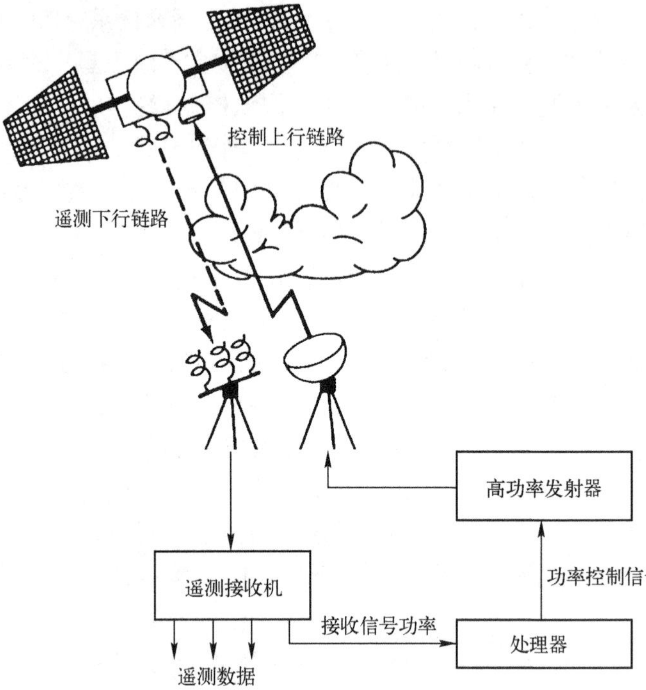

控制上行链路
遥测下行链路
高功率发射器
功率控制信号
遥测接收机
接收信号功率
处理器
遥测数据

图 8.3　闭环上行链路功率控制

图 8.4 至图 8.6 描述了 3 种开环功率控制技术的功能要素。图示的例子采用广播卫星业务应用系统，上行、下行链路的工作频率分别为 17GHz 和 12GHz。

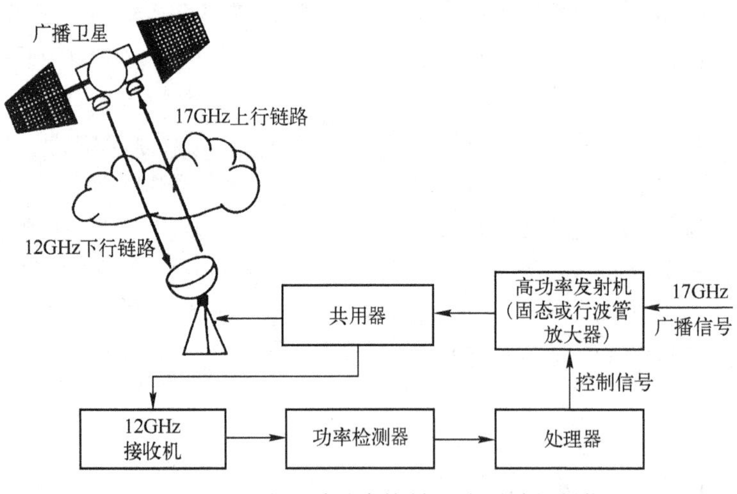

图 8.4　开环上行链路功率控制：下行链路控制信号

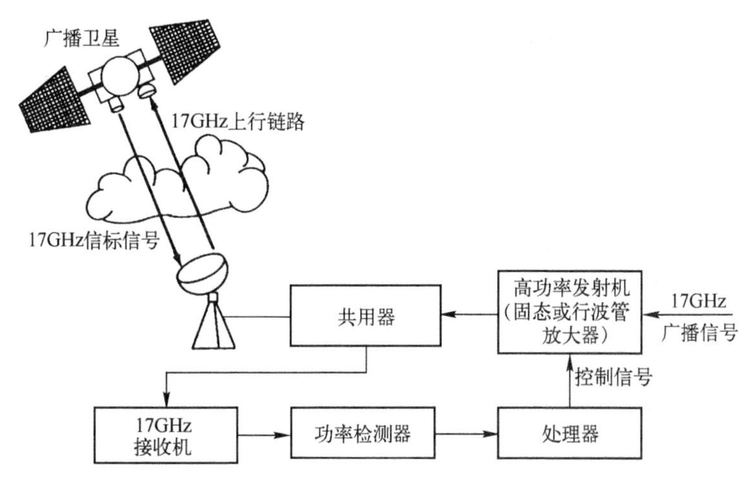

图 8.5 开环上行链路功率控制:信标控制信号

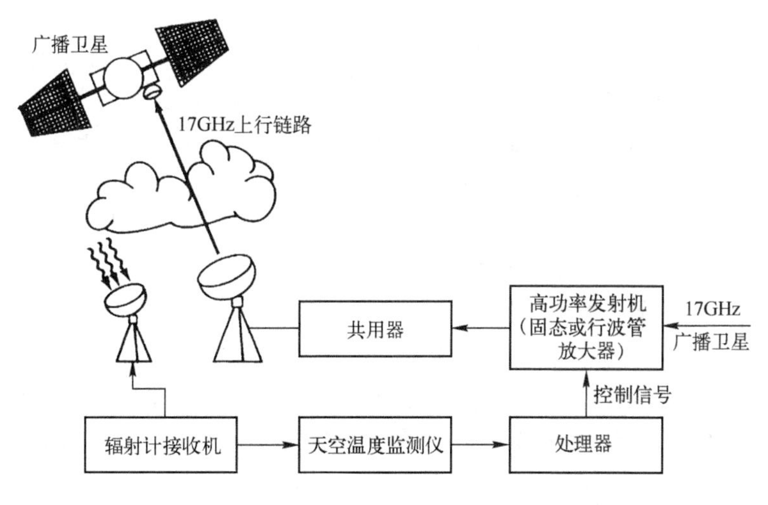

图 8.6 开环上行链路功率控制:辐射计控制信号

在图 8.4 的下行链路控制信号系统中,连续监测 12GHz 下行链路的信号电平,并将其用于产生高功率发射机的控制信号。发送器可以是固态(SS)或行波管放大器(TWTA)。在处理器中,根据雨衰预测模型确定控制信号电平,雨衰预测模型从下行链路 12GHz 测得的衰减中计算出上行链路 17GHz 处的预期衰减。因为地面站下行链路的可用性以及相对容易实现,下行链路控制信号方法是最流行的上行链路功率控制类型。

在图 8.5 的信标控制信号系统中,最好采用与上行链路相同频段中的卫星信标信号用于监视链路中的雨衰。然后,将检测到的信标信号电平用于产生控制信号。由于测得的信号衰减处于(或非常接近)要控制的频率,因此在处理器中不需要估算。该方法提供了3种技术中最精确的功率控制。

第三种方法,如图8.6所示,利用与上行链路信号指向同一卫星路径的辐射计,从天空温度测量值中估算上行链路雨衰。

雨衰可以直接由雨引起的噪声温度 t_r 来估计,如6.5.3节所讨论的和图6.25所示。可以通过求逆公式(6.39),由 t_r 确定衰减 A_r(dB),即

$$A_r = 10\log_{10}\left[\frac{t_m}{t_m - t_r}\right] \tag{8.1}$$

式中:t_m 为平均路径温度,单位为K。衰减随平均路径温度的变化,在高衰减值下产生的预测误差约为1dB,如图6.25所示。这种功率控制方法是上述3种方法中最不精确的一种,通常只有在没有其他方法来确定路径衰减的情况下才会采用这种方法。

无论采用哪种方式,上行链路功率控制均存在一些基本的限制。通常很难将卫星上所需的功率通量密度保持在合理的精度上(±1dB),主要因素包括:①检测或处理控制信号的测量误差;②因控制操作引起的时间延迟;③用于开发上行链路衰减估计的预测模型中的不确定性。

此外,在强烈的暴风雨中,衰减速度可以达到1dB/s。由于控制系统的响应时间,这个级别的速率很难完全补偿。

8.1.2.2 下行链路功率控制

卫星下行链路的功率控制通常限定一到两种固定电平的可切换操作模式,以适应雨衰损失。例如,美国国家航空航天局(NASA)的先进通信技术卫星(ACTS)运行于30/20GHz频段,存在两种下行链路工作模式。低功率模式使用8W的射频发射功率,高功率模式使用40W。利用多模态行波管放大器产生两个功率电平。高功率模式为雨衰补偿提供了约7dB的额外裕度。

下行链路功率控制在将附加功率定向到经受雨衰事件的地面终端(或多个地面终端)时是无效的,因为整个天线覆盖区均会接收到附加功率。向大量地理上独立的地面终端提供服务的卫星发射机必须几乎连续地以其峰值功率或接近其峰值功率运行,以克服仅由一个地面终端所经历的最大衰减。

8.1.3 站点分集

站点分集是一个通用术语,用于描述空间通信链路中利用两个(或更多)地理上分开的地面终端来克服大雨期间下行链路路径衰减的影响。站点分集,也称为

路径分集或空间分集，可以利用强降雨单元的有限大小和范围来提高卫星链路的整体性能。在地面终端之间有足够物理间隔的情况下，两个站点超过给定雨衰电平的概率远小于单个站点超过该衰减电平的概率。

图 8.7 显示了双地面终端的站点分集概念。暴雨通常发生在水平和垂直范围有限的空间结构内。这些降雨单元在水平和垂直方向上的大小可能只有几公里，并且随着降雨强度的增加而变得更小。如果两个地面站间距至少为降雨单元的平均水平距离，那么降雨单元在任何给定时间都不可能与两个地面终端的卫星路径相交。如图所示，降雨单元位于站 1 的路径上，而站 2 的路径没有强降雨。当降雨单元穿过该区域时，它可能会进入站 2 路径，但是，站 1 路径将是晴朗的。

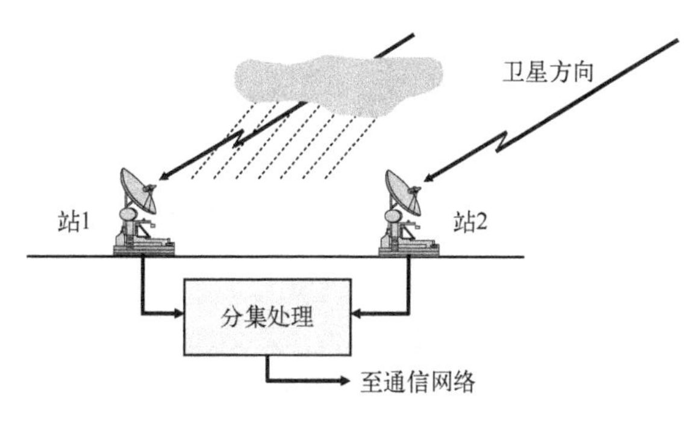

图 8.7　站点分集概念

从两个终端接收的下行链路信号传输到一个位置（可以在其中一个终端处），在该位置对信号进行比较，并且实现决策处理以确定通信系统中使用的“最佳”信号。

同样，发射（上行链路）信息也可以使用基于下行链路信号或基于其他考虑的判定算法在两个终端之间切换，然而，由于上行链路实现的复杂性，大多数站点分集的实现采用下行链路站点分集。

8.1.3.1　分集增益和分集改善

在相同的降雨条件下，通过考虑单端和分集端的衰减统计，可以定量地定义站点分集对系统性能的影响。分集增益定义为在给定的时间百分比内，单个终端与分集模式分别工作时路径衰减的差异。

图 8.8 显示了根据感兴趣位置处的累积衰减分布来表示分集增益的定义。上方标有“单站点分布”的图是感兴趣位置上单个站点的年度衰减分布。下部曲线标记为“联合分布”，是感兴趣位置上两个站点的分布，这是通过选择衰减最好（最

低)的站点并开发联合累积分布而得出的。分集增益定义为在相同时间百分比(p)下单端和联合终端衰减值之间的差,即

$$G_D(p)=A_S(p)-A_J(p) \tag{8.2}$$

式中:$A_S(p)$和$A_J(p)$分别为概率p处的单点衰减值和联合衰减值,如图8.8所示。

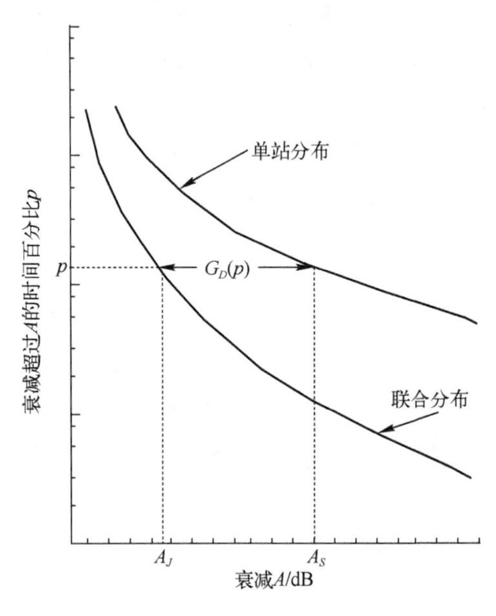

图8.8 分集增益定义

将$G_D(p)$作为系统中的"增益",因为其结果等同于通过增加天线增益或发射功率来增加卫星链路的系统性能。在感兴趣位置运行的单个站点将需要A_S分贝的裕度来维持p%的系统可用性。如果使用两个站点,对于相同的链路性能,每个站点所需的裕度降低到A_J分贝,这相当于将每个站点的天线增益降低G_D分贝。在温带地区,分集增益为4~6dB。

在分集配置中,决定分集操作所获得改进量的主要参数是站点间隔。图8.9显示了两端分集情况下分集增益G_D与站点间隔距离d的理想依赖关系。每条曲线对应于单个终端的固定衰减值,$A_2>A_1$,$A_3>A_2$,依此类推。随着站点间隔距离的增加,分集增益也会增加,最大可达强降雨单元的平均水平范围。在分离距离远超过平均水平范围时,分集操作几乎没有改善。如果站点分离距离太大,分集增益实际上会降低,因为传播路径中可能涉及第二个降雨单元。

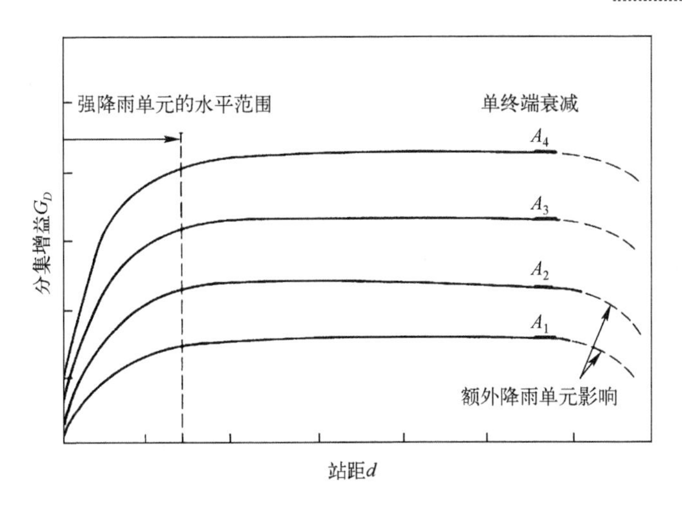

图 8.9 分集增益对站点间隔的依赖关系(理想)

图 8.10 显示了在固定的站点间隔值 d 下,分集增益随单终端衰减的变化,其中 $d_2>d_1$,$d_3>d_2$等。在曲线的“拐点”之上,对于给定的 d 值,分集增益几乎随衰减而一对一地增加。随着 d 的增加,分集增益增加并接近理想情况(但无法实现),其中衰减完全由分集效应补偿,即 $G_D=A$。如果 d 增加太长,如前所述,分集增益可能会开始减小(图中未显示)。

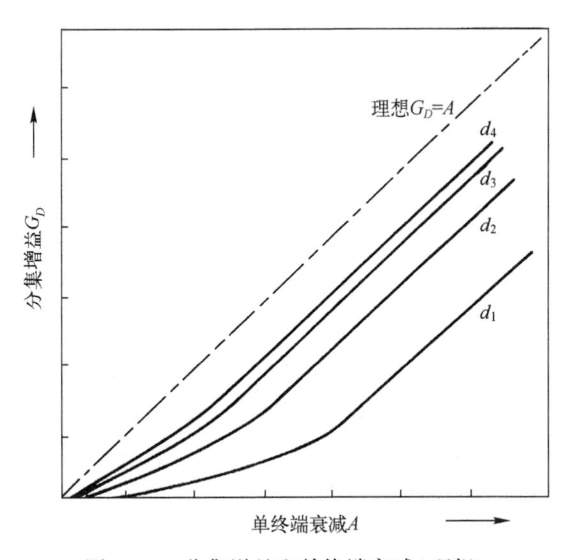

图 8.10 分集增益和单终端衰减(理想)

根据停机时间，分集性能也可以通过分集改善进行量化，分集改善如图 8.11 所示，采用先前定义的单站点和联合累积分布方式表述。分集改善定义为

$$I_D(A)=\frac{p_S(a=A)}{p_J(a=A)} \tag{8.3}$$

式中：$I_D(A)$是衰减电平为 A 分贝处的分集改善，为衰减电平 A 处与单终端分布相关联的时间百分比；$p_J(a=A)$ 为衰减电平 A 处与联合终端分布相关联的时间百分比。

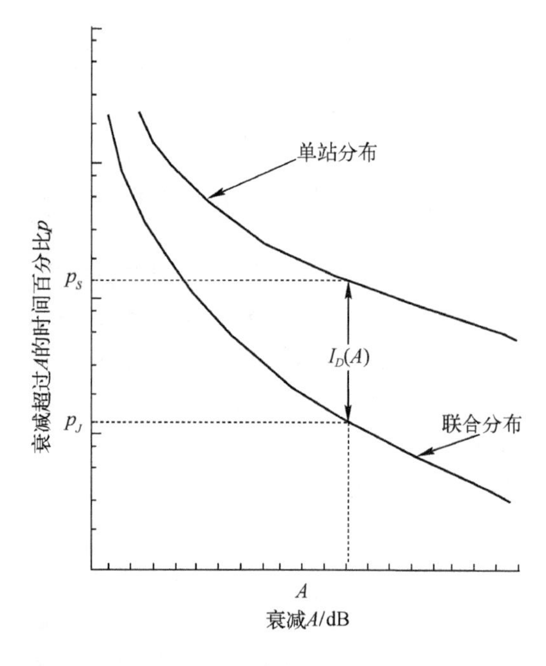

图 8.11 分集改善定义

分集改善因子超过 100 并不罕见，特别是在强雷暴发生地区。

图 8.12 所示为西弗吉尼亚州国际通信卫星组织（INTELSAT）设施使用 11.6GHz 辐射计的双站点分集示例，测量时间为 1 年，站点间隔为 35km，仰角为 18°。图中显示了两个站点艾格和莱诺克斯的单站点分布，以及联合（分集）分布。请注意，两个单站点分布略有不同；但是，在整个测量范围内，分集性能改善显著。结果表明，对于 99.95%的链路可用性，单站点工作时，艾格和莱诺克斯分别需要 8.8dB 和 7.3dB 的功率裕度。分集工作时，功率裕度减小至 1.6dB，艾格和莱诺克斯分别具有 7.2dB 和 5.7dB 的分集增益值。

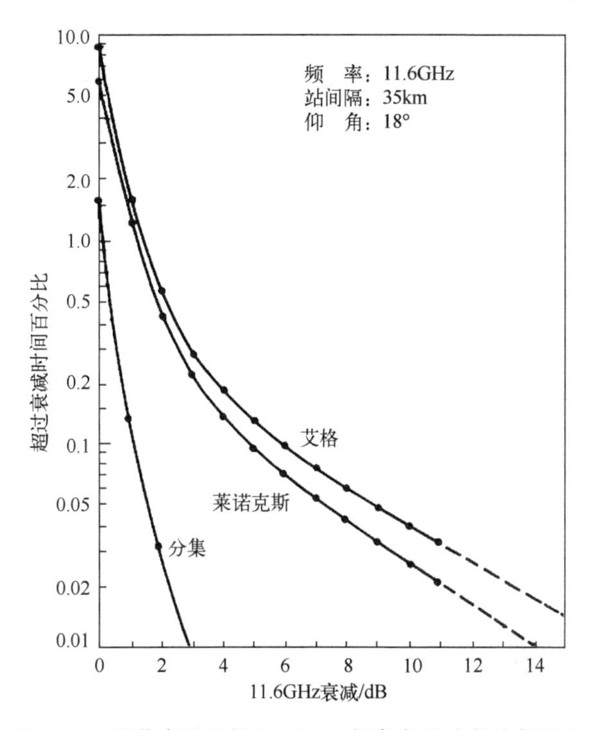

图 8.12 西弗吉尼亚州 11.6GHz 频率点的站点分集测量

图 8.13 显示了使用 SIRIO 卫星上的 11.6GHz 信标信号在弗吉尼亚州布莱克斯堡进行的双站点分集测量的衰减分布。测量为期 1 年，场地间距为 7.3km，仰角为 10.7°。测量结果表明，在链路可用性为 99.95%的情况下，单站运行需要在主站和远程站分别提供 11.8dB 和 7dB 的功率裕度。通过分集操作，功率裕度降低到 4.5dB，对应于两个站点的分集增益值分别为 7.3dB 和 2.5dB。还要注意，在分集模式下，10dB 的功率裕度可以达到 99.99%的可用性，而单站运行时，主站和远程站所需的功率裕度分别为 17dB 和 14.5dB。

通过使用 3 个地面站，特别是在强雷暴地区，可以实现显著的分集改善，在这些地区，一年中大部分时间都会出现大的雨衰。这一点通过佛罗里达州坦帕市使用 COMSTAR 卫星信标信号进行的测量得到了生动的证明。佛罗里达大学（记为 U）、Lutz（记为 L）和 Sweetwater（记为 S）3 个地点按图 8.14(a)所示排列，构成“坦帕三角形”。站点间隔分别为 11.3km、16.1km 和 20.3km。所有 3 个地点均对 COMSTAR D_2和 COMSTAR D_3卫星的 19.06GHz 信标信号进行了监测。由于 COMSTAR D_2位于西经 95°，COMSTAR D_3位于西经 87°，因此与卫星的仰角略有不同；D_2为 55°，D_3为 57°。与卫星的方位角相差约 16°，如图 8.14 所示。

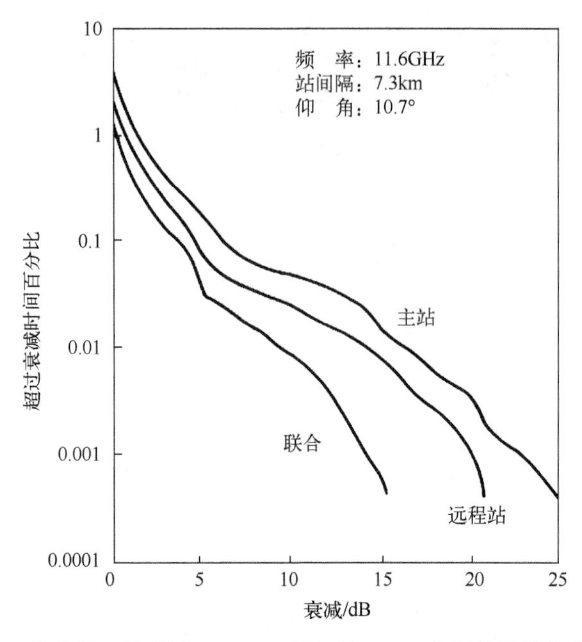

图 8.13 弗吉尼亚州采用 11.6GHz 频率的 SIRIO 信标信号站点分集测量

图 8.14(b)显示了 29 个月测量期内的单点和联合衰减分布。标记为 S、U 和 L 的单点分布显示了坦帕地区降雨衰减的严重性。在 5dB 以上的衰减分布几乎是“平坦”的，这表明大部分衰减是由雷暴雨引起的。衰减超过 30dB 的比例为 0.1%（每年 526min），在 10dB 的功率裕度下，无法实现平均每年超过 99.7%（每年中断 26h）的可靠通信。在任何功率裕度下，单站点运行都不能达到 99.9%以上的链路可用性。

从 LU、LS 和 SU 分布可以看出，双站分集运行时，链路可用性具有一定的改善。以 10dB 的功率裕度可以实现 99.96%（LU）和 99.98%（LS 或 SU）的链路可用性。

从 LSU 分布可以看出，三站分集运行时，链路可用性得到了令人瞩目的改善。大约 9dB 的功率裕度可以实现 99.99%的可用性。在 10dB 衰减电平下，坦帕三角形的分集改善因子 I 为 43。

坦帕三角形的测量结果强调了站点分集（尤其是 3 个站点分集）在严重降雨环境中恢复系统性能的实用性。

8.1.3.2 分集系统设计与性能

地球空间链路上的分集操作可能带来的改善取决于许多因素。站点分离距离可能是最主要的因素。当距离增加到大约 10km 时，分集增益随站点间隔的增加而增加(见图 8.9),而超过该值时,随着站点分离距离的增加分集增益几乎没有增加。

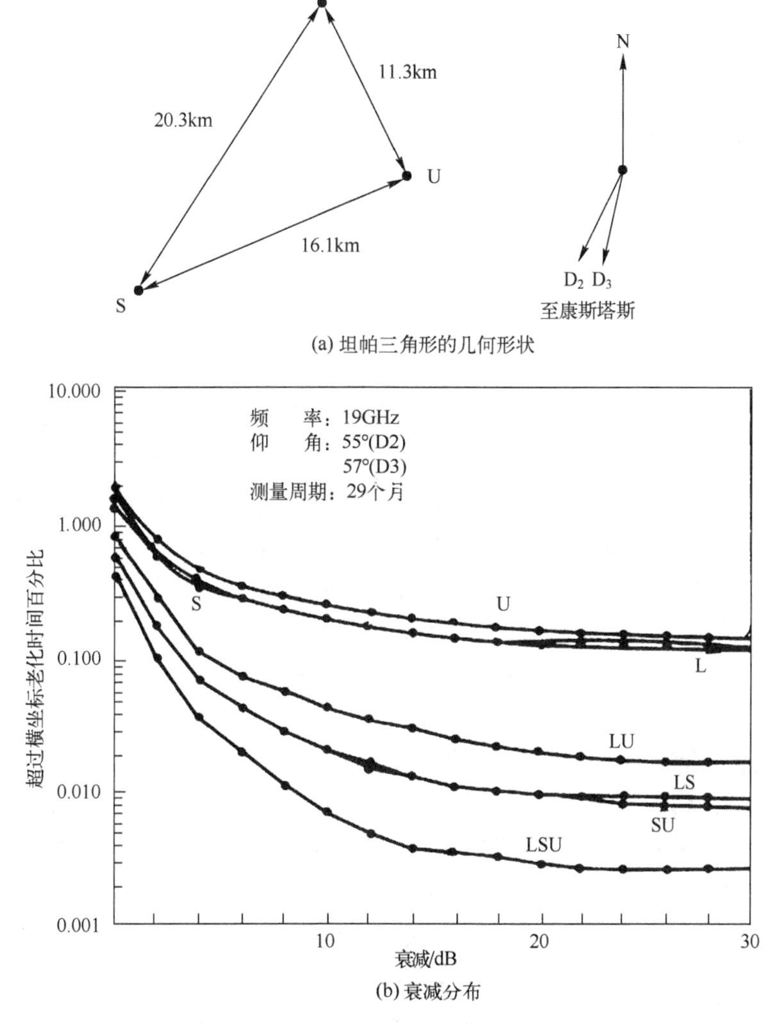

(a) 坦帕三角形的几何形状

(b) 衰减分布

图 8.14 三站坦帕三角形分集测量

在配置分集系统时,相对于传播路径的基线定向也是一个重要的考虑因素。如果基线与卫星路径表面投影的夹角为 90°,则两条路径通过同一降雨单元的概率大大降低。图 8.15(a)显示了最佳站点位置的情况,其中基线方位角 Φ 为 90°。图 8.15(b)显示了最不理想的配置,其中 Φ 较小,并且两条路径通过对流层中的相同体积,增加了降雨单元在大部分时间内与两条路径相交的概率。

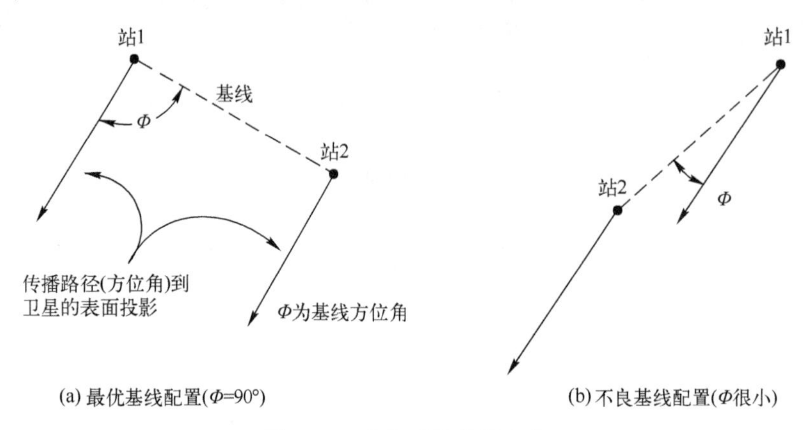

(a) 最优基线配置(Φ=90°)　(b) 不良基线配置(Φ很小)

图 8.15　分集系统基线方向

卫星的仰角也会影响分集性能,因为在低仰角下与降雨单元相交的概率增加。一般来说,仰角越低,达到给定分集增益水平所需的站点间隔越长。

工作频率也可能是分集系统中的一个因素,因为在单一路径上超过给定衰减电平的概率在很大程度上取决于频率。然而,分集增益是由于站点的物理配置和降雨单元的结构而实现的,因此,至少在第一阶,在确定给定站点配置和天气区域的分集增益时,工作频率不会起主要作用。

这些因素与分集增益在数量上是如何相互关联的,这很难用分析的方法获得。Hodge 完成了一系列分集测量的实证分析。基于研究结果,他提出了第一个地球空间传播路径分集增益的综合预测模型。

1. Hodge 站点分集模型

原始的 Hodge 模型只考虑了分集增益和站点间距之间的关系。该模型基于一个有限的数据库:俄亥俄州哥伦布的 15.3GHz 测量和新泽西州霍姆德尔的 16GHz 测量,站点间距从 3~34km。改进的分集增益模型,使用了 34 组测量数据的扩展数据库,包括分集增益对频率、仰角、基线方向以及站点间距的依赖性。

Hodge 假设分集增益 G_D 的经验关系可以分解成依赖于每个系统变量的分量,即

$$G_D = G_d(d, A_S) \cdot G_f(f) \cdot G_\theta(\theta) \cdot G_\Phi(\Phi) \tag{8.4}$$

式中:d 为站点间距,单位为 km;A_S 为单终端衰减,单位为 dB;f 为频率,单位为 GHz;θ 为仰角,单位为(°);Φ 为基线方位角,单位为(°)。

增益函数根据经验确定为

$$G_d(d,A_S)=a(1-e^{-bd}) \tag{8.5}$$

式中,a 和 b 的计算公式如下:

$$a=0.64A_S-1.6(1-e^{-0.11A_S})$$

$$b=0.585(1-e^{-0.98A_S}) \tag{8.6}$$

$G_f(f)$、$G_\theta(\theta)$ 和 $G_\Phi(\Phi)$ 的计算公式如下:

$$G_f(f)=1.64e^{-0.025f} \tag{8.7}$$

$$G_\theta(\theta)=0.00492\theta+0.834 \tag{8.8}$$

$$G_\Phi(\Phi)=0.00177\Phi+0.887 \tag{8.9}$$

与原始数据集相比,该模型的均方根误差为 0.73dB,覆盖频率为 11.6~35GHz,站点间距为 1.7~46.9km,仰角为 11~55°。

Hodge 模型由 ITU-R 扩展和改进,并在建议 P.618 中采用。ITU-R 提供了分集增益和分集改善模型。这两个模型将在以下两个部分中介绍。

2. ITU-R 站点分集增益模型

ITU-R 站点分集增益模型(ITU-R Rec. P.618-8)是基于修正 Hodge 模型的经验推导模型。所需的输入参数为

- 间隔距离 d,单位为 km;
- 单站衰减 A_S,单位为 dB;
- 工作频率 f,单位为 GHz;
- 仰角 θ,单位为(°);
- 基线方向角 Φ,单位为(°)。

该模型从分集增益(G_D,单位为 dB)的角度预测了系统性能的整体改善。

ITU-R 站点分集增益模型的逐步过程如下所示。

步骤 1:确定站点间隔距离贡献的增益。

计算站点间隔距离 d 贡献的增益公式如下:

$$G_d(d,A_S)=a(1-e^{-bd}) \tag{8.10}$$

式中,

$$a=0.78A_S-1.94(1-e^{-0.11A_S}) \tag{8.11}$$

$$b=0.59(1-e^{-0.1A_S}) \tag{8.12}$$

步骤 2:确定工作频率的增益贡献。

计算工作频率 f 的增益贡献公式:

$$G_f(f)=e^{-0.025f} \tag{8.13}$$

步骤 3:确定仰角的增益贡献。

计算仰角 θ 的增益贡献公式:

$$G_\theta(\theta)=1+0.006\theta \quad (8.14)$$

步骤 4:确定基线方向角的增益贡献。

计算基线方向角 Φ 的增益贡献公式:

$$G_\Phi(\Phi)=1+0.002\Phi \quad (8.15)$$

步骤 5:将总分集增益确定为各个分量的乘积。

将单个分量贡献的乘积作为总分集增益的计算公式:

$$G_D=G_d(d,A_S)\cdot G_f(f)\cdot G_\theta(\theta)\cdot G_\Phi(\Phi) \quad (8.16)$$

式中,计算结果的单位为 dB。

上述方法在 ITU-R 站点分集数据库测试时,均方根误差为 0.97dB。

站点分集增益的样本计算考虑使用以下地面终端参数运行的卫星系统:

- 频率:20GHz;
- 仰角:20°;
- 链路可用性:99.9%;
- 纬度:北纬 38.4°。

ITU-R 降雨模型在地面终端位置应用时发现,该系统在年度链路可用性为 99.9%时存在 11.31dB 的衰减。

运营商正在考虑在第一终端附近添加第二分集终端,站点间距 $d=10\text{km}$,方向角为 $\Phi=85°$。在系统可用性 99.9%情况下,最终的站点分集增益将是多少?采用双站分集配置时导致的雨衰将是什么?

根据 ITU-R 站点分集增益确定的分集增益计算公式如下:

步骤 1:计算站点分离距离 d 所贡献的增益。

$$a=0.78\cdot A_S-1.94\times(1-e^{-0.11\cdot A_S})$$
$$=(0.78\times11.31)-1.94\times(1-e^{-0.11\times11.31})=7.44$$
$$b=0.59\times(1-e^{-0.1\cdot A_S})=0.59\times(1-e^{-0.1\times11.31})=0.40$$
$$G_d(d,A_S)=a\cdot(1-e^{-bd})=7.44\times(1-e^{-0.40\times10})=7.30$$

步骤 2:计算工作频率贡献的增益。

$$G_f(f)=e^{-0.025\cdot f}=e^{-0.025\times20}=0.61$$

步骤 3:计算仰角 θ 贡献的增益。

$$G_\theta(\theta)=1+0.006\cdot\theta=1+0.006\times20=1.12$$

步骤 4:计算基线方向角 Φ 贡献的增益。

$$G_{\Phi}(\Phi)=1+0.002\cdot\Phi=1+0.002\times85=1.17$$

步骤 5:将总分集增益确定为各个分量的乘积。

$$G_D=G(d,A_S)\cdot G_f(f)\cdot G_{\theta}(\theta)\cdot G_{\Phi}(\Phi)=7.30\times0.61\times1.12\times1.17=5.84$$

因此,站点分集运行的雨衰电平 A_J(单位为 dB)为

$$A_J=A_S-G_D=11.31-5.84=5.47$$

图 8.16 总结了上述示例系统使用其他正弦间隔和基线方向角的站点分集增益图。

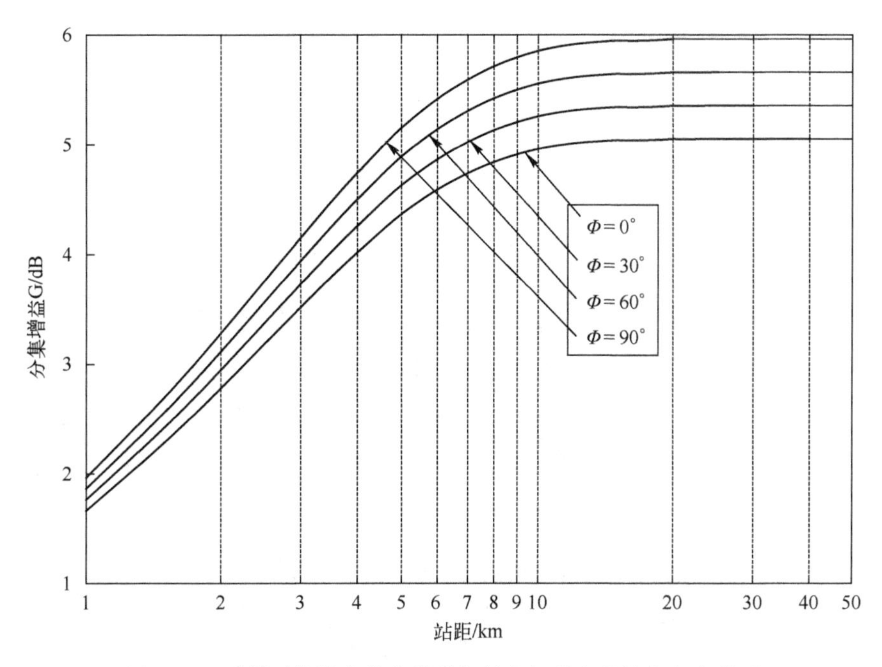

图 8.16　采样系统站点分集增益与站点间距和基线方向角关系

3. ITU-R 分集改善因子

ITU-R 还提供了一种计算分集改善因子的程序,分集改善因子是分集增益的补充参数(ITU-R P.618-8 建议书)。分集改善因子 I 不是计算增益的分贝值,而是作为单站点超过时间百分比与两站点超过时间百分比的比率来衡量,如图 8.11 所示。

分集改善仅是超出时间和站点间隔的函数。计算分集改善因子 I 所需的输入参数为

- 站点间隔距离 d,单位为 km;
- 单站点衰减 $A(p_1)$ 的单站点时间百分比 p_1;

- 单站点时间百分比 p_1 的分集时间百分比 p_2。

遵循 ITU 分集改善因子模型的分步程序如下：

步骤 1：确定经验系数。

经验系数 β^2 的计算公式：

$$\beta^2 = d^{1.33} \times 10^{-4} \tag{8.17}$$

步骤 2：确定分集改善因子。

分集改善因子 I 的计算公式：

$$I = \frac{p_1}{p_2} = \frac{1}{1+\beta^2} \cdot \left[1 + \frac{100 \cdot \beta^2}{p_1}\right] \approx 1 + \frac{100 \cdot \beta^2}{p_1} \tag{8.18}$$

图 8.17 显示了站点间隔为 0~50km 的上述两个方程的 p_1 和 p_2 的计算结果。

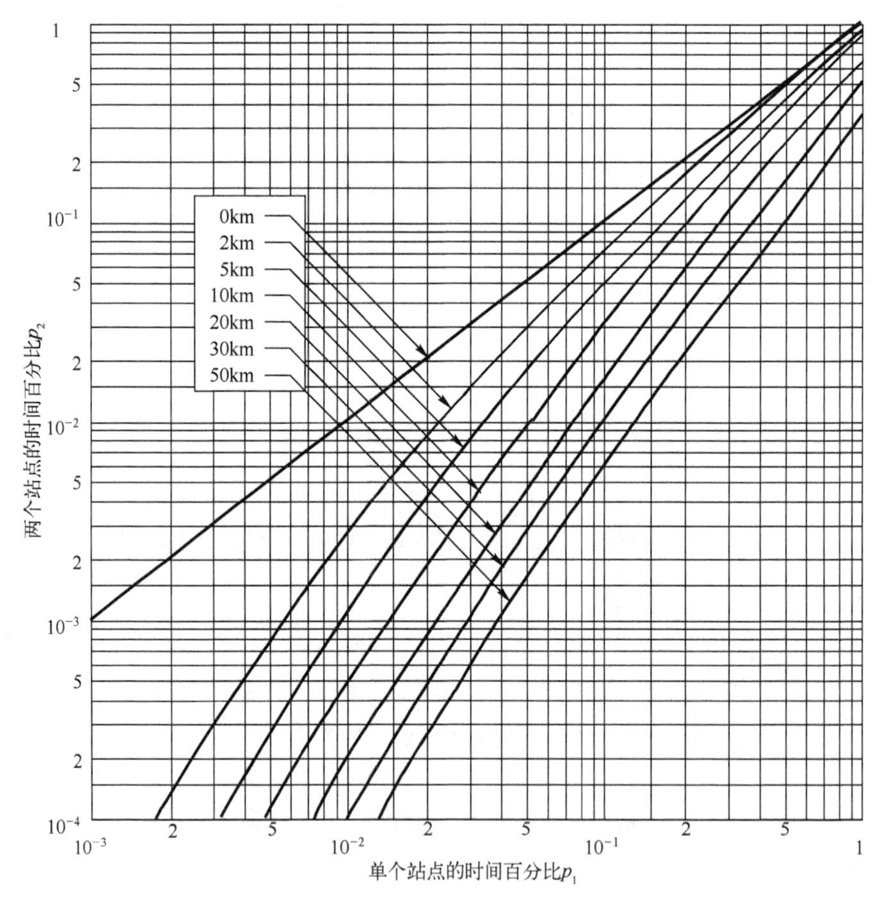

图 8.17　相同路径衰减下两个站点分集 p_2 和没有分集 p_1 的时间百分比关系

对于相同的倾斜路径衰减,这些图可用于确定有无分集(0km)的时间百分比的改善情况。

该程序已在10~30GHz建议适用频率范围内进行了测试。仅在时间百分比小于0.1%时才建议使用分集预测程序。当时间百分比高于0.1%时,降雨率通常很小,相应的站点分集改善也不明显。

分集改善因子的样本计算采用8.1.3.2.2.1节中描述的用于确定站点分集增益的相同系统,其中:

- 频率f为20GHz;
- 仰角θ为20°;
- 链路可用性为99.9%;
- 纬度为北纬38.4°;
- 单站点衰减A_S为11.31dB。

第二个相同分集站点设置间距d为10km,基线方向角Φ为85°。

根据ITU-R分集改善因子模型计算分集改善因子I。

步骤1:计算经验系数β^2。

$$\beta^2 = d^{1.33} \times 10^{-4} = 10^{1.33} \times 10^{-4} = 2.14 \times 10^{-3}$$

步骤2:计算分集改善因子I。

$$I = \frac{p_1}{p_2} = \frac{1}{1+\beta^2} \cdot \left[1 + \frac{100 \cdot \beta^2}{p_1}\right] \approx 1 + \frac{100 \cdot \beta^2}{p_1} = 1 + \frac{100 \cdot 2.14 \cdot 10^{-3}}{0.1} = 3.14$$

式中,$p_1 = 100 -$ 链路可用性 $= 100 - 99.9 = 0.1$

因此,对于单站点衰减为11.31dB的系统,增加第二个站点的分集操作可将系统的可用性由99.9%提高到改进的链路可用性为:

$$100 - p_2 = 100 - \frac{p_1}{I} = 100 - \frac{0.1}{3.14} = 99.97\%$$

8.1.3.3 站点分集处理

在一个站点分集操作中,通过几个标准来确定"在线"站点。最终目标是选择雨衰最低的站点(上行链路分集)或接收信号电平最高的站点(下行链路分集)。但由于实际的实现问题,并不总是能够完全提供这些简单的标准。

对于上行链路情况,衰减水平可以通过监测从卫星发射的信标信号直接确定,或者通过雨量计、辐射计或雷达测量间接确定。或者,地面遥测获取卫星接收到的信号电平,或者,如果站点也采用下行链路分集,下行链路决策过程也可以应用到上行链路。上行链路分集比下行链路分集更难实现,因为涉及高功率信号的切换,并且由于可能无法准确或快速地知道链路上的实际衰减,从而无法允许安全切换。

数据可能在切换过程中丢失,特别是对于高速传输。使用数字信号的上行链路分集限制较少;但是,上行链路站点和上行链路信息信号的起始位置之间必须保持精确的定时和延迟信息。

对于下行链路情况,可以比较两个接收信号电平,并选择最高电平信号用于在线。几种备选决策算法实现如下:

主要优势:只要主站点的信号电平保持在预设阈值以上,主站点就可以在线。只有当主站点低于阈值且辅助站点高于阈值时,辅助站点才会联机。

双重激活:两个站点(或在 3 个站点分集的情况下为 3 个站点)始终处于活动状态,分集处理器选择最高电平信号做进一步处理。

组合:在信号格式允许的情况下,可对各站点的信号进行自适应组合,并将组合后的信号作为在线输入,不需要切换。这种技术对于模拟视频或语音传输特别有吸引力。

在任何分集处理系统中,尤其是那些涉及数字格式信号或突发格式信号(例如时分多址(TDMA))的系统中,同步和定时是成功运行的关键。

利用国际电信 5 号卫星和 TDMA/DSI(数字语音内插)的实验分集系统,研究了日本 Ku 频段 TDMA 站点分集运行的方法和技术。在突发时间计划中提供了一个短的分集突发,以保持分集运行的突发同步,如图 8.18 所示。分离距离为 97km,主站(山口)仰角 6.8°,后备站点(滨田)仰角 6.3°。

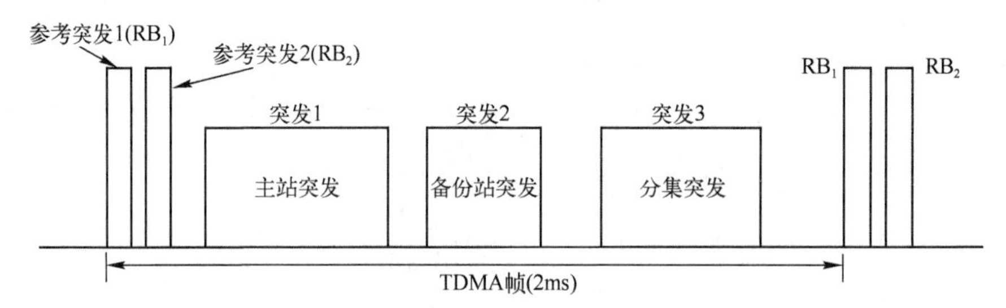

图 8.18 TDMA 站点分集试验的突发时间计划

根据误比特率,信号质量阈值由下面的算法定义:

$$Q_{\mathrm{th}}=\frac{N_S}{F_S N_0 T_S} \tag{8.19}$$

式中:Q_{th}为信号质量阈值;N_S为指定阈值的错误码数;F_S为 TDMA 帧频(500Hz);N_0为每一帧中为错误检测而观察到的数据位数;T_S为错误检测时间。

对于实验,将 N_S设置为 100,N_0设置为 10000,T_S设置为 20s,对应于误比特率 BER 为 1×10^{-6}。

图 8.19 显示了观测到的持续时间为 50min 的降雨事件的分集切换响应。图 8.20 显示了同一事件的误比特率的累积分布。图中分别显示了主站点突发事件、后备站点突发事件和分集突发事件的分布曲线。采用分集运行可以改善误比特率性能。

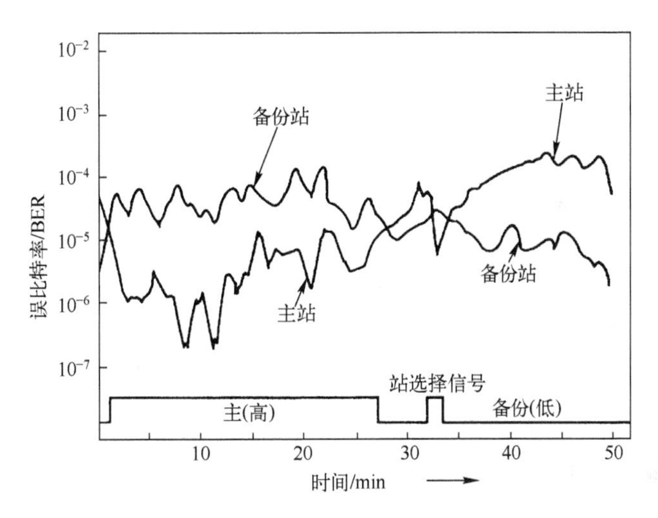

图 8.19 TDMA 试验的分集切换响应

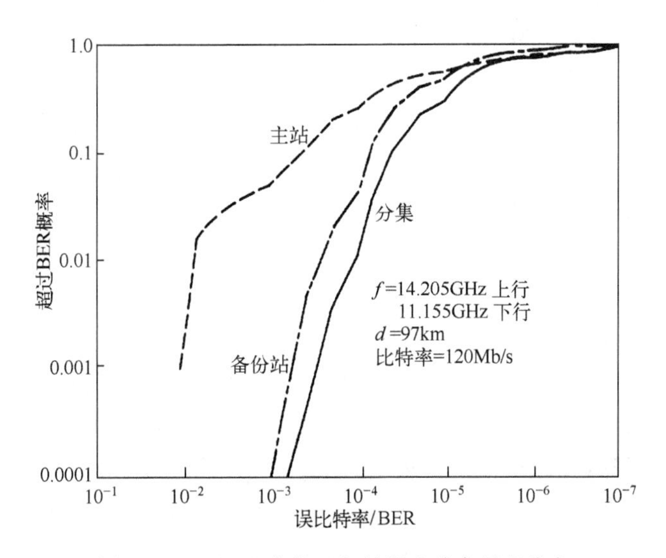

图 8.20 环回和分集运行的误比特率累积分布

8.1.3.4 站点分集建模时的注意事项

用于站点分集增益和站点分集改善的 Hodge 和 ITU-R 模型为评估通过分集

技术实现的链路性能改善提供了很好的方法，但是，在应用这些模型时需要考虑一些重点。

- 分集增益模型和分集改善模型都是从有限的数据中凭经验得出的。它们被认为仅在 10~30GHz 之间有效，并且年度链路可用性至少为 99.9%（即 $p<0.1\%$）。
- 分集增益模型和分集改善模型是独立推导的。使用两个模型对相同站点分集配置的计算可能会提供略有不同的结果。
- 分集增益模型通常显示约 10km 或 20km 后缺少额外增益。最近的研究表明，这是从中得出模型的经验数据的产物。当距离增加到 50km 以上时，可以获得一些额外的增益；但是，尚无简洁的模型来表示这种效果。
- 站点相隔数十千米或更大距离的广域分集无法通过此处提供的站点分集增益和分集改善程序来建模。广域分集研究正在进行中，然而，气象条件的巨大差异以及在分布广泛的地区进行建模的难度，使得开发全面预测技术变得困难。

8.1.4 轨道分集

轨道分集是指使用两颗分布广泛的在轨卫星为单个地面终端提供单独的会聚路径。通过利用路径衰减最低的链路来实现分集增益，可以生成概念上与站点分集运行类似的统计信息。

由于轨道分集需要两颗在轨道上分布疏散的卫星，因此其应用非常有限。此外，轨道分集要求地面终端的两个天线系统完全有效。轨道分集改善主要不是由于暴雨的单元结构，而是由于两条单独的路径到一个经历降雨的地面终端之间总是存在一定数量的统计去相关。

由于轨道分集路径的相关性较高，因此轨道分集对雨退缓解的效果一般不如站点分集。然而，轨道分集的优势在于可以与许多地面站点共享这两个卫星（作为资源共享方案的一部分）。这与站点分集的情况相反，在站点分集情况下，冗余地面站点通常只能专用于一个主地面站点。因此，由于大部分时间不使用冗余的地面站点，站点分集有些效率低下。另一方面，如果一个轨道分集方案没有利用其与多个地面站点共享资源的能力，那么它效率低下，事实可能会证明，相对于它所提供的分集增益而言，它的代价太大了。

除了雨衰之外，运行方面的考虑也可以使轨道分集的利用更有吸引力。此类运行考虑的例子包括卫星设备故障和主卫星的太阳过境，这两种情况都需要移交给冗余卫星以维持通信。除雨衰之外，由于其他原因使用冗余卫星有助于使轨道分集在经济上切实可行。如果一个地面终端要充分利用轨道分集,它应具有两个天线系统,这样传输路径之间的切换时间可以最小化。如果终端只有一个波束宽度相对较窄的天线系统,则由于将地面天线从一颗卫星转换到另一颗卫星所需的时间有限,以及由于接收机重新获得上下行链路信号所需的时间有限,切换时间可能会过多。当然,使用两个空间上分开的地面天线,除了轨道分集外,还为站点分集提供了机会。

地球静止轨道上的卫星由于在地面站看来是固定在空间上的,因而有利于轨道分集。这样的轨道简化了卫星的捕获和跟踪,缓解了卫星切换问题。然而,卫星对北部和南部高纬度地区的覆盖是有限的,要求这些纬度地区的地面天线在低仰角下工作。此外,由于通过降雨单元的路径长度较长,所以在低仰角时雨衰更大。为了克服高纬度地面站的这一困难,可以使用远地点在高纬度的椭圆轨道,使卫星能够覆盖轨道周期中相对较大的一部分。然而,这样一来不仅失去了地球静止轨道的优势,而且还必须使用几颗卫星,以便随时提供覆盖。

关于轨道分集可实现改善的数据很少。Matricciani 于 1987 年进行了早期分析,评估的要素为

(1) 意大利北部 Spino d'Adda 的地面站;

(2) 卫星 1(意大利卫星)在东经 13°;

(3) 卫星 2(奥林巴斯)在西经 19°。

图 8.21 显示了 20GHz 下行链路的预测单路径和双路径统计信息。该图所示的分集(双径)预测假设正常使用卫星 1,并且仅当卫星 1 的雨衰超过某些选定值时才连接卫星 2。由于将仅使用卫星 2 的一小部分时间,因此可以与几个地面站共享时间,以实现大规模的轨道分集。这些预测基于降雨率概率分布的单路径测量,并且双路径衰减的联合分布假定服从对数正态分布。

轨道分集对单一站点运行的改善程度不如站点分集运行的改善程度大,因为两种轨道分集都集中在地球上同一点的下端。由于雨衰主要发生在对流层下 4km 处,所以两条分流路径之间的统计独立性很小。

轨道分集测量结果证明了这一点。Lin 等(1980)完成了轨道分集改善的测量,其配置包括:

(1) 佐治亚州帕尔梅托地面站;

(2) 路径 1——18GHz 辐射计,指向 COMSTAR D_1 的方向,位于西经 128°;

(3) 路径 2——19GHz COMSTAR 信标信号,位于西经 95°。

图 8.22 显示了在 18GHz 和 19GHz 频率处的测量结果。可以预期,分集增益随着角度的增加而显著提高。

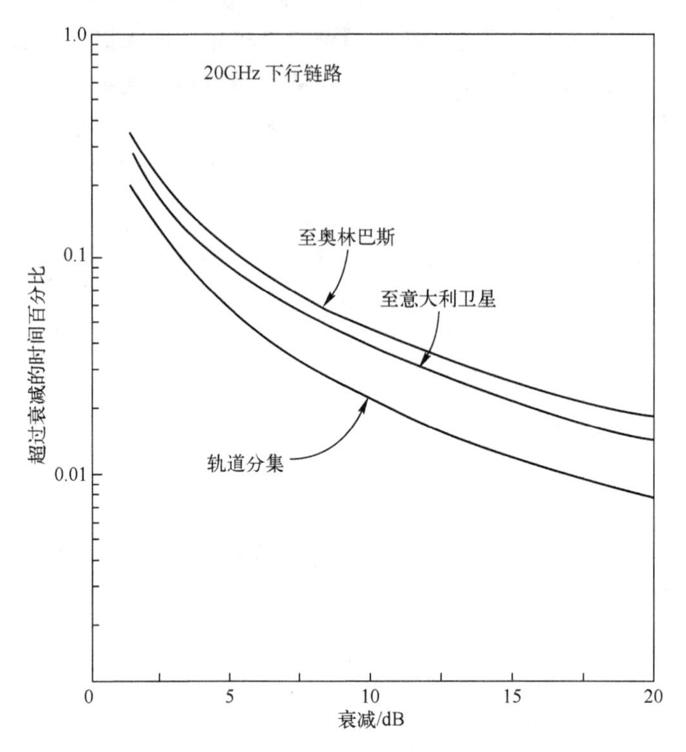

图 8.21　意大利斯皮诺达达站的轨道分集性能预测

除了开始时单路衰减较大外,分集增益实际上随倾角的增大而缓慢增加。这是因为大部分雨衰都是在低海拔地区,所以即使是大范围发散的传播路径也常常通过同一个降雨单元。

图 8.22 中的测量值不能直接与图 8.21 中的预测值进行比较,因为降雨统计数据和几何结构不同。然而,有限的测量和计算表明,轨道分集可以获得最大的分集增益。在任何情况下,轨道分集增益都小于站点分集所能实现的增益。以 ITU-R 分集增益模型为例,当平均单点雨量衰减为 10dB 时,分集增益 G_D 约为 5dB。另一方面,图 8.21 和图 8.22 显示,轨道分集只能获得 2dB 或 3dB 分集增益。

轨道分集对于采用非地球同步轨道星座的系统,特别是在 Ka 或 V 频段运行的系统是很有意义的。随着在 Ka 和 V 频段操作的新一代宽带 FSS 系统加入现有的 GSO 卫星系统,预计在未来几年内可获得测量数据。

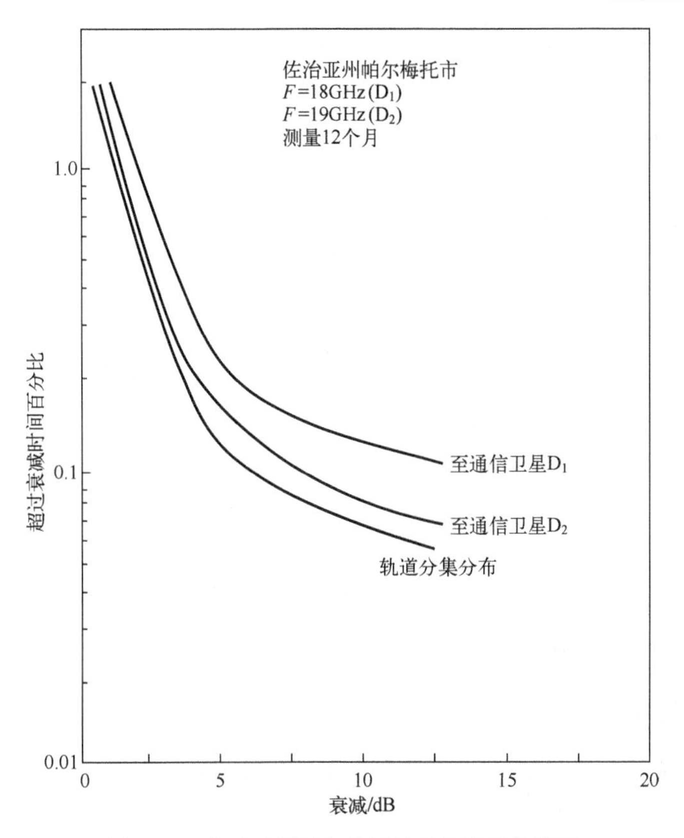

图 8.22 佐治亚州帕尔梅托站的轨道分集测量

8.2 信号改变恢复技术

第二种链路恢复通用类型包括改变通信信号特性,以便在链路衰落和其他路径退化情况下改善其性能。与前面讨论的恢复链路过程中不改变基本信号格式的技术不同,信号改变方法采用信号处理来提高链路性能。

本节讨论的信号改变恢复技术包括:

- 频率分集;
- 带宽压缩;
- 时延传输分集;
- 自适应前向纠错;
- 自适应编码调制(ACM)。

通常这些技术是单独应用的，但对于特定的应用或系统条件，可以将这两种或更多的技术结合起来以获得额外的改进。

8.2.1 频率分集

受雨衰影响频段(例如 14/12GHz 或 30/20GHz)的地球—空间链路，其频率分集涉及切换到较低的频段，例如 6/4GHz，在该频段中，只要超过指定的裕度，降雨衰减可以忽略不计。采用这种方法的地面站和卫星必须配备双频操作。

给定卫星所需的低频转发器的数量取决于卫星同时服务的链路数量，并且取决于任何一条链路雨衰超过降雨裕度的概率。例如，假设一个系统每个转发器有一个链路，并且在任何一个链路上超过雨衰的概率为 10%。维持 48 个转发器卫星的 99.99%可用性所需的低频转发器数量为 10，而 24 个转发器数量为 8。如果任一链路上下雨的概率降低到 1%，则低频转发器的数量将分别降至 3 和 2。

对于已经在两个或两个以上频段中运行的卫星，对于许多应用而言，频率分集可能是一种实用且低成本的恢复方法。

8.2.2 带宽压缩

在强衰减期间，可以减小上行链路或下行链路上承载信息的信号带宽，从而增加链路上的可用载波噪声比。带宽压缩一半将导致该链路的载噪比改善 3dB。

带宽压缩显然仅限于那些可以容忍信息速率或数据速率变化的应用。在数字系统和可接受信号自适应延迟的链路中更容易实现。

8.2.3 时延传输分集

时延传输分集，又称时间分集，是一种有用的恢复技术，可以在不需要实时操作的情况下实现(例如在批量数据传输、存储和转发应用程序等中)，包括在雨衰期间存储数据，并在雨衰结束后进行传输。根据工作频率和系统地面站的降雨情况，将需要几分钟到几小时的存储时间。

8.2.4 自适应编码调制

源编码对于降低数字通信链路上的误比特率非常有用，特别是那些涉及时分多址(TDMA)结构的链路。采用前向纠错(FEC)编码方案，可获得高达 8dB 的编码增益。然而，前向纠错编码在误比特率方面的改进是通过降低采样率或链路上的容量来实现的。

在受到雨衰或其他衰落影响的 TDMA 链路上，自适应前向纠错编码可以提供一种相对有效的方式来恢复衰减期间的链路可用性。

TDMA 链路上有几种方式可以用来实现自适应前向纠错编码。一般来说，会保留少量的通信链路容量，以便根据需要分配给那些经历衰减的链路用于额外的编码。端到端链路数据速率保持不变，因为额外的容量容纳了增加编码所需的额外编码位。

多余容量可以包括在 TDMA 突发级或 TDMA 帧级。突发级的自适应前向纠错编码实现只对下行链路的衰减有效，因为只有单个突发可以被编码。帧级自适应前向纠错编码可以适应上行或下行链路衰减，因为备用容量既可以应用于整个帧进行上行链路恢复，也可以应用于帧的部分（单个突发）进行下行链路恢复。

据报道，工作于 14/11GHz，拥有 32 个地面终端的 TDMA 网络，其总自适应前向纠错编码增益高达 8dB。先进的通信技术卫星 ACTS 采用了自适应前向纠错编码和突发速率降低技术，并进行了星上处理，以适应基带处理器模式下高达 10dB 的雨衰。

自适应编码调制（ACM）技术采用各种形式的正交幅度调制（QAM）来恢复慢衰落和频率选择性衰落信道。这些技术对于固定线路卫星通信链路的应用有限，因为它们主要集中在无线移动和蜂窝信道上，其中主要的传播衰减是多径、散射、阻塞和阴影，而不是雨衰或对流层闪烁。

8.3 小　　结

许多恢复技术可用于减少传播损耗（主要是雨衰）对空间通信链路固定线路的影响。每种技术在实现复杂度、成本、衰减程度等方面都有各自的优缺点，可以进行补偿。例如，在强降雨衰减时，站点分集可以提供 5~10dB 的恢复，而由于信号参数的限制，带宽压缩仅有几个分贝。

系统设计者可以将这些技术结合到许多运行应用中，以实现进一步的改进。上行链路功率控制，及下行链路站点分集和自适应前向纠错编码，均可以为某些应用提供强大的恢复能力。如果只有一个或两个地面终端位于强降雨地区，点波束可以提供可接受的信号传输质量。恢复技术极大地促进了卫星通信向 Ku、Ka 和 V 频段的扩展。目前，可以在很大程度上设计出一个系统，雨衰或其他损耗不再存在像以前评价卫星通信中较高频段适用性时存在的障碍。

参考文献

[1] Ippolito LJ, Jr., *Radiowave Propagation in Satellite Communications*, Van Nostrand Reinhold Company, New York, 1986.

[2] Maseng T, Bakken PM. A stochastic dynamic model of rain attenuation. IEEE Trans Comm 1981;29(5).

[3] Holmes W. M. Jr., Beck GA. "The ACTS Flight System: Cost Effective Advanced Communications Technology." AIAA 10th Communications Satellite Systems Conference, AIAA CP842, Orlando, Fla., pp. 196-201, Mar. 19-22, 1984.

[4] Hodge, D. B., "The Characteristics of Millimeter Wavelength Satellite to Ground Space Diversity Links," IEE Conference Publication No. 98, Propagation of Radio Waves at Frequencies Above 10GHz, 10-13 April 1973, London, pp. 28-32.

[5] Rogers DV, Hodge G. Diversity measurements of 11.6GHz rain attenuation at Etam and Lenox, West Virginia. COMSAT Technical Review 1979:9(1):243-254.

[6] Towner GC, et al. Initial results from the VPI&SU SIRIO diversity experiment. Radio Science 1982;17(6):1498-1494.

[7] Tang DD, Davidson D. Diversity reception of COMSTAR satellite 19/29GHz beacons with the Tampa Triad, 1978-1981. Radio Science 1982;17(6):1477-1488.

[8] Hodge DB. An empirical relationship for path diversity gain. IEEE Trans on Antennas and Propagation 1976;24(3):250-251.

[9] Hodge DB. An improved model for diversity gain on earth space propagaton paths. Radio Science 1982;17(6):1393-1399.

[10] ITU-R Rec. P.618-12, Propagation Data and Prediction Methods Required for the Design of Earth-space Telecommunication Systems, International Telecom-munications Union, Geneva, July 2015.

[11] Watanabe T, et al. "Site diversity and up-path power control experiments for TDMA satellite link in 14/11GHz bands," Sixth International Conference on Digital Satellite Communications, Phoenix, Az., IEEE Cat. No. 83CH1848-1, pp. IX-21 to 28, 19-23 Sept. 1983.

[12] Ortgies G. "Ka band Wave Propagation Activities at Deutsche Telecom," *CEPIT IV Meeting Proceedings, Florence*, Italy, September 23, 1996.

[13] Matricciani E. (1987), "Orbital Diversity in Resource-Shared Satellite Communication Systems Above 10GHz," IEEE J. on Selected Areas in Comm 1987;SAC-5(4):714-723.

[14] Lin SH, Bergman HL, Pursley MV. Rain attenuation on earth space paths summary of 10 year experiments and studies. Bell System Technical Journal 1980;59(2):183-228.

[15] Engelbrecht RS. The effect of rain on satellite communication above 10GHz. RCA Review 1979;40(2):191-229.

[16] Mazur B, Crozier S, Lyons R, Matyas R. "Adaptive Forward Error Correction Techniques in TDMA." Sixth International Conference on Digital Satellite Communications, Phoenix, Az., IEEE Cat. No. 83CH1848 1, pp. XII 8 to 15, Sept. 19-23, 1983.

[17] Holmes WM Jr., Beck GA. "The ACTS Flight System: Cost Effective Advanced Communications Technology." AIAA 10th Communications Satellite Systems Conference, AIAA CP842, Orlando, Fla., pp. 196-201, Mar. 19-22, 1984.

[18] Webb WT, Steele R. Variable rate QAM for mobile radio. IEEE Trans Commun 1995;43:2223-2230.

[19] Goldsmith AJ, Chua S-G. Adaptive coded modulation for fading channels. IEEE Trans Commun 1998;46(5).

习 题

1 天线波束分集适用于具有可切换上下行链路天线的卫星,如 INTELSAT 系列卫星。地面终端利用波束宽度为 8°的美国大陆波束进行基线运行。卫星上可用的其他天线(具有相关的波束宽度)有:时区波束(3°)、区域波束(1.6°)和点波束(0.5°)。必须使用哪种可用的波束来避免超过基线 15dB 的过度衰减的预期降雨事件?高于基线 12dB 的降雨事件?可用波束所能容忍的最大雨衰是多少?

2 解释为什么图 8.9 所示的分集增益曲线显示,在较大的分集值下,随着站点间距的增加,分集增益曲线呈下降趋势。为什么对于任何单端衰减值都会出现这种影响?

3 图 8.12 总结了西弗吉尼亚州 11.6GHz 的站点分集测量结果。对于 99.9%的链路可用性,系统的分集增益是多少?链路可用性为 99%时系统的分集增益又是多少?如果终端在 3dB 链路裕度下工作,分集改善系数是多少?解释用于确定分集参数的参考。

4 考虑在华盛顿特区的卫星地面站位置(北纬:38.9°,西经:77°,海拔高度:200m),在 Ka 频段工作,上行载波频率为 30.75GHz(线性垂直极化),下行载波频率为 20.25GHz(线性水平极化)。与对地静止轨道卫星的仰角是 30°。地面终端配置有两个站点分集,天线相同,年链路可用率为 99.99%。假设标称表面温度为 20℃,标称表面压力为 1013mb。两个终端之间的间隔为 8.5km,基线方向角为 85°。确定以下内容:a)使用 ITU-R 雨衰模型的单站点运行的两条链路雨衰裕度;b)具有双站分集运行的每条链路的分集增益和分集改善因子;c)两个站点分集运行产生的降雨裕度。(注:该问题的地面站参数与第 7 章问题 3 的参数相同。)

第9章
复合链路

本章将分析通信卫星转发器的总体端到端性能。包括上行链路和下行链路的整体链路通常被称为复合链路。第4章和第5章描述了单个射频链路、上行链路或下行链路的性能。本章将探讨上行链路和下行链路对通信系统性能和设计的综合影响。

卫星通信传输路径(上行链路和下行链路)中引入的链路退化的影响是通过将它们包含在卫星通信系统的传输信道部分来定量确定的。在上下行信号路径中引入路径损耗,在上下行信号中加入路径噪声,如图9.1所示。

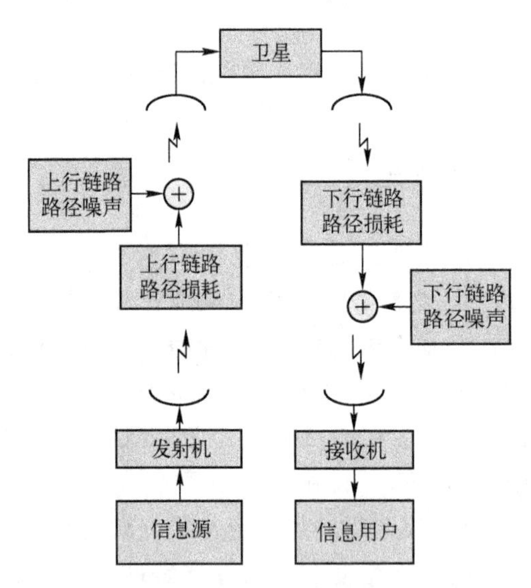

图9.1 包含射频路径损耗和路径噪声的卫星通信性能评估

路径损耗是由气体衰减、雨或云衰减、闪烁损耗、到达角损耗或天线增益衰减等影响引起的一个或多个信号功率损耗的总和。路径噪声是一个或多个附加噪声影响的总和,如由大气气体、云层、雨水、去极化、地面排放或外星源引起的噪声[1]。

通过建立包括路径退化参数在内的全链路系统方程,确定了系统的总载频噪声比$(c/n)_S$。图9.2定义了链路计算中使用的参数。下标字母G表示地面站参数,下标字母S表示卫星参数。此外,大写参数指以分贝(dB)表示的参数,小写参数指以适当单位表示的数字或比率。

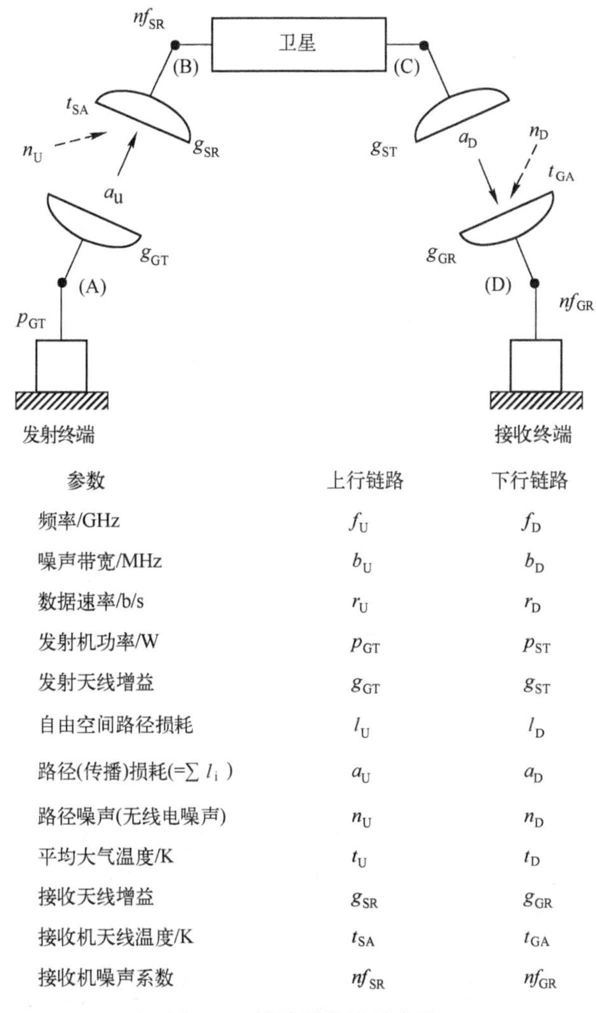

参数	上行链路	下行链路
频率/GHz	f_U	f_D
噪声带宽/MHz	b_U	b_D
数据速率/b/s	r_U	r_D
发射机功率/W	p_{GT}	p_{ST}
发射天线增益	g_{GT}	g_{ST}
自由空间路径损耗	l_U	l_D
路径(传播)损耗(=$\sum l_i$)	a_U	a_D
路径噪声(无线电噪声)	n_U	n_D
平均大气温度/K	t_U	t_D
接收天线增益	g_{SR}	g_{GR}
接收机天线温度/K	t_{SA}	t_{GA}
接收机噪声系数	nf_{SR}	nf_{GR}

图9.2　链路性能计算参数

通信卫星转发器具有两种通用类型,如3.2.1.1中所述,传统的频率变换卫星，包括绝大多数过去和当前的卫星系统，以及在轨处理卫星，它利用在轨检测和重新调制来提供两个基本独立的级联（上行链路和下行链路）通信链路。

由于上行链路和下行链路退化贡献间存在不同的功能关系，从而两种类型转发器均具有不同的系统性能。本章将在以下各节对每种类型进行描述和分析。

9.1 频率变换卫星

传统的频率变换卫星以上行链路载波频率f_U接收上行链路信号，将承载信息的信号下变频至中频f_{IF}，用于放大，上变频至下行链路频率f_D，并在最终放大后将信号重传至地面。图9.3(a)显示了传统频率变换转发器的功能表示。图9.3(b)显示了另一种版本，直接频率变换转发器。在直接转发器中，上行链路频率直接变换为下行链路频率，在一级或多级放大后，重新传输到地面。

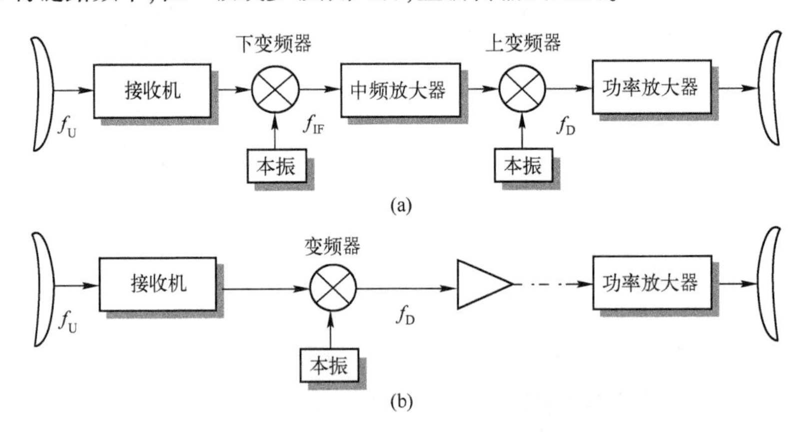

图9.3 频率变换转发器

在频率变换卫星上没有进行任何处理。上行链路上引入的信号衰减和噪声被变换为下行链路，系统的总体性能将取决于这两条链路。

9.1.1 上行链路

本节将推导频率变换卫星上行链路的链路性能方程，包括路径损耗和路径噪声的贡献。从上行链路发射机开始，使用图9.2中规定的参数，地面发射终端eirp为

$$\mathrm{eirp}_{\mathrm{G}} = p_{\mathrm{GT}} g_{\mathrm{GT}} \tag{9.1}$$

在卫星天线终端(图 9.2 中的(B)点)处接收到的载波功率为

$$c_{\mathrm{SR}} = \frac{p_{\mathrm{GT}} g_{\mathrm{GT}} g_{\mathrm{SR}}}{l_{\mathrm{U}} a_{\mathrm{U}}} \tag{9.2}$$

式中:l_{U}为上行链路自由空间路径损耗;a_{U}为上行链路路径损耗;g_{GT}和 g_{SR}分别为发射和接收天线增益。

卫星天线点(B)处的噪声功率是 3 个分量之和,即

n_{SR} = 上行链路路径噪声+卫星天线接收噪声+卫星接收机系统噪声

3 个分量计算公式代入得

$$n_{\mathrm{SR}} = k t_{\mathrm{U}} \left(1 - \frac{1}{a_{\mathrm{U}}}\right) b_{\mathrm{U}} + k t_{\mathrm{SA}} b_{\mathrm{U}} + 290 k (nf_{\mathrm{SR}} - 1) b_{\mathrm{U}} \tag{9.3}$$

式中:k 为玻尔兹曼常数;b_{U}为上行链路信息带宽;t_{SA}为卫星接收机天线温度;nf_{SR}为卫星接收机噪声系数;t_{U}为上行链路大气路径的平均温度。

因此,

$$n_{\mathrm{SR}} = k \left[t_{\mathrm{U}} \left(1 - \frac{1}{a_{\mathrm{U}}}\right) + t_{\mathrm{SA}} + 290 (nf_{\mathrm{SR}} - 1) \right] b_{\mathrm{U}} \tag{9.4}$$

在点(B)处的上行链路载波噪声比由下式给出:

$$\left(\frac{c}{n}\right)_{\mathrm{U}} = \frac{c_{\mathrm{SR}}}{n_{\mathrm{SR}}} = \frac{p_{\mathrm{GT}} g_{\mathrm{GT}} g_{\mathrm{SR}}}{l_{\mathrm{U}} a_{\mathrm{U}} k \left[t_{\mathrm{U}} \left(1 - \frac{1}{a_{\mathrm{U}}}\right) + t_{\mathrm{SA}} + 290 (nf_{\mathrm{SA}} - 1) \right] b_{\mathrm{U}}} \tag{9.5}$$

这个结果给出了上行链路载波噪声比的表达式,其中明确包含了上行链路的路径损耗和噪声贡献,这将有助于我们以后对复合链路性能的评估。

9.1.2 下行链路

频率变换卫星的下行载波噪声比可以通过与上行链路相同的方法,使用图 9.2 中定义的等效下行链路参数来确定。因此,在点(D)处:

$$c_{\mathrm{GR}} = \frac{p_{\mathrm{ST}} g_{\mathrm{ST}} g_{\mathrm{GR}}}{l_{\mathrm{D}} a_{\mathrm{D}}} \tag{9.6}$$

$$n_{\mathrm{GR}} = k \left[t_{\mathrm{D}} \left(1 - \frac{1}{a_{\mathrm{D}}}\right) + t_{\mathrm{GA}} + 290 (nf_{\mathrm{GR}} - 1) \right] b_{\mathrm{D}} \tag{9.7}$$

$$\left(\frac{c}{n}\right)_{\mathrm{D}} = \frac{c_{\mathrm{GR}}}{n_{\mathrm{GR}}} = \frac{p_{\mathrm{ST}} g_{\mathrm{ST}} g_{\mathrm{GR}}}{l_{\mathrm{D}} a_{\mathrm{D}} k \left[t_{\mathrm{D}} \left(1 - \frac{1}{a_{\mathrm{D}}}\right) + t_{\mathrm{GA}} + 290 (nf_{\mathrm{GR}} - 1) \right] b_{\mathrm{D}}} \tag{9.8}$$

这个结果给出了下行载波噪声比的表达式,其中明确显示了下行链路路径损耗和噪声的贡献。

9.1.3 复合载波噪声比

目前,频率变换转发器的复合或系统载波噪声功率根据上述上行链路和下行链路结果来设计。针对频率变换转发器工作固有的两个重要条件进行分析。

条件1:频率变换卫星的下行链路发射功率 p_{ST} 将包含想要的载波分量 c_{ST} 和由上行链路和卫星系统本身引入的噪声 n_{ST}。也就是说,

$$p_{ST}=c_{ST}+n_{ST} \tag{9.9}$$

条件2:由于没有信息信号的星上处理或增强,卫星输入载波噪声比必须等于卫星输出载波噪声比,即(假定卫星系统引入的所有噪声由 nf_{SR} 表示)

$$\left(\frac{c}{n}\right)_{in} \text{——} \boxed{\text{卫星}} \text{——} \left(\frac{c}{n}\right)_{out}$$

因此,根据图9.2定义的链路参数得到

$$\frac{c_{SR}}{n_{SR}}=\frac{c_{ST}}{n_{ST}}$$

或

$$\left(\frac{c}{n}\right)_U=\frac{c_{ST}}{n_{ST}} \tag{9.10}$$

利用式(9.9)中的条件代替式(9.10),得到

$$\left(\frac{c}{n}\right)_U=\frac{c_{ST}}{n_{ST}}=\frac{c_{ST}}{p_{ST}-c_{ST}}$$

重新排列各项得到

$$\left(\frac{c}{n}\right)_U=\frac{1}{\dfrac{p_{ST}}{c_{ST}}-1}$$

$$\frac{1}{\left(\dfrac{c}{n}\right)_U}=\frac{p_{ST}}{c_{ST}}-1$$

求解 c_{ST},可得

$$c_{ST}=\frac{p_{ST}}{1+\dfrac{1}{\left(\dfrac{c}{n}\right)_U}} \tag{9.11}$$

接下来,用式(9.9)的条件替换式(9.10)中的 c_{ST},得到

$$\left(\frac{c}{n}\right)_U=\frac{c_{ST}}{n_{ST}}=\frac{p_{ST}-n_{ST}}{n_{ST}}$$

重新排列各项得到

$$\left(\frac{c}{n}\right)_U=\frac{p_{ST}}{n_{ST}}-1$$

求解 n_{ST},得到

$$n_{ST}=\frac{p_{ST}}{1+\left(\dfrac{c}{n}\right)_U} \tag{9.12}$$

式(9.11)和式(9.12)以上行链路载波噪声比(包括所有上行链路退化)的形式明确地显示了上行链路对下行链路期望发射信号电平 c_{ST}和下行链路噪声功率 n_{ST}的影响。

现在考虑地面接收机在D点处接收到的期望载波功率分量,我们称之为 c'_{GR},以区别于在D点处接收到的总载波功率 c_{GR}:

$$c'_{GR}=\frac{c_{ST}g_{ST}g_{GR}}{l_D a_D}$$

用式(9.11)代替 c_{ST},可得

$$c'_{GR}=\frac{p_{ST}}{1+\dfrac{1}{\left(\dfrac{c}{n}\right)_U}}\frac{g_{ST}g_{GR}}{l_D a_D}$$

由式(9.6)c_{GR}的定义可知

$$c'_{GR}=\frac{c_{GR}}{1+\dfrac{1}{\left(\dfrac{c}{n}\right)_U}} \tag{9.13}$$

地面接收到的总噪声功率 n'_{GR} 是式(9.7)中下行链路上引入的噪声和

式(9.12)中上行链路传输的噪声之和,即

$$n'_{GR}=n_{GR}+\frac{n_{ST}g_{ST}g_{GR}}{l_D a_D} \tag{9.14}$$

由式(9.12)可知

$$n'_{GR}=n_{GR}+\frac{p_{ST}}{1+\left(\frac{c}{n}\right)_U}\frac{g_{ST}g_{GR}}{l_D a_D} \tag{9.15}$$

与式(9.6)比较可得

$$n'_{GR}=n_{GR}+\frac{c_{GR}}{1+\left(\frac{c}{n}\right)_U} \tag{9.16}$$

式(9.13)和式(9.16)分别显示了上行链路退化对下行链路信号和噪声的影响。

那么,频率变换转发器的复合(也称为系统或总)载波噪声比可表示为

$$\left(\frac{c}{n}\right)_C=\frac{c'_{GR}}{n'_{GR}}$$

应用式(9.13)和式(9.16)可得

$$\left(\frac{c}{n}\right)_C=\frac{\dfrac{c_{GR}}{1+\dfrac{1}{\left(\frac{c}{n}\right)_U}}}{n_{GR}+\dfrac{c_{GR}}{1+\left(\frac{c}{n}\right)_U}} \tag{9.17}$$

重新排列各项,存在

$$\frac{c_{GR}}{n_{GR}}=\left(\frac{c}{n}\right)_D$$

根据上行链路和下行链路载波噪声比,$(c/n)_C$可以表示为

$$\left.\left(\frac{c}{n}\right)_C\right|_{FT}=\frac{\left(\frac{c}{n}\right)_U\left(\frac{c}{n}\right)_D}{1+\left(\frac{c}{n}\right)_U+\left(\frac{c}{n}\right)_D} \tag{9.18}$$

式中：$(c/n)_U$和$(c/n)_D$分别由式(9.5)和式(9.8)确定。

若满足下式：

$$\left(\frac{c}{n}\right)_U \gg 1$$

$$\left(\frac{c}{n}\right)_D \gg 1$$

则式(9.18)可变为

$$\left(\frac{c}{n}\right)_C \bigg|_{FT} \cong \frac{\left(\frac{c}{n}\right)_U \left(\frac{c}{n}\right)_D}{\left(\frac{c}{n}\right)_U + \left(\frac{c}{n}\right)_D} \tag{9.19}$$

或

$$\left(\frac{c}{n}\right)_C^{-1} \bigg|_{FT} \cong \left(\frac{c}{n}\right)_U^{-1} + \left(\frac{c}{n}\right)_D^{-1} \tag{9.20}$$

在教科书中，该近似结果经常用于表示频率变换卫星链路的复合载波噪声比。它通常可用于卫星链路分析，因为$(c/n)_U$和$(c/n)_D$通常远大于1。然而，当评估系统参数的微小变化或需要精确的灵敏度分析（尤其是路径退化效应分析）时，最好采用式(9.18)给出的完整结果。

一种频率变换转发器，其上行链路载波噪声比大于下行链路载波噪声比，即

$$\left(\frac{c}{n}\right)_U > \left(\frac{c}{n}\right)_D$$

称为下行链路限制。

相反地，若上行链路载波噪声比小于下行链路载波噪声比，即

$$\left(\frac{c}{n}\right)_U < \left(\frac{c}{n}\right)_D$$

转发器被认为是上行链路限制。

根据链路参数和具体应用，在同一卫星上一些转发器可能受到上行链路限制，而另一些则受到下行链路限制。在链路一端使用小型移动终端的卫星通常在出界（远离移动终端）方向上受到上行链路限制，在入界（朝向移动终端）方向上受到下行链路限制。

9.1.3.1 载波噪声密度

复合或系统总载波噪声密度可以很容易地表示为与式(9.18)相同的形式,即

$$\left(\frac{c}{n_o}\right)_C = \frac{\left(\frac{c}{n_o}\right)_U \left(\frac{c}{n_o}\right)_D}{1+\left(\frac{c}{n_o}\right)_U + \left(\frac{c}{n_o}\right)_D} \tag{9.21}$$

其中,

$$\left(\frac{c}{n_o}\right)_U = \frac{p_{GT}g_{GT}g_{SR}}{l_U a_U k\left[t_U\left(1-\frac{1}{a_U}\right)+t_{SA}+290(nf_{SR}-1)\right]} \tag{9.22}$$

$$\left(\frac{c}{n_o}\right)_D = \frac{p_{ST}g_{ST}g_{GR}}{l_D a_D k\left[t_D\left(1-\frac{1}{a_D}\right)+t_{GA}+290(nf_{GR}-1)\right]} \tag{9.23}$$

若存在

$$\left(\frac{c}{n_o}\right)_U \gg 1$$

$$\left(\frac{c}{n_o}\right)_D \gg 1$$

则式(9.18)可变为

$$\left(\frac{c}{n_o}\right)_C \Bigg|_{FT} \cong \frac{\left(\frac{c}{n_o}\right)_U \left(\frac{c}{n_o}\right)_D}{\left(\frac{c}{n_o}\right)_U + \left(\frac{c}{n_o}\right)_D} \tag{9.24}$$

或

$$\left(\frac{c}{n_o}\right)_C^{-1} \Bigg|_{FT} \approx \left(\frac{c}{n_o}\right)_U^{-1} + \left(\frac{c}{n_o}\right)_D^{-1} \tag{9.25}$$

9.1.3.2 每比特能量与噪声功率密度比

复合每比特能量与噪声功率密度的比$(e_b/n_o)_c$,通过将下式代入式(9.21)得到

$$\left(\frac{c}{n_o}\right) = \frac{1}{T_b}\left(\frac{e_b}{n_o}\right)$$

式中：T_b为比特持续时间，单位为 s。

同理，当

$$\left(\frac{e_b}{n_o}\right)_U \gg 1$$

$$\left(\frac{e_b}{n_o}\right)_D \gg 1$$

得到

$$\left(\frac{e_b}{n_o}\right)_C \Bigg|_{FT} = \frac{\left(\frac{e_b}{n_o}\right)_U \left(\frac{e_b}{n_o}\right)_D}{\left(\frac{e_b}{n_o}\right)_U + \left(\frac{e_b}{n_o}\right)_D} \tag{9.26}$$

或

$$\left(\frac{e_b}{n_o}\right)_C^{-1} \Bigg|_{FT} \approx \left(\frac{e_b}{n_o}\right)_U^{-1} + \left(\frac{e_b}{n_o}\right)_D^{-1} \tag{9.27}$$

整体端到端数字链路的误码率是由上面描述的每比特复合能量噪声密度比值所决定的。应该再次强调的是，本节和前面各节中提出的参数和比率是用数值表示的，而不是用分贝值表示的。

9.1.4　性能影响

频率变换转发器的复合链路性能很难预测，因为链路参数之间存在相互作用，正如式(9.4)和式(9.8)给出的上行链路和下行链路结果所证明的那样。从复合载波噪声比的结果中可能得出一些关于复合链路行为的一般结论，如式(9.19)或式(9.20)所示。这里将讨论两个特定的案例，以及它们对总体综合性能的影响。

情况 1. 一个链路比另一个链路强得多。

考虑在上行链路上具有更高载噪比的复合链路，并且具有

$$\left(\frac{c}{n}\right)_U = 100, \quad \left[\left(\frac{C}{N}\right)_U = 20\text{dB}\right]$$

$$\left(\frac{c}{n}\right)_D = 10, \quad \left[\left(\frac{C}{N}\right)_D = 10\text{dB}\right]$$

那么，由式(9.20)可得

$$\left(\frac{c}{n}\right)_{\mathrm{C}}^{-1}=\left(\frac{c}{n}\right)_{\mathrm{U}}^{-1}+\left(\frac{c}{n}\right)_{\mathrm{D}}^{-1}$$

$$\frac{1}{\left(\frac{c}{n}\right)_{\mathrm{C}}}=\frac{1}{100}+\frac{1}{10}=\frac{1}{9.0909}$$

或

$$\left(\frac{c}{n}\right)_{\mathrm{C}}=9.0909,\ \left(\frac{C}{N}\right)_{\mathrm{C}}=9.6(\mathrm{dB})$$

复合信号比弱链路略小,因此具有主导链路的卫星的性能不会比弱链路好(也比弱链路小)。

情况 2. 两个链路都相同。

考虑具有相同的上行链路和下行链路性能的复合链路,即

$$\left(\frac{c}{n}\right)_{\mathrm{U}}=10,\quad \left[\left(\frac{C}{N}\right)_{\mathrm{U}}=10\mathrm{dB}\right]$$

$$\left(\frac{c}{n}\right)_{\mathrm{D}}=10,\left[\left(\frac{C}{N}\right)_{\mathrm{D}}=10\mathrm{dB}\right]$$

那么,由式(9.20)可得

$$\left(\frac{c}{n}\right)_{\mathrm{C}}^{-1}=\left(\frac{c}{n}\right)_{\mathrm{U}}^{-1}+\left(\frac{c}{n}\right)_{\mathrm{D}}^{-1}$$

$$\frac{1}{\left(\frac{c}{n}\right)_{\mathrm{C}}}=\frac{1}{10}+\frac{1}{10}=\frac{1}{5}$$

或

$$\left(\frac{c}{n}\right)_{\mathrm{C}}=5,\quad \left(\frac{C}{N}\right)_{\mathrm{C}}=7(\mathrm{dB})$$

该复合系统在任一链路的载波噪声比为 1/2 或低于任一链路的噪声值 3dB 的情况下执行。因此,上行链路和下行链路性能相同的卫星,其综合性能将比每个单独链路的性能低 3dB。除了上面讨论的两种简单情况外,很难概括出复合频率变换链路的性能。系统参数(发射功率、天线增益、噪声数字等)与链路退化(衰减、噪声)相结合,产生的性能有时会令人吃惊。必须单独评估每个复合系统,以确定整体复合链路性能。下一节将重点讨论路径退化如何影响链路性能以及一些可能的意外结果。

9.1.5 路径损耗和链路性能

前面各节中的结果给出了频率变换转发器的总复合系统性能，它是所有链路变量的函数。从式(9.18)和式(9.20)所示方程$(c/n)_C$的结果来看，路径传播退化如何定量地影响整体链路性能并不明显。在方程$(c/n)_C$的分子和分母中都可以找到路径衰减a_U和a_D以及路径噪声温度t_U和t_D，它们的相对贡献在很大程度上取决于系统其他参数的值，例如发射功率、天线增益、噪声系数、信息带宽等。

必须对每个特定的卫星系统进行单独分析，并通过对其他系统参数指定值进行灵敏度分析来评估传播衰减。然后，可以确定上行链路和下行链路传播效应的相对贡献以及在存在传播退化的情况下系统的总体性能。最后，通过调整可以更改的系统参数来优化系统设计，以达到所需的可用性或性能水平。

这里将给出一个具体的案例研究来演示路径传播对系统性能影响的几个重要特性。

通信技术卫星CTS提供了一个很好的例子，说明了常规频率变换卫星中的各种运行配置。CTS是一颗实验通信卫星，运行于14/12GHz频段。它包含一个用于直接广播应用的高功率(200W)下行链路发射机和一个用于典型点对点固定卫星应用的较低功率(20W)下行链路发射机。

表9.1列出了CTS上行链路和下行链路系统参数。假设上行链路和下行链路仰角都为30°，得到表中所列的自由空间路径损耗值。CTS的下行链路发射功率为20W或200W，上行功率为100~1000W，具体取决于地面终端的能力。使用CTS可以实现大范围的上行/下行链路发射功率组合，并且每个组合的传播损耗(主要是降雨)的影响不同。

表9.1 通信技术卫星(CTS)的链路参数

参数	上行链路	下行链路
频率/GHz	14.1	12.1
带宽/MHz	30	30
发射功率/W	100~1000	20/200
发射天线增益/dBi	54	36.9
接收天线增益/dBi	37.9	52.6

（续）

参　数	上行链路	下行链路
接收机噪声系数/dB	8	3
接收天线温度/K	290	50
自由空间路径损耗(30°仰角)/dB	207.2	205.8

这里将考虑4种CTS运行模式。表9.2列出了每种模式的上行链路和下行链路发射功率，以及$(c/n)_D$和$(c/n)_C$的"晴空"值，分别由式(9.5)、式(9.8)和式(9.18)计算得到。晴空值对应无传播衰减的情况，即A_U和A_D均为0dB。

表9.2　CTS的载波噪声比(晴空条件：$A_U = A_D = 0$dB)

	模式1	模式2	模式3	模式4
上行链路发射功率/W	100	100	1000	1000
下行链路发射功率/W	200	20	20	200
上行链路$\left(\frac{C}{N}\right)_U$/dB	25.9	25.9	35.9	35.9
下行链路$\left(\frac{C}{N}\right)_D$/dB	35.2	25.2	25.2	35.2
复合链路$\left(\frac{C}{N}\right)_C$/dB	25.5	22.5	24.9	32.6

请注意，模式1是上行链路受限的系统，上行链路是较弱的链路，约为10dB。模式3是一个下行链路受限的系统，与模式1的性能相差无几。模式2和模式4在上行链路和下行链路间大约相等，因此，$(C/N)_C$比任何一个链路均低3dB左右。模式4是预期的总体系统性能方面的最佳链路，$(C/N)_C$的值为32.6dB。模式3是典型的固定卫星点对点链路的代表，该下行链路受限，可以在距离接收器阈值10dB以上约15dB的降雨裕度下运行。模式4是典型的高功率直接广播(BSS服务)链路的卫星部分。然而，对于一个典型的直接家庭接收系统，下行链路的地面接收机天线增益会降低约13dB。

图 9.4 至图 9.7 特别显示了 4 种 CTS 模式下的路径衰减对系统性能的影响。图中显示了整个系统载波噪声比的减少量 $\Delta(C/N)_C$，它是下行路径衰减 A_D 和上行路径衰减 A_U 的函数。绘制的曲线适用于 A_D 从 0~30dB 的范围，其中 A_U 的固定值以 5dB 的增量递增，如图所示。每个图上的水平虚线表示在 10dB 载波噪声比的接收器阈值处的 $\Delta(C/N)_C$ 值。

这些图突出显示了各种模式下性能特征的差异。对于模式 1(图 9.4)，曲线显示出 $(C/N)_C$ 随下行链路路径衰减增加而逐渐下降，对于上行链路衰减值较低。例如，如果没有上行链路衰减，则 10dB 的下行链路衰减只会导致 $(C/N)_C$ 降低 4.3dB，而 20dB 的下行链路衰减则会导致 $(C/N)_C$ 降低 13dB。相反，没有下行链路衰减，上行链路衰减导致 $(C/N)_C$ 几乎一对一地降低。

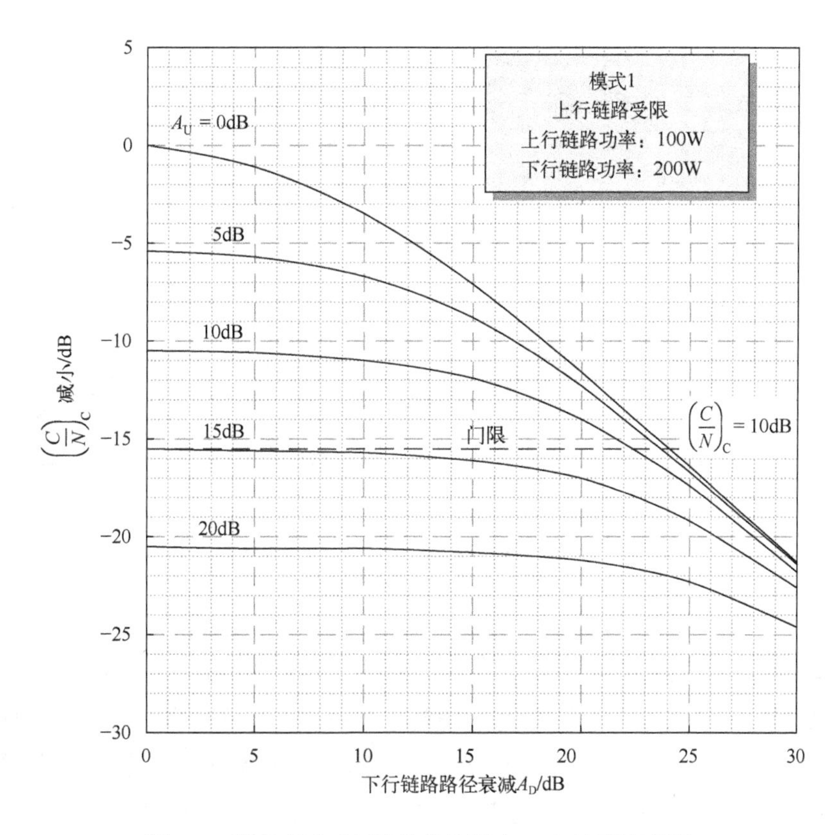

图 9.4　路径衰减对系统性能的影响 1(上行受限情况)

模式 2(图 9.5)显示,随着下行链路衰减的增加,$(C/N)_C$的下降幅度要大得多。上面给出的 10dB 下行链路衰减示例将导致$(C/N)_C$9.9dB 的减小,而 20dB 电平将导致 $\Delta(C/N)_C$19.8dB 的减小;也就是说,在下行链路衰减的情况下,观察到了一对一的衰减。

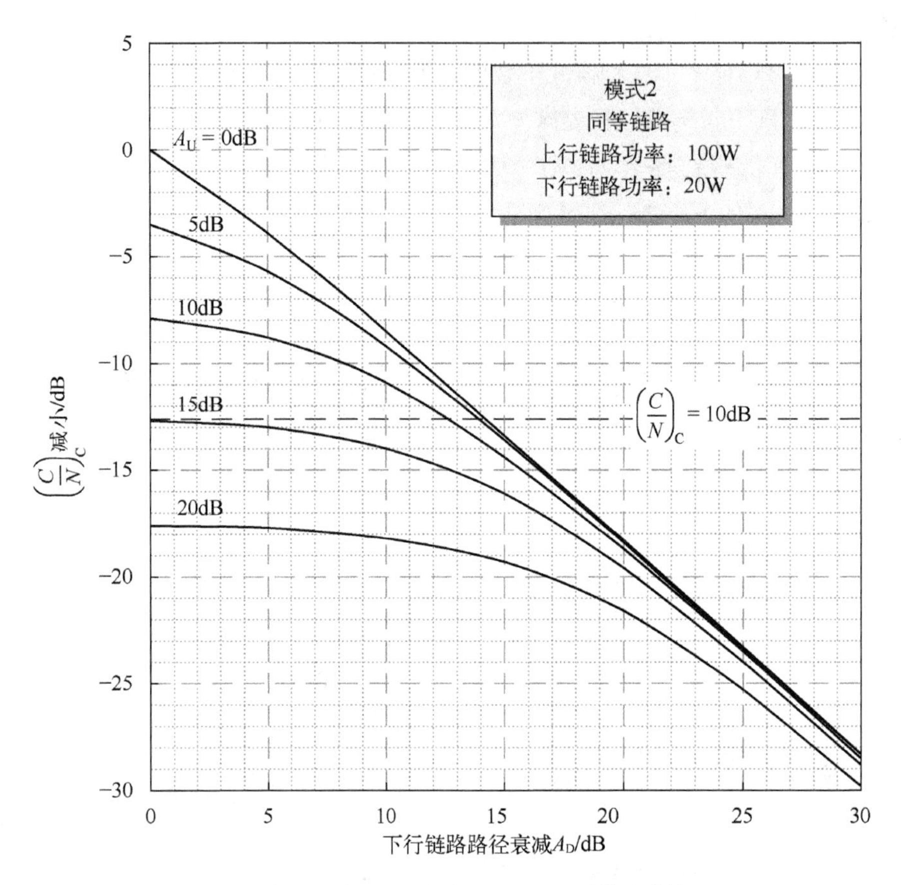

图 9.5 路径衰减对系统性能的影响 2(同等链路情况)

模式 4(图 9.7)在性能上与模式 2 非常相似。主要区别在于接收机阈值的位置。模式 4 大约 10dB“更好”,因为它在上行链路和下行链路均以更高的发射功率工作。请注意,在模式 4 中,即使上行链路的衰减值为 25dB,下行链路的衰减值为 10dB,链路也将在阈值以上运行。因此,链路上总衰减为 35dB,但是$(C/N)_C$的下降幅度小于维持运行所需的 22.6dB。

模式 3 的性能(图 9.6)也许是最不寻常的。对于低电平的上行链路衰减($A_U=0\sim5$dB),$(C/N)_C$的减小实际上大于下行链路衰减。5dB 的下行链路衰减会使$(C/N)_C$降低 6.6dB;10dB 的下行链路衰减会使$(C/N)_C$降低 12dB。此下行链路受限模式的系统性能对下行链路衰减非常敏感,并且会出现增加的值,因为总的系统退化是信号损耗(衰减)和衰减路径导致的噪声功率增加的总和。对于上面给出的示例,噪声功率分别为 1.6dB 和 2dB。

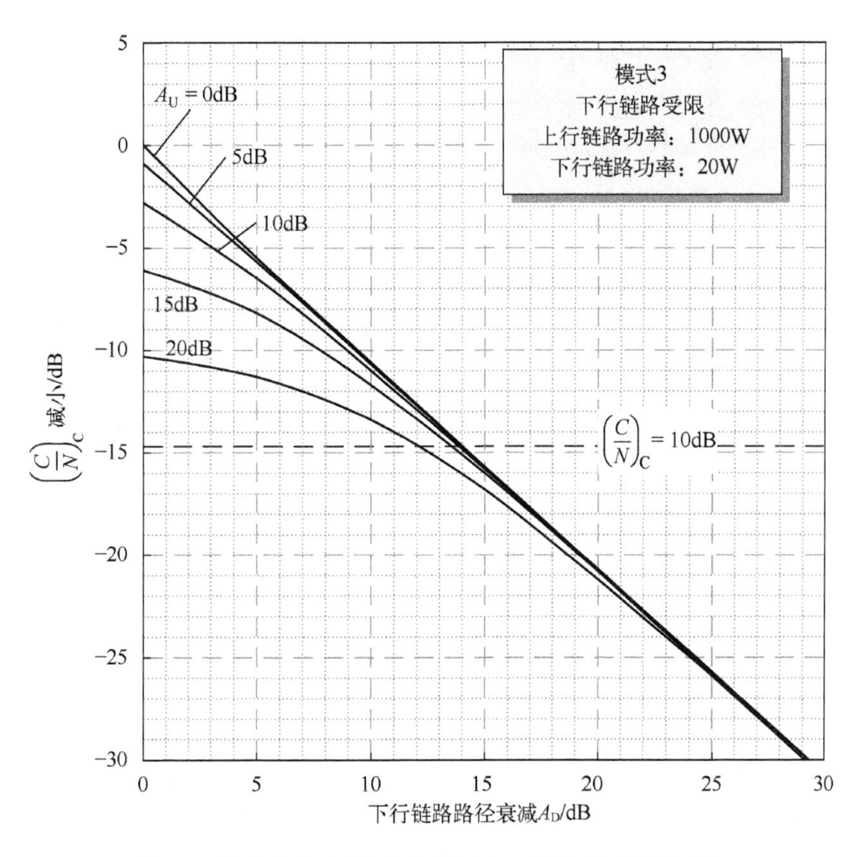

图 9.6　路径衰减对系统性能的影响 3(下行链路受限情况)

案例研究的结果清楚地指出了需要评估每个特定频率变换卫星通信链路的配置,由于在存在路径衰减的情况下,系统参数的微小变化会极大地改变复合性能,并可能产生原系统设计中没有预料到的结果。

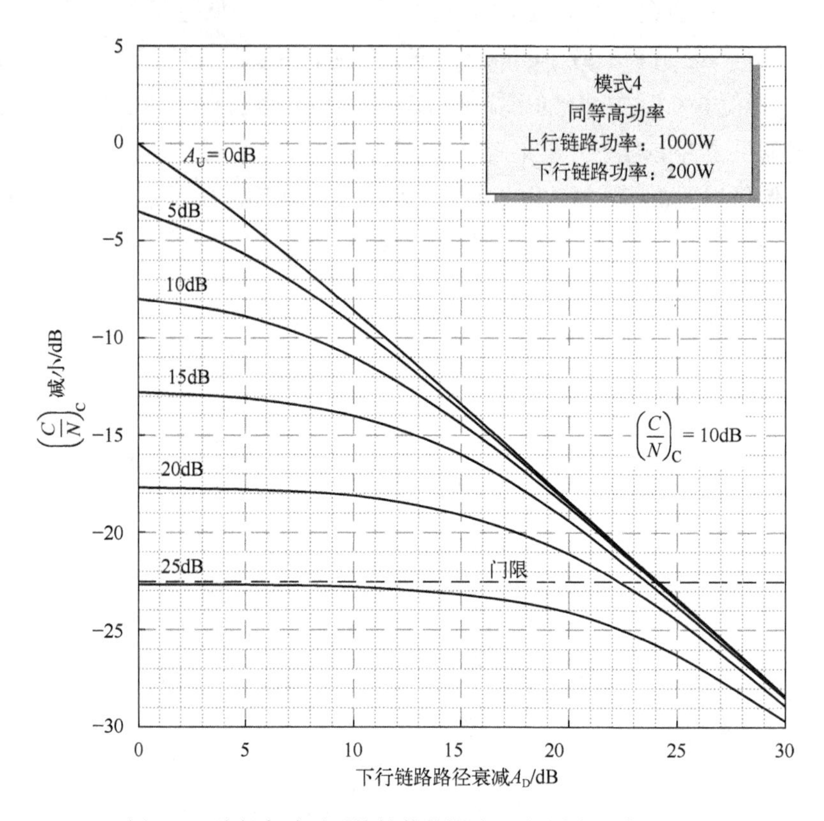

图 9.7　路径衰减对系统性能的影响 4(相同高功率情况)

9.2　星上处理卫星

提供承载信息信号星上解调和重调的卫星称为星上处理(OBP)卫星。星上处理卫星,也被称为再生卫星或"智能卫星",为上行链路和下行链路提供了两个基本独立的级联通信链路。图 9.8 为星上处理卫星转发器的框图。在通过低噪声接收机之后,以载波频率 f_U 在上行链路上的信息信号被解调,并且在 f_{BB} 处的基带信号被一种或多种信号处理技术放大和增强。处理后的基带信号在下行链路上以载波频率 f_D 重新调制,以便传输到下行链路地面终端。上行链路的退化可以通过星上处理得到补偿,而不会传输到下行链路。

采用星上处理的卫星基本上将上行链路和下行链路分开,使设计者能够将信号增强技术应用于卫星上的任何一个或两个链路。星上处理卫星采用数字传输技术,可以利用多种波形调制形式或接入方案。

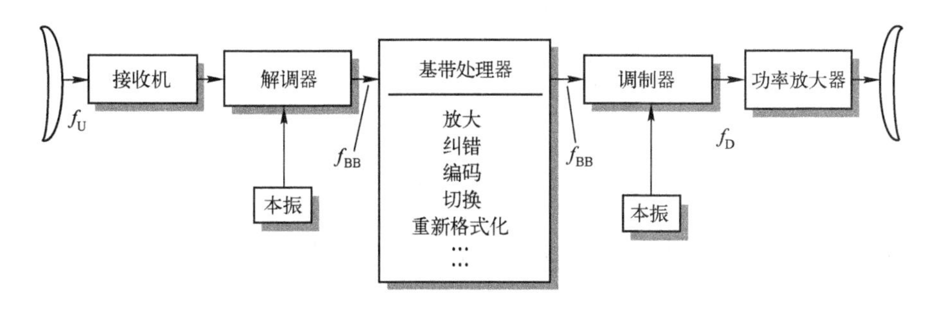

图 9.8 星上处理卫星转发器

与传统的频率变换卫星相比,星上处理卫星有几个优点。上行链路和下行链路的性能可以分别通过前向纠错编码或其他技术来提高。在上行链路上产生的噪声不会降低下行链路的质量,因为波形被解调为基带,并重新生成射频信号用于下行链路传输。下行链路可以采用 TDMA 技术,这样功率放大器可以在或接近饱和的状态下工作,从而优化下行链路上的功率效率。例如,卫星可以在上行链路上使用多个 FDMA 载波,以最大程度地降低地面站的上行链路复杂性;在卫星上解调、加入纠错编码、重新调制和合并成一个 TDMA 下行链路,以提供最佳的下行链路功率效率。

9.2.1 星上处理上行链路和下行链路

星上处理卫星系统的下行链路载波噪声比$(c/n)_D$或每比特能量噪声密度$(e_b/n_0)_D$基本上独立于转发器工作范围内的上行链路载波噪声比。先前为频率变换转发器开发的$(c/n)_U$和$(c/n)_D$的链路方程,分别为式(9.5)和式(9.8),适用于星上处理卫星上下行链路,即

$$\left(\frac{c}{n}\right)_U \Big|_{OBP}=\frac{p_{GT}g_{GT}g_{SR}}{l_U a_U k\left[t_U\left(1-\frac{1}{a_U}\right)+t_{SA}+290(nf_{SR}-1)\right]b_U} \tag{9.28}$$

和

$$\left(\frac{c}{n}\right)_{\mathrm{D}}\Bigg|_{\mathrm{OBP}}=\frac{p_{\mathrm{ST}}g_{\mathrm{ST}}g_{\mathrm{GR}}}{l_{\mathrm{D}}a_{\mathrm{D}}k\left[t_{\mathrm{D}}\left(1-\frac{1}{a_{\mathrm{D}}}\right)+t_{\mathrm{GA}}+290(nf_{\mathrm{GR}}-1)\right]b_{\mathrm{D}}} \tag{9.29}$$

使用图 9.2 中定义的链路参数。

由于星上处理卫星采用数字传输,因此更合适的参数是每比特能量与噪声密度之比,表示为

$$\left(\frac{e_{\mathrm{b}}}{n_0}\right)_{\mathrm{U}}\Bigg|_{\mathrm{OBP}}=\frac{1}{r_{\mathrm{U}}}\cdot\frac{p_{\mathrm{GT}}g_{\mathrm{GT}}g_{\mathrm{SR}}}{l_{\mathrm{U}}a_{\mathrm{U}}k\left[t_{\mathrm{U}}\left(1-\frac{1}{a_{\mathrm{U}}}\right)+t_{\mathrm{SA}}+290(nf_{\mathrm{SR}}-1)\right]} \tag{9.30}$$

和

$$\left(\frac{e_{\mathrm{b}}}{n_0}\right)_{\mathrm{D}}\Bigg|_{\mathrm{OBP}}=\frac{1}{r_{\mathrm{D}}}\cdot\frac{p_{\mathrm{ST}}g_{\mathrm{ST}}g_{\mathrm{GR}}}{l_{\mathrm{D}}a_{\mathrm{D}}k\left[t_{\mathrm{D}}\left(1-\frac{1}{a_{\mathrm{D}}}\right)+t_{\mathrm{GA}}+290(nf_{\mathrm{GR}}-1)\right]} \tag{9.31}$$

式中,r_{U}和 r_{D}分别为上行链路和下行链路数据速率。

每个链路都可以直接由上述方程得到评价,而最终的端到端性能通常由两个链路中较弱的链路来确定。但是,附加的星上处理可以改善其中一个或两个链路,因此应将其包含在最终的性能结论中。

9.2.2 复合星上处理性能

星上处理卫星的总体复合(或端到端)链路性能由特定数字传输过程中的误比特性能或误比特率 P_{E}来描述。星上处理转发器的全部误比特性能将取决于上行链路和下行链路的误比特概率。

设定 P_{U}为上行链路误比特($\mathrm{BER_U}$)的概率,P_{D}为下行链路误比特($\mathrm{BER_D}$)的概率。

如果一个信息位在上行链路和下行链路上都正确,或者在两个链路上都出错,则在端到端链路中该位将是正确的,因此,一个信息位正确的总概率 P_{COR}为

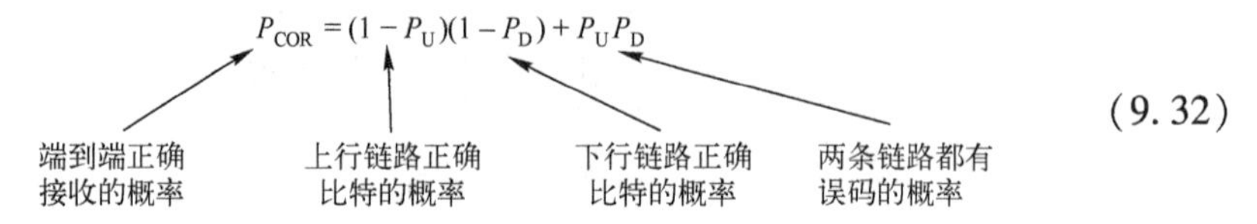

(9.32)

重新排列各项为

$$P_{COR}=(1-P_U)(1-P_D)+P_UP_D$$
$$=1-(P_U+P_D)+2P_UP_D \tag{9.33}$$

端到端链路上误比特率为

$$P_E=(1-P_{COR})$$

或

$$P_{E|OBP}=P_U+P_D-2P_UP_D \tag{9.34}$$

根据上行链路和下行链路的 BER,可以得到星上处理卫星的总体端到端误比特率(BER)。

复合链路的误比特率将取决于上行链路和下行链路参数及其对每个链路的(e_b/n_0)的影响。指定特定的调制方式用以确定每个链路的误比特率和(e_b/n_0)之间的关系。然后可以确定复合误码性能。

9.2.2.1　二进制 FSK 链路

现在将使用特定的数字调制来说明星上处理转发器系统的复合误码性能的确定过程。考虑具有非相干检测的二进制频移键控(BFSK)系统,误比特率由下式给出:

$$P_E=\frac{1}{2}e^{-\frac{1}{2}\left(\frac{e_b}{n_0}\right)} \tag{9.35}$$

式中,(e_b/n_o)为每比特能量噪声密度比。

因此,由式(9.34)确定的复合误比特率为

$$P_E=\frac{1}{2}e^{-\frac{1}{2}\left(\frac{e_b}{n_o}\right)_U}+\frac{1}{2}e^{-\frac{1}{2}\left(\frac{e_b}{n_o}\right)_D}-\frac{1}{2}e^{-\frac{1}{2}\left[\left(\frac{e_b}{n_o}\right)_U+\left(\frac{e_b}{n_o}\right)_D\right]} \tag{9.36}$$

回想一下,(e_b/n_0)与载波噪声密度比(c/n_o)有关,关系如下:

$$\left(\frac{e_b}{n_o}\right)=\frac{1}{r}\left(\frac{c}{n_o}\right) \tag{9.37}$$

式中,r为数据速率,合并式(9.35)和式(9.37):

$$P_E=\frac{1}{2}e^{-\frac{1}{2r}\left(\frac{c}{n_o}\right)} \tag{9.38}$$

因此,

$$P_{\mathrm{E}}=\frac{1}{2}\mathrm{e}^{-\frac{1}{2r_{\mathrm{U}}}\left(\frac{c}{n_{\mathrm{o}}}\right)_{\mathrm{U}}}+\frac{1}{2}\mathrm{e}^{-\frac{1}{2r_{\mathrm{D}}}\left(\frac{c}{n_{\mathrm{o}}}\right)_{\mathrm{D}}}-\frac{1}{2}\mathrm{e}^{-\frac{1}{2}\left[\frac{1}{r_{\mathrm{U}}}\left(\frac{c}{n_{\mathrm{o}}}\right)_{\mathrm{U}}+\frac{1}{r_{\mathrm{D}}}\left(\frac{c}{n_{\mathrm{o}}}\right)_{\mathrm{D}}\right]} \tag{9.39}$$

再次回想下每个链路的载波噪声密度比(c/n_{o})可表示为

$$\left(\frac{c}{n_{\mathrm{o}}}\right)=\frac{\mathrm{EIRP}\cdot\left(\frac{g}{t}\right)}{kl_{\mathrm{U}}a_{\mathrm{U}}} \tag{9.40}$$

式中:EIRP 为有效全向辐射功率;(g/t)为接收机的品质因数;l_{U}为链路路径损耗;a_{U} 为链路传输损耗;k 为玻尔兹曼常数。

将每个链路中式(9.40)代入式(9.39)可得

$$P_{\mathrm{E}}=\frac{1}{2}\mathrm{e}^{-\frac{1}{2kr_{\mathrm{U}}}\left[\frac{\mathrm{EIRP}_{\mathrm{U}}\cdot\left(\frac{g}{t}\right)_{\mathrm{U}}}{l_{\mathrm{U}}a_{\mathrm{U}}}\right]}+\frac{1}{2}\mathrm{e}^{-\frac{1}{2kr_{\mathrm{D}}}\left[\frac{\mathrm{EIRP}_{\mathrm{D}}\cdot\left(\frac{g}{t}\right)_{\mathrm{D}}}{l_{\mathrm{D}}a_{\mathrm{D}}}\right]}-\frac{1}{2}\mathrm{e}^{-\frac{1}{2k}\left[\frac{\mathrm{EIRP}_{\mathrm{U}}\cdot\left(\frac{g}{t}\right)_{\mathrm{U}}}{r_{\mathrm{U}}l_{\mathrm{U}}a_{\mathrm{U}}}+\frac{\mathrm{EIRP}_{\mathrm{D}}\cdot\left(\frac{g}{t}\right)_{\mathrm{D}}}{r_{\mathrm{D}}l_{\mathrm{D}}a_{\mathrm{D}}}\right]} \tag{9.41}$$

变换式(9.35):

$$\left(\frac{e_{\mathrm{b}}}{n_{\mathrm{o}}}\right)=-2\ln_{\mathrm{e}}(2P_{\mathrm{E}}) \tag{9.42}$$

式中,$\ln_{\mathrm{e}}$是以 e 为底的自然对数。

那么,通过合并式(9.41)和式(9.42),可以得到 BFSK 系统的最终复合$(e_{\mathrm{b}}/n_{\mathrm{o}})$:

$$\left(\frac{e_{\mathrm{b}}}{n_{\mathrm{o}}}\right)\Big|_{\mathrm{C}}=-2\ln\left(\mathrm{e}^{-\frac{1}{2kr_{\mathrm{U}}}\left[\frac{\mathrm{EIRP}_{\mathrm{U}}\cdot\left(\frac{g}{t}\right)_{\mathrm{U}}}{l_{\mathrm{U}}a_{\mathrm{U}}}\right]}+\mathrm{e}^{-\frac{1}{2kr_{\mathrm{D}}}\left[\frac{\mathrm{EIRP}_{\mathrm{D}}\cdot\left(\frac{g}{t}\right)_{\mathrm{D}}}{l_{\mathrm{D}}a_{\mathrm{D}}}\right]}-\mathrm{e}^{-\frac{1}{2k}\left[\frac{\mathrm{EIRP}_{\mathrm{U}}\cdot\left(\frac{g}{t}\right)_{\mathrm{U}}}{r_{\mathrm{U}}l_{\mathrm{U}}a_{\mathrm{U}}}+\frac{\mathrm{EIRP}_{\mathrm{D}}\cdot\left(\frac{g}{t}\right)_{\mathrm{D}}}{r_{\mathrm{D}}l_{\mathrm{D}}a_{\mathrm{D}}}\right]}\right) \tag{9.43}$$

根据系统参数和每个链路上的路径退化结果给出了通过星上处理转发器工作的 BFSK 波形的复合$(e_{\mathrm{b}}/n_{\mathrm{o}})$。

9.3 频率变换和星上处理性能的比较

频率变换和星上处理卫星性能的定量比较可以通过应用前面几节中得出的复合链路方程来确定。由于频率变换结果用(c/n)或(c/n_{o})来表示,星上处理结果通过 P_{E}表示,当可以定义(c/n_{o})和 P_{E}之间的关系时,就可以进行比较。

对于非相干检测的二进制频移键控（BFSK），(c/n)（通过(e_b/n_o)）和 P_E 之间的关系在前面的式(9.35)中给出：

$$P_E|_{BFSK}=\frac{1}{2}e^{-\frac{1}{2}\left(\frac{e_b}{n_o}\right)}$$

我们将利用这一关系，对特定情况下的 BFSK 调制的频率变换和星上处理性能进行比较。

假设 BFSK 系统的上行链路和下行链路的数据速率 r_b 是相同的。那么

$$\left(\frac{e_b}{n_o}\right)=\frac{1}{r_b}\left(\frac{c}{n_o}\right)$$

$$P_E|_{BFSK}=\frac{1}{2}e^{-\frac{1}{2r_b}\left(\frac{c}{n_o}\right)} \tag{9.44}$$

和

$$\left(\frac{c}{n_o}\right)\bigg|_{BFSK}=-2r_b\ln_e(2P_E) \tag{9.45}$$

上行链路和下行链路可表示为

$$P_U|_{BFSK}=\frac{1}{2}e^{-\frac{1}{2r_b}\left(\frac{c}{n_o}\right)_U} \qquad P_D|_{BFSK}=\frac{1}{2}e^{-\frac{1}{2r_b}\left(\frac{c}{n_o}\right)_D} \tag{9.46}$$

和

$$\left(\frac{c}{n_o}\right)_U\bigg|_{BFSK}=-2r_b\ln_e(2P_U) \qquad \left(\frac{c}{n_o}\right)_D\bigg|_{BFSK}=-2r_b\ln_e(2P_D) \tag{9.47}$$

式中，下标 U 和 D 分别表示上行链路和下行链路。

对于星上处理和频率变换系统，希望将上行链路性能表示为误差的期望复合概率 P_E 和下行链路性能的函数。

星上处理转发器——根据式(9.34)，以下行链路误比特率 P_D 和星上处理转发器的复合误比特率 P_E 表示的上行链路误比特率 P_U 为

$$P_U|_{OBP}=\frac{P_E-P_D}{1-2P_D} \tag{9.48}$$

基于 BFSK 的 P_E 和(c/n_o)值，将式(9.46)和式(9.47)重新变换为

$$\frac{1}{2}e^{-\frac{1}{2r_b}\left(\frac{c}{n_o}\right)_U}=\frac{P_E-\frac{1}{2}e^{-\frac{1}{2r_b}\left(\frac{c}{n_o}\right)_D}}{1-e^{-\frac{1}{2r_b}\left(\frac{c}{n_o}\right)_D}} \tag{9.49}$$

求解$(c/n_o)_U$,我们可以得到星上处理转发器理想的性能方程:

$$\left(\frac{c}{n_o}\right)_U\bigg|_{OBP}=2r_b\ln_e\left[1-e^{-\frac{1}{2r_b}\left(\frac{c}{n_o}\right)_D}\right]-2r_b\ln_e\left[2P_E-e^{-\frac{1}{2r_b}\left(\frac{c}{n_o}\right)_D}\right] \tag{9.50}$$

频率变换转发器由式(9.25)可知,根据频率变换转发器的下行链路载波噪声比$(c/n_o)_D$和复合载波噪声比$(c/n_o)_C$,上行链路载波噪声密度$(c/n_o)_U$将为

$$\left(\frac{c}{n_o}\right)_U\bigg|_{FT}=\frac{\left(\frac{c}{n_o}\right)_D}{\frac{\left(\frac{c}{n_o}\right)_D}{\left(\frac{c}{n_o}\right)_C}-1} \tag{9.51}$$

在式(9.45)中,对于BFSK,将$(c/n_o)_C$重新表示为P_E的函数:

$$\left(\frac{c}{n_o}\right)_U\bigg|_{FT}=\frac{\left(\frac{c}{n_o}\right)_D}{\frac{\left(\frac{c}{n_o}\right)_D}{-2r_b\ln_e(2P_E)}-1} \tag{9.52}$$

根据复合误比特率P_E,式(9.50)和式(9.52)给出了BFSK调制的星上处理和频率变换转发器的性能。

现在,我们考虑一组特定的链路参数,以定量评估星上处理和频率变换选项的比较性能。假设在上行链路和下行链路上,BFSK端到端链路工作的数据速率均为$r_b=16$kb/s。我们希望链路工作时,其复合误比特率为$P_E=1\times10^{-5}$。

图9.9显示了由式(9.50)和式(9.52)得到的上行链路载波噪声密度与下行链路载波噪声密度的关系,其中$r_b=16$kb/s和$P_E=1\times10^{-5}$。标记OBP和FT的曲线,分别表示星上处理和频率变换选项。曲线上方和右侧的所有上行链路和下行链路载波噪声密度值的设置都将满足误比特率要求。

考虑在每条曲线"拐点"处的载波噪声密度值。星上处理选项将满足误比特率要求,上行链路和下行链路上的最小载波噪声密度均为55.5dBHz。

频率变换转发器要求两个链路的最小载波噪声密度为58.5dBHz。与频率变换选项相比,星上处理选项提供了大约3dB的优势。

一般来说,星上处理选项应该比频率变换选项更有优势,因为链路退化不会从上行链路转移到下行链路,然而,实际的改善程度取决于系统参数和链路条件。必

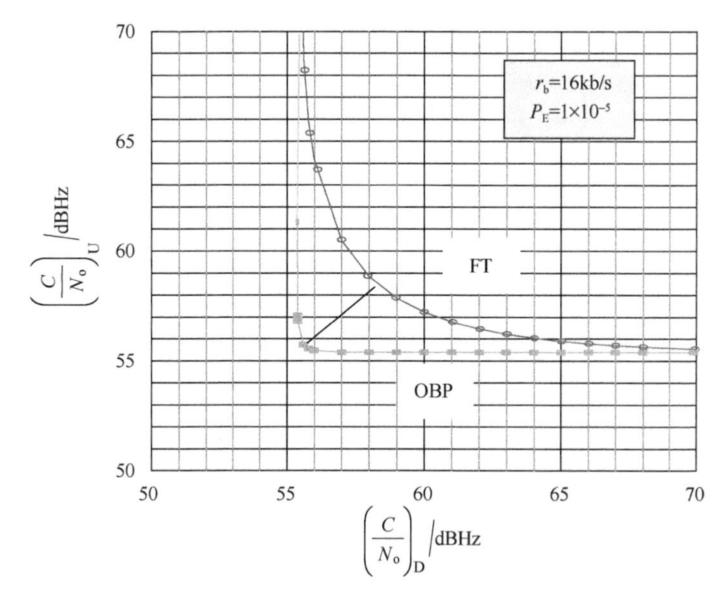

图 9.9 BFSK 的星上处理和频率变换转发器性能比较

须直接评估每个方案(调制类型、所需误比特率、数据速率、链路退化等),以确定可能导致的量化改进。

由于解调/再调制,星上处理可以提供额外的优点,包括:

(1) 星上错误检测/纠正;

(2) 自适应衰减补偿;

(3) 上行链路和下行链路的选择性接入方法。

星上处理转发器在链路条件可能改变或由于发射功率或天线尺寸限制而限制可用功率裕度的应用中提供了明显的优势。

9.4 互调噪声

卫星转发器中高功率放大器(HPA)的非线性特性会产生互调产物,在评估转发器性能时可以将其视为附加噪声。无论是行波管放大器(TWTA)还是固态功率放大器(SSPA)HPA 均会表现出非线性特性。

通过应用一个类似于之前链路噪声分析的端到端链路评估来评估复合链路的互调噪声。用于互调分析的卫星链路如图 9.10 所示。卫星用一个理想的放大器表示,输出端总增益为 α,加性互调噪声为 n_i。上行链路引入的噪声(图 9.10(2))为 n_U,下行链路引入的噪声(图 9.10(4))为 n_D,卫星发射功率(图 9.10(3))为 p_S。

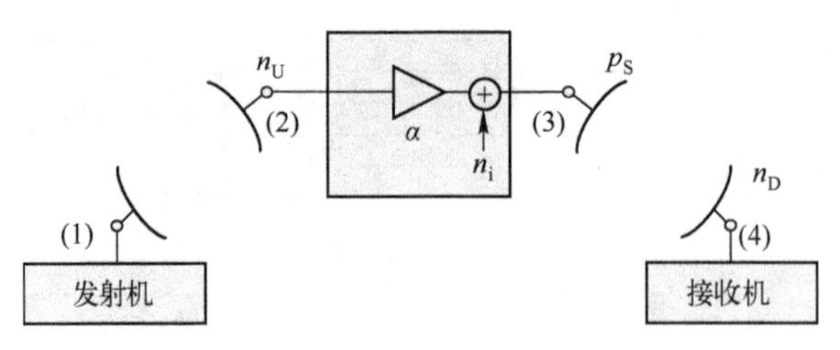

n_i = 转发器中产生的互调噪声

n_U = 上行链路(2)处产生的噪声

n_D = 下行链路(4)处产生的噪声

α = 总转发器增益

p_S = 卫星发射功率

图 9.10　用于互调噪声分析的卫星链路表示

下行链路传输因子 T_D 定义为

$$T_D = \frac{g_{ST}g_{GR}}{l_D a_D} \tag{9.53}$$

式中,各参数定义参见图 9.2。

传输因子 T_D 表示作用在下行链路传输的所有分量和路径损耗(信号功率或噪声功率)为单个数字。T_D 的值取值范围为($<0<T_D<1$)。假设发射功率 p_S 上的互调不会产生增益抑制。除了非常高的互调产物外,这是合理的。

那么根据上述定义的参数,链路复合载波噪声比 $\left(\frac{c}{n}\right)_C$ 可表示为

$$\left(\frac{c}{n}\right)_C = \frac{p_S T_D}{n_D + \alpha T_D n_U + T_D n_i} \tag{9.54}$$

重新安排各项:

$$\frac{1}{\left(\frac{c}{n}\right)_C} = \frac{n_D + \alpha T_D n_U + T_D n_i}{p_S T_D} = \frac{1}{\frac{p_S T_D}{n_D}} + \frac{1}{\frac{p_S}{\alpha n_U}} + \frac{1}{\frac{p_S}{n_i}} \tag{9.55}$$

接下来,我们将式(9.55)中的各项与之前定义的链路载波噪声比进行比较,并使用上面定义的互调分析参数重新表示。

由式(9.5)可知

$$\left(\frac{c}{n}\right)_U = \frac{c_{SR}}{n_{SR}} = \frac{\frac{p_S}{\alpha}}{n_U} = \frac{p_S}{\alpha n_U} \tag{9.56}$$

由式(9.8)得到

$$\left(\frac{c}{n}\right)_{\mathrm{D}}=\frac{c_{\mathrm{GR}}}{n_{\mathrm{GR}}}=\frac{p_{\mathrm{S}}T_{\mathrm{D}}}{n_{\mathrm{D}}} \tag{9.57}$$

另外,我们定义载波互调噪声比为

$$\left(\frac{c}{n}\right)_{\mathrm{i}}=\frac{p_{\mathrm{S}}}{n_{\mathrm{i}}} \tag{9.58}$$

那么式(9.55)可简化为

$$\frac{1}{\left(\frac{c}{n}\right)_{\mathrm{C}}}=\frac{1}{\left(\frac{c}{n}\right)_{\mathrm{D}}}+\frac{1}{\left(\frac{c}{n}\right)_{\mathrm{U}}}+\frac{1}{\left(\frac{c}{n}\right)_{\mathrm{i}}}$$

或

$$\left(\frac{c}{n}\right)_{\mathrm{C}}^{-1}=\left(\frac{c}{n}\right)_{\mathrm{D}}^{-1}+\left(\frac{c}{n}\right)_{\mathrm{U}}^{-1}+\left(\frac{c}{n}\right)_{\mathrm{i}}^{-1} \tag{9.59}$$

这一结果验证了互调噪声可以作为上行链路和下行链路热噪声的一个附加项,如式(9.20)中频率变换转发器的复合载波噪声比的结果所示。这个结论是基于先前的假设,即载波噪声比值远大于1,互调噪声增益抑制可以忽略不计。

这里描述的$(c/n)_{\mathrm{i}}$通常被定义为一个综合的互调/干扰比,它包括卫星高功率放大器中存在的所有非线性效应,有些是经过测量的,有些是经过计算的。这些非线性效应包括:

(1) 互调失真;

(2) AM 到 PM 转换;

(3) 串扰。

由干扰信号引起的噪声(干扰噪声)影响有时也包含在上述比率中。

9.5 链路设计总结

大多数卫星链路的设计都有特定的复合(c/n)或$(e_{\mathrm{b}}/n_{\mathrm{o}})$要求,以达到给定的性能水平。模拟传输系统的性能水平通常被指定为所需的基带信噪比(s/n)级,以获得可接受的性能。

对于数字传输系统,通常的规范是$(e_{\mathrm{b}}/n_{\mathrm{o}})$达到可接受的误比特率(BER)。

图9.11总结了为实现理想的系统设计而进行的性能分析过程,其中包括模拟传输(a)和数字传输(b)。

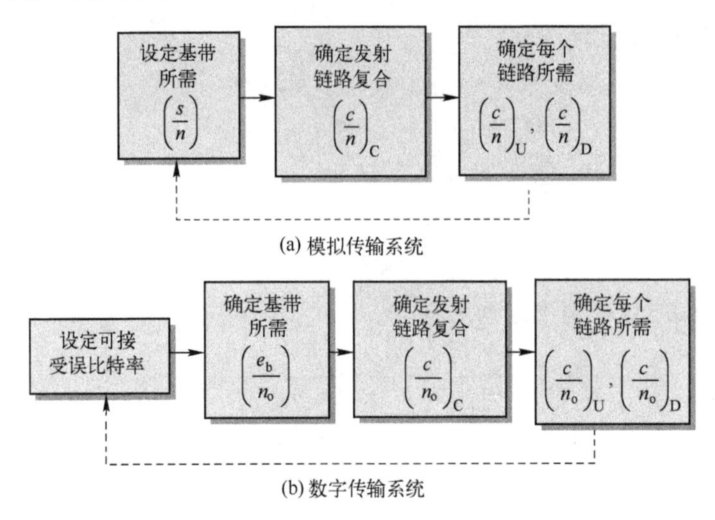

图 9.11　卫星通信链路的性能分析过程

设计过程是迭代的;通过改变系统参数(例如发射功率、天线增益、数据速率、噪声系数等)来实现所需的性能。链路功率预算中包括上行链路和下行链路裕量,以解决可能出现的路径衰减或噪声。裕度包括:

(1) 路径衰减——气体、雨水、云雾等;

(2) 噪声——衰减源、背景噪声、互调;

(3) 干扰——其他卫星、地面网络、自然资源;

(4) 实现裕度——用于调制解调器/编码/压缩/其他处理元素。

正如我们所看到的,每个系统都必须独立评估。由于上行链路和下行链路路径性能下降以及其他损耗,即使对于相同的系统参数,性能也会有很大差异。本章提供了频率变换和星上处理卫星的基本设计方程式和评估程序,以及评估卫星网络端对端综合性能的重要考虑因素。

参考文献

[1] Ippolito LJ, Jr. ,*Radiowave Propagation in Satellite Communications*, Van Nostrand Reinhold Company, New York, 1986.

[2] Evans WM, Davies NG, Hawersaat WH. "The Communications Technology Satellite (CTS) Program," in *Communications Satellite Systems: An Overview of the Technology*, Gould RG, Lum YF, Editors, IEEE Press, New York, 1976, pp. 13-18.

[3] Sklar B. "*Digital Communications-Fundamentals and Applications*," Prentice Hall, Englewood Cliffs NJ, 1988.

习 题

1 在 14.5GHz 频率下运行的固定业务卫星(FSS)上行链路由一个 4.5m 直径天线的地面终端和一个 1.5kW 发射机组成。对地静止轨道卫星上的接收机有一个 3m 的天线,接收系统噪声温度为 550K。链路的自由空间路径损耗为 205.5dB。假设两个天线的效率都是 0.55。

a) 在晴空条件下,链路上的气体衰减损耗为 2.6dB 时,上行链路的载波噪声密度是多少?

b) 如果链路受到雨淋,除 a)部分的气体衰减外,还有额外的 4dB 衰减,那么产生的载波噪声密度是多少?

2 问题 1 中系统的上行链路以卫星运营商指定的下行链路载噪比为 25dB 的频率变换卫星转发器运行。

a) 如果转发器的噪声带宽为 72MHz,复合载波噪声比(在没有雨的情况下)是多少?

b) 系统是上行链路受限还是下行链路受限?

3 考虑具有以下上行链路和下行链路参数的卫星链路:

	上行链路	下行链路
频率/GHz	14	12
噪声带宽/MHz	25	25
发射射频功率/W	100	20
发射天线增益/dBi	55	38
自由空间路径损耗/dB	207	206
总大气路径损耗/dB	A_U	A_D
平均路径温度/K	290	270
接收天线增益/dBi	37.5	52.5
接收机天线温度/K	290	50
接收机噪声系数/dB	4	3

所有其他损失都可以忽略不计。在所有计算中包括大气路径损耗的噪声贡献。

a) 对于以下 3 组条件中的每一组,链路的复合载波噪声比(C/N)是多少;

1. $A_U = 0\text{dB}$ 和 $A_D = 0\text{dB}$;

2. $A_U = 0\text{dB}$ 和 $A_D = 15\text{dB}$;

3. $A_U = 15$dB 和 $A_D = 0$dB。

b）假设该链路需要 10dB 复合 C/N 才能运行。对于 $A_D = 0$ 的情况，可以发生并保持复合 $C/N \geq 10$dB 的 A_U最大值是多少？

c）$A_U = 0$ 时重复 b），A_D的最大值是多少？

d）这条链路是上行链路受限还是下行链路受限？

4 一位网络管理员正在考虑为两个卫星服务提供商提供一个数据服务，使用二进制 FSK 调制，以 32kb/s 的数据速率运行。第一个网络使用频率变换卫星，第二个网络使用星上处理卫星。两颗卫星的下行链路载波噪声密度均为 59dBHz。两颗卫星在 1×10^{-5}误比特率下保持运行所需的上行链路载波噪声密度是多少？你会选择哪一个卫星方案？为什么？

5 卫星网络使用频率变换转发器，并提供 64kb/s 的 BFSK 数据链路。链路的误比特率要求是 5×10^{-4}。

a）链路所需的复合 E_b/N_o是什么？

b）该链路的下行链路 C/N_o为 62.5dBHz。要维持误比特率要求，需要多大的上行链路 C/N_o？假设上行链路和下行链路解调器的实现裕度均为 1.5dB。

6 问题 5 中链路的卫星提供商正在考虑将网络转换为星上处理。

第10章
卫星通信信号处理

本章概述了基本信号处理单元,这些信号处理单元实际上存在于所有的传统通信系统中,包括卫星通信信道。这些单元是为通过通信传输信道传输信号做准备的关键部件,然后在目的地接收时提供额外的处理以检测和解码所需的信息。这些单元对于量化系统设计和性能以及定义成功的多址技术的组成部分至关重要。简要介绍了从源到目的地的通信信道的基本单元,重点是卫星通信和多址实现的应用。

图10.1显示了一般卫星通信端到端信道中存在的基本信号单元。

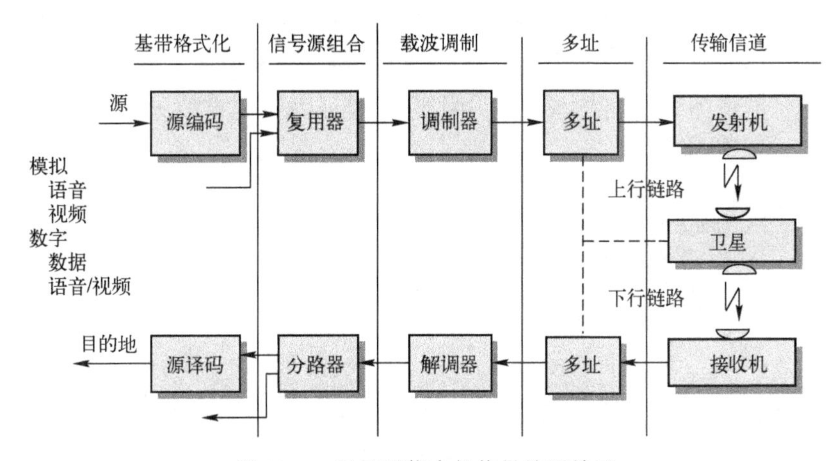

图10.1 卫星通信中的信号处理单元

按照从信号源开始的顺序,它们分别是:基带格式化、信号源组合、载波调制、多址和传输信道。源信息可能是模拟或数字格式。前3个单元,即基带格式化、源组合和载波调制,为最终引入传输信道(在本例中为地对星对地的射频信道)准备信号。通过信道传输后,在目标位置接收的信号将经历相反的处理顺序,从而“撤消”源位置处对信号所做的处理。

如果在此过程中包括多址，则通常在载波调制后引入多址，如虚线所示，包括地面部分和卫星本身的单元。

信号元素的具体实现在很大程度上取决于源信息是模拟还是数字。我们首先讨论模拟信号处理，然后将大部分讨论重点放在数字信号处理上，数字信号处理包括当前的大部分卫星通信系统。

10.1 模拟系统

当前大多数通信卫星都涉及数字格式的数据，但是，一些提供模拟电话和模拟视频的早期一代卫星仍在全球通信基础设施中运行。为了完整，我们包括了模拟信号格式的讨论，并作为许多处理概念的引入，这些处理概念也是当前和计划中的卫星网络中数字信号处理实现的基础。本节简要介绍用于模拟信号源信道中的前3个信号单元：基带格式化、源组合和载波调制。

10.1.1 模拟基带格式化

模拟基带语音由自然语音频谱组成，频谱范围约为80~8000Hz。

基于语音识别的电话传输经验，为了节省带宽，通常将电子传输的语音频谱降低到300~3400Hz。为了便于通过网络传播，语音信号采用副载波调制，如图10.2所示。副载波格式可以是单边带抑制载波，也可以是双边带抑制载波。副载波的典型波谱如图10.2所示。

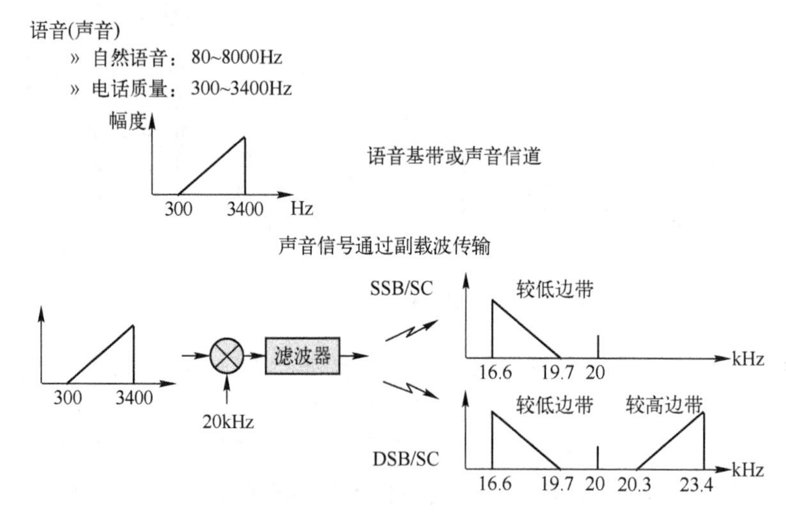

图10.2 模拟语音基带格式

模拟视频基带由复合信号组成,复合信号包括亮度信息、色度信息和用于传输音频信息的副载波。单元的具体格式取决于色度副载波调制所采用的标准。全球范围内有 3 个标准在使用,分别为

(1) NTSC(国家电视系统通信);

(2) PAL(逐行倒相制);

(3) SECAM。

NTSC 标准使用通过 DSB/SC 调制到其副子载波上色度信号的同相和正交分量(I 和 Q 分量)。得到的 NTSC 合成信号频谱如图 10.3 所示。模拟视频传输的总基带频谱超过 6MHz,如果包含多个音频副载波,总基带频谱可能会更大。

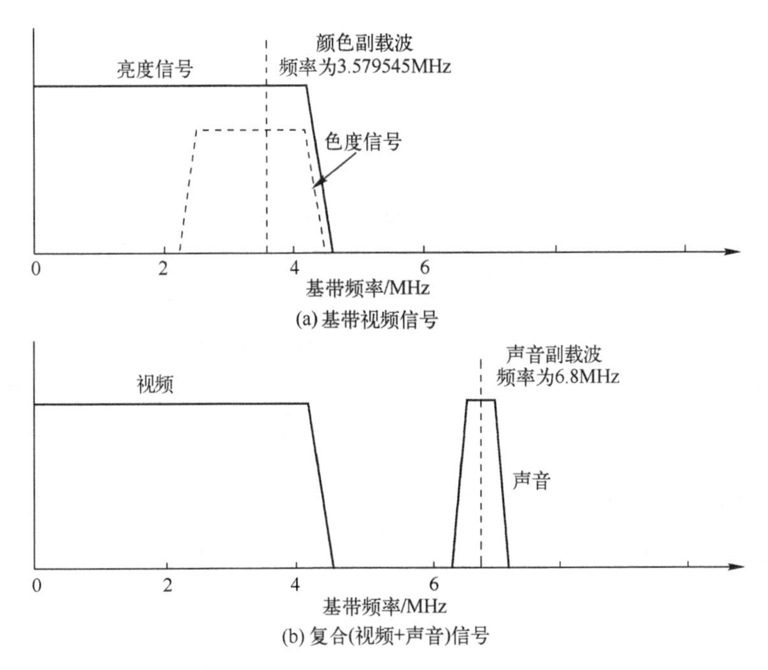

图 10.3　模拟视频 NTSC 复合基带信号频谱

传统的无线电电视传输格式包括将复合 NTSC 基带信号调幅到射频载波上,然后与包含音频信道的调频副载波相结合,最终得到约 9MHz 的射频频谱。然而,这对于卫星传输来说是不够的,因为信号衰减的增加,调幅不是卫星信道理想的调制格式。卫星格式采用全调频调制结构,避免了调幅信号的衰减。图 10.4 为模拟视频卫星传输的典型过程。合成的 NTSC 信号和所有音频信道副载波相结合,产生的信号频率调制射频载波,最终得到约 36MHz 的射频频谱。

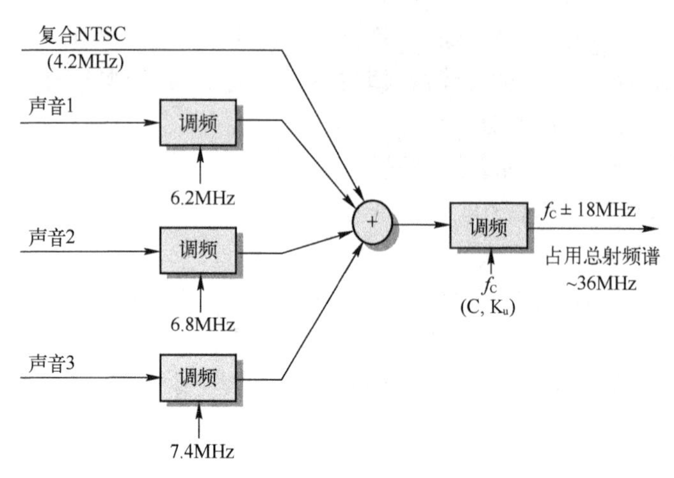

图 10.4　模拟视频卫星传输的信号处理格式和频谱

10.1.2　模拟信号源组合

通信过程中的第二个单元是信号源组合(见图 10.1),它涉及将多个信号源组合成单个信号,然后对射频载波进行调制,以最终通过通信信道进行传输。模拟数据的首选组合方法是频分多路复用(FDM),这是目前模拟语音卫星通信中最常用的格式。图 10.5(a)显示了用于组合多个模拟语音基带通道的过程。将每个语音信道调制到副载波上,滤除下边带,然后组合产生频分多路复用信号。副载波最初间隔 4kHz 以确保足够的保护频段。图 10.5(b)显示了 ITU-T FDM 标准的前四层(或群)。每层显示了信道的数目和包含的带宽。注意,随着信道数量的增加,每一层的副载波间隔也会增加。下边带用于 ITU-T 结构的所有层。卫星通信网络一般采用群级(12 个语音信道)或超群级(60 个语音信道)输出。

10.1.3　模拟调制

用于模拟信号源最简单的调制形式是振幅调制,即 AM,其中信息信号在射频载波频率上调制正弦波的振幅。乘积调制器(混频器)将信息信号与射频载波混合,提供振幅包络与信息信号成比例的调制射频载波,从而产生 AM。AM 是第一个在射频载波上进行通信的方法。它在很大程度上已被更有效的技术所取代。

AM 仍然用于语音和数据通信的卫星通信,在这些通信中必须保持高可靠的低速率链路,特别是在备份遥测、指挥链路以及早期发射工作期间。

调幅信号可以表示为

$$a_m(t)=(m\sin\omega_s t+1)A_c\sin(\omega_c t+\theta) \tag{10.1}$$

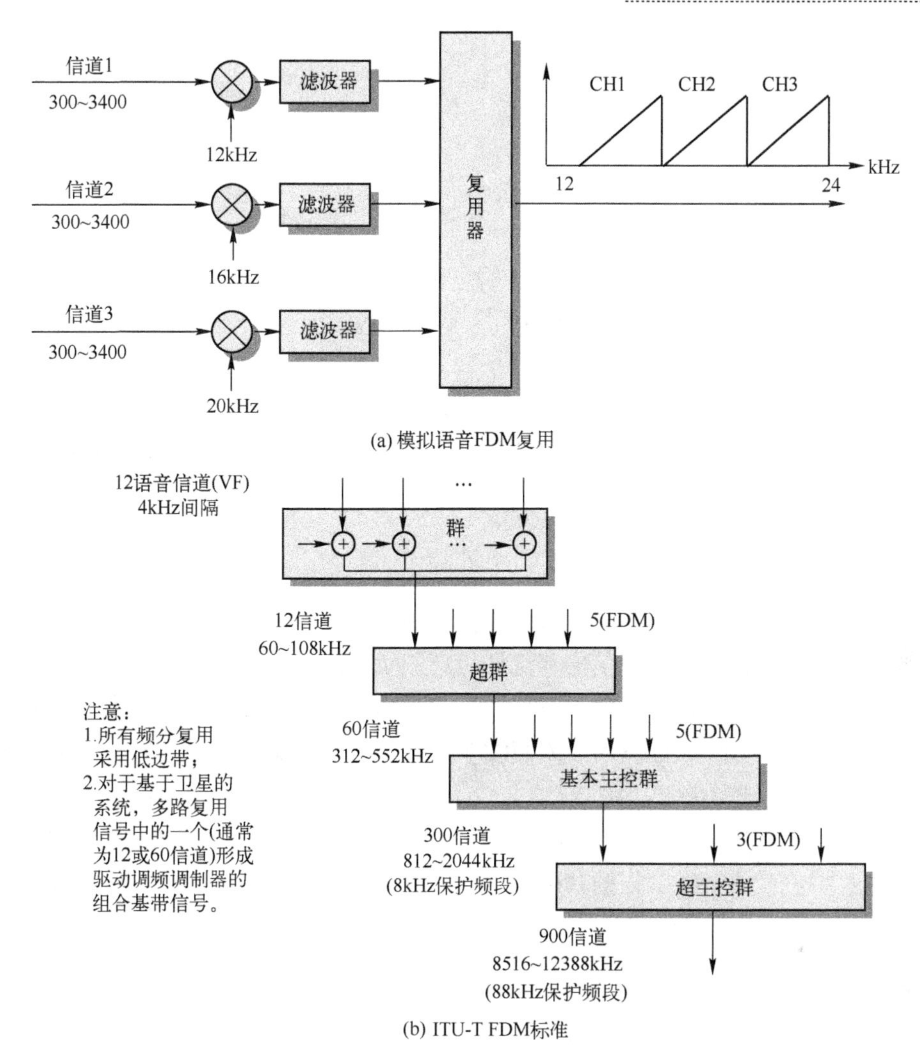

图 10.5　模拟语音频分多路复用

式中：$a_s(t)=\sin\omega_s t$ 为包含信息的调制信号；f_c 为载波频率（角频率 $\omega_c=2\pi f_c$）；A_c 为未调制的载波振幅；m 为调制指数（0~1）；θ 为载波相位。

由此产生的调幅信号频谱由两个镜像边带和载波组成，如图 10.6（a）所示。还显示了单元的相对功率电平。

根据 Carson 法则，AM 传输所需的噪声带宽 B 是基带 f_{max} 中最高频率的两倍。调制信号伴随着噪声，假设噪声具有均匀的功率谱密度，其值为 n_o W/Hz。接收机带宽中的总噪声功率为

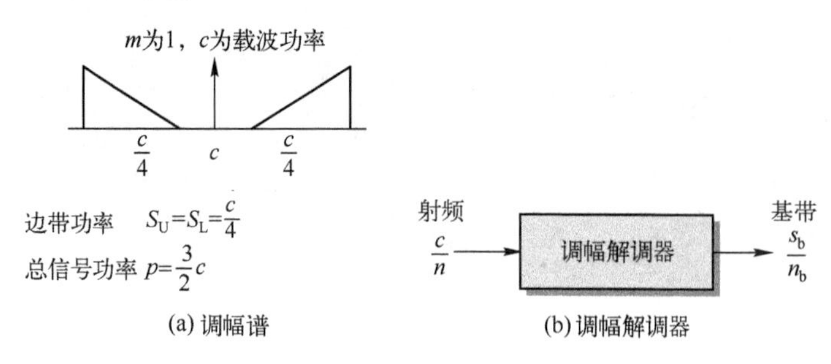

(a) 调幅谱 (b) 调幅解调器

图 10.6 振幅调制

$$n=2f_{\max}n_{\mathrm{o}} \tag{10.2}$$

将 AM 解调器输出端的基带信噪比视为输入端射频载波噪声比的函数，如图 10.6(b)所示。两个边带互为镜像，因此，它们连贯地加入解调器，导致基带信噪比为

$$\left(\frac{s_{\mathrm{b}}}{n_{\mathrm{b}}}\right)_{\mathrm{AM}}=m^{2}\left(\frac{c}{n}\right) \tag{10.3}$$

抑制载波调幅是卫星通信的首选调幅调制实现方式，因为传统调幅效率低，其中 2/3 的总功率在非信息承载的载波中。在卫星通信中，单边带抑制载波 AM 和双边带抑制载波 AM 广泛应用于副载波单元。使用平衡调制器消除载波分量。平衡调制器的作用是消除式(10.1)中的"+1"项。另外，由于边带是冗余的，可以通过滤波来消除边带，从而产生 SSB/SC。解调器不能再采用包络检测，必须采用相干解调。抑制载波 AM 工作的基带信噪比为

$$\left(\frac{s_{\mathrm{b}}}{n_{\mathrm{b}}}\right)_{\frac{\mathrm{SC}}{\mathrm{AM}}}=\frac{p}{n_{\mathrm{o}}f_{\max 1}} \tag{10.4}$$

式中：p 为总信号功率。

传统调幅与抑制载波调幅的比较：

(1) 由于边带的相干检测，DSB/SC 和 SSB/SC 需要相同的总功率来实现给定的$(s_{\mathrm{b}}/n_{\mathrm{b}})$。

(2) 对于同一$(s_{\mathrm{b}}/n_{\mathrm{b}})$，SSB/SC 需要传统 AM 总信号功率的 1/3。

频率调制是通过信息承载信号的振幅来改变正弦射频载波的频率而产生的。调频在卫星通信中广泛应用于早期模拟系统的电话和视频传输，其中许多系统仍在使用中。FM 提供了比 AM 更高的检测后信噪比，因为：①它相对不受传输信道中的幅度衰减的影响，②改进了调频固有的相位噪声特性。FM 的电压频率转换导致射频信道的带宽扩展，可以用来换取基带信噪比性能的提高。

FM 的偏差比 D 定义为

$$D \equiv \frac{\Delta f_{\text{peak}}}{f_{\max}} \tag{10.5}$$

式中：Δf_{peak} 为峰值偏差频率（与标称载波频率的最大偏差）；$f_{\max}$ 为调制（基带）信号中的最高频率。

根据卡森的法则，调频信号的带宽为

$$B_{\text{RF}} = 2(\Delta f_{\text{peak}} + f_{\max})$$

或者用 D 表示为

$$B_{\text{RF}} = 2f_{\max}(D+1) \tag{10.6}$$

调频系统的性能通常是通过假设一个正弦调制（调音）而不是一个任意的信号来实现的，因为易于评估。在正弦调制的情况下，调频偏移率称为调制指数 m。

典型的 FM 调制/解调系统由其他单元组成，以提高性能，如图 10.7 所示。包括预加重和去加重滤波器，见图 10.7(a)，以解决由于调频调制过程而增加的噪声电平。这些滤波器在基带频谱上均衡了噪声层，并且可以将总体性能提高 4dB 或更多。在解调之前包括的限幅器，如图 10.7(b) 所示，会限制较高的幅度电平，从而减少传输信道中幅度退化的影响。

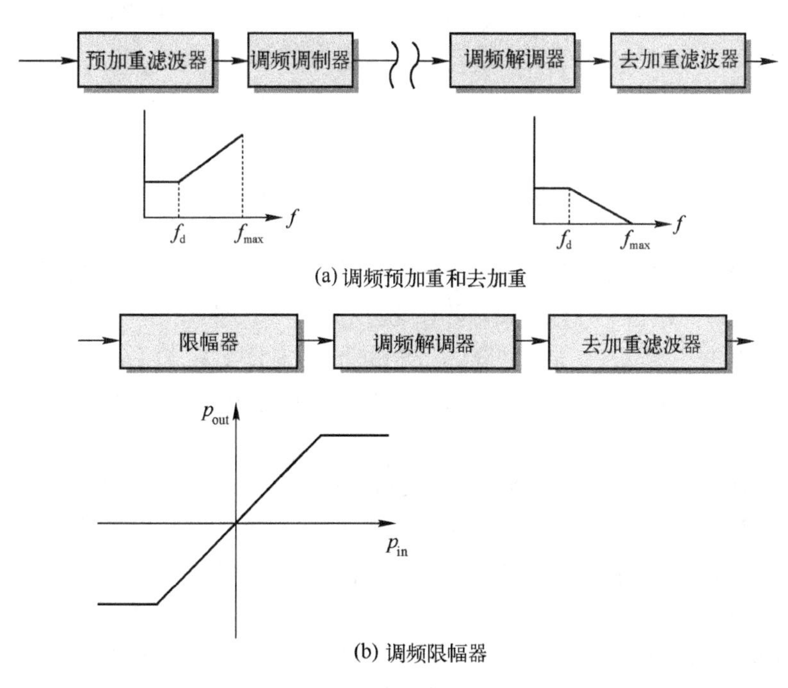

图 10.7 频率调制性能增强

调频改善因子 I_{FM} 定义为

$$I_{FM}=\frac{3}{2}\frac{B_{RF}}{f_{max}}\left(\frac{\Delta f_{peak}}{f_{max}}\right)^2 \tag{10.7}$$

根据调制指数 m,上式可变换为

$$I_{FM}=3(m+1)m^2 \tag{10.8}$$

结果显示,调制指数越高,调频效果越好。

单路单载波调频通信系统的性能由信噪比来描述:

$$\left(\frac{s}{n}\right)_{SCPC}=\left(\frac{c}{n}\right)_t I_{FM}$$

或

$$\left(\frac{s}{n}\right)_{SCPC}=\left(\frac{c}{n}\right)_t\cdot\frac{3}{2}\frac{B_{RF}}{f_{max}}\left(\frac{\Delta f_{peak}}{f_{max}}\right)^2 \tag{10.9}$$

式中:$(c/n)_t$ 为射频信道的载波噪声比。

上式以分贝为单位可表示为

$$\left(\frac{S}{N}\right)_{SCPC}=\left(\frac{C}{N}\right)_t+10\log\left(\frac{B_{RF}}{f_{max}}\right)+20\log\left(\frac{\Delta f_{peak}}{f_{max}}\right)+1.76 \tag{10.10}$$

通过在信噪比中包含加权因子来说明来自预加重和其他改进单元得到的性能改善,从而得到加权的信噪比值,通常将其指定为 $(S/N)_W$ 或 $(S/N)|_W$,以区别于未加权的值。

10.2 数字基带格式

数字格式的信号在卫星通信系统中占主导地位,用于数据语音、影像和视频应用。数字系统可以提供比模拟系统更有效、更灵活的切换和处理选项。数字信号更容易保护,并以更高的功率和带宽效率的形式提供更好的系统性能。数字格式的信号可提供有关编码、错误检测/纠正和数据重新格式化的更全面的处理能力。

数字通信的基础是二进制数字(2 级)格式。图 10.8 显示了用于基带数据编码的二进制波形示例。图中显示了序列 1010111 几个选项的二进制表示形式,显示在图的顶部。分配给位(A、-A 或 0)的结果电平显示在左侧。比特持续时间为 T_b,比特率为 $R_b=1/T_b$。

最简单的格式是单极非归零,称为单极 NRZ,如图 10.8 中(a)所示。然而,单极 NRZ 有直流分量,不适合大多数传输系统。极性 NRZ,如图 10.8 中(b)所示,其

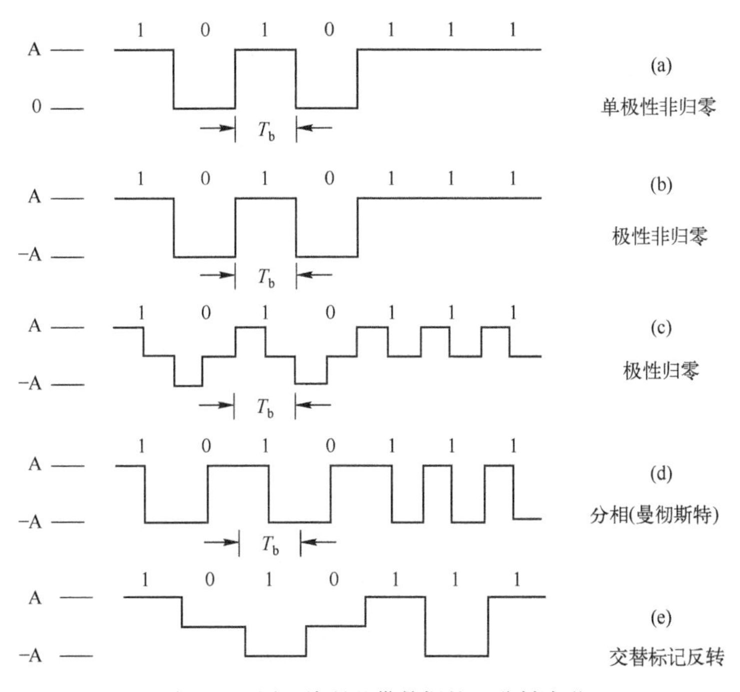

图 10.8 用于编码基带数据的二进制波形

平均值为0,然而,长序列的相似符号会导致直流电平逐渐升高。极性归零,如图10.8中(c)所示,在每个比特持续时间的一半时间内返回零,为比特定时提供了可靠的参考。最流行的两种格式分别是图10.8中的(d)和(e),即分相(曼彻斯特)编码和交替标记反转(AMI)编码。在分相中,波形转换发生在比特周期的中间,也有利于比特定时。

交替标记反转(AMI)格式,也称为双极波形,具有以下特点:

(1) 二进制0位于零基线处;

(2) 二进制1极性交替;

(3) 移除直流电平;

(4) 位定时很容易提取(除一长串零外);

(5) 长串1产生$2T_b$周期的方波脉冲。

数字基带格式化的第二步是多级编码,其中组合二进制比特流以减少所需的带宽。组合原始位成一组,称为符号。例如,如果两个连续的位组合在一起,形成每组两个比特的数据组,我们有4种可能的双比特组合,从而产生四元编码。如果将3个连续的位组合在一起,形成许多三比特组合,则有8种可能的组合,从而产生8级编码(参见图10.9)。

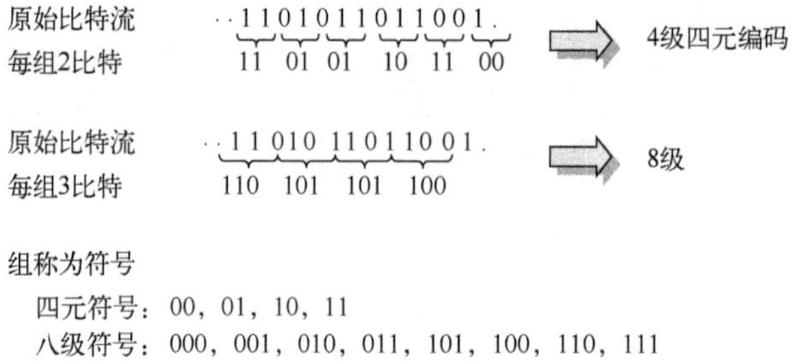

原始比特流 ··11010110110 01.
每组2比特 11 01 01 10 11 00
⇒ 4级四元编码

原始比特流 ··11010 11011001.
每组3比特 110 101 101 100
⇒ 8级

组称为符号
四元符号：00，01，10，11
八级符号：000，001，010，011，101，100，110，111

图 10.9 多级编码

以 N_b 作为每个组或符号的二进制位数，信号具有"m"个可能的电平，称为"m元信号"。可能的级别数是

$$m = 2^{N_b} \tag{10.11}$$

每个符号的比特数为

$$N_b = \log_2 m \tag{10.12}$$

符号持续时间 T_s 为 N_b 乘以比特持续时间 T_b，即

$$T_s = T_b N_b \tag{10.13}$$

符号速率为

$$R_s = \frac{R_b}{N_b} \tag{10.14}$$

式中，R_b 为比特速率。

符号速率通常用波特表示，即波特率。R_s（符号/秒）的传输速率与 R_s 波特率相同。波特率仅当 $N_b=1$，即二进制信号时才等于比特率。

如果原始源数据是模拟的（例如语音或视频），那么在执行数字格式之前，需要将其转换为数字形式。模拟源数据最流行的基带格式技术是脉冲编码调制（PCM）。PCM 编码器接收模拟信号，对周期脉冲序列进行幅度调制，产生平顶脉冲幅度调制（PAM）脉冲序列。通过量化编码器对 PAM 信号进行量化（分为量化级）。每个电平由一个数字（一个二进制码字）来表示，该数字形成以位串行形式传输到信道的 PCM 信号。图 10.10 显示了从编码器的模拟语音输入到解码器的模拟语音输出的 PCM 过程的简化框图。

如果 V_{p-p} 是峰峰值电压电平，并且 L 是量化电平数，则步长 S 为

$$S = \frac{V_{p-p}}{L} \tag{10.15}$$

例如，$V_{p-p}=10\text{V}(\pm 5\text{V})$，$L=256$（8 位量化），那么

$$S = \frac{10}{256} = 0.03906\text{V}$$

量化级数取决于每级量化比特的数量,即

$$L=2^{B} \tag{10.16}$$

最高 8 位量化的级别数为

B:	2	3	4	5	6	7	8
L:	4	8	16	32	64	128	256

一旦量化电平被转换成二进制码(编码器的输出),信息可以通过前面讨论的任何波形进行传输;如极性 NRZ、极性 RZ、曼彻斯特、AMI 等。图 10.10 显示了从编码器的模拟语音输入到解码器的模拟语音输出的 PCM 过程的简化框图。

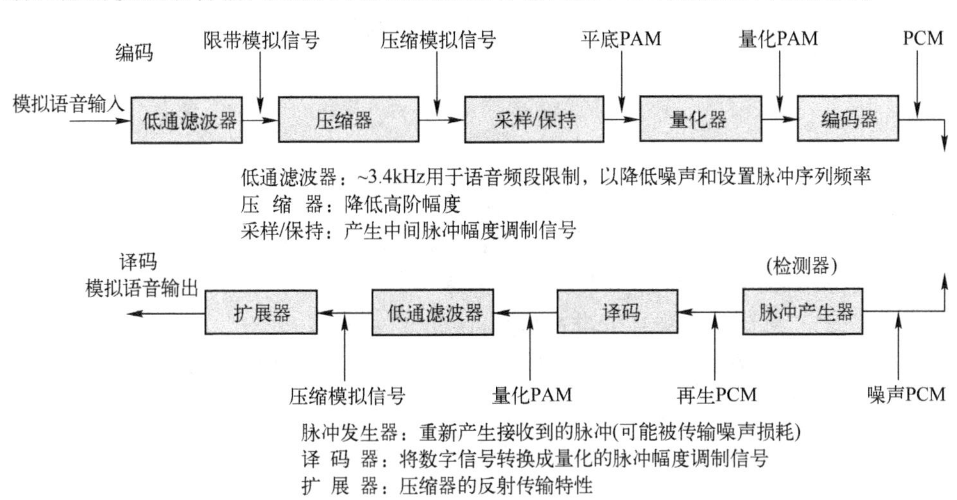

图 10.10　脉冲编码调制(PCM)编码/译码过程

量化过程会产生量化误差。量化波形与 PAM 波形之间的差异会引起量化畸变,可以认为是量化噪声。量化噪声会降低基带信噪比,就像热噪声一样,必须将其纳入 PCM 性能评估中。

由于量化噪声和热噪声,PCM 的整体信噪比为

$$\left(\frac{s}{n}\right)_{\mathrm{PCM}}=\frac{CL^{2}}{1+4(BER)_{\mathrm{b}}CL^{2}} \tag{10.17}$$

式中:C 为瞬时扩展常数;L 为量化电平数;BER 为误比特率。

例如,考虑一个每级 8 位的 PCM 系统,其运行的扩展常数为 1。要求提供 3.5×10^{-5}的误比特率所需的信噪比为

$$B=8$$

$$L=2^{8}=256$$

$$\left(\frac{s}{n}\right)_{\text{PCM}}=\frac{(1)(256)^2}{1+4\times(3.5\times10^{-5})\times(1)\times(256)^2}=6640$$

$$\left(\frac{S}{N}\right)_{\text{PCM}}=10\log(6640)=38.1\text{dB}$$

由于误码率随(s/n)的变化而变化,对于高(s/n),误码率低并且性能主要由量化噪声决定。对于低(s/n)值,误码率增加,热噪声成为主要因素。

10.2.1 PCM 带宽需求

考虑一个采样频率为f_s的 PCM 系统,比特率 r_b为

$$r_b=Bf_s$$

如果f_{max}是模拟基带中的最高频率,以两倍f_{max}采样时的比特率为

$$r_b=2f_{max}B$$

因此,基带数字信道中的 PCM 编码器输出端的带宽要求为

$$\text{基带带宽}\geqslant 2f_{max}B$$

例如,对于模拟语音,$f_{max}=4\text{kHz}$ 时,所需带宽为

$$\text{基带带宽}\geqslant 2\times4000\times8=64\text{kHz}$$

从 4kHz 模拟值到 64kHz,PCM 信道的带宽大幅度增加是 PCM 改善信噪比性能所付出的代价。

除了传统的 PCM 外,通信系统设计者还可以使用其他数字语音源编码技术。这里简要总结了其中一些技术。

10.2.2 准瞬时压扩(NIC)

准瞬时压扩通过利用人类语音中的短期冗余来降低比特率。可以实现接近 PCM 所需数据速率的 1/2,从而更有效地利用频谱。

10.2.3 自适应增量调制(ADM)或连续可变斜率增量调制(CVSD)

ADM 利用差分编码——只传输变化的部分。ADM 以 24~32kb/s 的速率提供可接受的的语音,提供了一个频率效率更高的选项。

10.2.4 自适应差分脉冲编码调制(ADPCM)

ADPCM 也使用差分编码,但在采样过程中采用均方值。它比 PCM 需要更少的编码位。然而,由于语音波形样本间的相关性不是平稳的,所以量化器更为复杂,而且量化器必须是自适应的。ADPCM 通常在较宽的动态范围内比 ADM 或

NIC 性能更好。

10.3 数字源组合

时分多路复用(TDM)用于以等于或大于输入速率之和的比特率将多个数字编码信号组合成复合信号。PCM 编码模拟语音的 TDM 过程如图 10.11 所示。在 TDM 多路复用器中组合多个 PCM 比特流,其产生驱动射频调制器的 TDM 复合比特序列。

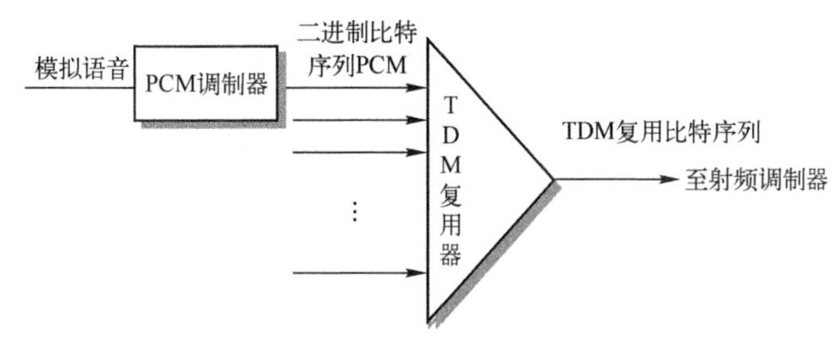

图 10.11 模拟 PCM 编码语音的时分多路复用源组合过程

TDM 多路复用运行存在 3 个基本选项:

- 位多路复用;
- 字节(8 位符号)多路复用;
- 块多路复用。

所有选项在功能上都是一样的,只是“片段”的大小不同。

图 10.12 显示了 TDM 字节级多路复用的示例。通常,TDM 语音多路复用器中的字节将是 8 位 PCM 符号(或组)。在字节复用器中,每个输入信号的一个字节被串行地交织成一个比特流。帧和同步位被添加到同步字节中,如图所示,从而产生一个比特流。重复该序列以提供适合于射频调制的完整 TDM 比特流。TDM 多路分离器是该过程的逆过程。TDM 多路复用器/多路分离器对信号 $L_1,L_2,\cdots,L_n$是透明的,相当于源和目标之间的直接链路。

如果每个 TDM 输入信号是从相同的时钟源或相位相干时钟源产生的,则多路复用是同步的。通过以不同速率采样,可以在 TDM 过程中适应可变的输入速率,这称为统计复用或复杂扫描复用。

全球使用两种语音电路的时分复用标准;表 10.1 总结了 DS 或 T 载波 TDM 信号以及 CEPT TDM 信号。每个层次以 64kb/s 模拟语音开始,但是随后的 TDM 级别由不同的组合组成,如表所示。图 10.13(a)和(b)分别显示了 DS1 和 CEPT 1 级的详细信令格式。图中还显示了 PCM 语音信道和帧结构。

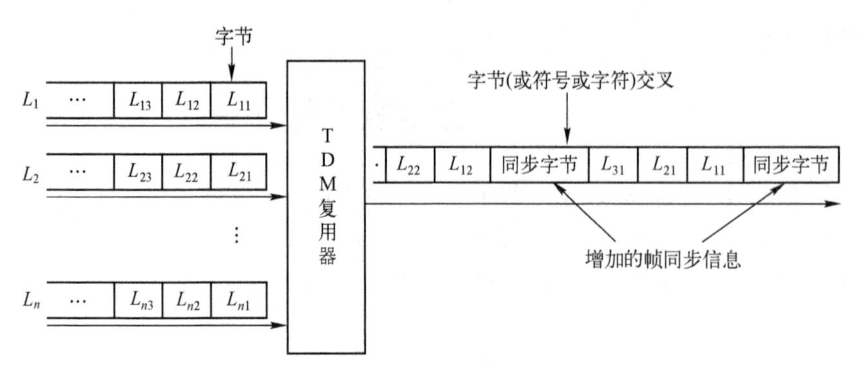

图 10.12　TDM 字节多路复用

表 10.1　标准化 TDM 结构

DS(T-载波)				CEPT			
级	语音路数	加强	比特率/Mb/s	级	语音路数	加强	比特率/Mb/s
D0	1		(64kb/s)	(语音)	1		(64kb/s)
DS1(T1)*	24	24×D0	1.544	1	30	30×v	2.048
DS1C	48	2×DS1	3.152	2	120	4×L1	8.448
DS2(T2)	96	4×DS1	6.312	3	480	4×L2	34.368
DS3(T3)	672	7×DS2	44.736	4	1920	4×L3	139.264
DS4(T4)	4032	6×DS3	274.176	5	7680	4×L4	565.148

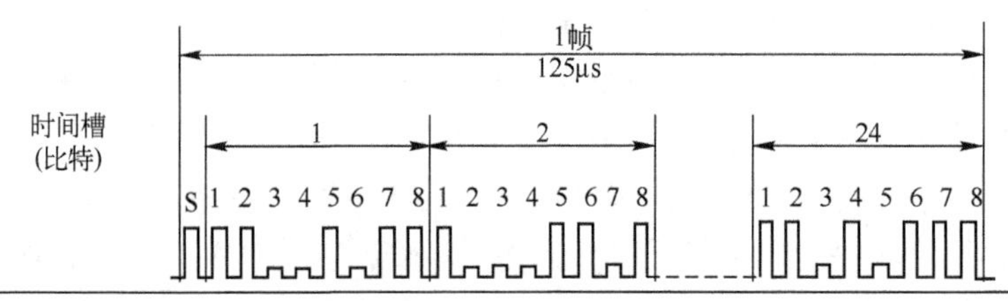

语音信道

- 8000样本/s，每样本产生1字节信息(8b)PCM
- 传输速率：
  8000样本/s×8b =64kb/s

DS-1帧-24合并信道

- 帧=8b/信道×24+帧划分比特
  =193b/帧
- 传输速率：
  193b/s×8000帧/s=1.544Mb/s

(a) DS-1信号格式

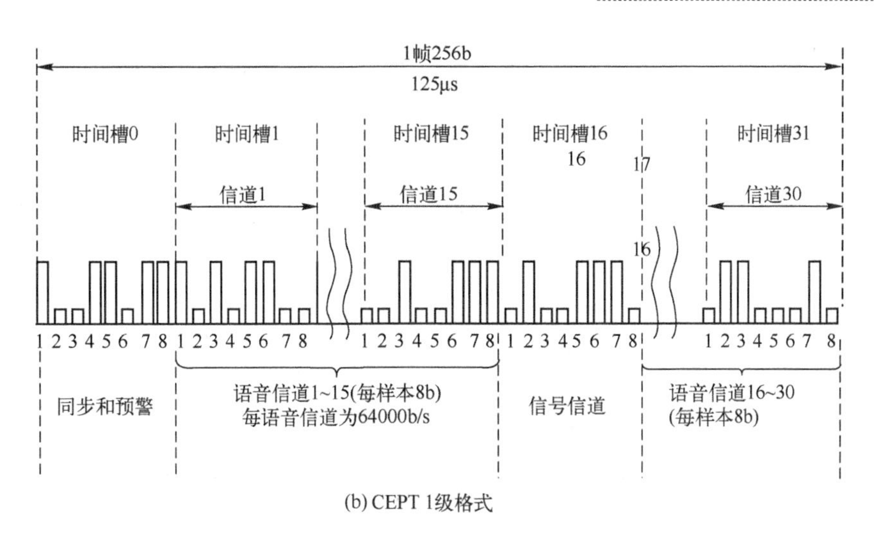

(b) CEPT 1级格式

图 10.13 DS1 和 CEPT1 级信号格式

10.4 数字载波调制

通信信号处理链(见图 10.1)中的数字调制器的功能是接收数字比特流并调制正弦载波上的信息,以便在射频信道上传输。噪声会进入信道,这将在目标位置提供给解调器的比特流中产生比特错误,如图 10.14(a)所示。如果在解调器上有射频载波相位信息,则这种检测称为相干检测。如果在不知道相位的情况下进行检测,则会发生非相干检测。噪声性能信道各不相同。相干检测性能只受噪声的同相分量影响,而总噪声将干扰非相干检测信道,如图 10.14(b)所示,以相量形式突出显示。

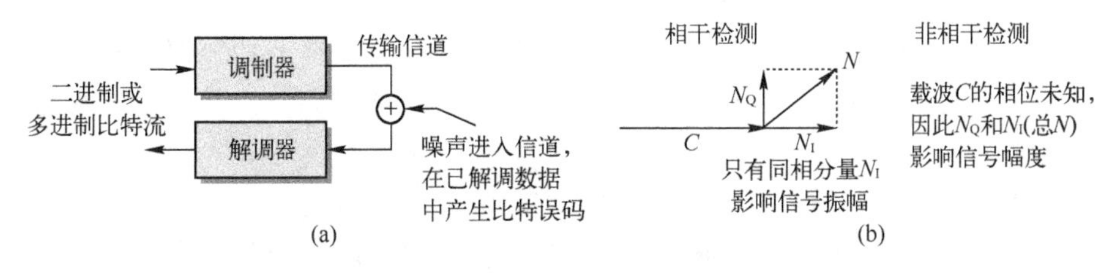

图 10.14 数字载波调制

数字调制是通过二进制(或 m 进制)比特流对载波的振幅、频率或相位调制来实现的。对应的名称:

- 可变振幅(AM)→OOK——开/关键控
- 可变频率(FM)→FSK——频移键控
- 可变相位(PM)→PSK——相移键控

与模拟源信号一样,相位调制可为卫星传输信道提供最佳性能。

基本数字调制格式在图 10.15 中针对二进制输入信号 101001 进行了概述。该图突出显示了每种格式的基本特性。

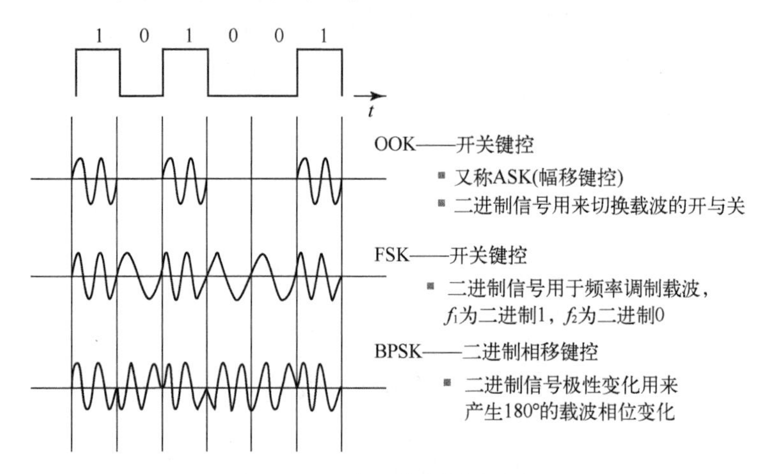

图 10.15 基本数字调制格式

除了图中所示的基本格式之外,还可以使用更复杂的调制结构,每种调制结构都比以前的格式提供了其他优势,但代价是实现起来会增加复杂性。卫星通信中使用的主要调制格式概述如下。

差分相移键控(DPSK)——仅当前位与前一位不同时,载波相位才改变的相移键控。必须在消息开始时发送参考位以进行同步。

正交相移键控(QPSK)——四符号波形的相移键控。数据比特流转换成两个比特流,I 和 Q,然后像在 BPSK 中那样进行二进制相位偏移。相邻相移的间距为 90°。与 BPSK 相比,它的主要优势是只需要 BPSK 一半的带宽。缺点是实现起来比较复杂。

M 进制相移键控(MPSK)——m 进制符号波形的相移键控。

最小频移键控(MSK)——附加处理以平滑数据转换,从而降低带宽需求的相移键控。

正交振幅调制(QAM)——比二进制更高的多级调制,载波的振幅和相位均被调制。已经证明了最高可达 16QAM 级。

10.4.1 二进制相移键控

这里给出了二进制相移键控 BPSK 的基本工作方程,BPSK 是相移键控的最简单形式。假设 $p(t)$ 是一个二进制信号,即

$$p(t)=+1 \text{ 或} -1$$

与一个射频载波 $\cos\omega_o t$ 混合。调制后的波形为

$$e(t)=p(t)\cos\omega_o t$$

注意到

$$e(t)=\begin{cases}\cos\omega_o t & p(t)=+1\\ -\cos\omega_o t=\cos(\omega_o t+180) & p(t)=-1\end{cases} \tag{10.18}$$

$p(t)$ 表示二进制极性 NRZ 信号。图 10.16(a) 显示了 BPSK 调制器的基本实现,以 $p(t)$ 作为输入比特流。使用带通滤波器(BPF)来限制 BPSK 的频谱。调制器的输出为

$$e(t)=p'(t)\cos\omega_o t \tag{10.19}$$

其中 $p'(t)$ 是经过过滤的 $p(t)$,图 10.16(b) 显示了 BPSK 调制器的频谱。得到的频谱形式如下:

$$H(\omega)=\left(\frac{\sin\omega}{\omega}\right)^2 \tag{10.20}$$

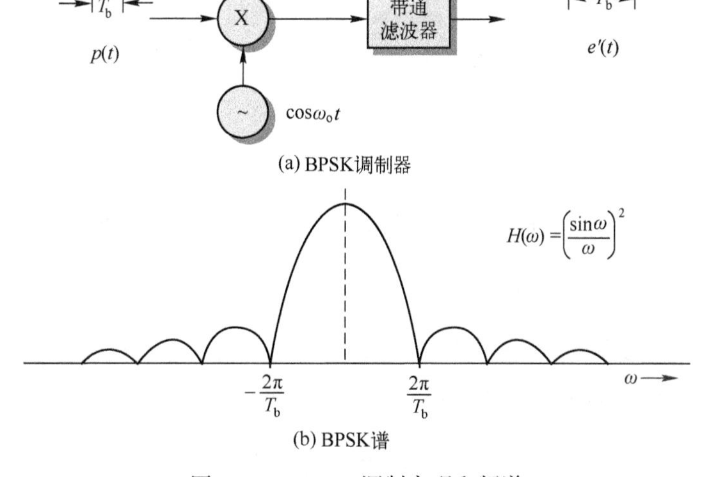

(a) BPSK调制器

(b) BPSK谱

图 10.16 BPSK 调制实现和频谱

BPF 用于将频谱限制在主瓣区域,主瓣区域是大部分信号能量所在的区域。较小的波瓣振幅随 $1/f^2$ 减小。典型的实现方式是将带通滤波器设置为比主瓣稍大一些,大约是比特率的 1.1~1.2 倍,以确保 BPSK 信号安全通过。

基本 BPSK 解调器的功能单元如图 10.17 所示。BPSK 解调过程分为两步,载波恢复由第一锁相环实现,接着第二锁相环实现比特定时恢复。输入的 BPF 整形波形,降低了噪声带宽。时钟是由第二锁相环从符号转换导出的。在中间符号处对信号进行采样以重建原始数据流。

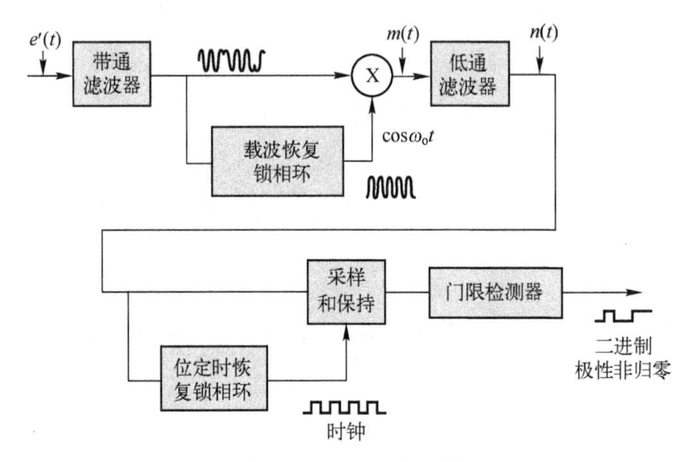

图 10.17 BPSK 解调器

解调器输入形式如下:

$$e'(t)=p'(t)\cos\omega_o t \tag{10.21}$$

式中,$e'(t)$ 为 $e(t)$ 经通信信道传输后调制器的输出,参见式(10.19)。那么第一个混频器的输出 $m(t)$ 为

$$m(t)=p'(t)\cos^2\omega_o t=p'(t)\left[\frac{1}{2}+\frac{1}{2}\cos_2\omega_o t\right] \tag{10.22}$$

低通滤波器(LPF)的输出,得到所需的原始二进制信号的滤波版本

$$n(t)=\frac{1}{2}p'(t) \tag{10.23}$$

BPSK 的误比特率 BER 可以从相位域高斯噪声信道的噪声特性得到(见图 10.18)。对图中交叉阴影区域的积分给出了误比特率,

$$BER_{\text{BPSK}}=\frac{1}{2}\text{erfc}\left(\sqrt{\frac{e_b}{n_o}}\right) \tag{10.24}$$

式中:(e_b/n_o) 是每比特能量噪声密度比;erfc 是互补误差函数(参见附录 A)。上述

结果给出了 BPSK 处理的最佳理论性能。大多数实际实现的误比特率性能接近理论性能的 1~2dB。通过在链路预算计算中包括实施裕度，可以在链路性能分析中解决此差异。

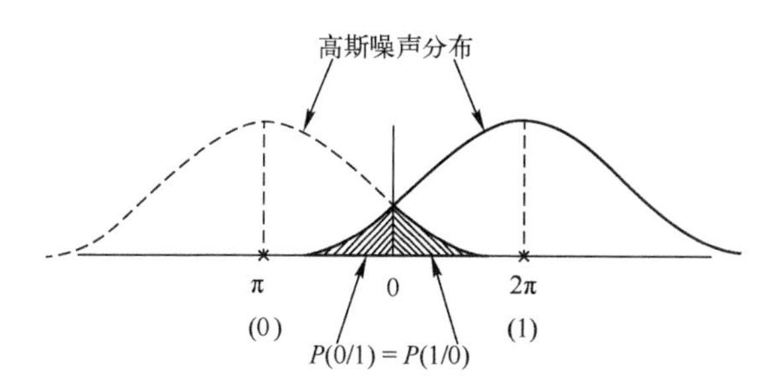

图 10.18 高斯噪声信道误比特区域

10.4.2 四元相移键控

正交相移键控(QPSK)是 PSK 的一种更有效的形式，它减少了相同信息数据速率所需的带宽。二进制数据流被转换成 2 位符号(四进制编码)，用于相位调制载波。图 10.19 显示了用于生成两个并行编码比特流的串并过程。将原始数据序列 $p(t)$ 中的奇数位发送到 i(同相)信道，产生序列 $p_i(t)$。偶数位发送到 q(正交)信道，产生序列 $p_q(t)$。在 i 和 q 信道中，比特持续时间加倍，将比特率降至原始数据比特率的 1/2。

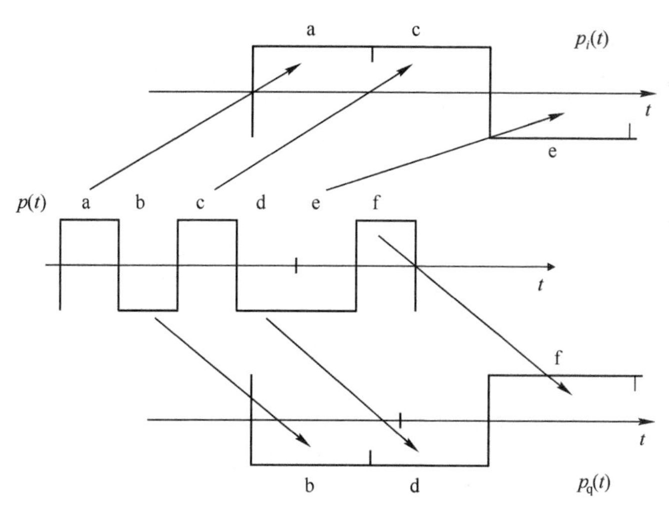

图 10.19 QPSK 波形生成

QPSK 调制器由两个并行作用于四进制编码比特流的 BPSK 调制器组成，如图 10.20 所示。串并转换器生成同相和正交信道，如图 10.19 所示。同相信号直接与载波频率 $\cos\omega_o t$ 混合，而正交信号与载波 90°相位前移进行混频，即

$$\cos\left(\omega_o t+\frac{\pi}{2}\right)=-\sin(\omega_o t)$$

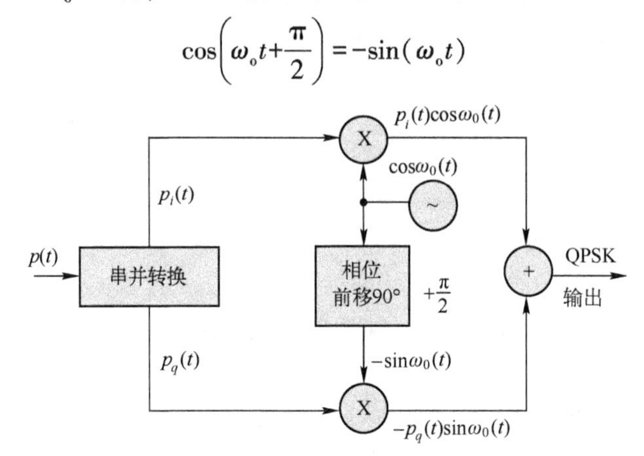

图 10.20　QPSK 调制器实现

两个混频器的输出相加产生调制器输出信号，

$$s(t)=p_i(t)\cos\omega_o t-p_q(t)\sin w_o t \tag{10.25}$$

$s(t)$的相位状态将取决于构成同相和正交分量信号的比特值。图 10.21 列出了 4 种可能的位组合及相应的 $s(t)$。图中还显示了四位序列的相位状态图，与 $p_i(t)$ 和 $p_q(t)$ 相关。符号相位是正交的，相距 90°，每个象限有一个符号相位。

符号比特	$p_i(t)$	$p_q(t)$	QPSK输出$s(t)$
11	1	1	$\cos\omega_0 t-\sin\omega_0 t = \sqrt{2}\cos(\omega_0 t+45°)$
10	1	−1	$\cos\omega_0 t+\sin\omega_0 t = \sqrt{2}\cos(\omega_0 t-45°)$
01	−1	1	$-\cos\omega_0 t-\sin\omega_0 t = \sqrt{2}\cos(\omega_0 t+135°)$
00	−1	−1	$-\cos\omega_0 t+\sin\omega_0 t = \sqrt{2}\cos(\omega_0 t-135°)$

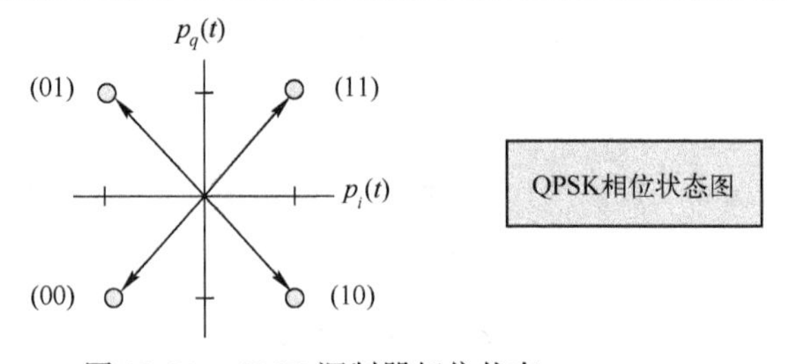

图 10.21　QPSK 调制器相位状态

QPSK 解调器正是上述过程的逆过程,如图 10.22 所示。输入信号经过通信信道后分成两个信道。

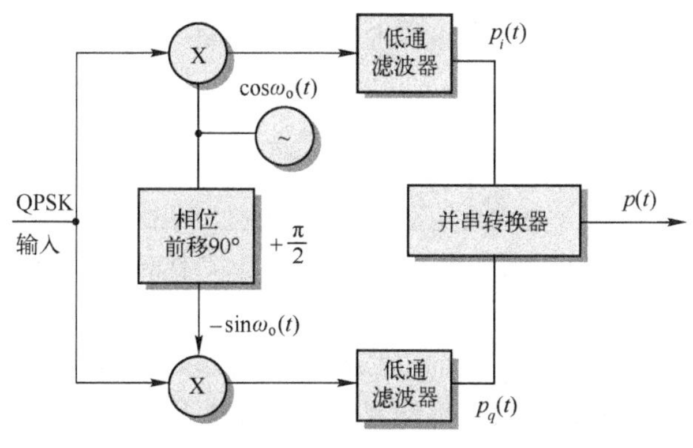

图 10.22 QPSK 解调器

每个信道本质上都是一个 BPSK 解调器,如图 10.17 所示,解调过程产生同相和正交分量 $p_i(t)$ 和 $p_q(t)$,然后通过并串转换得到原始数据流 $s(t)$。

QPSK 传输带宽为 BPSK 的一半,因为调制是以原始数据流一半的比特率进行的。然而,由于噪声对两个信号分量均产生影响,QPSK 与 BPSK 具有相同的误比特率。只有噪声的同相分量才会在 $p_i(t)$ 通道中引起比特误差,只有噪声的正交分量才会在 $p_q(t)$ 通道中引起比特误差。因此,对于相同的输入数据速率,BPSK 和 QPSK 在给定的噪声环境下具有相同的误比特率性能,

$$BER_{\text{QPSK}} = BER_{\text{BPSK}} = \frac{1}{2}\text{erfc}\left(\sqrt{\frac{e_b}{n_o}}\right) \tag{10.26}$$

式中:(e_b/n_o)是每比特能量与噪声密度比;erfc 是互补误差函数(参见附录 A)。与 BPSK 一样,与上述理论性能的偏差是在链路性能分析中通过在链路预算计算中包含一个实现余量来解释的。

10.4.3 高阶调相

通过实现更高阶的相位调制,可以进一步降低符号速率并同时达到所需的传输带宽。例如,8 相相移键控(8ϕPSK),其每个符号采用 3 个比特的组合来表示,传输信道带宽为 BPSK 的 1/3,相位状态图如图 10.23 所示。相位状态不再是正交的,因此需要额外的功率来保持相同的整体性能。8ϕPSK 需要两倍于

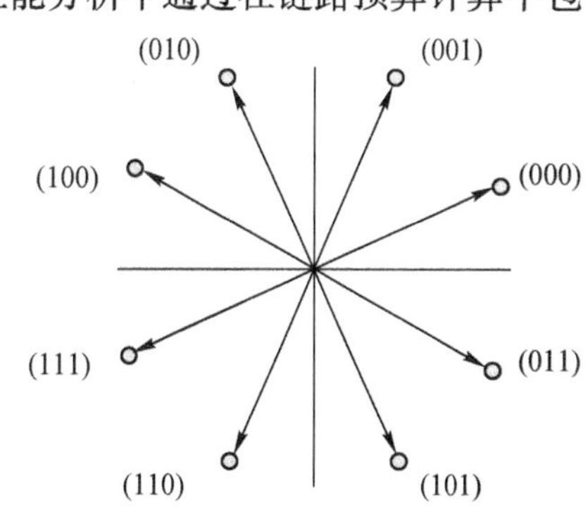

图 10.23 8ϕPSK 相位状态图

BPSK 或 QPSK 的功率,以在相同的链路条件下实现相同的总体性能。

8ϕPSK 在卫星通信系统中很重要,因为符号中的附加比特可用于纠错编码,允许额外的约 3dB 编码增益。通过 8ϕPSK 和纠错编码来实现优于 1×10^{-10}的误比特率。

10.5 小　　结

本章对一般卫星通信端到端信道中存在的基本信号单元进行了高度概括,如图 10.1 所示。按照从源开始的顺序,它们依次是基带格式化、源组合、载波调制、多址和传输信道。

本节小结(图 10.24)中显示了本章讨论的模拟和数字源数据信号单元。该图显示了现代卫星通信系统中系统设计者可用的提供基带格式、源组合和载波调制技术。卫星多址技术(该图的第四个单元列)将在下一章中进行讨论。

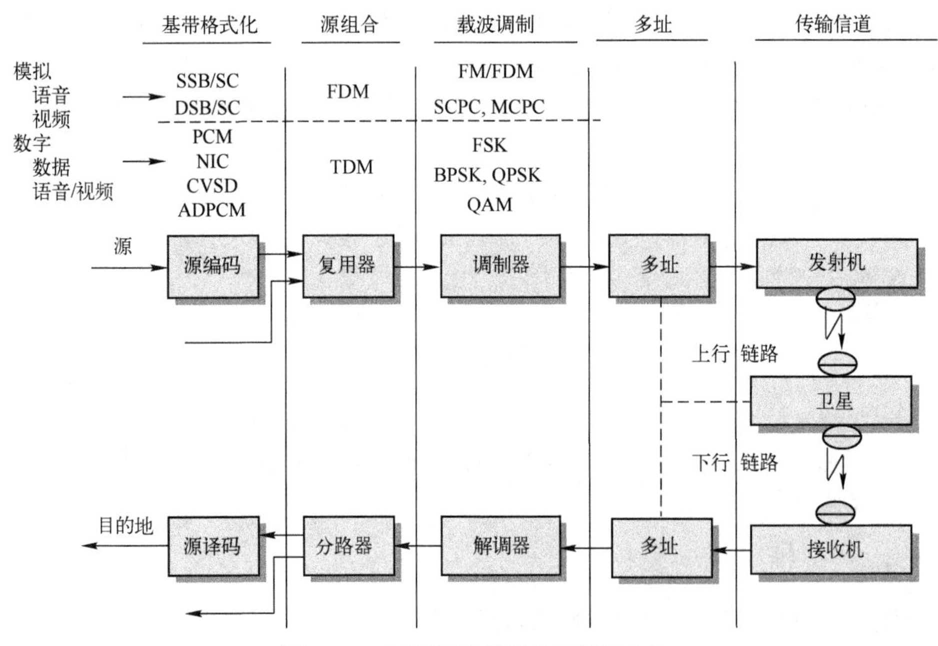

图 10.24　卫星通信信号处理单元小结

参考文献

[1] Pratt T, Bostian CW, Allnutt JE. *Satellite Communications*, Second Edition, John Wiley & Son, New York, 2003.

习　题

1　向卫星发射机链路的天线终端提供总射频功率为 9W 的调幅信号。调制指数 $m=1$。

a）每个调幅单边带的功率是多少？载波的功率是多少？

b）如果基带信号是 300~3400Hz 的语音，总噪声带宽是多少？

c）如果射频载波噪声比为 18dB，则该链路的解调器输出端基带信噪比是多少？

2　采用卫星下行链路通过一个 36MHz 的转发器传输单个模拟电视信号。视频信号采用宽带调频的调制方式。发射的射频信号带宽为 32MHz。电视信号的基带带宽为 4.2MHz。

a）调频载波的峰值频率偏差是多少？

b）视频信号的未加权调频改善因子是多少？

c）下行链路（C/N）是 17dB，基带视频信号的未加权视频（S/N）是多少？

3　将 PCM 调制器 PAM 部分中的模拟波形量化为 8 级。模拟信号的峰峰电压为±5V。

a）假设量化电平为每一级的中点值，计算每一级的量化电压电平。

b）将量化误差定义为模拟波形电压电平与量化电压电平之间的差值，以模拟波形电压的百分比表示，确定模拟波形值分别为 2.65V、-1.33V 和-5V 的量化误差。

4　QPSK 调制 SCPC 卫星链路的下行传输速率为 60Mb/s。地面站接收机的 E_b/N_o 为 9.5dB。

a）计算链路的 C/N_o。

b）假设上行链路噪声对下行链路的贡献为 1.5dB，确定由此产生的链路误比特率。

5　采用 BPSK 调制的卫星链路运行时，其误比特率应不高于 1×10^{-5}。BPSK 系统的实现裕度指定为 2dB。确定维持性能所需的 E_b/N_o。

6　卫星服务提供商提供了两种可替代的数字调制系统：E_b/N_o为 16dB 的 BPSK 系统和 E_b/N_o为 8dB 的 QPSK 系统。

a）哪个系统将为您的应用提供更好的性能？

b）就 BER 而言，好多少？

可以忽略此比较的实现裕度。

第11章
卫 星 多 址

多址(MA)是指在通信系统中将系统资源(电路、信道、转发器等)分配给用户的一般过程。对于某些无线网络,该过程也称为介质访问控制,它是通信系统基础结构中的一个重要且有时是必不可少的单元,需要确保足够的容量和链路可用性,尤其是在通信系统大量使用期间。

卫星通信网络特别依赖于包含键壮的多址技术,因为卫星资源通常限于可用功率或可用频谱,不具备在任何时候支持所有用户的通信能力。卫星链路的设计目的是为在平均条件下运行提供所需的链路可用性,在高需求时间或严重链路中断期间预计会出现一些退化。多址过程的目标是使通信网络能够对用户需求的预期变化作出反应,并调整资源,以便在高需求期间以及平均或有限需求条件下提供所需的性能水平。

在多址过程中,卫星通信系统设计人员可利用的主要资源是卫星转发器和用户地面终端。卫星多址技术通过多个卫星转发器连接地面站,以优化几个系统属性,如:

(1) 频谱效率;

(2) 功率效率;

(3) 减少延迟;

(4) 增加通量。

多址技术几乎适用于卫星系统使用的所有应用程序,包括固定和/或移动用户。卫星系统通常比地面传输系统更有利于实现有效的多用户接入,因为地面/空间链路固有的体系结构允许网络资源优化,而不需要向系统添加额外的节点或其他单元。

根据应用程序和卫星有效载荷设计,可以以多种不同的配置访问卫星转发器。频率变换转发器可由单个射频载波或多个载波通过模拟或数字调制访问。每个载波可以由来自模拟或数字源的单个基带信道或多个基带信道进行调制。

图 11.1 中给出了 4 种基本的多址配置。最简单的方案,如图 11.1(a)所示,由一个调制射频载波的基带信道组成,射频载波馈送到卫星转发器。基带信道可以是模拟的,例如模拟语音或视频,或者表示数据、声音或视频的数字比特流。调制可以是模拟的,如振幅调制 AM 或频率调制 FM,或数字的,如频移键控,如 FSK,或各种形式的相移键控,如 BPSK 或 QPSK。

第二个方案将多个单基带/调制链进行组合后馈送转发器,如图 11.1(b)所示。在这种情况下,转发器末级放大器通常在功率回退模式下工作,以避免互调噪声。方案三由单个已调载波组成,如图 11.1(c)所示;然而,在载波调制之前,将多个基带信道多路复用到单个数据流上。典型的多路复用格式包括用于模拟信号源的频分多路复用(FDM)和用于数字信号源的时分多路复用(TDM)。最复杂的方案由多个多路基带信道调制多个射频载波组成,如图 11.1(d)所示,多个载波全部馈送到单个转发器。此选项还需要工作在功率回退模式,以避免互调噪声。

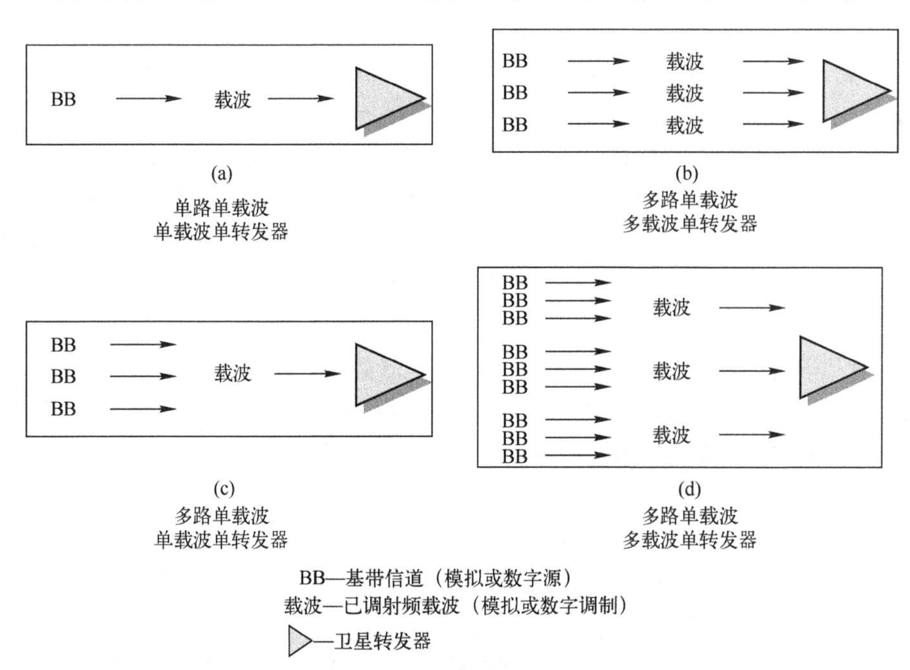

图 11.1　卫星通信网络接入方案

方案(a)和(c)在转发器中有单一载波的情况,通常称为单信道单载波(SCPC)工作。SCPC 转发器通常可以在输入电平设置为驱动末级功率放大器完全饱和的情况下工作,以提供高功率效率。方案(b)和(d)是单载波多信道系统(MCPC),其运行的输入电平设置远低于饱和电平,以避免互调,这可能会导致模拟数据产生串扰噪声,或增加数字数据流的比特误差。这种功率回退可能是几个 dB,导致 MCPC 系统的功率效率低于 SCPC 系统。

卫星系统设计者可用的多址方法可分为 3 种基本技术,主要根据多址过程中使用的领域进行区分:

(1) 频分多址(FDMA);

(2) 时分多址(TDMA);

(3) 码分多址(CDMA)。

频分多址系统由多个载波组成,多载波在转发器中按频率分开。传输可以是模拟信号或数字信号,或两者的组合。在时分多址中,多载波在转发器中按时间分开,在任何时刻只向转发器提供一个载波。TDMA 仅适用于数字数据,因为传输是在突发模式下提供时分功能。码分多址是频率和时间分离的结合,它是最复杂的技术,需要在发送和接收两级进行多个级别的同步。码分多址仅用于数字数据,提供了 3 种基本技术中最高的功率和频谱效率。

多址方案由二级访问技术进一步定义,这些技术通常在上述 3 种基本多址技术中的一个或多个中实现。这些二级技术包括:

按需接入多址——DAMA。需求分配网络动态地改变信号配置,以响应用户需求的变化。FDMA 或 TDMA 网络可以使用预先分配的信道进行工作,称为固定接入(FA)或预先分配的接入(PA);或者它们可以作为按需分配的 DAMA 网络模式运行。CDMA 是一个随机接入系统,因此从设计上来讲,它是一个 DAMA 网络。

空分多址——SDMA。空分多址是指除了接入实现方法固有的多址之外,还能够将用户分配到空间分离的物理链路(不同的天线波束、单元、分段天线、信号极化等)。它可以与 3 种基本多址技术中的任何一种结合使用,并且是移动卫星网络的基本单元,移动卫星网络利用多波束卫星,可能包括频率复用和正交极化链路,以进一步增加网络容量。

卫星切换 TDMA——SS/TDMA。卫星切换时分多址采用顺序波束切换,在频率变换卫星中增加额外的多址访问层次。切换是在射频(RF)或中频(IF)完成的,这是基于卫星的系统所特有的。

多频 TDMA——MF-TDMA。该技术结合了 FDMA 和 TDMA 技术,提高了宽带卫星通信网络的容量和性能。该宽带基带信号在频段中划分,每个频段驱动一个单独的 FDMA 载波。然后将接收到的载波重新组合以产生原始宽带数据。

下面几节将进一步讨论 3 种基本的多址技术,还包括二级接入技术的介绍。所有的基本多址技术都可以应用于地面和空间应用,但是这里重点是基于卫星的系统和网络的多址具体实现。

11.1 频分多址

频分多址技术是在卫星系统上实现的第一种多址技术，是原理和操作上最简单的多址技术。图11.2显示了FDMA过程的功能显示，显示了3个地面站接入单个频率变换卫星转发器的示例。分别给每个地面站分配了一个特定的上行频段，分别是f_1、f_2和f_3。从图中频率/时间图可以看出，每个地面站都有自己专用的地面站频段或时隙。频率间隔可以预先分配，也可以根据需要更改。频率保护频段用于避免用户间隙之间的干扰。

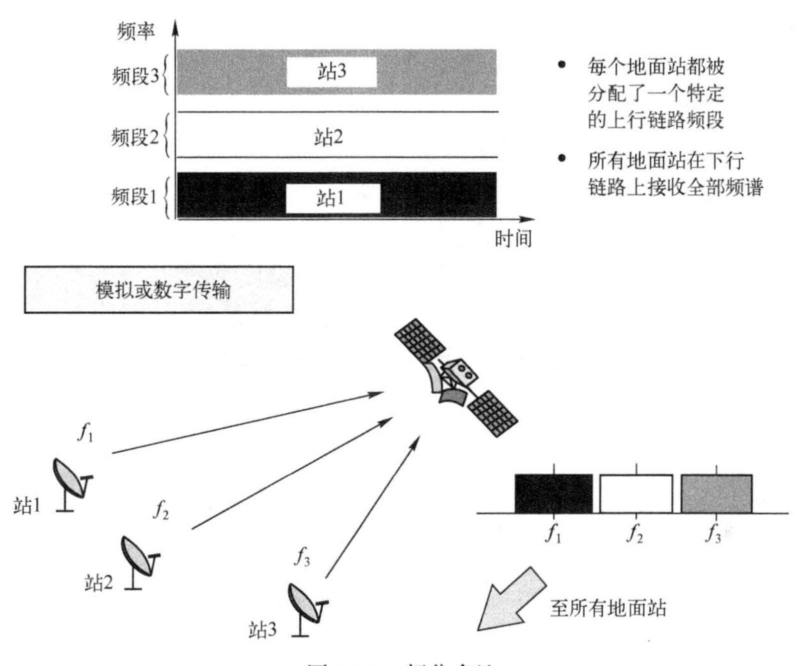

图11.2　频分多址

在转发器末级功率放大器中存在多个载波需要功率回退操作以避免互调噪声。多载波频谱通过频率变换卫星，整个FDMA频谱在下行链路上传输。接收站必须能够接收全频谱，并能够选择所需的载波进行解调或检测。

FDMA传输可以是模拟信号或数字信号，也可以是两者的组合。FDMA最适合用于需要全时信道的应用，例如视频分发。它的实施成本很高，而且有可能无法有效利用频率，因为在没有传输的情况下，一个或多个信道上可能存在“死时间”。

必须通过考虑卫星通信信息承载信号中使用的特定处理单元来分析多址系统

的性能。第10章讨论了系统设计人员可用于模拟信号和数字信号源数据的基带格式化、源组合和载波调制的技术。在此处选择两个示例,说明卫星FDMA应用中使用的典型传输单元,以进行进一步分析。第一个示例是PCM/TDM/PSK/FDMA。

11.1.1 PCM/TDM/PSK/FDMA

卫星通信中最常用的多信道多载波频分多址系统之一是用于语音通信的PCM/TDM(脉冲编码调制/时分多路复用)应用。源数据为PCM数字化语音,采用DS-1级TDM层次结构组合而成(见表10.1和图10.13)。DS-1级由24个64kb/s信道组成,多路复用为1.544Mb/s TDM比特率。载波调制是相移键控,可以是BPSK,也可以是QPSK。由此产生的多信道多载波信号结构,通过FDMA接入实现,称为PCM/TDM/PSK/FDMA,这是我们考虑的第一个用于性能评估的多址系统。

多址系统的容量是评价的最重要参数。它确定可以接入卫星的最大用户数,并作为链路上按需接入(DA)方案的决策依据。PCM/TDM/PSK/FDMA数字MCPC系统的容量由以下步骤确定:

步骤1:确定射频链路上可用的复合载波噪声密度为$(C/N_o)_T$,下标用大写字母T表示。该值可由第9章中讨论的射频链路评估得到。

步骤2:确定每个独立MCPC载波获得所需误码率所需的载波噪声比$(C/N_o)_t$,下标用小写的t表示。回想一下,

$$\left(\frac{c}{n}\right)=\frac{1}{b_N}\left(\frac{c}{n_o}\right) \quad \left(\frac{e_b}{n_o}\right)=\frac{c\dfrac{1}{r_b}}{n_o}=\frac{1}{r_b}\left(\frac{c}{n_o}\right)$$

或

$$\left(\frac{c}{n}\right)=\frac{r_b}{b_N}\left(\frac{e_b}{n_o}\right) \tag{11.1}$$

式中:r_b为比特速率;b_N为噪声带宽;(e_b/n_o)为每比特能量噪声密度。

那么,每个载波所需的载波噪声比按分贝可表示为

$$\left(\frac{C}{N}\right)_t=\left(\frac{E_b}{N_o}\right)_t-B_N+R_b+M_i+M_A \tag{11.2}$$

式中:$(E_b/N_o)_t$为达到门限BER所需的(E_b/N_o);B_N为数字信号数据速率,单位为dB;R_b为载波噪声带宽,单位为dB;M_i为调制器实现裕度,单位为dB(一般约1~3dB);M_A为相邻信道干扰裕度(若有一般约1~2dB)。

考虑到调制解调器性能与理想状态之间的偏差,计算了实现裕度(参见

10.4.1 节和 10.4.2 节中的讨论)。

支持每个信道所需的比特率取决于具体的 PCM 基带格式,即

PCM:64kb/s/语音信道

ADPCM:32kb/s/语音信道

噪声带宽取决于载波调制,即

$$b_N(\text{BPSK}) = (1.2 \times \text{TDM 比特率}) + 20\%$$

$$b_N(\text{QPSK}) = \left(1.2 \times \frac{\text{TDM 比特率}}{2}\right) + 20\% \tag{11.3}$$

式中:因子 1.2 考虑了调制带宽滤波器的衰减;因子 20%考虑了保护频段。

例如,对于 64kb/s DS-1 PCM 语音,TDM 比特率为 1.544Mb/s,那么

$$b_N(\text{BPSK}) = 1.2 \times 1.544 + 0.20(1.2 \times 1.544) = 2.223\text{MHz}$$

$$b_N(\text{QPSK}) = 1.2 \times 1.544/2 + 0.2(1.2 \times 1.544/2) = 1.112\text{MHz}$$

步骤 3:确定每个载波所需的载波噪声密度,

$$\left(\frac{C}{N_o}\right)_t = \left(\frac{C}{N}\right)_t + B_N \tag{11.4}$$

步骤 4:将$(C/N_o)_t$与步骤 1 中确定的总可用射频链路载波噪声比$(C/N_o)_T$进行比较,以确定可以支持的载波数 n_p,

$$\left(\frac{C}{N_o}\right)_T = \left(\frac{C}{N_o}\right)_t + 10\log(n_p)$$

或

$$n_p = 10^{\frac{\left(\frac{C}{N_o}\right)_T - \left(\frac{C}{N_o}\right)_t}{10}} \tag{11.5}$$

n_p(向下取整)数值给出了系统的功率受限容量。

步骤 5:确定系统的带宽受限容量 n_B,

$$n_B = \frac{b_{\text{TRANS}}}{b_N} \tag{11.6}$$

式中:b_{TRANS}为卫星转发器带宽;b_N为噪声带宽(包括保护频段)。n_B(向下取整)数值给出了系统的带宽受限容量。

步骤 6:根据 n_p或 n_B的较低值确定系统容量。

$$C = \begin{cases} n_P & n_P < n_B \\ n_B & n_P \geq n_B \end{cases} \tag{11.7}$$

C 是在系统的功率和带宽受限时,可以在 PCM/TDM/PSK/FDMA 链路中使用的最大载波数。

11.1.2 PCM/SCPC/PSK/FDMA

第二个要考虑的 FDMA 系统是 PCM/SCPC/PSK/FDMA,这是一个用于数据和语音应用的流行的数字基带单载波单路(SCPC)系统。不涉及信号多路复用。每个输入信号进行模数转换后搬移到 BPSK 或 QPSK 调制的射频载波上,通过卫星信道传输。一对信道频率用于语音通信,每个传输方向一个。

这种 SCPC FDMA 方法的一个优点是,它可以以按需分配方式接入工作,在不使用时关闭载波。系统还可以使用语音激活,利用语音会话的统计特性与多个用户共享 SCPC 载波。

一个典型的语音信道对话在任何一个方向上都只有 40%的时间是活跃的。语音激活因子 VA 用于量化网络中可能的改进。例如,一个 36MHz 的转发器有 800 个 SCPC 信道的带宽受限容量,使用 45kHz 的信道间距,即

$$\frac{36\text{MHz}}{45\text{kHz}}=800$$

800 个频道对应 400 个同时进行的对话。使用二项分布将该信道建模为伯努利试验序列,基于该模型的典型语音激活指标为:800 个可用信道中超过 175 个在任一方向上包含活动语音的概率小于 0.01(<1%)。那么声音激活因子是

$$\text{VA}=10\log\left(\frac{800}{175\times 2}\right)=10\log\left(\frac{800}{350}\right)=10\log(2.3)=3.6(\text{dB}) \tag{11.8}$$

PCM/SCPC/PSK/FDMA 的容量计算与前一节讨论的 MCPC PCM/TDM/PSK/FDMA 的过程类似。单信道载波噪声带宽和数据速率用于确定性能。若采用 VA 因子,则用于增加功率受限的容量 n_{P}(步骤 4)。确定带宽受限容量 n_{B}(步骤 5)如下:

$$n_{\text{B}}=\frac{b_{\text{TRANS}}}{b_{\text{C}}} \tag{11.9}$$

式中:b_{TRANS}为卫星转发器带宽;b_{C}为单个信道带宽,包括裕度。

如前所述,n_{P}或 n_{B}的较低值决定了系统的容量 C。

11.2 时分多址

卫星通信中使用的第二种多址技术是时分多址(TDMA)。在 TDMA 中,多载波在转发器中按时间分开,而不像在 FDMA 中按频率分开,在任何时候只向转发器提供一个载波。这一重要因素使卫星转发器中末级放大器能够以饱和功率输出运行,提供可用功率的最有效利用。图 11.3 显示了 TDMA 过程的功能显示。该图显

示了3个地面站接入一个单频率变换卫星转发器的示例。配给每个站一个特定的时隙,分别是t_1、t_2和t_3,用于突发(或数据包)数据的上行链路传输。图中的频率/时间图显示,每个地面站在其时隙内独占使用转发器全部带宽。时隙可以预先分配,也可以根据需要更改。为了避免干扰,时隙之间设置保护时间。TDMA只适用于数字数据,因为传输具有突发特性。下行链路传输由来自所有地面站的交叉分组组成。参考站可以是其中一个数据站,也可以是一个单独的地面位置,用来建立同步参考时钟,并向网络提供突发时间运行数据。

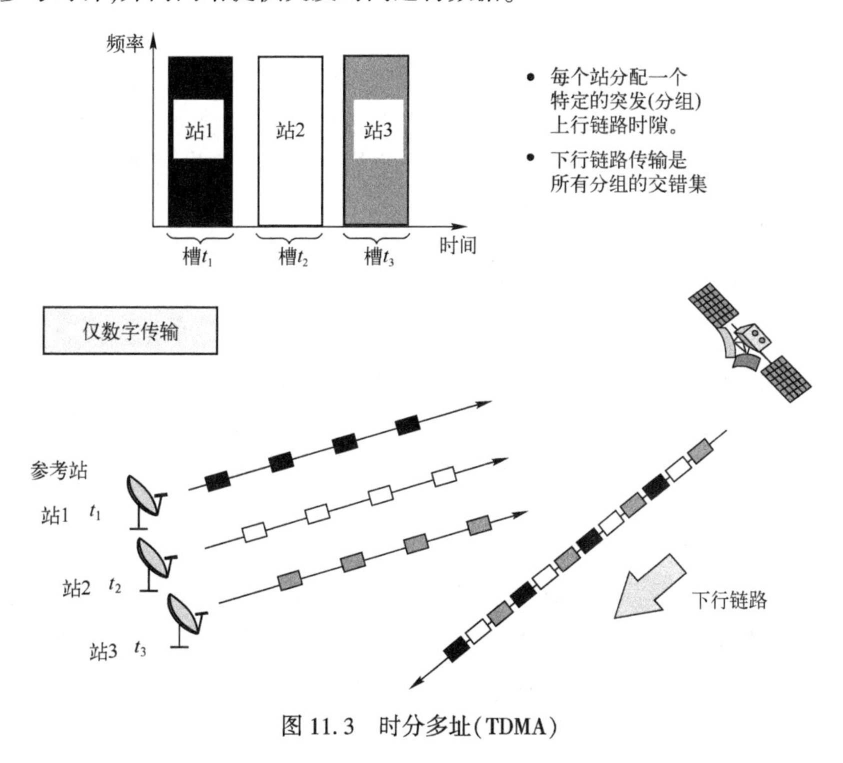

图11.3　时分多址(TDMA)

TDMA提供了一个比FDMA更具适应性的多址结构,在改变流量需求时更容易重新配置。图11.4显示了由N个地面站组成的典型TDMA网络的信号结构。TDMA帧是指包含所有地面站突发事件和网络信息的总时间段。

帧按时间顺序重复,表示网络中的一次完整传输。典型的帧时间从1~20ms不等。每个地面站突发包含一个前导码和业务数据。前导码包含同步和地面站识别数据。来自参考站的参考突发通常在每一帧的开始处,提供网络同步和运行信息。包括保护频段,以防止重叠,并根据每个站到卫星的距离,考虑了每个站不同的传输时间。

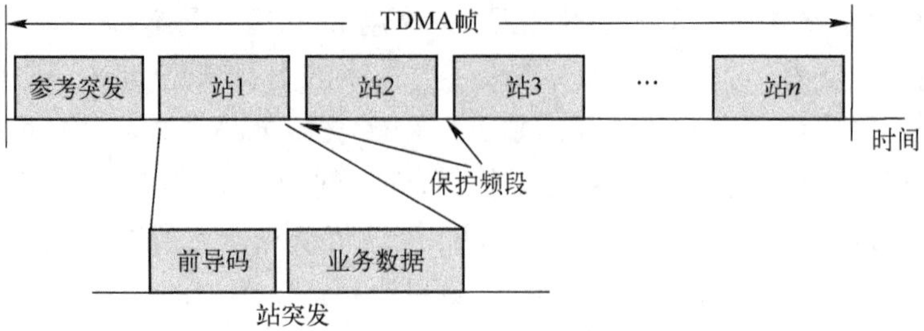

图 11.4　TDMA 帧结构

地面站突发的持续时间不需要完全相同，对于业务量较大的站点或在较高的使用时间段，其持续时间可以更长。帧内每个地面站突发时间的具体分配称为突发时间计划。突发时间计划是动态的，可以随着每一帧的变化而变化，以适应不断变化的业务模式。

11.2.1　PCM/TDM/PSK/TDMA

在 VSAT 网络中，最常见的 TDMA 网络结构包括基于 PCM 的基带格式化、TDM 源组合以及 QPSK 或 BPSK 调制，称为 PCM/TDM/PSK/TDMA（有关常用通信信号处理单元的说明，请参见第 10 章）。PCM/TDM/PSK/TDMA 采用占用全部转发器带宽的单调制载波。全转发器运行的典型 TDMA 数据速率为

- 60Mb/s（36MHz 应答器）
- 130Mb/s（72MHz 转发器）

TDMA 帧周期选择为 125μs 的倍数，即标准 PCM 采样周期。基带格式化可以是经典的 PCM 或 ADPCM。由于载波和位定时恢复信息的丢失会导致整个网络崩溃，因此大多数网络采用来自两个参考站的两个参考突发作为冗余。

帧同步的一个重要元素是在参考突发和每个站的突发前导码中保持一个唯一字（也称为突发码字）。唯一字通常是一个 24～48 位的序列，选择它是为了有较高的正确检测概率。它是帧中唯一重复的比特序列。在 PSK 解调过程中，保持网络同步和实现载波恢复至关重要。

前导码由许多元素组成，每个元素在 TDMA 过程中都有特定的用途。表 11.1 总结了部署在许多早期 INTELSAT 卫星上的典型运行系统即 INTELSAT TDMA 系统的 TDMA 前导码和参考突发的典型组成部分。INTELSAT TDMA 系统的运行的帧周期为 2ms，每帧包含两个参考突发。最后一列给出分配给 INTELSAT 结构中每个单元的比特数。对于 QPSK 调制，传输每个符号包含 2b。

表 11.1 INTELSAT TDMA 前导码和参考突发结构

项	描 述	比特数
	前导码	
CBR 载波和位定时恢复	– 探测器同步信号	352
UW 唯一字	– 又称突发码字	48
TTY 电话类型	– 站间业务数据通信	16
SC 业务信道	– 携带网络协议和报警信息	16
VOW 语音指令线(2)	– 地面站间语音通信	64
	参考突发(所有上述单元)	
CDC 协调与延迟信道	– 用于将采集、同步、控制和监测信息传送到地面站	16

11.2.2 TDMA 帧效率

TDMA 系统性能可以通过考虑 TDMA 帧效率 η_F来评估,η_F定义为

$$\eta_F=\frac{\text{业务可用的比特数}}{\text{帧中总比特数}}=1-\frac{\text{开销比特数}}{\text{帧中总比特数}} \tag{11.10}$$

或

$$\eta_F=1-\frac{n_r b_r+n_t b_P+(n_r+n_t)b_g}{r_T t_F} \tag{11.11}$$

式中:t_F为 TDMA 帧时间,单位为 s;r_T为总 TDMA 比特速率,单位为 b/s;n_r为参考站数量;n_t为业务突发数量;b_r为参考突发中的比特数量;b_P为业务突发前导码中的比特数量;b_g为保护带中的比特数量。

请注意,帧效率提高的途径:①更长的帧时间,这会增加总比特数;②降低帧中的开销(非流量比特)。通过提供尽可能长的帧时间和分配给开销功率的最低总比特数,可以实现最优的运行结构。

11.2.2.1 帧效率的示例计算

考虑表 11.1 中描述的 INTELSAT 帧结构,在 TDMA 帧时间为 2ms(t_F=0.002s)的情况下工作。相关的开销元素比特大小为:b_r=576b、b_P=560b 和 b_g=128b,假设有两个参考站,每个参考站在帧中传输一个参考突发(n_r=2)。

根据业务终端最大数量和运行 TDMA 数据速率,评估 TDMA 网络以获得 95% 的帧效率。

帧效率,由式(10.11)可得

$$\eta_F = 1 - \frac{n_r b_r + n_t b_P + (n_r + n_t) b_g}{r_T t_F}$$
$$= 1 - \frac{2\times576 + 560n_t + 128\times(2+n_t)}{r_T(0.002)}$$
$$= 1 - \frac{1408 + 688n_t}{0.002r_T}$$

(1) 如果 TDMA 数据速率设置为 120Mb/s,在 95%帧效率下可以支持的终端数量为

$$0.95 = 1 - \frac{1408 + 688n_t}{0.002\times120\times10^6}$$
$$n_t = 15.3$$

向下取整,TDMA 数据速率设置为 120Mb/s,网络可以支持 15 个业务终端。

(2) 相反,对于一个有 12 个业务终端的网络,要求网络帧效率为 95%,那么 TDMA 数据速率为

$$0.95 = 1 - \frac{1408 + 688\times12}{0.002r_T}$$
$$r_T = 96.64\text{Mb/s}$$

如上述(2)所示,如果业务终端数量固定,则可以通过将数据速率设置为最小值来优化网络性能,以达到所需的效率。此选项要求网络地面终端能够以可变的 TDMA 数据速率运行。

11.2.3 TDMA 容量

TDMA 网络的网络信道容量通常是根据等效的语音信道容量来评估的。这允许对任何类型的数据源比特流(语音、视频、数据或三者的任意组合)的容量进行评估。等效语音信道容量定义为

$$n_C = \frac{\text{可用信息比特率 } r_i}{\text{等效语音信道比特率 } r_C} = \frac{r_i}{r_C} \tag{11.12}$$

可用信息比特率表示可用于信息(业务)的总比特率的部分,即总比特率减去分配给开销功能的比特率。等效语音信道的比特率通常定义为标准 PCM 比特率,即

$$r_C = 64\text{kb/s} \tag{11.13}$$

TDMA 网络的信道容量由以下步骤确定:

步骤 1:确定射频链路上可用的复合载噪比,用大写字母 T 表示为$(C/N)_T$。该

值是根据第 9 章中讨论的射频链路评估得出的。

步骤 2:计算实现 TDMA 网络所需的阈值 BER(用小写字母 t 表示)所需的载波噪声比为

$$\left(\frac{C}{N}\right)_{t}=\left(\frac{E_{b}}{N_{o}}\right)_{t}-B_{N}+R_{T}+M_{i}+M_{A} \tag{11.14}$$

式中:$(E_b/N_o)_t$为门限 BER 所需的(E_b/N_o);R_T为所需帧效率的 TDMA 数据速率,单位为 dB;B_N为载波噪声带宽,单位为 dB;M_i为调制解调器实现裕度,单位为 dB(约 1~2dB);M_A为相邻信道干扰裕度(若存在,约 1~2dB)。

考虑到调制解调器性能与理想状态之间的偏差,计算了实现裕度。

步骤 3:调整 TDMA 的数据速率 R_T,直到

$$\left(\frac{C}{N}\right)_{t}\geqslant\left(\frac{C}{N}\right)_{T} \tag{11.15}$$

步骤 4:现在计算等效语音信道容量 n_C(请参见式(11.12))。使用参考突发、业务突发和保护带的帧参数,定义如下:

t_F为 TDMA 帧时间,单位为 s;r_T为总 TDMA 比特速率,单位为 b/s;n_r为参考站数量;n_t为业务突发数量;b_T为总 TDMA 帧中的比特数量;b_r为参考突发中的比特数量;b_P为业务突发前导码中的比特数量;b_g为保护带中的比特数量。

可以定义以下比特率,全部以 b/s 为单位:

总 TDMA 比特率:

$$r_{T}=\frac{b_{T}}{t_{F}} \tag{11.16}$$

前导码比特率:

$$r_{P}=\frac{b_{P}}{t_{F}} \tag{11.17}$$

参考突发比特率:

$$r_{r}=\frac{b_{r}}{t_{F}} \tag{11.18}$$

保护时间比特率:

$$r_{g}=\frac{b_{g}}{t_{F}} \tag{11.19}$$

那么业务可用的比特率(业务比特率)为

$$r_{i}=r_{T}-n_{r}(r_{r}+r_{g})-n_{t}(r_{P}+r_{g}) \tag{11.20}$$

因此等效语音信道容量为

$$n_C=\frac{r_i}{r_C}$$

或

$$n_C=\frac{r_T}{r_C}-\frac{n_r(r_r+r_g)}{r_C}-\frac{n_t(r_P+r_g)}{r_C} \tag{11.21}$$

此结果提供TDMA网络在指定TDMA比特率、TDMA帧效率和帧参数下可支持的等效语音信道数。

11.2.3.1　信道容量的示例计算

前一节对帧效率的示例计算发现，在TDMA数据速率为96.64Mb/s的情况下，运行12个业务终端的TDMA网络可以保持95%的帧效率。希望确定该系统的信道容量，用等效语音信道容量n_c表示。假设用于评估的PCM数据速率$r_c=64$kb/s。

式(10.16)至式(10.19)中的系统单元比特率为

总TDMA比特率：

$$r_T=96.64(\text{Mb/s})$$

前导码比特率：

$$r_P=\frac{b_P}{t_F}=\frac{560}{0.002}=280(\text{kb/s})$$

参考突发比特率：

$$r_r=\frac{b_r}{t_F}=\frac{576}{0.002}=288(\text{kb/s})$$

保护时间比特率：

$$r_g=\frac{b_g}{t_F}=\frac{128}{0.002}=64(\text{kb/s})$$

由式(11.20)可得业务可用比特率：

$$\begin{aligned}r_i&=r_T-n_r(r_r+r_g)-n_t(r_P+r_g)\\&=96.64\times10^6-2(288+64)\times10^3-12(280+64)\times10^3\\&=91.8(\text{Mb/s})\end{aligned}$$

因此，等效语音信道容量为

$$n_C=\frac{r_i}{r_C}=\frac{91.8\times10^6}{64\times10^3}=1434.5$$

对计算结果向下取整为1434，该值是TDMA网络在维持95%的帧效率情况下可以支持的等效语音信道的数量。

11.2.4　卫星切换 TDMA

在频率变换卫星上使用 TDMA 技术为高效的多址应用提供了高度的鲁棒性。TDMA 的使用还提供了一种可能性,即通过适应网络中的附加功能来扩展设计选项;这种技术称为卫星切换 TDMA,或 SS/TDMA。SS/TDMA 包括卫星上天线波束的快速重新配置,以提供比基本 TDMA 更高的接入能力。

SS/TDMA 增加了天线波束切换,以提供额外的多址能力,从而适应不断变化的需求。然而,在频率变换卫星上使用的 SS/TDMA 不属于星上处理技术,因为与星上处理卫星不同,没有对基带的解调/重调。星上切换是通过一个 $n \times n$ 开关矩阵在中频完成的。切换是与地面站的 TDMA 突发同步进行的。图 11.5 显示了一个 3×3 卫星切换 TDMA 架构的配置。

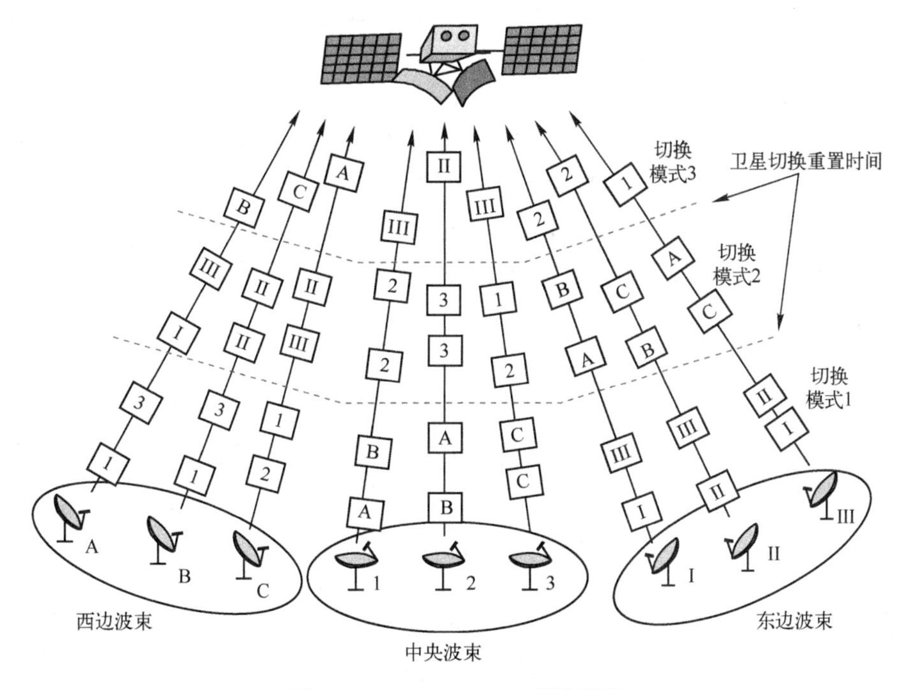

图 11.5　3×3 SS/TDMA 网络配置

图 11.5 中所示的网络由 3 个区域波束组成,分别为西边、中央和东边波束。西边波束覆盖的地面站由大写字母 A、B、C 表示;中央波束覆盖的地面站由数字 1、2、3 表示;东边波束覆盖的地面站由罗马数字 Ⅰ,Ⅱ,Ⅲ表示。切换矩阵模式显示在图的右侧,标记为模式 1、模式 2 或模式 3。横跨 3 个波束的虚线显示了切换模

式之间的重新配置时间。阴影部分表示从每个站发送的数据包,所需的接收站由每个站上的数字或字母表示。

考虑第一种切换模式 1,图上 3 个模式中最低的一个。在切换模式 1 的时间段内,西边波束覆盖的地面站 A、B 和 C 只向中央波束覆盖的地面站发送数据突发,即根据单个突发的标签显示的 1、2 或 3。同样,中央波束覆盖的地面站 1、2 和 3 只向西边波束覆盖的地面站 A、B 和 C 发送突发;而东边波束覆盖的地面站 Ⅰ、Ⅱ 和 Ⅲ,只回送东边波束覆盖的地面站 Ⅰ、Ⅱ 和 Ⅲ 的突发。

在切换模式 2 的时间段内,西边波束覆盖的地面站只向东边波束覆盖的地面站发送突发信号;中央波束覆盖的地面站只返回中央波束覆盖的地面站;东边波束覆盖的地面站只向西边波束覆盖的地面站发送突发信号。

在切换模式 3 的时间段内,西边波束覆盖的地面站只向西边波束覆盖的地面站发送突发信号;中央波束覆盖的地面站只向东边波束覆盖的地面站发送突发信号;而东边波束覆盖的地面站只向中央波束覆盖的地面站发送突发信号。

图 11.6 中的(a)、(b)和(c)分别显示了图 11.5 所示的 3 种切换模式 1、2 和 3 的 3×3 卫星切换矩阵设置。切换矩阵在整个切换模式期间保持在固定的切换位置,然后在重新配置时迅速改变到下一个配置,如图 11.5 中的虚线所示。

需要指出的是,图 11.5 和图 11.6 仅显示了 3×3 切换矩阵的 6 种可能切换模式中的 3 种。表 11.2 列出了其余 3 种切换模式,表中给出了 3×3 切换矩阵下所有 6 种可能的切换位置。

表 11.2　3×3 矩阵切换模式

上行链路波束	下行链路波束					
	切换位置 1	切换位置 2	切换位置 3	切换位置 4	切换位置 5	切换位置 6
西边	中央	东边	西边	西边	中央	东边
中央	西边	中央	东边	中央	东边	西边
东边	东边	西边	中央	东边	西边	中央

在 SS/TDMA 实现上,数据容量得到了改进,因为接收站只接收发送给它们的数据包,从而减少了处理时间和地面站的复杂性。

$N\times N$ 切换矩阵,全连通 N 个波束所需的切换位置数 n_S 为

$$n_S = N! \tag{11.22}$$

完全互连包括返回相同的波束。随着 N 的增加,切换位置的数量变得非常大,也就是说,

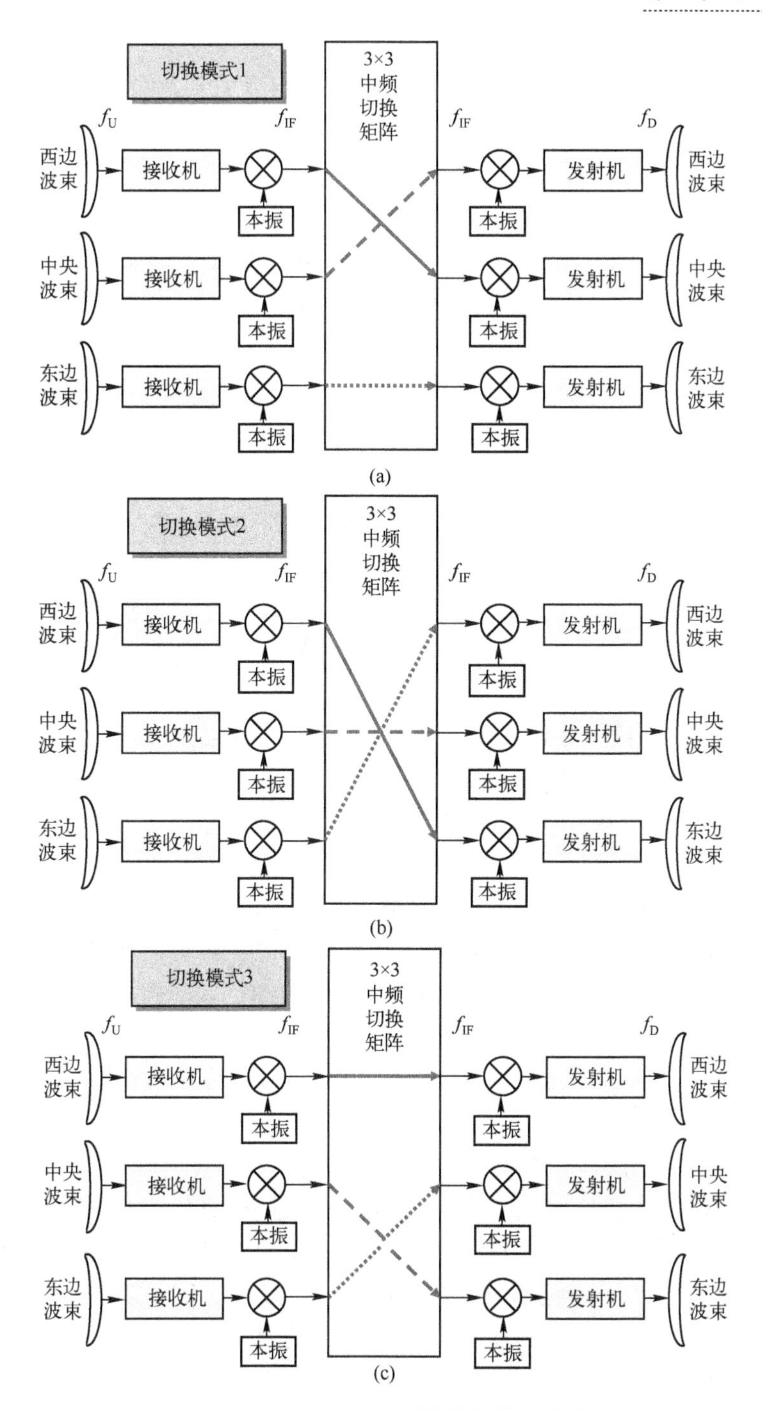

图 11.6 3×3 SS/TDMA 网络的切换矩阵设置

$N=3 \quad n_S=6$(上述讨论的 3×3 网络)

$N=4 \quad n_S=24$

$N=5 \quad n_S=120$

$N=6 \quad n_S=720$

典型的实现包括以同轴电缆或波导实现的交叉切换矩阵。切换元件为铁氧体、二极管或场效应晶体管(FET),双栅场效应晶体管提供最佳性能。在实际应用中,由于较大的中频切换矩阵需要较大的尺寸和重量,因此只有 3 个或 4 个波束 SS/TDMA 运行是可行的。

SS/TDMA 还可以提供固定的切换位置,这增加了选项并允许网络支持不同的用户。有两种选择:①如果选择了切换模式并保持不变,卫星作为传统的频率复用“弯管”中继器运行;②切换矩阵可以设置为一对所有,即在上述 3×3 的情况下,一个上行链路波束(如中央波束)可以固定到所有 3 个下行链路波束上。这将提供一种广播运行模式,其中来自一个地面站的信息可以发送到卫星服务的所有地点。

11.3 码分多址

码分多址(CDMA),是第三种基本的多址(MA)技术,是频率和时间分离的结合。它是最复杂的实现技术,需要在发送和接收两级进行多个级别的同步。CDMA 仅适用于数字格式的数据,并提供 3 种基本技术中的最高功率和频谱效率。

图 11.7 显示了 CDMA 过程的功能显示,其显示方式与先前针对 FDMA (图 11.2)和 TDMA(图 11.3)的讨论类似。每个上行链路地面站以编码顺序分配一个时隙和一个频段以发送其站分组。下行链路传输是所有数据包的交错集,如图 11.7 所示。下行链路接收站必须知道频率和时间位置的编码,以便检测完整的数据序列。知道该编码的接收站可以从不知道编码的接收机接收到的类噪声信号中补偿信号。由于码分多址过程的信号扩展特性,码分多址通常被称为扩频或扩频多址(SSMA)。

由于其架构,CDMA 与 FDMA 或 TDMA 相比具有许多优势。

- **隐私权**——该编码仅分发给授权用户,以保护信息免受他人侵害。
- **频谱效率**——多个 CDMA 网络可以共享相同的频段,因为未检测到的信号在不知道编码序列的情况下对所有接收机都表现为高斯噪声。这在带宽分配受到限制的应用(例如 NGSO 移动卫星服务系统)中特别有用。
- **衰落信道性能**——在任何时刻,在给定的频段中只存在一小部分信号能量,因此,频率选择性衰落或频散对链路的整体性能影响有限。

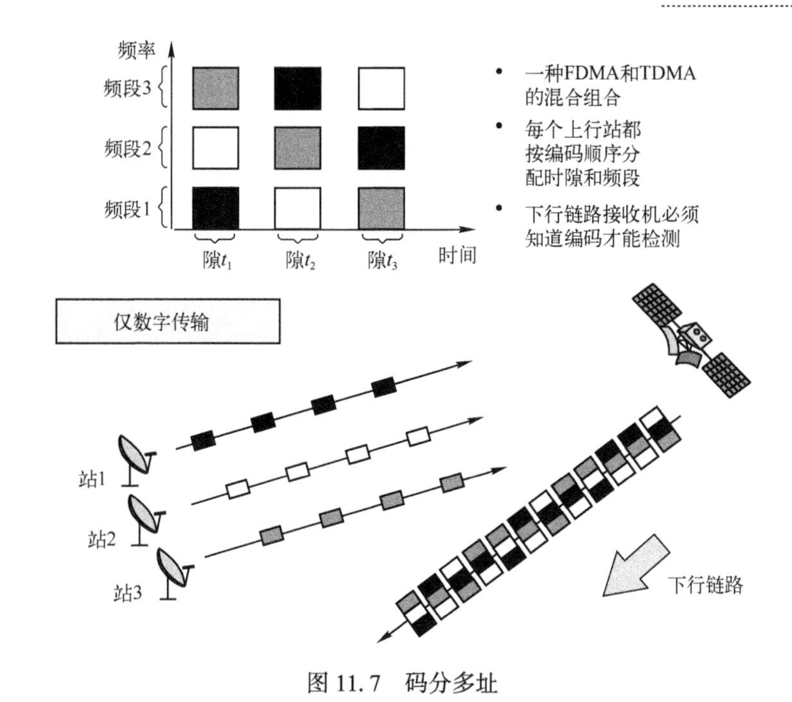

图 11.7　码分多址

- **抗干扰**——再次说明，由于在任何时刻，在给定的频段中只存在一小部分信号能量，因此该信号对频段中存在的有意或无意信号具有更大的抵抗力，从而减小对链路性能的影响。

在 CDMA 过程中选择合适的编码序列是其成功实现的关键。必须对编码序列进行配置，以避免未经授权的解码，但又要足够短，以便在不引入延迟或同步问题的情况下实现有效的数据传输。码分多址最成功的编码序列类型是伪随机序列，它同时满足上述两个条件。伪随机的意思是“像随机一样”，也就是说，看似随机，但具有某些非随机或确定性的特征。在 CDMA 系统中使用的伪随机序列是一个有限长度的二进制序列，其中比特是随机排列的。伪随机序列的自相关类似于带限白噪声的自相关。

码分多址系统中使用的伪随机序列是使用顺序逻辑电路和反馈移位寄存器产生的。图 11.8 显示了一个用于生成 PN 序列的 n 级反馈移位寄存器的示例。二进制序列以时钟速率通过移位寄存器进行移位。反馈逻辑由唯一算法或内核生成的异或门组成。各个阶段的输出在逻辑上进行组合并作为输入反馈，从而在最终输出时生成一个 PN 序列。

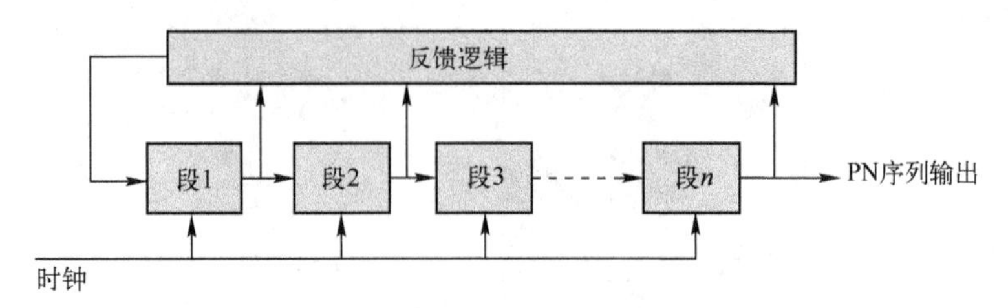

图 11.8 n 级反馈移位寄存器 PN 序列发生器

此线性 PN 序列发生器可能发生的非零状态数(称为最大长度 ML)为

$$\mathrm{ML}=2^n-1 \tag{11.23}$$

一旦产生了 PN 序列,就将其与二进制数据序列组合以产生在 CDMA 过程中使用的 PN 数据流序列。图 11.9 显示了用于生成 PN 数据流的过程。PN 时钟(称为码片时钟)生成图中心所示的 PN 序列。PN 序列具有码片速率或 r_{ch},码片周期为 t_{ch},如图 11.9 所示。PN 序列被模 2 加到数据序列 $m(t)$ 以产生数据流 $e(t)$,即

$$e(t)=m(t)\cdot p_{\mathrm{PN}}(t) \tag{11.24}$$

其中的运算符表示模 2 加。

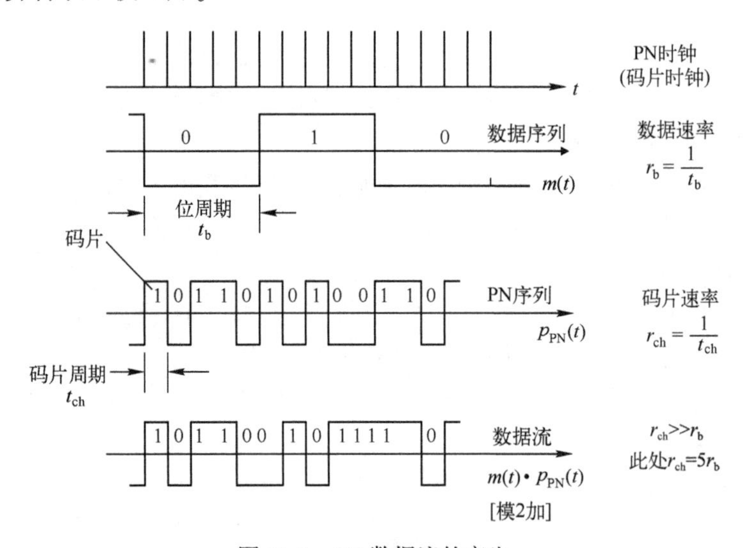

图 11.9 PN 数据流的产生

PN 数据流的码片速率为 r_{ch},该速率明显高于原始数据速率 r_{b},即 $r_{\mathrm{ch}}\gg r_{\mathrm{b}}$。在图 11.9 所示的示例中,

$$r_{\mathrm{ch}}=5r_{\mathrm{b}}$$

$r_{ch} \gg r_b$ 的这种条件对于成功实施 CDMA 是必不可少的,并且是 CDMA 通常被称为扩频或扩频多址的原因,因为原始数据序列在传输信道中被“扩展”到了更大的频段中。

选择码片速率以在整个可用信道带宽上扩展信号。大的扩展比率是典型的——例如,在移动卫星语音网络中,原始的 16kb/s 语音数据流可以以码片速率进行扩展,以产生 PN 数据流,该数据流在 8MHz 射频信道带宽上运行。假设 1b/Hz 调制,如 BPSK,扩展因子为 500。

在码分多址系统中,基于 PN 序列所作用的数据元素,采用两种基本方法进行频谱扩展。它们是:

- 直接序列扩频(DS-SS)——PN 序列作用于基带信号序列(如上所述)。
- 跳频扩频(FH-SS)——PN 序列作用于传输(载波)频率,产生一个带有时变伪随机载波频率的调制数据突发序列。

这些技术中的每一种都提供独特的特性和性能,在下面分别进行讨论。

11.3.1　直接序列扩频

直接序列扩频(DS-SS)系统利用 PN 序列扩展基带数据位。在最广泛使用的卫星网络实现中,生成了相位调制的基带数据流,然后用 PN 扩展信号对射频载波进行相位调制。

图 11.10 显示了 DS-SS 通信卫星系统的单元组成。数据比特流相位调制到载波上,然后定向到 PN 码调制器,该调制器相位调制射频载波以产生扩频信号。信号通过卫星信道后,用平衡调制器解扩,然后进行相位解调,产生原始数据比特流。

设 $A\cos[\omega t+\phi(t)]$ 是数据调制信号,式中 $\phi(t)$ 是承载相位调制的信息。PN 码调制器相位用 PN 序列 $p_{PN}(t)$ 数据调制信号进行调制。那么,PN 调制器的输出为

$$e_t(t)=p_{PN}(t)A\cos[\omega t+\phi(t)] \tag{11.25}$$

通过卫星传输信道传输的 $e_t(t)$,通过 PN 序列在频率上扩展到 B_{rf} 的带宽。

在接收机处,接收的扩展信号乘以 $p_{PN}(t)$ 的存储副本。那么平衡解调器的输出为

$$e_r(t)=p_{PN}^2(t)A\cos[\omega t+\phi(t)] \tag{11.26}$$

由于 $p_{PN}(t)$ 是二进制信号,

$$p_{PN}^2(t)=1$$

因此,

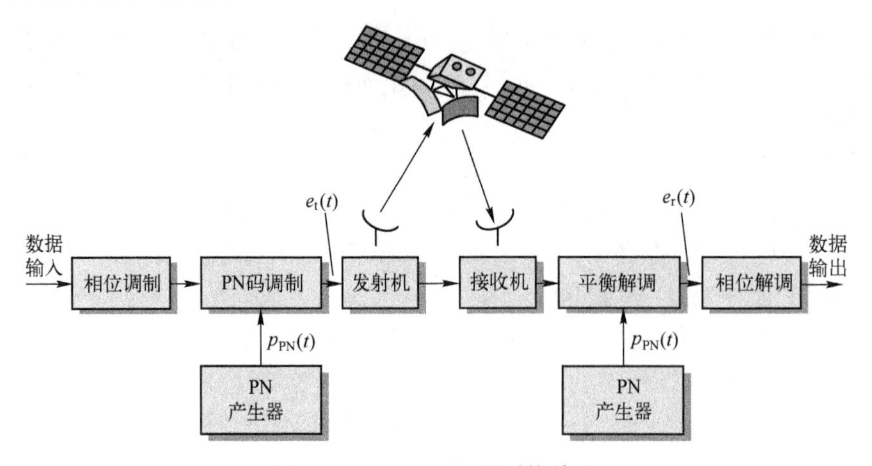

图 11.10 DS-SS 卫星系统单元

$$e_r(t)=A\cos[\omega t+\phi(t)] \tag{11.27}$$

并且可以通过最终相位解调器来恢复信息 $\phi(t)$。

如果发射机和接收机的 PN 码序列不匹配,则会发生随机相位调制,并且在解调器看来,扩频信号就像噪声。

如果二进制相移键控(BPSK)用于 DS-SS 卫星网络的载波调制,则可以简化实现。图 11.11 显示了系统 DS-SS BPSK 波形生成过程的功能表示。二进制数据流用于 BPSK 调制载波,然后该信号用作 BPSK 编码调制器的输入。

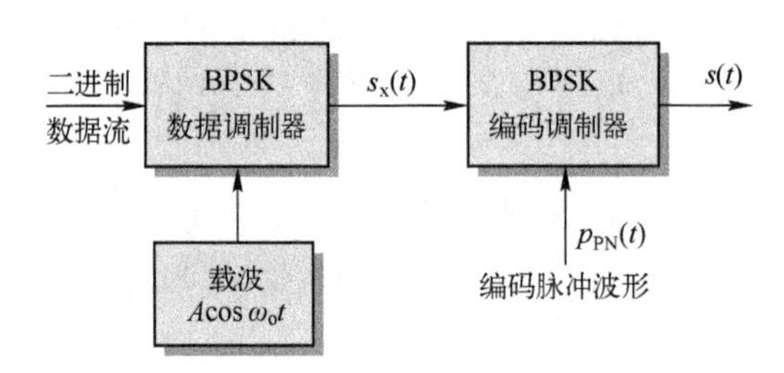

图 11.11 DS-SS BPSK 波形生成的函数表示

考虑恒定包络数据调制信号。BPSK 数据调制器的输出形式为

$$s_x(t)=A\cos[\omega_o t+\theta_x(t)] \tag{11.28}$$

BPSK 编码调制器的输出为

$$s(t)=A\cos[\omega_o t+\theta_x(t)+\theta_P(t)] \tag{11.29}$$

式中:$\theta_x(t)$ 为因数据流而产生的载波相位分量;$\theta_P(t)$ 为因扩频序列引起的载波相位分量。

由于数据流是二进制的，$s_x(t)$将具有以下值，具体取决于数据比特：

数据比特

0 $s_x(t)=A\cos[\omega_o t+0]=A\cos\omega_o t$

1 $s_x(t)=A\cos[\omega_o t+\pi]=-A\cos\omega_o t$

相当于

$$s_x(t)=Ax(t)\cos\omega_o t \tag{11.30}$$

式中，

数据比特

0 $x(t)=+1$

1 $x(t)=-1$

也就是说，$s_x(t)$是具有上述指定值的反极脉冲流。

BPSK 编码调制器的输出式(11.29)形式类似于

$$s(t)=Ax(t)p_{PN}(t)\cos\omega_o t \tag{11.31}$$

式中：$p_{PN}(t)$同样是一个反极脉冲流，其值为+1 和-1。

如式(11.31)所示，产生 $s(t)$所需单元的调制器实现如图 11.12 所示。该实现将所需的相位调制器数量减少到一个，并且与图 11.11 的功能波形生成过程相比，大大简化了硬件单元。

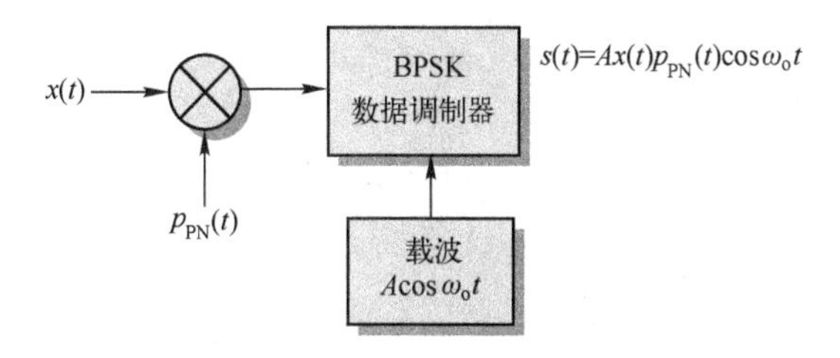

图 11.12 DS-SS BPSK 调制器实现

BPSK 调制器的输出 $s(t)$通过卫星传输信道传输，会受到传播延迟和可能的衰减。在解调器输入端接收到的下行链路信号为

$$r(t)=A'x(t-t_d)p_{PN}(t-t_d)\cos[\omega_o(t-t_d)+\phi] \tag{11.32}$$

式中：A'为传输信道修正后的振幅；t_d为传输信道传播延迟，单位为 s；ϕ 为信道引入的随机相位角。

图 11.13 显示了一个典型的 DS-SS/BPSK 解调器实现。解调过程从解扩相关器开始，如图中虚线框所示。解扩相关器将接收到的信号 $r(t)$与延迟$\hat{t}_d$后的 PN 序列存储副本混合，$\hat{t}_d$是对传输信道中经历的传播延迟估计。$p_{PN}(t-\hat{t}_d)$是扩展 PN 编

码序列的一个同步复本。

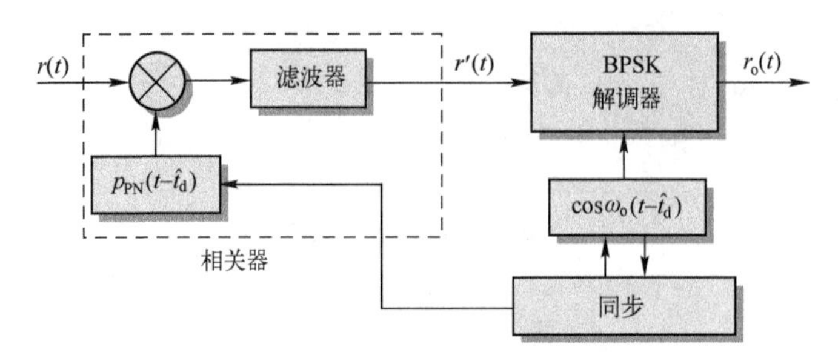

图 11.13　DS-SS BPSK 解调器实现

那么相关器输出为

$$r'(t)=A'x(t-t_d)p_{PN}(t-t_d)p_{PN}(t-\hat{t}_d)\cos[\omega_o(t-t_d)+\phi] \tag{11.33}$$

因为 $p_{PN}(t)$ 的值为+1 或−1,当且仅当 $\hat{t}_d=t_d$ 时

$$p_{PN}(t-t_d)p_{PN}(t-\hat{t}_d)=1$$

也就是说,接收编码序列与发送接收编码同步。

那么,在 $\hat{t}_d=t_d$ 时,

$$r'(t)=A'x(t-t_d)\cos[\omega_o(t-t_d)+\phi] \tag{11.34}$$

可以发现,它等同于

$$r'(t)=A'\cos[\omega_o(t-t_d)+\theta_x(t-t_d)] \tag{11.35}$$

然后将该信号发送到传统的 BPSK 解调,如图 11.13 所示,以恢复由载波相位分量 $\theta_x(t-t_d)$ 表示的数据。那么 BPSK 解调器的输出为

$$r_o(t)=x(t-t_d) \tag{11.36}$$

BPSK 解调器的输出是所需的数据比特流,延迟由信道的传播延迟 t_d 决定。

11.3.2　跳频扩频

CDMA 中第二种基本的频谱扩展方法为跳频扩频(FH-SS)。在 FH-SS 中,传输(载波)频率受一个 PN 序列的影响,产生一个带有时变伪随机载波频率的调制数据突发序列。这种跳频将信息数据序列扩展到更宽的频段,产生类似于 DS-SS 方法的 CDMA 优势。

FH-SS 中用于跳频的可能的载波频率集称为跳频集。每个跳变信道都包含足够的射频段宽用于调制信息,通常采用频移键控(FSK)。如果使用 BFSK,则可能的瞬时频率对随每跳而变化。

FH-SS 运行中定义两个带宽:

- 瞬时带宽 b_{bb}——在跳集中使用的信道的基带带宽。
- 总跳频段宽 b_{rf}——发生跳频的总射频段宽。

b_{rf}与 b_{bb}的比值越大,FH-SS 系统的扩频性能越好。

图 11.14 显示了 FH-SS 卫星系统的组成部分。数据调制信号是用由 PN 序列 $p_{PN}(t)$产生的载波频率为f_c的 PN 序列进行 PN 调制。跳频信号通过卫星信道发送、接收,并使用 PN 序列的存储副本在载波解调器中“解跳”。然后数据解调器解调解跳信号,以形成输入数据流。

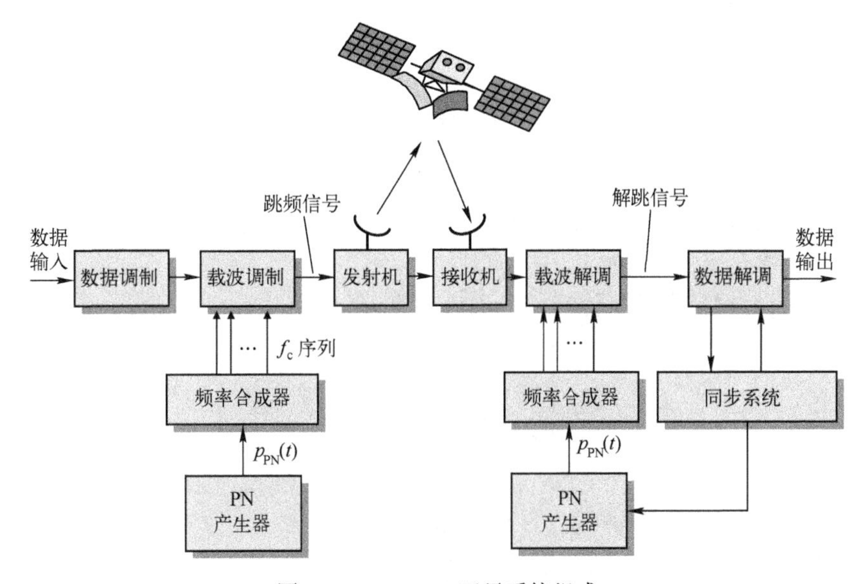

图 11.14　FH-SS 卫星系统组成

根据跳频速率相对于数据符号速率的不同,跳频—扩频有两种分类。它们是:

- 快速跳频——在每个发送符号期间有一个以上的频率跳变。
- 慢速跳频——在跳频间隔内发送一个或多个数据符号。

两种类型的跳频扩频通信系统都具有相似的性能,其实现取决于系统参数和其他考虑因素。

用于定义 CDMA 系统性能、处理增益和容量的参数对于 DS-SS 或 FH-SS 实现都是类似的,它们将在以下几节中讨论。

11.3.3　CDMA 处理增益

由于平衡解调器(解扩器)中噪声或其他信号的结合是不相关的,而所需信号的结合是相关的,因此 CDMA 数据恢复是可能的。

即使对于同一 TDMA 网络中的其他数据信号也是如此。CDMA 处理增益是量化系统性能的主要参数,本书将对此进行研究。

考虑一个功率为 p_S(W)、传输速率为 r_b(b/s)的数据源。在 CDMA 过程中引入扩频技术,无论是 DS-SS 还是 FH-SS,都会将发送信号的带宽增加到 b_{rf}(Hz),即扩频段宽。

信道中的总噪声功率密度 n_t 由两个部分组成,分别为常见的热噪声 n_o 和由其他扩频信号引起的分量,该分量在这里被认为是干扰源。

因此,总噪声功率密度由下式给出:

$$n_t = n_o + n_j = n_o + \frac{p_j}{b_{rf}} \tag{11.37}$$

式中:b_{rf} 为扩频射频段宽,单位为 Hz;n_o 为热噪声功率密度,单位为 W/Hz;n_j 为扩频段宽中其他信号的噪声功率密度(认为是干扰源),单位为 W/Hz;p_j 为分布于带宽 b_{rf} 中的总干扰功率,单位为 W。

解扩后,数据信号的每比特能量噪声密度为

$$\left(\frac{e_b}{n_t}\right) = \frac{e_b}{n_o + \dfrac{p_j}{b_{rf}}} = \frac{\dfrac{p_S}{r_b}}{n_o + \dfrac{p_j}{b_{rf}}} \tag{11.38}$$

式中:每个数据源中的功率(W)为 p_S,其值为 $e_b r_b$。

对于大多数 CDMA 系统来说,干扰功率限制了系统的性能,即 $n_j \gg n_o$,在此条件下,式(11.38)可简化为

$$\left(\frac{e_b}{n_t}\right) = \frac{\dfrac{p_S}{r_b}}{\dfrac{p_j}{b_{rf}}} = \left(\frac{p_S}{p_j}\right)\frac{b_{rf}}{r_b} \tag{11.39}$$

信号与干扰功率的比值为 p_S/p_j。处理增益或(扩展比)定义为

$$g_p \equiv \frac{b_{rf}}{r_b} \tag{11.40}$$

处理增益是扩频处理过程产生的噪声电平降低的度量。这是通过接收机解调相关器中的“解扩过程”实现的。可以用链路分析形式表示为

$$\left(\frac{s}{n}\right)_{out} = \left(\frac{c}{n}\right)_{in} g_P$$

以分贝为单位可表示为

$$\left(\frac{S}{N}\right)_{\text{out}}=\left(\frac{C}{N}\right)_{\text{in}}+10\log(g_{\text{P}}) \tag{11.41}$$

式中：$(S/N)_{\text{out}}$为接收机相关器的输出信噪比；$(C/N)_{\text{in}}$为接收机相关器的输入载噪比。

对于 1b/s · Hz 调制系统，例如 BPSK，$b_{\text{rf}}\approx r_{\text{rf}}$，也就是说，射频段宽（单位为 Hz）在大小上近似等于射频数据速率（单位为 b/s）。那么，处理增益为数据速率的比率，

$$g_{\text{P}}=\frac{r_{\text{rf}}}{r_{\text{b}}} \tag{11.42}$$

FH-SS 系统的处理增益有时定义为

$$g_{\text{P}}\big|_{(\text{FH-SS})}\equiv\frac{b_{\text{rf}}}{b_{\text{bb}}} \tag{11.43}$$

式中：b_{bb}为在跳频集中使用的信道的基带带宽（瞬时带宽）；b_{rf}为发生跳变的总射频段宽（总跳变带宽）。

对于 1b/s/Hz 调制系统，$b_{\text{bb}}\approx r_{\text{b}}$，上述结果可归结为原始的处理增益定义，即式（11.40）。

11.3.4　CDMA 容量

CDMA 容量定义了在 CDMA 网络中可容纳的用于可接受信号恢复的最大数据信道数。成功的信号恢复是根据达到指定的误码率所需的每比特能量噪声密度来定义的。

总干扰功率 p_{j}是 CDMA 信道中所有干扰信号的总和。如果信道中传输的源信号总数为 M，每个源信号的发射功率为 p_{S}，其中只有一个是所需信号，则

$$p_{\text{j}}=(M-1)p_{\text{S}}$$

那么，总噪声功率密度（见式（11.37））可表示为

$$n_{\text{t}}=n_{\text{o}}+n_{\text{j}}=n_{\text{o}}+\frac{p_{\text{j}}}{b_{\text{rf}}}=n_{\text{o}}+\left(\frac{(M-1)p_{\text{S}}}{b_{\text{rf}}}\right) \tag{11.44}$$

由于 $p_{\text{S}}=e_{\text{b}}r_{\text{b}}$，

$$n_{\text{t}}=n_{\text{o}}+(M-1)\frac{e_{\text{b}}r_{\text{b}}}{b_{\text{rf}}}$$

求解 M

$$M=1+(n_t-n_o)\frac{b_{rf}}{e_b r_b}=1+(n_t-n_o)\frac{g_P}{e_b}$$

那么

$$M=1+\frac{g_P}{\left(\frac{e_b}{n_t}\right)}\left(1-\frac{n_o}{n_t}\right) \tag{11.45}$$

因为对于一个正常运行的CDMA网络,第二项远大于1,我们可以忽略“1”项,得到CDMA网络容量的最终结果,

$$M=\frac{g_P}{\left(\frac{e_b}{n_t}\right)}\left(1-\frac{n_o}{n_t}\right) \tag{11.46}$$

式中:g_P为CDMA网络的处理增益;(e_b/n_t)为数据信号的每比特能量噪声密度;n_o为热噪声功率密度,单位为W/Hz;n_t为总噪声功率密度(n_o+n_j),单位为W/Hz。

在CDMA系统中,容量M给出了可容纳的最大信道数。可接受性能通常定义为在CDMA网络中使用的特定调制方案和系统参数保持指定误比特率所需的(e_b/n_t)。

11.3.4.1 CDMA信道容量计算示例

考虑8kb/s数据信道CDMA网络,使用1/2速率纠错编码。为了保持可接受的误码率,网络工作时(E_b/N_t)要达到4.5dB。

假设干扰噪声密度n_j约为热噪声密度n_o的10倍,即$n_t=11n_o$。我们希望确定10MHz扩频段宽中可以支持的数据通道数。

由式(11.40)可知,系统处理增益为

$$g_P=\frac{b_{rf}}{r_b}=\frac{10\times10^6}{2\times(8\times10^3)}=625$$

数值能量噪声密度为

$$\left(\frac{e_b}{n_t}\right)=10^{\frac{4.5}{10}}=2.818$$

因此,

$$M=\frac{g_P}{\left(\frac{e_b}{n_t}\right)}\left(1-\frac{n_o}{n_t}\right)=\frac{625}{2.818}\left(1-\frac{n_o}{11n_o}\right)=\frac{625}{2.818}\times(1-0.09)$$

$$M=201.6 \text{ 或 } M=201$$

CDMA系统可以使用多达201个信道(一个信号信道加上200个干扰信道),

并且仍然保持所需的性能。如果这是一个语音数据信道系统,则可以通过应用语音激活因子或语音压缩技术来实现额外的容量。

参考文献

[1] Pratt T, Bostian CW, Allnutt JE. Satellite Communications, Second Edition, John Wiley & Son, New York, 2003.

[2] Roddy D. Satellite Communications, Third Edition, McGraw-Hill TELCOM Engineering, New York, 1989.

习 题

1 具有40MHz可用带宽的通信卫星转发器可运行于多个FDMA载波。每个FDMA载波需要7.5MHz的带宽和15.6dBW的EIRP。链路的可用EIRP总量为23dBW。假设有10%的保护频段,忽略实现裕度。

a) 确定可以接入无线链路的最大载波数。

b) 系统带宽受限还是功率受限?

2 我们希望评估用于国际语音通信的标准INTELSAT TDMA网络的性能。每个TDMA帧由每帧两个参考突发组成,根据负载需求和服务区域覆盖,业务突发数量可变。使用QPSK调制(2比特/符号),总的帧长为120832个符号。每个业务突发的前导码为280个符号长度,控制和延迟信道为8个符号,保护频段间隔为103个符号。计算包含14个业务突发的单帧帧效率。

3 确定问题2的INTELSAT TDMA帧的语音信道容量。语音信道是标准PCM格式(64kb/s),采用QPSK调制。帧周期是2ms。假设语音激活因子为1。

4 Ku频段VSAT网络由相同的终端组成,要求每个终端支持254kb/s的数据速率。网络以TDMA方式运行,突发速率为1.54Mb/s。在这种突发速率下运行时,需要使用直径为4.2m的VSAT天线,以达到可接受性能所需的链路E_b/N_o。相反,如果改用FDMA方式,并假设所有其他链路参数保持不变,要提供与TDMA链路相同性能时,VSAT天线的直径为多少?

5 直接序列扩频CDMA卫星网络使用8kb/s的语音信道。测得网络干扰噪声密度比热噪声电平高7dB。

a) 确定5.2MHz扩频段宽的处理增益。

b) 如果可接受信号恢复所需的(E_b/N_t)为5dB,那么网络可支持的最大信道数是多少?

6 BPSK 直接序列扩频网络的 PN 序列以每个符号周期运行 512 个码片的速率运行。该网络由 150 个用户组成,用户在解调器端的接收功率相等。

a) (E_b/N_o) 为 35dB 时,网络的平均 BER 是多少?

b) (E_b/N_o) 为 3dB 时,网络的平均误比特率是多少?

c) 网络的不可约误差是什么?

第12章 移动卫星信道

在前几章中考虑的卫星通信信道主要由上行链路和下行链路上的视距(LOS)链路组成。固定卫星业务(FSS)和广播卫星业务(BSS)应用是点对点和点对多点应用,其中地面终端是固定的,并且不会在变化的环境中移动。

然而,移动卫星业务(MSS)的信道环境要复杂得多。卫星与地面移动终端之间的传输通常不再是简单的视距链路。无线电波在路径上可能遇到多种障碍物,包括树木、建筑物和地形的影响,使发射波受到反射、绕射和散射的影响,从而使多种电波到达接收天线。此外,由于发送或接收终端在移动,所以接收的功率也在变化,从而导致信号衰落。无论 MSS 卫星是在 GSO 还是 NGSO 位置运行,都会出现这种情况。

路径中的障碍物和移动的发射机/接收机的组合导致在视距链路上不存在的几个可能的信号衰减,这些信号可能是:

(1) 时间分散;

(2) 相位和振幅改变;

(3) 散布干扰信号。

为了评估移动通信系统的性能和设计,最近针对地面蜂窝移动环境进行了大量的工程分析。这些信息大部分可以应用于移动卫星信道,但是,由于移动卫星传输路径中的一些独特特性,应用时必须加以注意。本章将形成用于分析移动通信信道的程序和技术,重点是卫星移动信道。研究结果将修正基本链路功率预算方程,以考虑移动信道的影响,并为移动卫星系统的设计和性能评估提供依据。

12.1 移动信道传播

一般移动通信信道的特点是因地制宜,包括自然地形、建筑物和移动设备附近的其他障碍物。固定卫星业务(FSS)和广播卫星业务(BSS)链路通常具有高增益定向天线,可最大限度地减小局部地形和建筑物的影响。

然而,陆地移动卫星业务(LMSS)链路却不同,它与移动终端一起运行,几乎没有或根本没有增益,接收来自各个方向的信号。正因为如此,移动信道受到依赖于移动终端周围特定当地环境的退化的影响。

卫星移动信道的局部环境,一般可分为3种传播状态:多径、阴影或阻塞。

多径是指移动终端附近的自然地形、建筑或其他障碍物等情况,这些情况会产生到达接收机的多条路径或电波。

阴影是指从移动终端发送或接收的信号没有被完全阻挡,而是通过信号特征减弱的树木或树叶进行传输的情况。

阻塞是指信号路径完全被阻塞的情况,没有直达移动终端的电波。

这3种状态可以单独存在,也可以组合存在,随着移动设备在当地环境中的移动,这3种状态的相对影响往往会随时间而变化。它们与视距情况一起发生,导致视距和上面列出的非视距情况之间快速频繁地转换。

多径传播是迄今为止在移动通信链路(基于地面和卫星)上发现的最普遍的情况。它也是最难以量化的,而且大多数模型或预测程序都是基于经验和统计的模型的组合,依靠测量和长期效应来产生链路性能的统计描述。在本章中,我们主要讨论移动卫星链路上的多径和阴影情况。堵塞效应将在12.4节中讨论。

移动信道中产生多径的机制是反射、绕射和散射,其中反射来自建筑物墙壁的光滑表面和金属标牌,绕射来自尖锐的边缘,如建筑物的屋顶、山峰和塔,散射来自粗糙的表面,如街道、树木和水。

此外,大气条件也会影响通过卫星移动链路传输的信号电平。这些条件包括由大气成分、云、雨引起的吸收和大气层和天气条件引起的折射。

对于给定的移动链路,一种机制可能占主导地位,或者所有机制都可能存在,并且随着条件的变化,相对影响可能会发生变化。

运动的移动终端天线特性,包括增益方向图、旁瓣和后瓣,将影响整体信号特性,并产生最终的信号电平变化。在下面将简要讨论每一种机制。

12.1.1 反射

反射与传播波长相关,当传播的无线电波撞击具有非常大尺寸的物体时,就会发生反射。典型的反射源是建筑物、墙壁和地球表面(道路、水和树叶)。如果反射面为理想导体,则没有能量传递到材料中,反射波的强度等于入射波的功率。如果表面是介电材料,一些能量会以透射波的形式被材料吸收,反射波的强度会降低。如果反射波存在,那么接收机将同时接收反射波与直射波。反射的基本特性如图 12.1 所示。

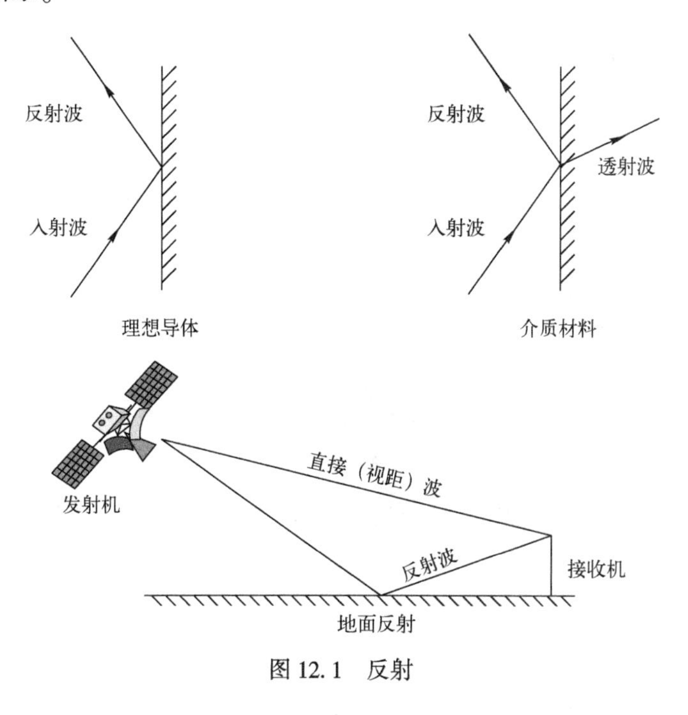

图 12.1　反射

12.1.2　绕射

当发射机和接收机之间的无线电传播路径被具有明显不规则(边缘)的表面所遮挡时,就会发生绕射。次级波从不规则处发出,可以在障碍物后面辐射,从而引起障碍物周围的波的明显“弯曲”。典型的绕射源是高层建筑、塔和山峰的边缘。图 12.2 显示了移动卫星路径的典型绕射几何结构。一个常见的假设是假设一个刀刃绕射模型,该模型假设绕射点作为点辐射器,从而可以确定障碍物周围的场。

12.1.3　散射

当波传播通过的介质由尺寸与波长相比较小的物体组成,并且单位体积的障碍物数量较大时,就会发生散射。散射源包括粗糙的表面、小的物体、树叶、街道标志和灯柱。

“表面粗糙度”决定了散射对移动传输的影响程度。常用的粗糙度测量方法是瑞利准则,

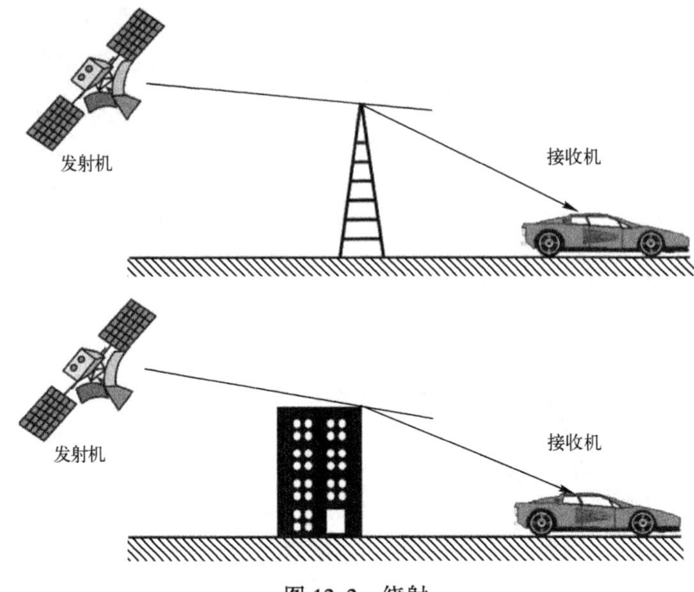

图 12.2　绕射

$$h_C = \frac{\lambda}{8\sin\theta_i} \tag{12.1}$$

式中：λ 为波长；θ_i为入射角；h 为表面突起的最大深度，如果 $h<h_C$，则认为表面光滑，否则认为表面粗糙。例如，一个移动传输路径，频率为 1.5GHz，入射角为 60°，那么 h_C为 2.9cm。任何表面变化超过 2.9cm 的材料都被认为是粗糙的表面。

诸如反射、折射和散射之类的移动信道状况会产生多径或多波，由接收天线接收。衰落是由于多个电波之间的路径长度差异造成的。根据散射体相对于移动目标的特性和位置，衰落可分为窄带或宽带。

宽带衰落是由于散射体远离卫星发射机和移动接收机之间的直接路径造成的，如图 12.3(b)所示。如果散射体足够强，时间差可能很大。如果与传输的符号或比特周期相比，相对延迟大，则信号将在整个信息带宽上经历严重的失真(选择性衰落)。那么该信道视为宽带衰落通道，信道模型需要考虑这些影响。

可以将语音和低数据速率(千赫范围)移动卫星系统的信道视为纯窄带，因为近邻散射体之间的差分延迟足够小，可以假设所有电波基本上同时到达。宽带多媒体移动无线电系统和基于卫星的移动系统(信息带宽在吉赫范围内)必须被视为宽带衰落链路，因为信号可能在整个频段经历选择性衰落。此外，重要的是要认识到，每个单独的宽带路径也会出现窄带衰落，这使得宽带衰落信道更难建模和评估。

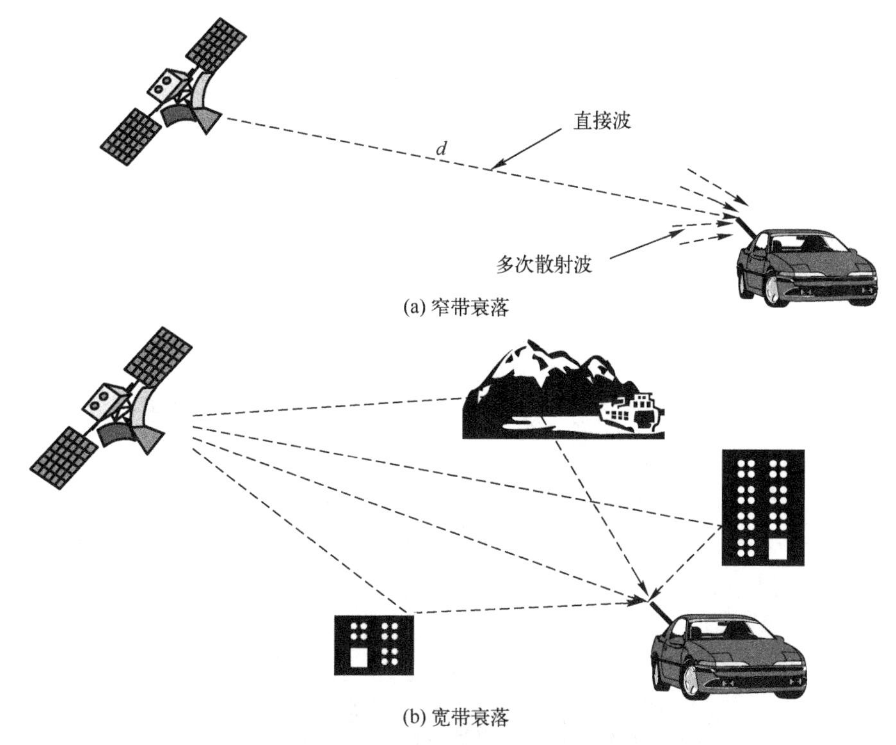

图 12.3 移动信道中的窄带衰落和宽带衰落

移动卫星系统往往以卫星到移动站的最小仰角运行，该最小仰角取值范围为 10°~20°。这比地面蜂窝系统要高得多，它们以 1°或更低的仰角运行。

地面和卫星移动信道的衰落统计数据可能有所不同，但是两者都会出现窄带衰落和宽带衰落，因此，在评估 MSS 性能时将考虑这两种衰落。地面信道和卫星移动信道的衰落统计结果可能存在差异，但两者都存在窄带衰落和宽带衰落，因此，在评估 MSS 性能时将考虑这两种衰落。

12.2 窄带信道

窄带衰落是由于来自移动体附近散射体的电波之间的小路径长度差异造成的，如图 12.3(a)所示，图中 d 表示直达波传播距离。几个波长量级的路径长度差异会导致明显的相位差异。然而，所有的电波基本上是同时到达的，因此信号带宽内的所有频率都受到同样的影响。

移动设备接收到的信号 y 包括来自所有 N 个散射体的电波的总和，其相位 θ_i

和振幅 a_i 取决于散射特性，其延迟时间由 τ_i 给出，即

$$y=a_1\mathrm{e}^{\mathrm{j}(\omega\tau_1+\theta_1)}+a_2\mathrm{e}^{\mathrm{j}(\omega\tau_2+\theta_2)}+\cdots+a_N\mathrm{e}^{\mathrm{j}(\omega\tau_N+\theta_N)} \tag{12.2}$$

该表达式的每个组成部分构成发射信号的“回波”。对于窄带衰落情况，到达信号的时延近似相等，

$$\tau_1\approx\tau_2\approx\cdots=\tau$$

因此，振幅不取决于载波频率，

$$\begin{aligned}y&\approx \mathrm{e}^{\mathrm{j}\omega\tau}(a_1\mathrm{e}^{\mathrm{j}\omega\theta_1}+a_2\mathrm{e}^{\mathrm{j}\omega\theta_2}+\cdots+a_N\mathrm{e}^{\mathrm{j}\omega\theta_N})\\&\approx \mathrm{e}^{\mathrm{j}\omega\tau}\sum_{i=1}^{N}a_i\mathrm{e}^{\mathrm{j}\omega\theta_i}\end{aligned} \tag{12.3}$$

因此，接收信号中的所有频率都以同样的方式受到影响，并且该信道可以由单个乘法分量表示。

基于变化的快速性，窄带衰落通常发生在两个级别或尺度上。图 12.4 给出了移动发射机-接收机(T-R)链路上接收信号电平的示例，移动接收机移动的距离相对较小(15m)。

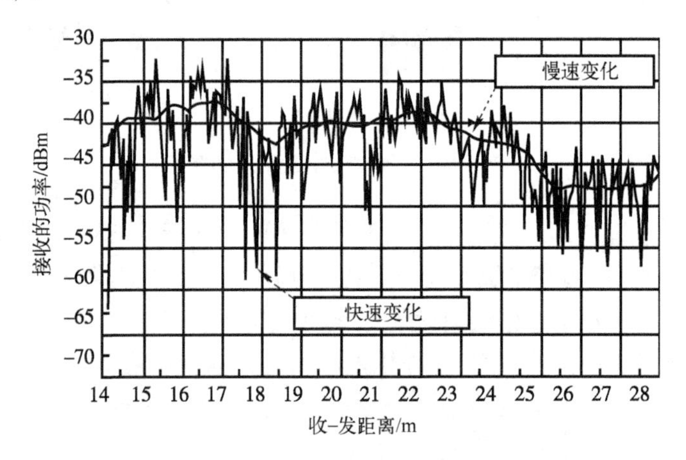

图 12.4 窄带衰落移动信道中运动移动接收机的接收信号功率

可以观察到两种不同的信号电平的变化级别：几米范围内 1～2dB 的缓慢变化，而在接收机移动 1m 范围内几分贝的更迅速的变化。

在移动终端运动的相对较大尺度(多倍波长)上发生的较慢变化称为阴影衰落(也称为慢衰落或大尺度衰落)。

在移动终端运动的较小尺度(小于一个波长)上发生的较快变化归类为多径衰落(也称为快速衰落或小尺度衰落)。

通常发现在相对较长的距离上测量的移动链路的平均接收功率，随着距离的

增大而减小,其速率大于自由空间传播所预期的速率($1/r^2$)。如图 12.4 所示,包含总接收功率的随机波动围绕着该平均功率变化。这种影响是通过包含路径损耗因子来解决的,该损耗因子说明了平均功率随距离的逆变化。

通过对自由空间的基本链路功率预算方程进行适当的修改,可以量化上述所有影响:

$$p_r = p_t g_t g_r \left(\frac{\lambda}{4\pi r}\right)^2 \tag{12.4}$$

该式由式(4.25)得出。

移动链路总接收功率的修正链路功率预算公式由 3 个因素的乘积来描述:平均功率和两个因素,两个因素考虑了上述讨论的快衰落和慢衰落变化。将移动链路总接收功率指定为 p_R 以区别于非移动链路接收功率,

$$\begin{aligned} p_R &= \bar{p}_r \times 10^{\frac{x}{10}} \times \alpha^2 \\ &= p_t g_t g_r g(r) \times 10^{\frac{x}{10}} \times \alpha^2 \end{aligned} \tag{12.5}$$

式中:p_R 为移动链路总瞬时接收功率;$p_t g_t g_r g(r)$ 为移动终端运动范围内的平均功率 $\bar{p}_r$(又称为平均面积功率);$g(r)$ 为路径损耗因子,该值解释了功率随距离 r 逆变化;$10^{\frac{x}{10}}$ 为阴影衰落因子,说明了慢且大尺度衰落变化;α^2 为多径衰落因子,说明了快且小尺度衰落变化。

α 和 x 都是随机变量,因为它们代表随机变化的链路效果。阴影衰落因子的数值形式是 $10^{\frac{x}{10}}$,因为随机变量 x 表示测量的接收功率,单位为 dB,即

$$10\log(10^{\frac{x}{10}}) = x\log(10) = x$$

因此,以分贝为单位的总接收功率为

$$p_R = \bar{p}_r + x + 20\log(\alpha) \tag{12.6}$$

通过分别考虑每个组件的统计数据和特性,然后组合结果以获得完整的表征,从而评估得到的总接收功率。图 12.5 显示了总信号和 3 个移动链路分量变化的仿真表示。

以下各节将介绍每个移动链路因素。

12.2.1 路径损耗因子

路径损耗因子 $g(r)$ 表示移动链路随距离的平均功率变化。可以用一般形式表示:

$$g(r) = \frac{k}{r^n} = kr^{-n} \tag{12.7}$$

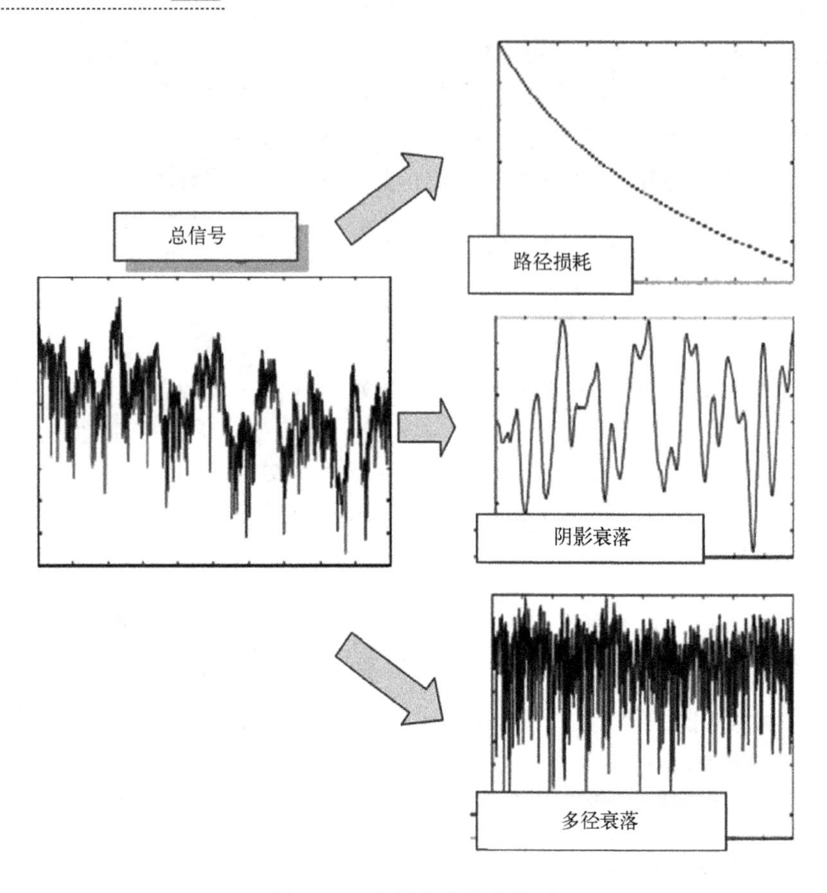

图 12.5 窄带衰落信道分量

式中:r 为路径长度(范围);k 为常数;n 为整数。

对于自由空间传播:

$$g(r)=\left(\frac{\lambda}{4\pi r}\right)^2 \tag{12.8}$$

或

$$k=\left(\frac{\lambda}{4\pi r}\right)^2 \text{且 } n=2$$

当卫星移动路径是清晰的视距时,上述形式的 $g(r)$ 适用。

当移动设备移入建筑物区域时,移动设备附近建筑物的阻塞将改变视距和非视距之间的路径。由此产生的信号幅度将在具有上述 $g(r)$ 的视距传播与非视距传播之间呈现出快速变化,如图 12.6 所示。该图显示了以 30km/h 的速度穿越郊区的移动设备的信号幅度变化。在非视距期间,可以看到超过 20dB 的衰落深度,在整个观测期间,这几乎是一半的时间。对于那些由于建筑物和其他局部障碍引起的多径衰落严重的时段,必须考虑 $g(r)$ 的修改版本。

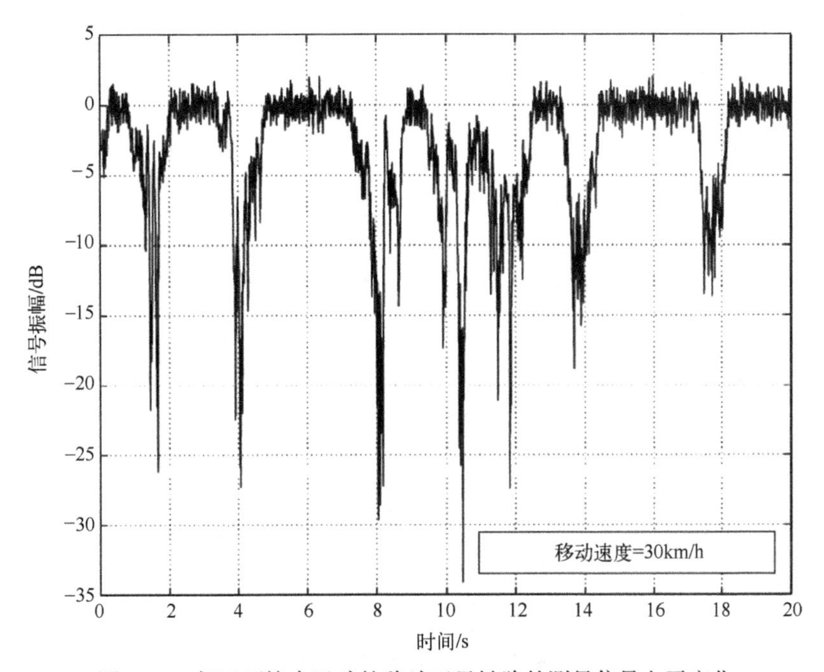

图 12.6 郊区环境中运动的移动卫星链路的测量信号电平变化

在非视距移动信道情况下,几种形式的 $g(r)$ 用于评估平均功率随距离的变化。对地面移动链路的路径损耗因子的测量表明,在几个波长的距离上测得的平均功率的下降速率大于视距条件下的预期速率($1/r^2$)。包括多径效应在内的总接收功率随平均功率随机变化。用于评估非视距移动信道的任何路径损耗因子都必须考虑该距离变化。

$g(r)$ 常采用简单的双斜率模型。双斜率路径损耗因子的形式为(请参见图 12.7),

$$g(r)=\begin{cases} r^{-n_1}, & 0\leqslant r\leqslant r_{\mathrm{b}} \\ r_{\mathrm{b}}^{-n_1}\left(\dfrac{r}{r_{\mathrm{b}}}\right)^{-n_2}, & r_{\mathrm{b}}\leqslant r \end{cases} \tag{12.9}$$

那么,平均接收功率为

$$\bar{p}_{\mathrm{r}}=\begin{cases} p_{\mathrm{t}}g_{\mathrm{t}}g_{\mathrm{r}}r^{-n_1}, & 0\leqslant r\leqslant r_{\mathrm{b}} \\ p_{\mathrm{t}}g_{\mathrm{t}}g_{\mathrm{r}}r_{\mathrm{b}}^{-n_1}\left(\dfrac{r}{r_{\mathrm{b}}}\right)^{-n_2}, & r_{\mathrm{b}}\leqslant r \end{cases} \tag{12.10}$$

式中，$\bar{p}_r$与 $g(r)$ 具有相同的双斜率形式，只是在 r_b 处出现了一个突变，如图 12.7 所示。

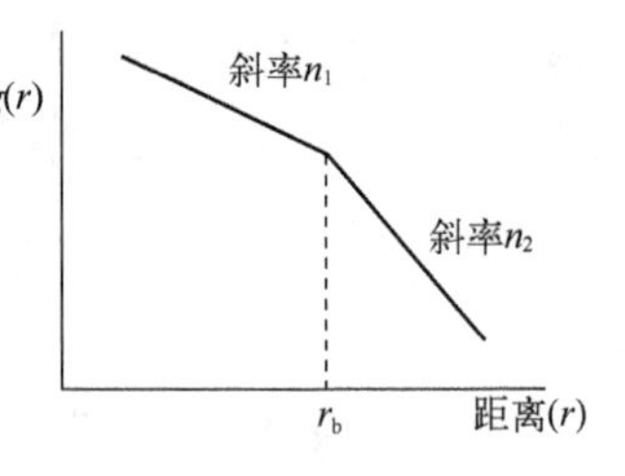

图 12.7　$g(r)$双斜率模型

可以通过考虑形成双波传播链路的单绕射电波来估计路径损耗随距离的变化，如图 12.8 所示。根据图 12.8 的参数，以复相量符号表示的接收机端的直射波为

$$\widetilde{E}_{R,D}=\frac{E_T}{d}e^{j\omega_C\left(t-\frac{d}{c}\right)} \tag{12.11}$$

式中：E_T为发射信号振幅；$\omega_C=2\pi f_C$；f_C为工作频率；c 为光速。

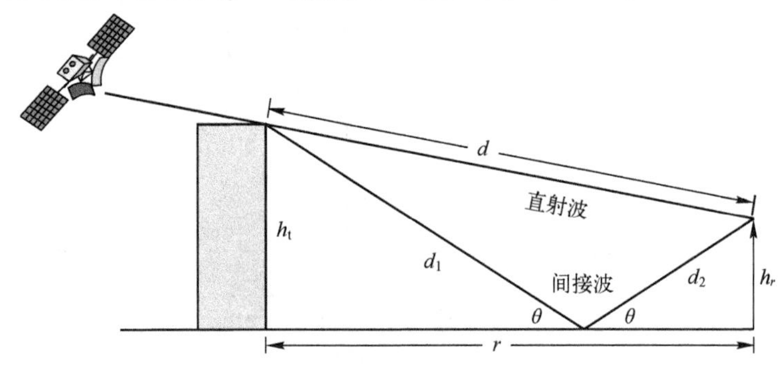

图 12.8　双波路径传播链路模型

假设在入射角 θ 处发生完全反射，则间接接收的电波形式与直射波类似，不同之处在于，从折射点经过的总距离为(d_1+d_2)，并且在完全反射的情况下还会经历额外的 π 弧度相位变化，

$$\widetilde{E}_{R,I}=\frac{E_T}{d_1+d_2}e^{j\omega_C\left(t-\frac{d_1+d_2}{c}\right)} \tag{12.12}$$

接收到的总电场是直接分量和间接分量之和，

$$\widetilde{E}_R=\frac{E_T e^{j\omega_C\left(t-\frac{d}{c}\right)}}{d}\left[1-\frac{d}{d_1+d_2}e^{-j\omega_C\left(\frac{d_1+d_2-d}{c}\right)}\right] \tag{12.13}$$

平均接收功率与电场大小的平方成正比，也就是说，

$$\bar{p}_r=p_t g_t g_r g(r)\approx K|E_R|^2 \tag{12.14}$$

式中，K 为比例常数。

将式(12.13)代入式(12.14)可得

$$\bar{p}_r\approx p_t g_t g_r K\left(\frac{\lambda}{4\pi d}\right)^2\left|1-\left(\frac{d}{d_1+d_2}\right)e^{-j\omega_C\left(\frac{d_1+d_2-d}{c}\right)}\right|^2 \tag{12.15}$$

或

$$g(r)=\left(\frac{\lambda}{4\pi d}\right)^2\left|1-\left(\frac{d}{d_1+d_2}\right)\mathrm{e}^{-\mathrm{j}\omega_{\mathrm{C}}\left(\frac{d_1+d_2-d}{c}\right)}\right|^2 \tag{12.16}$$

从几何角度考虑,由于 d 比高度 h_t 和 h_r 大,

$$\left|1-\left(\frac{d}{d_1+d_2}\right)\mathrm{e}^{-\mathrm{j}\omega_{\mathrm{C}}\left(\frac{d_1+d_2-d}{c}\right)}\right|^2\cong\left(\frac{\omega_{\mathrm{C}}(d_1+d_2-d)}{c}\right)^2=\left(\frac{4\pi h_t h_r}{\lambda d}\right)^2$$

因此,

$$g(r)=\left(\frac{\lambda}{4\pi d}\right)^2\left(\frac{4\pi h_t h_r}{\lambda d}\right)^2=\frac{(h_t h_r)^2}{d^4} \tag{12.17}$$

另外,距离 r 较大时,其值大约等于距离 d(见图 12.8),可以用地面距离 r 代替 d 作为路径变量,得到最终结果,

$$g(r)=\frac{(h_t h_r)^2}{r^4} \tag{12.18}$$

双波模型给出的 $1/d^2$ 平均功率依赖性通常是移动系统分析的首选模型,因为它代表了广泛的非视距传播条件下的测量结果,适用于地面蜂窝和卫星移动系统。

在 $g(r)$ 的一般形式下,由两波路径模型得到:

$$g(r)=kr^{-n}$$
$$n=-4$$
$$k=(h_t h_r)^2 \tag{12.19}$$

12.2.2 阴影衰落

移动设备接收信号的阴影衰落分量,会在移动设备运动的数个波长范围内发生,将随着区域平均功率而变化,如图 12.9 所示,区域平均功率可表示为

$$\bar{p}_r=10\log(p_t g_t g_r g(r))$$

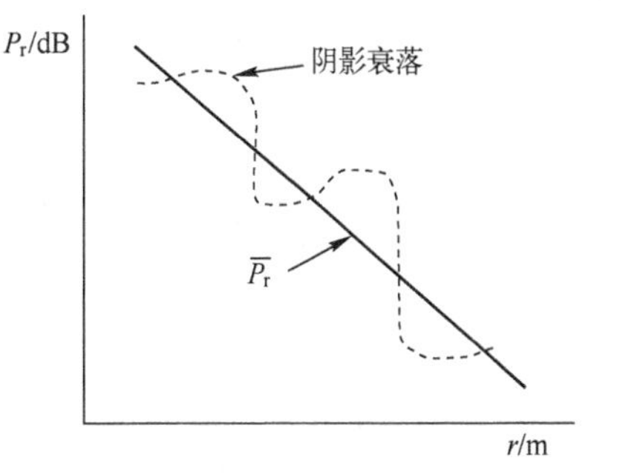

图 12.9　阴影衰落分量

阴影的贡献可以用均值为零且方差为 σ^2 的高斯随机变量很好地表示为

$$f(x)=\frac{1}{\sqrt{2\pi\sigma^2}}\mathrm{e}^{-\frac{x^2}{2\sigma^2}} \tag{12.20}$$

根据前面式(12.5)定义,总的接收信号功率为

$$\begin{aligned}p_r&=p_t g_t g_r g(r)\times10^{\frac{x}{10}}\times\alpha^2\\&=\bar{p}_r\times10^{\frac{x}{10}}\times\alpha^2\end{aligned} \tag{12.21}$$

定义上面式(12.21)中的第一项和第二项为 p_{SF},它们表示由于阴影衰落而产生的统计变化的长期接收功率,即相对于阴影衰落的局部均方功率,

$$p_{SF} \equiv \overline{p}_r 10^{\frac{x}{10}} \tag{12.22}$$

以分贝形式表示为

$$\begin{aligned} P_{SF} &= \overline{P}_r + 10\log(10^{\frac{x}{10}}) \\ &= \overline{P}_r + x \end{aligned} \tag{12.23}$$

P_{SF}的概率函数建模为具有均值$\overline{P}_{SF}$的高斯随机变量,单位为 dB,

$$f(P_{SF}) = \frac{1}{\sqrt{2\pi\sigma^2}} e^{-\frac{(P_{SF}-\overline{P}_{SF})^2}{2\sigma^2}} \tag{12.24}$$

幂概率分布是对数正态分布,因为幂概率分布是以均值为中心的高斯分布或正态分布。

由局部地形障碍引起的变化导致的长期阴影衰落在很大程度上取决于位置。阴影衰落的测量显示 σ 值在 6~10dB 之间,P_{SF}在移动设备运动 100 多米范围内变化 40dB 或更大。

现在考虑具有阴影衰落的移动链路。假设移动设备可接受的接收信号功率P_{SF}的阈值为 P_o分贝。由式(12.24)可得接收信号功率等于或大于阈值的概率

$$P[P_{SF} \geqslant P_o] = \int_{P_o}^{\infty} \frac{1}{\sqrt{2\pi\sigma^2}} e^{-\frac{(P_{SF}-\overline{P}_{SF})^2}{2\sigma^2}} dx \tag{12.25}$$

或

$$P[P_{SF} \geqslant P_o] = \frac{1}{2} - \frac{1}{2}\mathrm{erf}\left(\frac{P_o - \overline{P}_{SF}}{\sqrt{2}\sigma}\right) \tag{12.26}$$

式中,erf(x)为误差函数,定义为

$$\mathrm{erf}(x) = \frac{1}{2\pi}\int_0^x e^{-x^2} dx$$

式(12.26)还表示在给定的平均功率$\overline{P}_{SF}$和关于该值的标准方差 σ 的情况下,超过指定接收功率 P_o的概率,例如,$P_o = \overline{P}_{SF}$。

式(12.26)还表示超过指定接收功率 P_o的概率,假设该值的平均功率$\overline{P}_{SF}$和标准方差 σ,例如,$P_o = \overline{P}_{SF}$。由于 erf(0)=0,那么

$$P[P_{SF} \geqslant P_o] = \frac{1}{2}$$

或者,接收信号功率可接受的概率为 50%。

为了评估树木和建筑物对移动卫星链路的阴影衰落,提出了几种经验预测模型。

路边树影是在移动卫星链路上采用运动车载移动终端观察到的最常见的阴影

类型。树木会沿着道路两边排列,影响与卫星之间具有较低仰角的路径。建筑物阴影对于城市或建筑密集地区运行的移动系统非常重要。

该模型考虑了车辆平均传播条件下的路边阴影,并且通常提供累积衰落分布和衰落持续时间分布作为链路参数的函数。下面将讨论路边树和路边建筑物的阴影模型。

12.2.2.1　经验路边阴影模型

Goldhirsh 和 Vogel 在过去的几年中进行了广泛而全面的传播测量,以表征移动卫星 LMSS 信道。这些测量是在美国和澳大利亚完成的,频率分别为 870MHz 和 1.5GHz。发射机安装在直升机、遥控飞行器和轨道卫星上。测量数据是由一辆车顶装有天线、内部装有接收机和数据采集设备的移动货车获得的。这些测量结果为美国宇航局公布的路边阴影经验模型奠定了基础,该模型为移动卫星链路上的路边阴影评估提供了第一个综合预测方法(美国宇航局参考文献 Doc 1274)。

ITU-R 采用 ERS 模型作为其移动卫星链路的路边树影模型(ITU-R P.681-9)。ITU-R 模型提供了 800MHz~20GHz 频率和 7°~90°仰角下的路边阴影估计值,其结果对应于车辆在道路两侧车道上行驶时的“平均”传播条件(包括接近和远离树木的车道)。

通过估计与卫星成 45°仰角的树木引起的光学阴影,可以量化路边树木的贡献。该模型适用于光学树木阴影在 55%~75%范围内的情况。

该模型提供了适用于快速公路和乡村公路的衰落分布,其中传播路径的总体几何结构与路边树木和电线杆的线条垂直。假设主要的衰落状态为树冠阴影。

衰落分布用 p 表示,p 是超过衰落所经过的距离百分比。

由于模型每次运行时移动设备的速度保持恒定,p 还可以解释为衰落超过横坐标值的时间百分比。

以下是 ITU-R 路边树影模型的分步步骤。

所需输入参数为

f 为工作频率,单位为 GHz(800MHz~20GHz);

θ 为到卫星的路径仰角,单位为度(7°~60°);

p 为超过衰落的行驶距离百分比。

步骤 1:确定 1.5GHz 下的衰落分布

1.5GHz 下的衰落分布 $A_L(p,\theta)$,适用于所需路径仰角 $20° \leqslant \theta \leqslant 60°$时,行程百分比 $1\% \leqslant p \leqslant 20\%$的情况,$A_L(p,\theta)$可表示为

$$A_L(p,\theta) = -M(\theta)\ln(p) + N(\theta) \tag{12.27}$$

式中,

$$M(\theta)=3.44+0.0975\theta-0.002\theta^2 \tag{12.28}$$

和

$$N(\theta)=0.443\theta+34.76 \tag{12.29}$$

步骤 2:所需频率衰落

将 1.5GHz 处的衰落分布转换为所需频率 f:

$$A_f(p,\theta,f)=A_L(p,\theta)\mathrm{e}^{\left\{1.5\left[\frac{1}{\sqrt{f_{1.5}}}-\frac{1}{\sqrt{f}}\right]\right\}} \tag{12.30}$$

式中:对于 $0.8\text{GHz}\leqslant f\leqslant 20\text{GHz}$ 的频率范围,$20\%\leqslant p\leqslant 80\%$。

步骤 3:所需行进距离百分比的衰落分布

计算所需行进距离百分比的衰落分布:

对于 $20°\leqslant\theta\leqslant 60°$:

$$\begin{aligned} A(p,\theta,f)&=A_f(20\%,\theta,f)\frac{1}{\ln 4}\ln\left(\frac{80}{p}\right), \quad \text{对于 } 20\%\leqslant p\leqslant 80\% \\ &=A_f(20\%,\theta,f) \quad\quad\quad\quad\quad\;\;, \quad \text{对于 } 1\%\leqslant p\leqslant 20\% \end{aligned} \tag{12.31}$$

对于 $7°\leqslant\theta\leqslant 20°$:假定衰落分布与 $\theta=20°$ 具有相同值,即

$$\begin{aligned} A(p,\theta,f)&=A_f(20\%,20°,f)\frac{1}{\ln 4}\ln\left(\frac{80}{p}\right), \quad \text{对于 } 20\%\leqslant p\leqslant 80\% \\ &=A_f(20\%,20°,f) \quad\quad\quad\quad\quad\;\;, \quad \text{对于 } 1\%\leqslant p\leqslant 20\% \end{aligned} \tag{12.32}$$

步骤 4:延伸至 60°以上的仰角

ITU-R 路边阴影模型通过下面的过程可以扩展到 60°以上的仰角,频率分别为 1.6GHz 和 2.6GHz;

4a)——仰角为 60°应用上面的步骤,频率分别为 1.6GHz 和 2.6GHz。

4b)——对于 $60°\leqslant\theta\leqslant 80°$:在表 12.1 中提供的 60°计算值和 80°仰角衰落值之间进行线性插值。

4c)——对于 $80°\leqslant\theta\leqslant 90°$:在表 12.1 中提供的值和 $\theta=90°$ 的零值之间进行线性插值。

表 12.1 $\theta=80°$ 仰角时超过衰落电平(以 dB 为单位)

p/(%)	树影衰落电平	
	1.6GHz	2.6GHz
1	4.1	9.0
5	2.0	5.2
10	1.5	3.8
15	1.4	3.2
20	1.3	2.8
30	1.2	2.5

图 12.10 显示了在 1.5GHz 频率、10°～60°仰角和 1%～50%行驶距离百分比情况下，ITU-R 路边树影模型的示例结果。请注意，对于低于 20°的仰角，衰落电平最高，并且随着仰角增加，衰落电平会逐渐减小。短距离衰落可能非常严重，对于行驶距离百分比小于 5%的情况，衰落会超过 20dB。

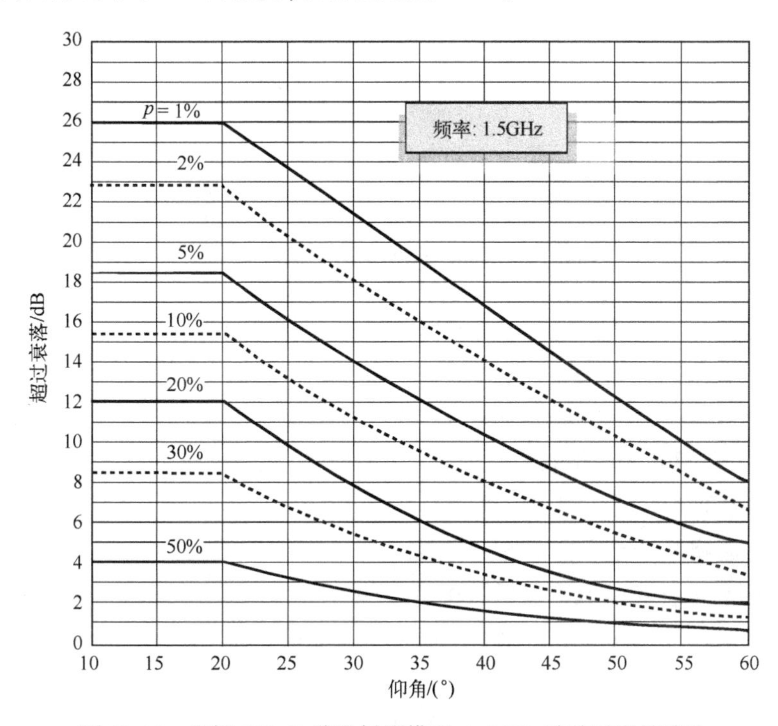

图 12.10　根据 ITU-R 路边树影模型，1.5GHz 移动卫星链路的路边树影衰落超出量与路径仰角的关系

ITU-R 模型提供了一个有用的工具，用于评估路边树影衰落，但应了解结果不是确定的，而是提供了一系列平均路径情况的指导原则。

12.2.2.2　ITU-R 路边建筑物阴影模型

ITU-R 开发了一种阴影模型，用于移动终端附近有路边建筑物分布的市区（ITU-R P.681-9）。图 12.11 显示了路边建筑物的几何形状以及 ITU-R 模型所需的相关参数。

参数定义如下：

h_1为建筑物正面地面上电波的高度，由下式给出：

$$h_1 = h_m + \left(\frac{d_m \tan\theta}{\sin\varphi}\right) \tag{12.33}$$

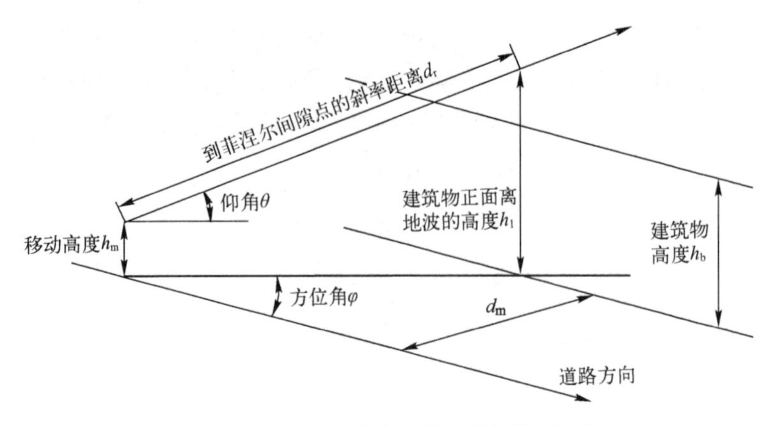

图 12.11 ITU-R 路边建筑物阴影模型几何

h_2为建筑物上方所需的菲涅尔间隙距离，由下式给出：

$$h_2 = C_f(\lambda d_r)^{0.5} \tag{12.34}$$

h_b为最常见的（模态）建筑高度；

h_m为地面上移动终端的高度；

θ 为水平面上电波与卫星的仰角；

φ 为电波相对于街道方向的方位角；

d_m为移动设备与建筑物前部的距离；

d_r为移动设备到建筑物正面上方垂直电波位置的坡度距离，由下式确定：

$$d_r = \frac{d_m}{\sin\varphi \cdot \cos\theta} \tag{12.35}$$

C_f为作为第一菲涅尔区一部分的所需间隙；

λ 为波长。

h_1、h_2、h_b、h_m、d_m、d_r和 λ 单位一致，且 $h_1>h_2$。

ITU-R 路边建筑物阴影模型给出了由于建筑物造成堵塞的百分比概率 p_b为

$$p_b = 100e^{\left[-\frac{(h_1-h_2)^2}{2h_b^2}\right]} \tag{12.36}$$

上述结果对 $0°\leqslant\theta\leqslant90°$和 $0°\leqslant\varphi\leqslant180°$有效。[但是，不应使用实际限值来确定 h_1、h_2或 d_r]。

12.2.2.2.1 ITU-R 路边建筑物阴影模型的示例计算

考虑一个以 1.6GHz 运行的移动卫星链路到一个移动车辆，该移动车辆的天线位于地面以上 1.5m 处，并通过具有以下估计建筑参数的位置。$h_b = 15\text{m}$，$d_m = 17.5\text{m}$，相对于卫星的仰角为 40°，相对于街道方向的方位角为 45°。对于菲涅尔间

隙情况 C_f= 0.7,应考虑堵塞。确定建筑物阻塞的概率。

由式(12.33,12.34 和 12.35)

$$h_1 = h_m + \left(\frac{d_m \tan(40°)}{\sin(45°)}\right) = 1.5 + 20.77 = 22.27(\mathrm{m})$$

$$d_r = \frac{17.5}{[\sin(45°) \cdot \cos(40°)]} = 32.31(\mathrm{m})$$

$$h_2 = C_f(\lambda d_r)^{0.5} = 0.7 \times (0.1875 \cdot 32.31)^{0.5} = 1.73(\mathrm{m})$$

式(13.36)可用于确定建筑物堵塞的百分比概率,

$$p_b = 100\mathrm{e}^{\left[-\frac{-(h_1-h_2)^2}{2h_b^2}\right]} = 100\mathrm{e}^{\left[-\frac{-(22.27-1.73)^2}{2\times(15)^2}\right]} = 100\mathrm{e}^{-0.9375} = 39.2\%$$

结果表明,平均而言,建筑物阻塞将占 39.2%的时间。图 12.12 所示为 2°~80°仰角的 p_b图,固定方位角为 45°和 90°。虚线表示 C_f=0.7。包括 C_f=0 时的实心曲线以供比较。

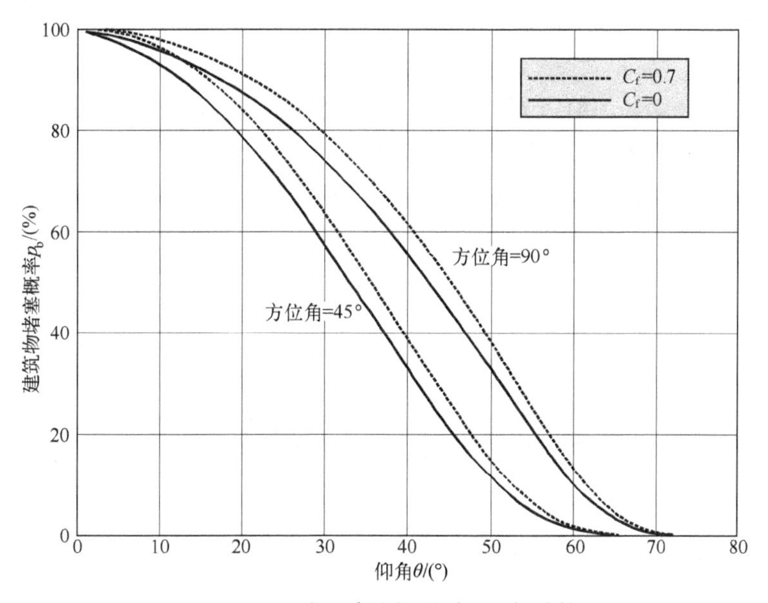

图 12.12 路边建筑物阴影的示例计算

图中显示,对于 60°以上的仰角,阻塞将非常低(<10%)。该模型还表明,在 90°方位角下,阻塞比 45°高出 20%,表明卫星相对于道路的方向是链路性能的一个重要因素。

12.2.3 多径衰落

移动卫星链路信号的变化发生在非常短的移动距离内,一个波长或更小的量级上，其波动率远大于阴影衰落。这些更快速的变化称为多径衰落（也称为快速衰落或小尺度衰落），其统计属性与阴影衰落不同（请参见图 12.5），并在评估整体移动链路性能时单独考虑。

多径衰落对移动链路的链路功率预算方程的影响由多径衰落因子来计算，如前面式（12.5）所述。

$$p_R = \bar{p}_r(10^{\frac{x}{10}})\alpha^2 \tag{12.37}$$

式中，$\bar{p}_r$为区域平均功率，

$$\bar{p}_r = p_t g_t g_r g(r)$$

前两项合在一起可以认为是阴影衰落的局部平均功率，

$$p_{SF} = \bar{p}_r(10^{\frac{x}{10}}) \tag{12.38}$$

这是阴影衰落（超过数十米）时移动设备运动的平均功率。则式（12.37）可改写为

$$p_R = p_{SF}\alpha^2 \tag{12.39}$$

式中：α^2表示多径衰落变化；p_{SF}表示所有其他变化。

多径衰落信道可以建模为双波信道的扩展（见图 12.8），以解释由于来自移动设备附近建筑物和其他障碍物的散射而产生的多条电波的叠加。功率变化发生在一个更小的移动范围内，在波长（数米）的数量级上，而不是在多个波长（数十米）数量级上的阴影衰落。对于没有主直射波的多径衰落，随机变量 α 可以表示为瑞利分布（Schwartz），也就是说，

$$f_\alpha(\alpha) = \frac{\alpha}{\sigma_r^2} e^{-\frac{\alpha^2}{2\sigma_r^2}} \tag{12.40}$$

式中：$f_\alpha(\alpha)$为 α 的概率密度函数，$2\sigma_r^2$为 α^2的平均值或所需值。

将卫星发射的信号视为频率f_C处的未调制正弦波，可以证明 α 的瑞利分布特征。假设 L 电波出现在接收机处，由于散射，其振幅和相位随机不同。L 电波叠加可以用复相量符号写成，

$$\widetilde{S}_R(t) = \sum_{k=1}^{L} a_k e^{j[\omega_C(t-t_o-\tau_k)+\theta_k]} \tag{12.41}$$

式中，$t_o = d/c$ 表示平均延迟，同两波模型一样。

假设随机相位 $\omega_C \cdot \tau_k$和随机附加相位 θ_k在 $0\sim2\pi$ 之间均匀分布。那么两个随机相位的和遵从均匀分布

$$\theta_k - \omega_C\tau_k = \phi_k$$

现在考虑由式（12.41）的实部给出的接收信号功率 $S_R(t)$，

$$S_R(t) = \sum_{k=1}^{L} a_k \cos[\omega_C(t - t_o) + \phi_k] \tag{12.42}$$

多径衰落引起的接收功率与 $S_{\mathrm{R}}^2(t)$ 的时间平均值成正比。由式(12.42)知

$$p_{\mathrm{r}}\big|_{\mathrm{M}} = K'S_{\mathrm{R}}^2(t) = K'\frac{1}{2}\sum_{k=1}^{L}a_k^2 \tag{12.43}$$

式中:K'为比例常数。

展开式(12.42)得

$$\begin{aligned} S_{\mathrm{R}}(t) &= \sum_{k=1}^{L}a_k\cos\phi_k\cos[\omega_{\mathrm{c}}(t-t_{\mathrm{o}})] - \sum_{k=1}^{L}a_k\sin\phi_k\sin[\omega_{\mathrm{c}}(t-t_{\mathrm{o}})] \\ &= \eta\cos[\omega_{\mathrm{c}}(t-t_{\mathrm{o}})] - \kappa\sin[\omega_{\mathrm{c}}(t-t_{\mathrm{o}})] \end{aligned} \tag{12.44}$$

式中,

$$\eta = \sum_{k=1}^{L}a_k\cos\phi_k \quad 和 \quad \kappa = \sum_{k=1}^{L}a_k\sin\phi_k \tag{12.45}$$

对于大 L,根据中心极限定理,随机变量 η 和 κ 分别定义为 L 个随机变量的总和,变成高斯分布。

现在考虑相对于短的移动设备运动变化的 η 和 κ 的平均值,即随机变量的期望值 $E(\,)$。由于 a_k和 ϕ_k是独立的随机变量,并且假设 ϕ_k'是均值为零的均匀分布,因此期望值为

$$E(\eta)=E(\kappa)=0$$

$$E(\eta\kappa)=0$$

和

$$E(\eta^2)=E(\kappa^2)=\frac{1}{2}\sum_{k=1}^{L}E(a_k^2) \equiv \sigma_{\mathrm{R}}^2 \tag{12.46}$$

由式(12.44)得

$$S_{\mathrm{R}}(t)=\Phi\cos[\omega_{\mathrm{c}}(t-t_{\mathrm{o}})+\varphi] \tag{12.47}$$

式中,

$$\Phi^2=\eta^2+\kappa^2 \quad 和 \quad \varphi=\arctan\frac{\kappa}{\eta} \tag{12.48}$$

Φ 是接收信号的随机包络或幅度。由于 η 和 κ 是零均值高斯变量,所以随机包络 Φ 服从瑞利分布,即

$$f_{\Phi}(\Phi)=\frac{\Phi}{\sigma_{\mathrm{R}}^2}\mathrm{e}^{-\frac{\Phi^2}{2\sigma_{\mathrm{R}}^2}} \tag{12.49}$$

比较式(12.40)和式(12.49),我们发现随机变量 Φ 的分布与 α 具有相同的形式,α 为快速衰落因子,

$$\sigma_{\mathrm{r}}^2=\sigma_{\mathrm{R}}^2$$

另外,由式(12.39)和式(12.43)可得

$$p_R=\alpha^2 p_{SF}=K'\frac{\Phi^2}{2} \tag{12.50}$$

或

$$\alpha=\sqrt{\frac{K'}{2p_{SF}}}\Phi \tag{12.51}$$

由于 Φ 服从瑞利分布,因此 α 也服从瑞利分布,其概率密度函数为

$$f_\alpha(\alpha)=\frac{\alpha}{\sigma_R^2}e^{-\frac{\alpha^2}{2\sigma_R^2}} \tag{12.52}$$

图 12.13 显示了快速衰落因子的瑞利分布图,并给出了相应的因子。

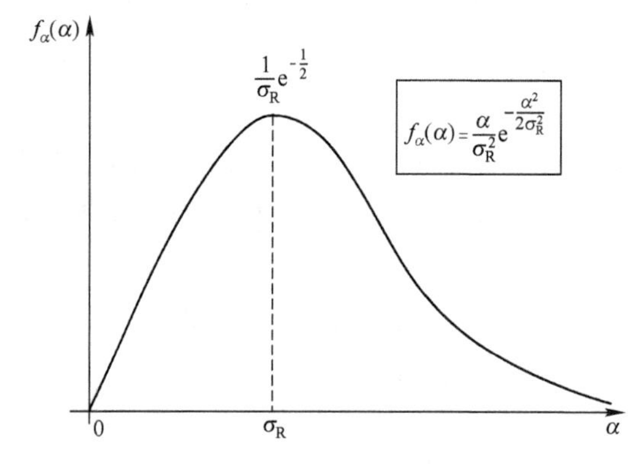

图 12.13 多径衰落因子 α 的瑞利分布

可以根据式(12.50)和式(12.52)中 α 的瑞利分布结果来确定接收功率 p_R 的概率分布

$$f_{p_R}(p_R)=f_\alpha\left(\sqrt{\frac{p_R}{p_{SF}}}\right)\left|\frac{d\alpha}{dp_R}\right| =\frac{1}{p_{SF}}e^{-\frac{p_R}{p_{SF}}} \tag{12.53}$$

它服从指数分布,均值由局部均值 p_{SF} 给出。

图 12.14 显示了总接收功率 p_R 的指数分布形式

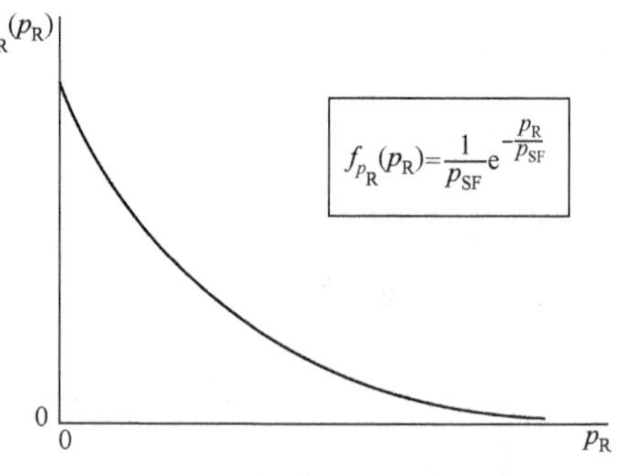

图 12.14 总接收功率 p_R 的概率分布

只要路径数目 L 很大,移动信道就会呈现瑞利统计特性。已经证明(Schwartz 等)只要 $L \geqslant 6$,信道将维持瑞利统计特

性。对于在城市环境中运行的大多数蜂窝移动链路来说,通常就是这种情况。

卫星移动链路可能具有 L 超过 6 的时段,但是,总信号中也可能存在来自卫星的直接路径。现在我们来评估该情况。考虑前面讨论的多电波情况,其中包括直射波。那么,含有直射波的式(12.42)的形式为

$$S_R(t) = A\cos\omega_C(t - t_o) + \sum_{k=1}^{L} a_k\cos[\omega_C(t - t_o) + \phi_k] \tag{12.54}$$

式中:A 为直射波的振幅。该振幅包括任何可能在直射波中出现的阴影衰落。

如前所述展开,参见式(12.44),

$$\begin{aligned} S_R(t) &= (A+\eta)\cos[\omega_c(t-t_o)] - \kappa\sin[\omega_c(t-t_o)] \\ &= \Phi'\cos[\omega_c(t-t_o)+\varphi'] \end{aligned} \tag{12.55}$$

式中,

$$\Phi'^2 = (A+\eta)^2+\kappa^2 \quad 和 \quad \varphi' = \arctan\frac{\kappa}{A+\eta} \tag{12.56}$$

随机变量 η 和 κ 与式(12.45)之前定义的相同。它们是高斯的且独立的,具有方差 σ_R^2。所有相位项均参考接收到的直射波相位,取为 0。

随机振幅 Φ' 的概率分布由莱斯分布给出,

$$f_{\Phi'}(\Phi') = \frac{\Phi'}{\sigma_R^2}e^{-\frac{\Phi^2+A^2}{2\sigma_R^2}}I_o\left(\frac{\Phi A}{\sigma_R^2}\right) \tag{12.57}$$

式中:$I_o(z)$ 为第一类零阶修改的贝塞尔函数。

$$I_o(z) = \frac{1}{2\pi}\int_0^{2\pi} e^{z\cos\theta}d\theta \tag{12.58}$$

图 12.15 显示了由式(12.57)描述的随机振幅 Φ' 的莱斯概率分布。注意,对于 $A=0$,如预期的那样,Φ' 是瑞利分布。

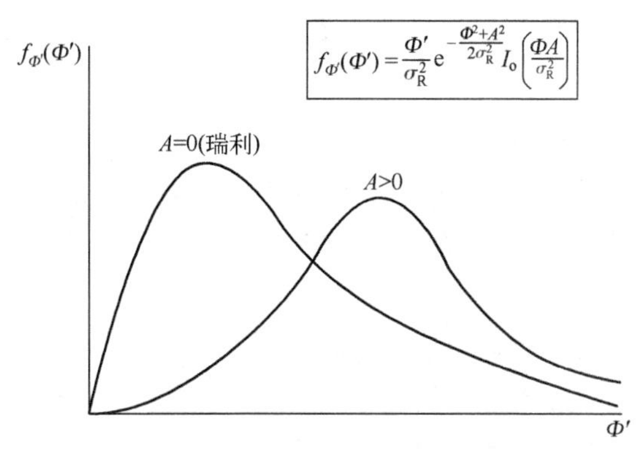

图 12.15 含有直射波的接收信号振幅概率分布

从式(12.57)中的莱斯分布情况可以发现,总瞬时功率 p_R 的概率分布再次在局部平均功率 p_{SF} 左右变化。

$$f_{p_R}(p_R)=\frac{(1+K)e^{-K}}{p_{SF}}e^{-\frac{1+K}{p_{SF}}p_R}I_o\left(\sqrt{\frac{4K(1+K)}{p_{SF}}p_R}\right) \tag{12.59}$$

参数 K 是莱斯 K 因子,

$$K\equiv\frac{A^2}{2\sigma_R^2} \tag{12.60}$$

K 因子与直射波的平均接收信号功率与散射波的平均接收功率之比密切相关。测量结果表明,对于典型的蜂窝环境,K 的取值范围为 6~30dB(Schwartz)。

12.2.3.1 山区环境多径模型

根据科罗拉多州中北部峡谷通道的测量结果,开发了山区地形多径衰落的经验预测模型(Vogel 和 Goldhirs)。获得了 870MHz 和 1.5GHz 频率、30°和 45°的路径仰角处的累积衰落分布,应用最小二乘方幂曲线拟合开发了山区环境的通用预测模型(Goldhirsh 和 Vogel)。当阴影影响可以忽略时,该模型有效。ITU-R 对结果进行了修改,并将其包括在 P.681 建议书中,用于设计地球空间陆地移动电信系统。

该模型提供了衰落深度的累积分布:

$$p=a_{CD}A^{-b_{CD}} \tag{12.61}$$

式中:p 为超过衰落的距离百分比($1\%<p<10\%$);A 为超过的衰落电平;a_{CD} 和 b_{CD} 系数是特定频率和仰角分布的曲线拟合参数,见表 12.2。

表 12.2 山区环境多径模型的最佳参数

频率/GHz	仰角=30°			仰角=45°		
	a_{CD}	b_{CD}	范围/dB	a_{CD}	b_{CD}	范围/dB
0.870	34.52	1.855	2~7	31.64	2.464	2~4
1.5	33.19	1.710	2~8	39.95	2.321	2~5

所得的曲线定义了一个组合分布,该分布对应于以恒定速度穿过峡谷通道的行驶距离为 87km,因此,这些分布可以解释为在整个行驶时间内超过衰落深度的时间百分比。

图 12.16 给出了模型中 4 种频率和仰角组合的 p 线图。每个链路的衰落深度范围列在表 12.2 中。1.5GHz 处的电平往往比 870MHz 的电平高约 1dB。在任何 LMSS 设计中,衰落电平虽然不太高,但都需要考虑,即使在更高的仰角也要避免意外中断。

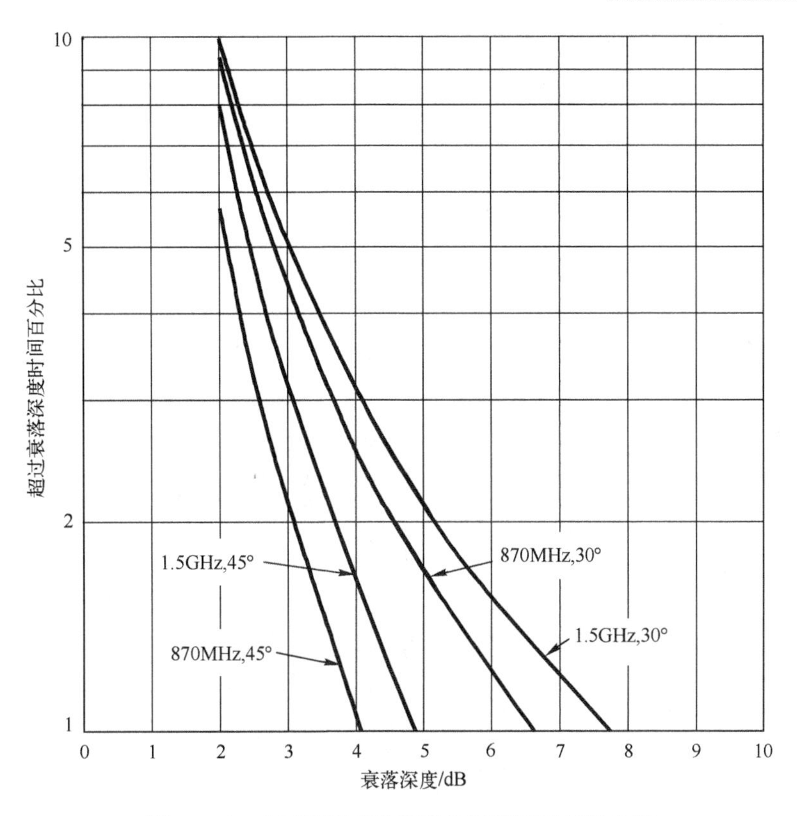

图 12.16 山区地形多径衰落的衰落深度累积分布

12.2.3.2 路边树木多径模型

在美国马里兰州中部,沿着绿树成荫的道路进行了与上一节所述山地地形测试相似的测量(Goldhirsh & Vogel)。类似地,还开发了一个路边树木多径的经验模型,后来将其包含在 ITU-R 的 P.681-9 建议书中,用于设计地球—空间陆地移动通信系统(Goldhirsh & Vogel)。

路边树木多径模型提供了衰落深度的累积分布:

$$p=125.6A^{-1.116},\quad \text{对于} f=870\text{MHz}$$
$$p=127.7A^{-0.8573},\quad \text{对于} f=1.5\text{GHz} \tag{12.62}$$

式中:p 为超过衰落的距离百分比($1\%<p<50\%$);A 为超过的衰落电平。

图 12.17 给出了两个频率下 p 的曲线图。870MHz 时的衰落范围为 1~4.5dB,1.5GHz 时的衰落范围为 1~6dB。用于最佳拟合预测的测量值范围为 30°~60°,路径上的阴影可忽略不计。

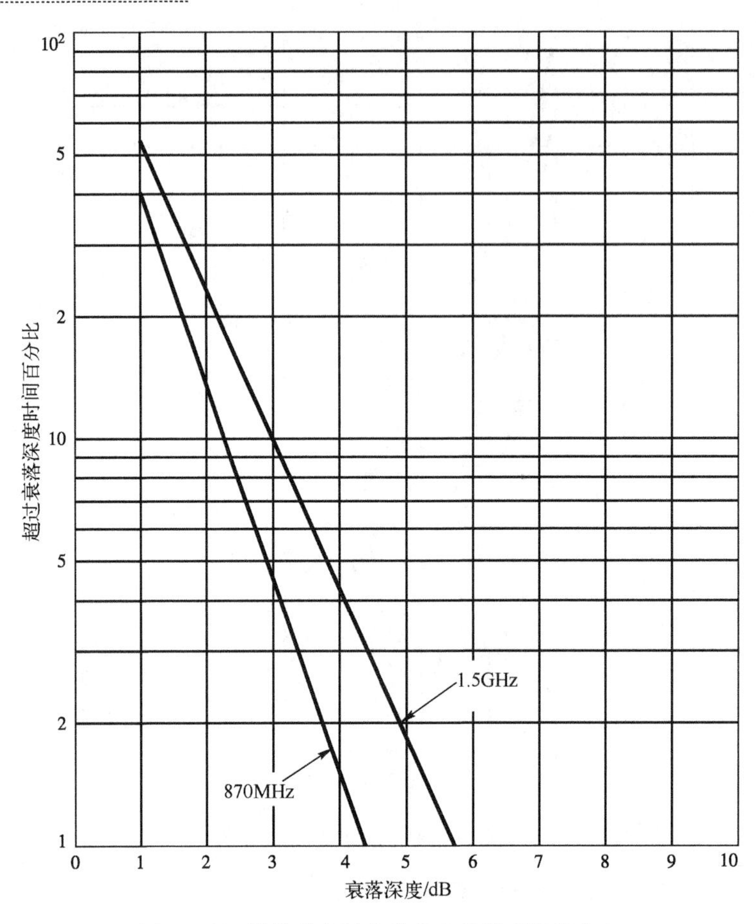

图 12.17 林荫道多径衰落的衰落深度累积分布

12.2.4 遮挡

在使用移动终端的通信链路上发生的一个主要问题是由于建筑物或自然地形(如山脉)而导致的传输阻塞。手持移动终端还会出现另一个问题,即天线近场中操作者的手或身体可能阻塞路径或导致天线方向图改变。在阻塞期间,接收机彻底接收不到信号。

通过在与卫星高度相同的高度上运行,可以减少阻塞。此外,多个卫星移动系统的阻塞时间通常较短,与单个卫星系统相比,移动设备的平均仰角可以保持更高的值。

12.2.4.1 ITU-R 建筑物阻塞模型

由于建筑物位置和移动终端移动的多样性,建筑物堵塞很难量化。已发现有一定用处的一种技术是从摄影测量或三维位置定位测绘确定的实际建筑位置进行电波追踪。

生成街道遮蔽函数 MKF,用于指示链路可以或不能实现的方位角和仰角。MKF 过程可以应用于简化的方案,以针对给定的城市位置生成数量有限的遮蔽函数,从而可以评估来自不同卫星位置的链路可用性。ITU-R(建议 P.681-9)将 MKF 概念编入链路可用性的建筑阻塞模型。

ITU-R 模型通过平均掩蔽角 Ψ_{MA}(单位为度)来描述由多个建筑物组成的特定区域,该掩蔽角定义为当链路垂直于街道时,与建筑物顶部入射的卫星仰角。即

$$\Psi_{\mathrm{MA}} = \arctan\left(\frac{h}{w/2}\right) \tag{12.63}$$

式中:h 为平均建筑物高度;w 为平均街道宽度。

根据街道的几何形状,假定相关区域由 4 个简化的通用配置组成。4 种配置定义为

(1) scy——街道峡谷;

(2) sw——单边墙;

(3) scr——街道十字路口;

(4) T-j——丁字路口。

图 12.18 显示了每种配置的图纸以及适当的相关参数。

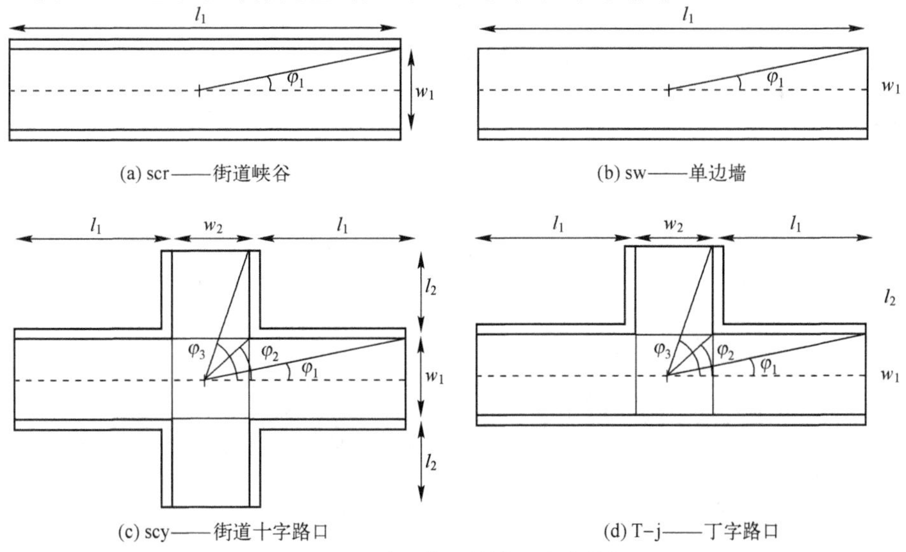

图 12.18 街道遮蔽函数模型的建筑物配置

设 p_{scy}、p_{sw}、p_{scr} 和 $p_{\mathrm{T\text{-}j}}$ 分别为每种配置的发生概率，对于给定位置，

$$\sum(p_{\mathrm{scy}}+p_{\mathrm{sw}}+p_{\mathrm{scr}}+p_{\mathrm{T\text{-}j}})=1$$

配置组合的输入值和发生概率是从城市地图或其他当地地形数据中获得的。

卫星链路的总可用性 a_{T} 估算为每种配置可用性的加权和，即

$$a_{\mathrm{T}}=p_{\mathrm{scy}}a_{\mathrm{scy}}+p_{\mathrm{sw}}a_{\mathrm{sw}}+p_{\mathrm{scr}}a_{\mathrm{scr}}+p_{\mathrm{T\text{-}j}}a_{\mathrm{T\text{-}j}} \tag{12.64}$$

式中，a_{scy}、a_{sw}、a_{scr} 和 $a_{\mathrm{T\text{-}j}}$ 分别为每种配置的链路可用性。每个可用性由该配置的发生概率加权。

4 种基本配置的街道 MKF 由简单的几何形状构建而成，如图 12.18 中的参数所述。移动用户位于配置的中间。然后，4 种配置各自生成简单的开—关（视距或非视距）情况。图 12.19 显示了 4 种配置的 MKF，它们是相对于街道方位（横坐标）的仰角（纵坐标）和方位角的函数。该图是在建筑物平均高度 $h=20\mathrm{km}$，街道平均宽度 $w_1=w_2=20\mathrm{km}$ 的情况下生成的。上半平面表示正方位角，下半平面表示负方位角。MKF 图显示了天体半球内链路可以闭合（无阴影）或完全阻塞（阴影）的区域。定义区域的轮廓由图上显示的线段和点标识。这些线段和点如下所示：

线段 S_{A}：

$$\theta=\arctan\left(\frac{h}{\sqrt{\left(\frac{w}{2}\right)^2\left(\frac{1}{\tan^2\varphi}+1\right)}}\right) \tag{12.65}$$

点 p_{A}：

$$\varphi_{\mathrm{A}}=90°$$

$$\theta_{\mathrm{A}}=\arctan\left(\frac{h}{w/2}\right) \tag{12.66}$$

线段 S_{B_1}：

$$\theta=\arctan\left(\frac{h}{\sqrt{\left(\frac{w_1}{2}\right)^2\left(\frac{1}{\tan^2\varphi}+1\right)}}\right) \tag{12.67}$$

线段 S_{B_2}：

$$\theta=\arctan\left(\frac{h}{\sqrt{\left(\frac{w_1}{2}\right)^2\left(\frac{1}{\tan^2(90°-\varphi)}+1\right)}}\right) \tag{12.68}$$

点 p_{B}：

$$\varphi_{\mathrm{B}}=\arctan\left(\frac{w_1}{w_2}\right)$$

$$\theta_{\mathrm{B}}=\arctan\left(\frac{h}{\sqrt{\left(\frac{w_1}{2}\right)^2\left(\frac{1}{\tan^2\varphi_{\mathrm{B}}}+1\right)}}\right) \tag{12.69}$$

此示例的最终平均遮蔽角度为

$$\Psi_{\mathrm{MA}}=\arctan\left(\frac{h}{w/2}\right)=\arctan\left(\frac{20}{20/2}\right)=63.4°$$

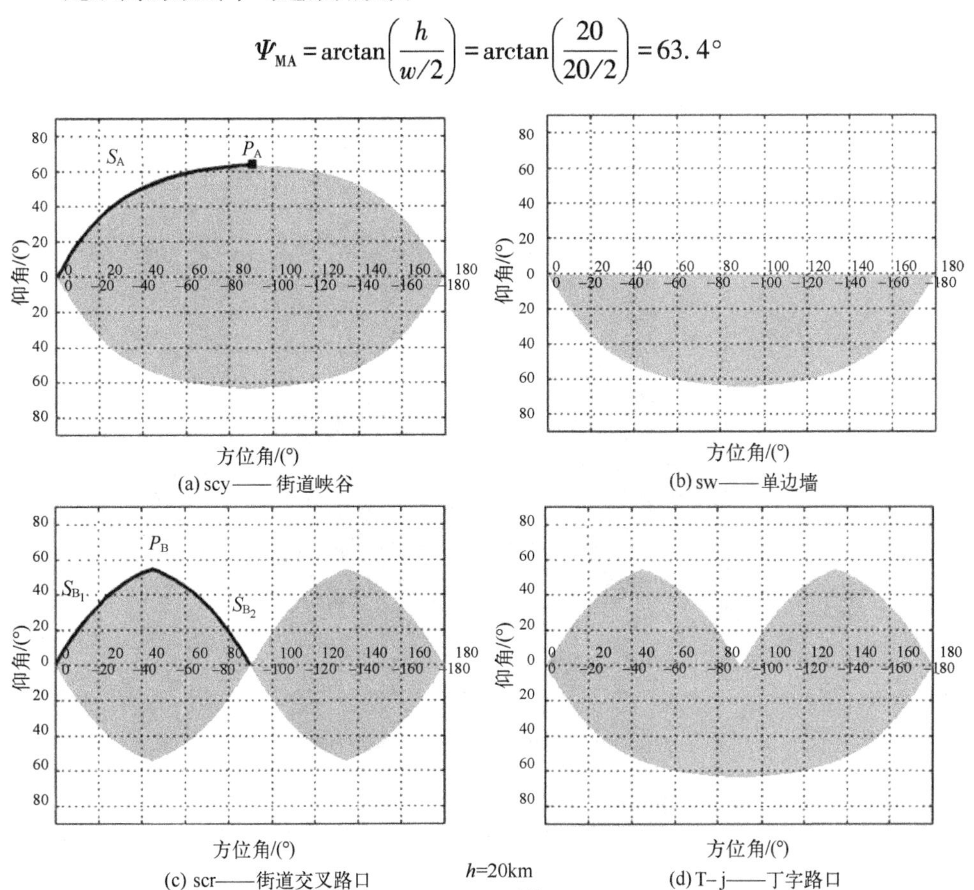

图 12.19　图 12.18 中四种配置的 MKF

通过考虑相对于移动卫星链路的所有可能的街道方向角,可以计算特定基本配置和给定 GSO 卫星位置的链路可用性。例如,考虑一个 GSO 卫星和丁字路口场景,如图 12.20 所示。通过扫过 A-B 连线上所有的点来描述所有可能的方向,这些点对应于恒定的仰角和所有可能的街道方位角,请参见图 12.20(b)。链路可用性是图中 MKF 的非阴影部分中直线 A-B 的一部分。NGSO 卫星网络的整个链路可用性可以通过直接在 MKF 上绘制每个卫星的轨道轨迹并以类似的方式计算链路可用性来确定。

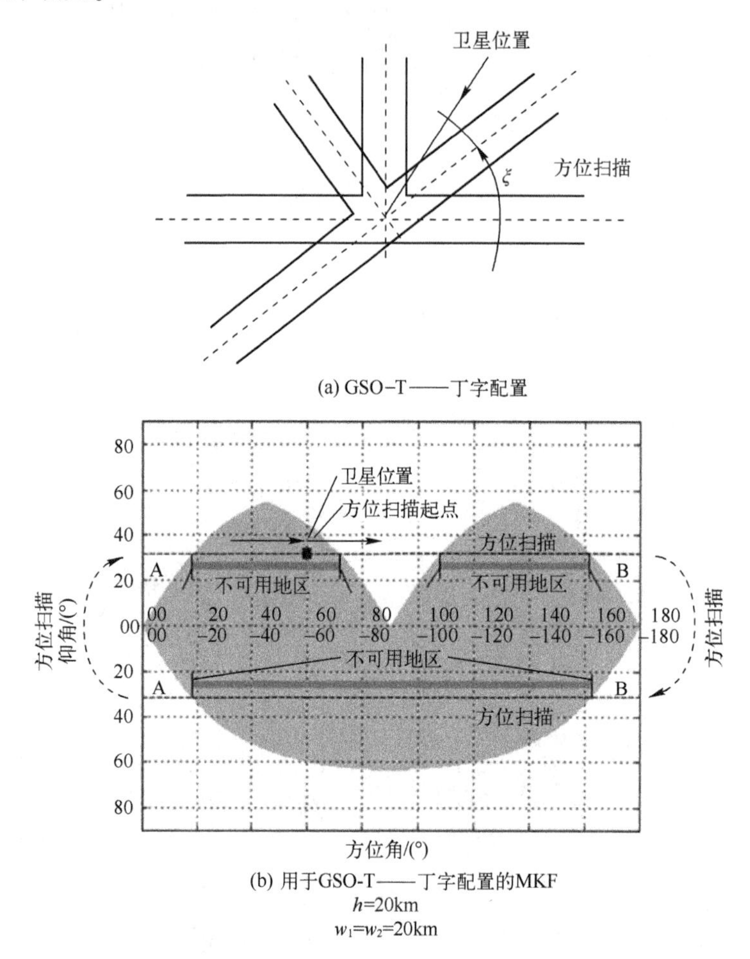

图 12.20 确定 GSO 卫星丁字路口 MKF 场景的链路可用性

12.2.4.2 手持终端阻塞

由于操作员的头部或身体存在于天线的近场,因此手持移动终端可能会增加额外的阻塞。由单个卫星(LMSS 或 MMSS)提供的移动业务通常要求运营商将天线定位在 GSO 卫星的方向上,并且由于运营商了解卫星的方向,因此通常可以最大程度地减少阻塞。然而,使用多个卫星 NGSO 系统进行操作时,通常不需要操作员知道卫星位置,因此更有可能发生阻塞。

操作员阻塞的影响很难直接建模,通常是通过评估头部或身体产生的修正天线方向图来实现的。减少的天线增益随后作为链路的附加裕度被包括在链路可用性计算中。修正后的天线方向图假设与卫星的方位角均匀分布，采用了方位角平均的仰角天线方向图。

在 32°的卫星仰角和 1.5GHz 的频率下，对人体头部和身体的阻挡效果进行的现场实验表明，在 60°的方位角范围内，出现头部阴影时，最大信号衰减接近 6dB。

12.2.5 混合传播情况

在城市或郊区等环境中提供 LMSS 业务的移动卫星链路通常在混合传播条件下运行。混合传播条件可能会延长清晰视距传播的周期、略有阴影的时段以及偶尔的完全堵塞。可以通过将该过程视为耦合的三态统计模型来评估移动卫星链路的混合条件，其中 3 个状态的定义如图 12.21 所示。

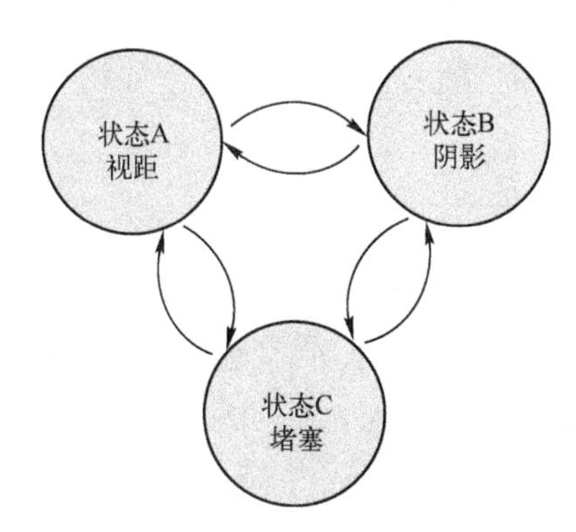

图 12.21 用于模拟移动卫星链路上混合传播条件的 3 种传播状态

传播状态定义如下：

状态 A：清晰的视距状态；

状态 B：树木和/或电线杆之类的小障碍物造成的阴影；

状态 C：完全被大山和建筑物等障碍物阻挡的状态。

通过假设多径衰落在所有 3 种状态中都存在，从而将其包括在内。

ITU-R 已经开发了一种评估三态模型的移动卫星传播链路的程序（ITU-R P.681-9 建议书）。该程序对频率高达 30GHz，仰角范围为 10°~90°的移动卫星链路的总体衰落统计进行了估计。

ITU-R 混合传播状态程序需要以下输入参数：

p_A、p_B和 p_C分别为状态 A、B 和 C 发生的概率；

$M_{r,A}$、$M_{r,B}$和 $M_{r,C}$分别为状态 A、B 和 C 的平均多径功率；

m 和 σ 分别为状态 B 中直射波分量信号衰减的平均值和标准偏差，单位为 dB；

θ 为仰角，单位为度。

ITU-R 建议为城市和郊区的上述每个参数提供以下经验函数：

$$p_A = 1-0.000143\times(90-\theta)^2 \quad \text{对于城市}$$
$$= 1-0.00006\times(90-\theta)^2 \quad \text{对于郊区} \tag{12.70}$$

$$p_B = 0.25p_C \quad \text{对于城市}$$
$$= 4p_C \quad \text{对于郊区} \tag{12.71}$$

$$p_C = \frac{1-p_A}{1.25} \quad \text{对于城市}$$
$$= \frac{1-p_A}{5} \quad \text{对于郊区} \tag{12.72}$$

且

$$m = -10\text{dB} \qquad \sigma = 3\text{dB} \tag{12.73}$$

$$M_{r,A} = 0.158(=-8\text{dB}) \qquad \theta = 30^\circ$$
$$= 0.1000(=-10\text{dB}) \qquad \theta \geqslant 45^\circ \qquad \text{对于城市}$$
$$M_{r,A} = 0.0631(=-12\text{dB}) \qquad \theta = 30^\circ \tag{12.74}$$
$$= 0.0398(=-14\text{dB}) \qquad \theta \geqslant 45^\circ \qquad \text{对于郊区}$$

$$M_{r,B} = 0.03162(=-15\text{dB}) \tag{12.75}$$

$$M_{r,C} = 0.01(=-20\text{dB}) \tag{12.76}$$

通过对 $\theta=30^\circ$ 和 $\theta=45^\circ$ 处的 dB 值进行线性插值，得到 $10^\circ\sim45^\circ$ 仰角的 $M_{r,A}$ 值。

ITU-R 混合传播模型的逐步过程如下：

步骤 1：状态 A 的信号电平 x 的累积分布。

考虑信号电平 x，其中 $x=1$ 是直射波分量。由 Rice-Nakagami 分布形式可以发现状态 A 中信号电平 x 的累积分布，

$$f_A(x \leqslant x_o) = \int_0^{x_o} \frac{2x}{M_{r,A}} \exp\left(-\frac{1+x^2}{M_{r,A}}\right) I_o\left(\frac{2x}{M_{r,A}}\right) \mathrm{d}x \tag{12.77}$$

式中：I_o 为第一类零阶修正贝塞尔函数。

步骤 2：状态 B 的信号电平 x 的累积分布。

状态 B 中信号电平 x 的累积分布形式为

$$f_{\mathrm{B}}(x \leqslant x_{\mathrm{o}})=\frac{6.930}{\sigma M_{\mathrm{r,B}}}\int_{0}^{x_{\mathrm{o}}} x \int_{\varepsilon}^{\infty} \frac{1}{z}\exp\left[-\frac{[20\log(z)-m]^{2}}{2\sigma^{2}}-\frac{x^{2}+z^{2}}{M_{\mathrm{r,B}}}\right] I_{0}\left(\frac{2xz}{M_{\mathrm{r,B}}}\right)\mathrm{d}z\mathrm{d}x \tag{12.78}$$

式中，$\varepsilon=0.001$（非常小的非零值）。

步骤3：状态C的信号电平x的累积分布。

由瑞利分布形式可以发现状态C中信号电平x的累积分布，

$$f_{\mathrm{C}}(x \leqslant x_{\mathrm{o}})=1-\mathrm{e}^{-\frac{x_{\mathrm{o}}^{2}}{M_{\mathrm{r,C}}}} \tag{12.79}$$

步骤4：混合状态下信号电平x的累积分布函数。

信号电平x的总累积分布函数（CDF）由下式给出

$$P(x \leqslant x_{\mathrm{o}})=p_{\mathrm{A}} f_{\mathrm{A}}+p_{\mathrm{B}} f_{\mathrm{B}}+p_{\mathrm{C}} f_{\mathrm{C}} \tag{12.80}$$

其中，在混合传播条件下，信号电平小于阈值电平x_{o}的概率为p。

图12.22给出了城市和郊区在仰角为30°和45°时信号电平x的最终CDF曲线图。信号衰落的平均多径功率、均值和标准方差为式(12.73)～式(12.76)所确定的值。

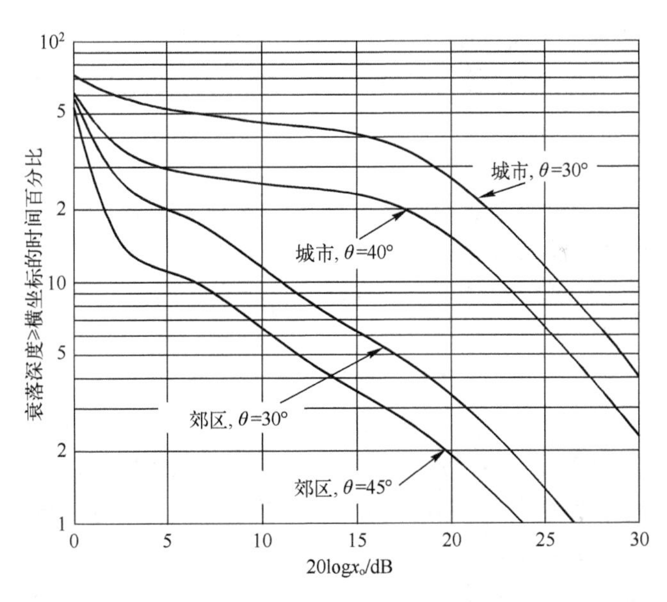

图12.22　移动卫星链路上混合传播条件下城市和郊区信号电平的累积分布函数

正如预期的那样，衰落深度在城市条件下更为严重，在30°～45°仰角范围内，在城市和郊区，衰落深度超过10dB的时间占比分别约为25%～50%和6%～12%。

12.3 宽带信道

若散射体远离卫星发射机和移动接收机间的直接路径，则会导致宽带衰落（见图 13.3(b)）。到达移动设备的信号将由两个或多个波束组成，每个波束都会受到如前几节所述的阴影衰落和/或多径衰落的影响。如果与传输的符号或比特周期相比，波束间的相对延迟较大，则信号将在整个信息带宽上经历显著失真（选择性衰落）。然后将该信道视为宽带衰落信道，并且信道模型需要考虑这些影响。注意，宽带信道的定义包括信道和发送信号的特性。

在移动终端 y 处接收的信号包括来自所有 N 个散射体的波的总和，其相位 θ_i 和振幅 a_i 取决于散射特性，其延迟时间由 τ_i 给出（见式（12.2）），

$$y=a_1\mathrm{e}^{\mathrm{j}(\omega\tau_1+\theta_1)}+a_2\mathrm{e}^{\mathrm{j}(\omega\tau_2+\theta_2)}+\cdots+a_N\mathrm{e}^{\mathrm{j}(\omega\tau_N+\theta_N)}$$

该表达式的每个组成部分构成了所传输信号的“回波”。

如前一节所述，对于窄带衰落情况，到达信号的时延近似相等，因此幅度不取决于载波频率。

如果相对时间延迟相差较大时，观察到较大的延迟扩展，信道响应随频率变化，并且信号的频谱将发生畸变。宽带信道就是这种情况。由于路径较长，波的功率有随延迟增加而减小的趋势。这是通过较大延迟路径增加的可能散射区域来抵消的，这会增加在相同延迟下可能的路径数量。

图 12.23 显示了宽带移动信道中时延扩展影响的时域可视化。如图所示，由具有固定持续时间的符号组成的传输数据会受到具有延迟扩展廓线的信道影响，并且每个接收到的电波组合起来会产生接收数据流，其符号持续时间由延迟范围延长。延长的符号持续时间导致发射信号上的符号间干扰。

图 12.24 显示了宽带延迟对误比特率（BER）的影响。随着延迟扩展 $\Delta\tau$ 的增加，BER 下降并产生地板效应，该地板效应基本上与增大的信噪比无关。这种不可消除的误差不能通过增加发射信号的功率来消除。这与图中所示的窄带衰落情况形成了鲜明对比，在窄带衰落情况下，BER 随着信噪比的提高而不断提高。

由于发射机和接收机之间的距离较大，移动卫星信道中遇到的延迟扩展远小于地面移动信道中发现的延迟扩展。GSO 或 NGSO 移动卫星系统的几何分布都是这种情况。因此，对于移动卫星系统来说，信道基本上被认为是窄带的，特别是因为目前大多数卫星移动系统仅限于窄带语音或数据业务。如果用户信道带宽显著增加以处理宽带业务或使用先进的扩频技术运行，这种情况在未来可能会改变。已经进行了一些初步的工作来表征宽带卫星移动信道（Jahn 等[5]；Parks 等[6]），包

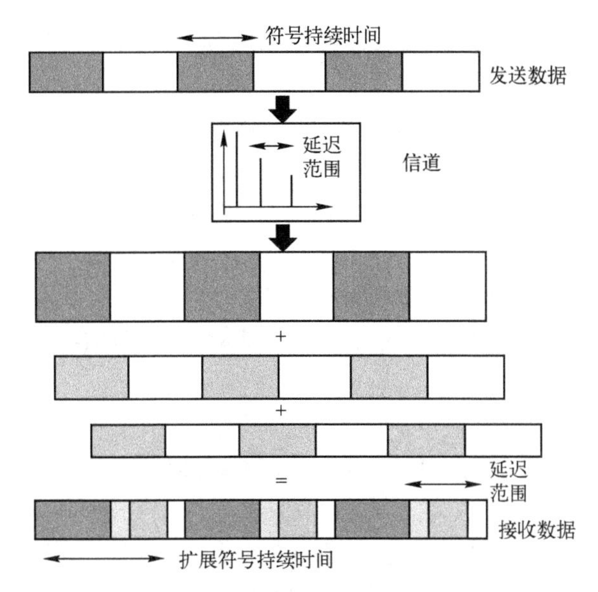

图 12.23　宽带信道符号间干扰

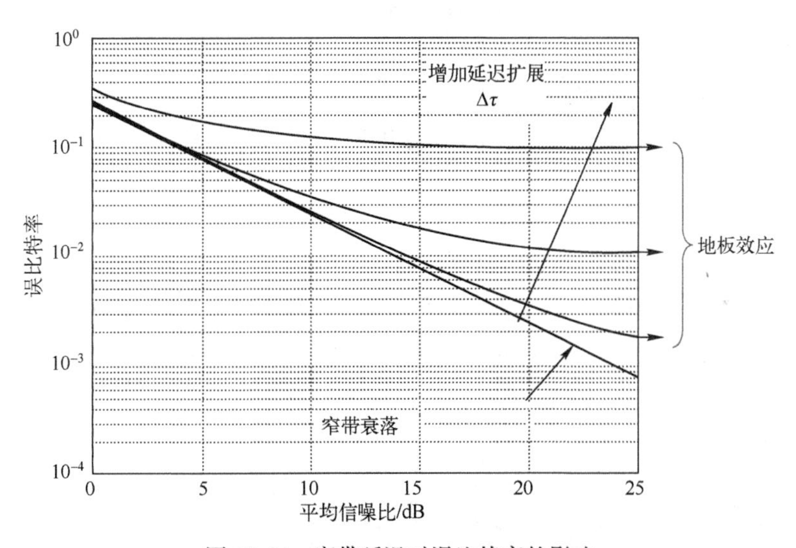

图 12.24　宽带延迟对误比特率的影响

括代表 L 频段卫星移动信道的抽头延迟模型(Parkset 等[7])。

已经发现一些缓解技术在减少宽带信道缺陷对移动通信的影响方面是有效的。这些技术包括：

- 方向性天线——让能量集中,从而减少远处的回声。

- 分集——不会直接消除多径,而是通过减少深度衰落来更好地利用信号能量。
- 均衡器——通过应用自适应滤波器使频率响应变平,或者在延迟抽头中建设性地利用能量,将宽带信道转换回窄带信道。
- 数据速率——降低数据速率以减少传输带宽。
- OFDM(正交频分复用)——在大量载波上同时传输高速率数据,每个载波都具有较窄的带宽(可以保持数据通量)。

这些技术已被发现可改善受宽带衰落影响的地面移动信道性能,预计也可用于卫星移动系统。

12.4 多卫星移动链路

本章前面各节着重介绍了与移动终端一起运行的单卫星链路。单卫星移动系统往往位于 GSO 处,具有固定的仰角和方位角。主要在 NGSO 中运行的多卫星移动星座也正在使用中,它们提供了卫星分集的额外优势,可以改善移动终端的链路可用性和性能。

在具有多个卫星星座的情况下,移动终端可能会在任何时候都能看到两个或更多处于不同仰角和方位角的卫星,并且切换到衰落情况最低的链路可以显著改善整个系统的可用性。分集切换和卫星选择的决定不是一个容易的过程,因为链路情况受到当地环境的严重影响,并且 NGSO 卫星的移动额外增加了链路性能的变化因素。

评估多卫星移动链路的一个主要因素是卫星在天球不同位置遇到的衰落之间的相关性。通常认为多径衰落变化是不相关的;但是,阴影效应可能相关或不相关,其取决于当地情况。同一仰角的两条卫星链路可能会出现截然不同的阴影中断,例如,如果一条链路向下看时几乎没有阴影,而另一条链路垂直于道路看时阴影的概率要高得多。

在下面的章节中,我们分别考虑非相关衰落和相关衰落。

12.4.1 非相关衰落

非相关阴影衰落通常是最有利的情况,因为与部分或完全相关的链路衰落相比,可将非相关链路视为独立链路,通过分集切换获得的链路可用性会更高。通过修改发生概率以考虑多颗卫星,可以将 12.2.5 节讨论的三态混合传播模型适用于非相关衰落。根据网络是由 GSO 卫星还是 NGSO 卫星组成,适应性会有所不同。

12.4.1.1 多卫星 GSO 网络

考虑一个由 GSO 卫星组成的星座，移动终端可以看到 N 颗卫星，每颗卫星都有固定的方位角和仰角。对于 3 种状态中的每一种，N 颗可见卫星中每颗卫星发生 3 个状态的概率 p_{A}、p_{B} 和 p_{C} 可以分别表示为 $p_{\text{A}n}$、$p_{\text{B}n}$ 和 $p_{\text{C}n}$，其中 $n=1,2,\cdots,N$。然后，通过式(12.70)、式(12.71)和式(12.72)的修正版本获得每个状态的发生概率，如下所示：

$$p_{\text{A:div}} = 1 - \prod_{n=1}^{N}(1 - p_{\text{A}n}(\theta_n)) \tag{12.81}$$

$$p_{\text{B:div}} = 1 - p_{\text{A:div}} - p_{\text{C:div}} \tag{12.82}$$

$$p_{\text{C:div}} = \prod_{n=1}^{N}(p_{\text{C}n}(\theta_n)) \tag{12.83}$$

式中：$p_{\text{A:div}}$、$p_{\text{B:div}}$ 和 $p_{\text{C:div}}$ 是分集选择后的状态发生概率；θ_n 为到卫星 $n(n=1,2,\cdots,N)$ 的仰角。

那么，通过扩展式(12.80)可得到混合状态传播的最终 CDF 为

$$P(x \leqslant x_o) = p_{\text{A:div}} f_{\text{A}} + p_{\text{B:div}} f_B + p_{\text{C:div}} f_C \tag{12.84}$$

式中：$P(x \leqslant x_o)$ 为信号电平 x 相对于阈值衰落电平 x_o 的累积分布函数；f_{A}、f_{B} 和 f_{C} 为分别从式(12.77)、式(12.78)和式(12.79)中得到的状态 A、B 和 C 的累积分布。

$M_{\text{r,A}}$、$M_{\text{r,B}}$ 和 $M_{\text{r,C}}$ 的参数值分别是状态 A、B 和 C 的平均多径功率，以及状态 B 中直射波分量信号衰落的均值 m 和标准方差 σ，应按照 12.2.5 节的规定进行取值。

12.4.1.2 多卫星 NGSO 网络

在 LEO 或 MEO 轨道上的多卫星网络，其发生概率会随时间而变化，具体取决于卫星仰角的变化。通过定义指定运行时间段内状态发生概率的均值来考虑时间的可变性，也就是说，

$$\langle p_{i:\text{div}} \rangle = \frac{1}{t_2 - t_1}\int_{t_1}^{t_2} p_{i:\text{div}}(t)\,\mathrm{d}t \,(i = \text{A、B 或 C}) \tag{12.85}$$

式中，$\langle p_{\text{A:div}} \rangle$、$\langle p_{\text{B:div}} \rangle$ 和 $\langle p_{\text{C:div}} \rangle$ 分别为状态 A、B 和 C 在 NGSO 卫星从时间 t_1 到 t_2 分集之后的平均状态发生概率。

然后，通过扩展式(12.80)，得到混合状态传播的最终 CDF 为

$$P(x \leqslant x_o) = \langle p_{\text{A:div}} \rangle f_{\text{A}} + \langle p_{\text{B:div}} \rangle f_{\text{B}} + \langle p_{\text{C:div}} \rangle f_{\text{C}} \tag{12.86}$$

式中：$P(x \leqslant x_o)$ 为信号电平 x 相对于阈值衰落电平 x_o 的累积分布函数；f_{A}、f_{B} 和 f_{C}

为分别从式(12.77)、式(12.78)和式(12.79)中得到的状态 A、B 和 C 的累积分布。

$M_{r,A}$、$M_{r,B}$和 $M_{r,C}$的参数值分别是状态 A、B 和 C 的平均多径功率,以及状态 B 中直射波分量信号衰落的均值 m 和标准方差 σ,应按照 12.2.5 节的规定进行取值。

上述方法可以很好地评估使用移动终端的 GSO 或 NGSO 星座的预期总体网络性能。然而,这些结果必须被视为高电平的估计,因为具体的链路性能高度依赖于当地情况,很难对所有可能的运行场景进行量化。

12.4.2 相关衰落

即使在分散的仰角和方位角的情况下,多卫星网络链路上的阴影衰落通常也会表现出一定程度的相关性。这种情况最常发生在密集的市区,那里高度变化的当地建筑和地形轮廓会因不同角度的几何形状而非常迅速地改变阴影。通过引入阴影互相关系数,可以量化这些相关阴影衰落情况下总体可用性的估计值。该系数的取值范围从+1 ~ -1,对于小角度间距,通常接近+1,对于较大的间距,则为负值。

阴影互相关系数最好根据局部轮廓特征通过平均遮蔽角 Ψ_{MA} 进行定义,遮蔽角 Ψ_{MA}已在 12.2.4 节式(12.63)中定义。例如,可以将街道峡谷几何形状的互相关系数描述为 $\rho(\gamma)$,其中 γ 表示多卫星星座中的两个卫星链路间的角度间隔,每个间隔均以其平均遮蔽角表示。街道峡谷情况的几何形状如图 12.25 所示。如前所述,图中的参数定义为:θ_1、θ_2为卫星仰角;w 为平均街道宽度;h 为平均建筑物高

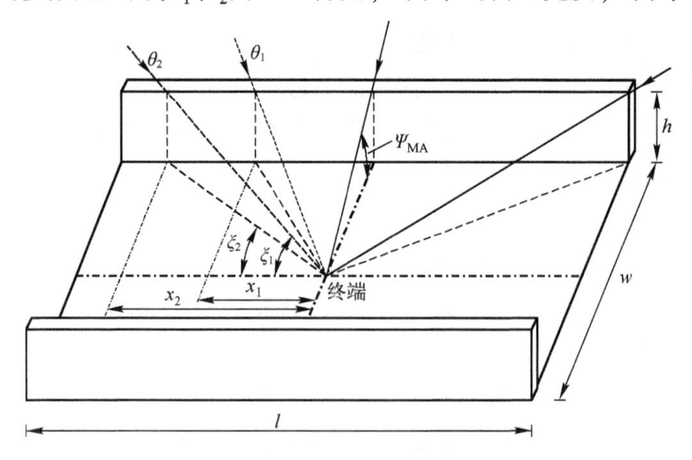

图 12.25 街道峡谷阴影互相关系数的参数

度；l 为街道长度。两个链路之间的角度间距 γ 可以根据两个仰角 θ_i、θ_j 以及差分方位角 $\Delta\varphi = |\varphi_i - \varphi_j|$ 来定义。因此，互相关系数表示为

$$\rho(\gamma) = \rho(\theta_i, \theta_j, \Delta\varphi)$$

图 12.26 显示了 ITU-R 开发的街道峡谷几何图形的互相关系数 ρ 曲线。这些曲线显示了一般情况（实线）和 ITU-R 根据平均遮蔽角 Ψ_{MA} 和两条链路的关系定义的 4 种特例。

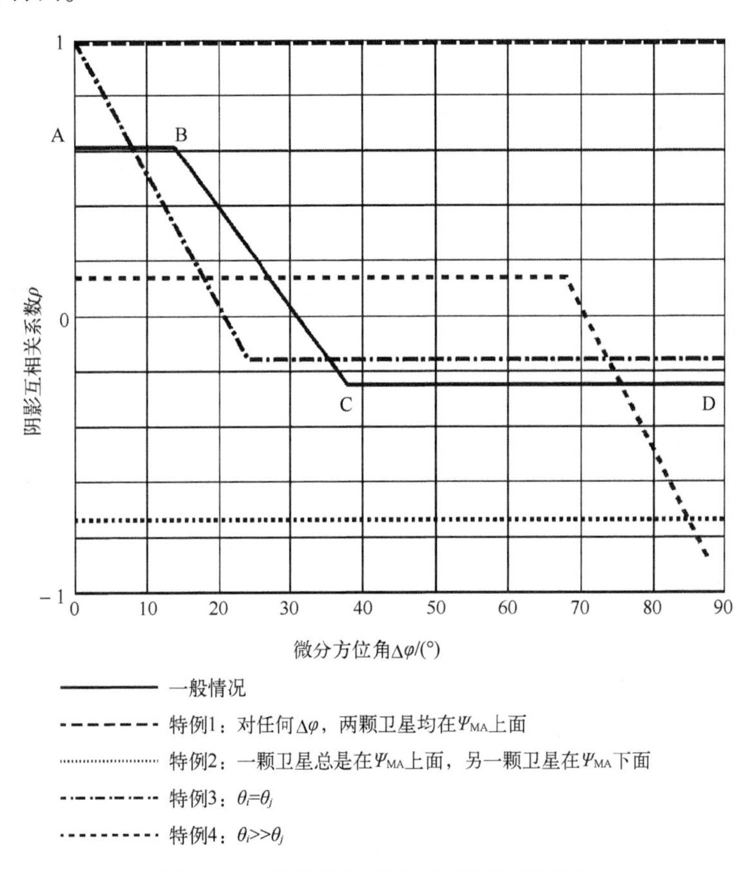

图 12.26　街道峡谷多卫星阴影互相关系数

特例定义如下：

特例 1：两颗卫星在任意方位间隔 $\Delta\varphi$ 情况下都在 Ψ_{MA} 上方。

特例 2：一颗卫星始终在 Ψ_{MA} 上方，另一颗卫星始终在 Ψ_{MA} 下方。

特例 3：两颗卫星的仰角相同（$\theta_i = \theta_j$）。

特例 4：卫星的仰角差异很大（$\theta_i \gg \theta_j$）。

互相关系数通常是由点 A、B、C 和 D 定义的三段模式。一般情况(实线)显示了一个正的主波瓣,对于较小的 $\Delta\varphi$(约小于 35°),互相关减小,对于较大的值,其趋于稳定在恒定的负值。

4 种特例显示不同的行为,其中 2、3 或所有 4 个点合并。在特例 1 中,两个卫星都在 Ψ_{MA}上方,因此,对于任意方位角值,其相关度均为+1。在特例 2 中,相关性是一个恒定的负值,因为一颗卫星总是在 ΨMA 上方。在特例 3 中,两颗卫星处于同一仰角时,相关度从两颗卫星 $\Delta\varphi=0$ 处的+1 值立即开始衰减。这种特例适用于 GSO 星座,其中路径具有不同的方位角,但其仰角相似。最后,特例 4 中相关系数为正值的 $\Delta\varphi$ 的范围较大,但相关性较低。

以上结果专门针对街道峡谷情况,其中假定移动设备位于街道中心。因此,相关系数在所有 4 个 $\Delta\varphi$ 象限上都是对称的,图 12.26 中仅显示一个象限。

ITU-R 在 P.681-6 建议书中提供了详细的分步过程,以确定上述街道峡谷阴影互相关函数情况的点 A、B、C 和 D,然后计算使用两颗卫星分集带来的可用性改进。模型中 $\Delta\varphi$ 的分辨率为 1°。该程序涵盖了几种特例,尽管它对大约 10GHz 以上的频段来说更加准确,但其适用于所有频段。

参考文献

[1] Rappaport TS. "*Wireless Communications: Principles and Practice*," Prentice Hall, Englewood Cliffs, NJ, 1996.

[2] Saunders SR, Aragon-Zavala A. *Antennas and Propagation for Wireless Communications Systems*, 2nd Edition, John Wiley & Sons, 2004.

[3] Schwartz M. "*Mobile Wireless Communications*," Cambridge University Press, 2005.

[4] Schwartz M, Bennett WR, Stein S. "*Communications Systems and Techniques*," McGraw-Hill, New York, 1966; reprinted IEEE Press, 1966.

[5] Jahn A, Bischl H, Heiss G. "Channel Characterization for Spread-spectrum Satellite Communications," Proceedings on IEEE Fourth International Symposium on Spread Spectrum Techniques and Applications, pp. 1221-1226, 1996.

[6] Parks MAN, Evans BG, Butt G, Buonomo S. "Simultaneous Wideband Propagation Measurements for Mobile Satellite Communications Systems at L- and S-Bands,", Proceedings of 16th International Communications Systems Conference, Washington, DC, pp. 929-936, 1996.

[7] Parks MAN, Saunders SR, Evans BG. "Wideband characterization and Modeling of the Mobile Satellite Propagation Channel at L and S bands," Proceedings of International Conference on Antennas and Propagation, Edinburgh, pp. 2.39-2.43,1997.

[8] Vogel WJ, Goldhirsh J. "Mobile Satellite System Propagartion Measurments at L-band Using MARECS-B2."

IEEE Trans. Antennas & Propagation, Vol AP-38, No. 2, pp. 259-264, Feb. 1990.

[9] Hase Y, Vogel J, Goldhirsh J. "Fade-Durations Derived from Land-Mobile-Satellite Measurements in Australia," IEEE Trans. Communications, Vol. 39, No. 5, pp. 664-668, May 1991.

[10] Vogel WJ, Goldhirsh J, Hase Y. "Land-Mobile Satellite Fade Measurements in Australia," AIAA J. of Spacecraft and Rockets, July-August 1991.

[11] Goldhirsh J, Vogel WJ. "Propagation Effects for Land Mobile Satellite Systems: Overview of Experimental and Modeling Results," NASA Reference Publication 1274, Washington, DC, February 1992.

[12] ITU-R Recommendation P. 681-9, "Propagation data required for the design of Earth-space land mobile telecommunication systems," International Telecommunications Union, Geneva, September 2016.

[13] Vogel WJ, Goldhirsh J. "Fade Measurements at L-band and UHF in Mountainous Terrain for Land Mobile Satellite Systems," IEEE Trans. on Antennas and Propagation, Vol. AP-36, No. 1, pp 104-113, June 1988.

[14] Goldhirsh J, Vogel WJ. "Mobile Satellite System Fade Statistics for Shadowing and Multipath from Roadside Trees at UHF and L-Band," IEEE Trans. on Antennas and Propagation, Vol. AP-37, No. 4, pp. 489-498, April 1989.

第13章 卫星通信中的频谱管理

本章讨论了射频频谱管理的重要主题,重点是它对卫星通信系统的设计和发展的影响。无线电频谱是一种自然资源,可用于提高一个国家的效率和生产力,并提高其人口的生活质量。正如我们所看到的,射频频谱用于提供各种无线电通信业务,包括:

- 个人、机构和公司通信
- 无线电导航和无线电定位
- 航空和海事无线电
- 广播
- 公共安全和遇险行动
- 业余无线电业务

所有这些业务都由卫星通信以及地面通信业务提供。无线通信在卫星和地面应用中的快速增长和增加,使人们更加重视以结构化和一致的方式管理和协调无线电频谱的必要性。

频谱管理必须在国际层面上以及在每个国家、地区或大陆的边界内完成。涉及无线电频谱的全球和国内协调与管理过程称为频谱管理。用于描述频率管理活动的其他术语有频率管理、无线电频谱管理和频谱工程。

13.1 频谱管理职能和活动

频谱管理的发展已从为特定的电信系统提供局部指南的一小部分利益相关的团体发展到由全球几乎每个国家的许多技术和行政机构进行的全球活动。有一些特定的职能和活动已成为频谱管理过程的一部分。与频谱管理的一般领域相关的一些主要职能是:

- 在国际、区域和次区域一级规划和协调频率使用

- 在国家层面分配和管理频谱
- 监测和解决射频干扰
- 制定和发布有关国家频谱使用分配和法规的政策
- 准备、参加和执行国际无线电会议的成果
- 分配频率
- 维护频谱使用数据库
- 审查政府和私营部门的新电信系统,并确认频谱可用

侧重于提供进行频谱资源评估和自动化软件功能所需的技术和工程专业知识的活动通常称为频谱工程更合适。频谱工程的职能可分为频谱管理时间表中的3个方面:

(1) 预开发——协助确定拟议设备、业务和适用标准的合适频段。

(2) 开发和生产——测试以确保设备符合国际和国家频率分配要求、电磁兼容性和适用的辐射危害标准的规范。

(3) 运营——设计现场特定的射频问题,并监督解决射频干扰情况所需的详细现场调查。

在大多数情况下,频谱管理过程是行政和技术专家共同努力实现国家层面频率管理目标的一项合作活动。

13.1.1　国际频谱管理

射频频谱的分配和使用在两个活动层面上完成:

第一层是国际层面,通过国际电信联盟(ITU)制定,频率分配表由成员国制定和批准。第二层是国内层面,ITU的成果将传递给每个国家(主管部门)。每个主管部门负责其边界内分配的实施和执行——ITU没有执行权力。现在,我们讨论国际和国家频谱管理组织,它们对于完成完整的频率管理过程至关重要。

国际电信联盟(ITU)成立于1932年,其前身是1865年成立的国际电报联盟。它是一个联合的国家专门机构,总部设在瑞士日内瓦。它的结构类似于联合国,设有总秘书处、选举产生的行政理事会以及进行技术和行政活动的理事会和委员会。2016年初,ITU由193个成员国、579个部门成员、175个准成员和52个学术协会组成。

ITU的组织机构如图13.1所示。

ITU的3个主要职能由3个部门提供:

- 无线电通信部门(ITU-R)——无线电频谱的分配和使用

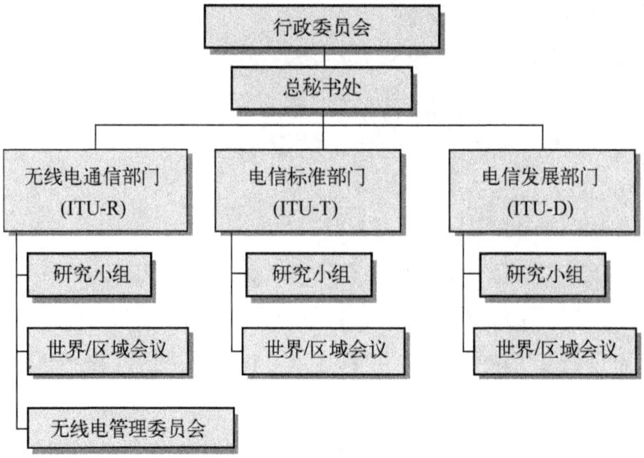

图 13.1 ITU 的组织机构

- 电信标准部门(ITU-T)——电信标准化
- 电信发展部门(ITU-D)——全球电信的发展和扩展

ITU 的国际协定属于条约一级。

每个部门都有若干研究小组(SGs),负责进行技术研究和评估,以支持 ITU 在其工作领域中的建议。研究小组位于国家层面,提出国家层面的建议和报告;在国际层面,审议每个国家(主管部门)的建议,并提出最后的国际建议。每个 SG 进一步划分为工作组(WP),涵盖 SG 内部更多选择性的工作领域。

无线电通信部门(ITU-R)是负责射频管理和分配的部门。ITU-R 有 6 个研究小组以及相关的工作组。每个部门活动的主要领域如下:

第 1 研究小组(SG1)——频谱管理

- 频谱管理的原则和技术,一般原则有
  - 共享、频谱监测
  - 频谱利用的长期战略
  - 国家频谱管理的经济方法、自动化技术

工作小组

1A 工作组(WP1A)——频谱工程技术

1B 工作组(WP1B)——频谱管理方法和经济战略

1C 工作组(WP1C)——频谱监测

第 3 研究小组(SG3)——无线电波传播

- 无线电波在电离和非电离介质中的传播

• 改善无线电通信系统的无线电噪声特性

工作小组

3J 工作组(WP3J)——传播基本原理

3K 工作组(WP3K)——点到区域传播

3L 工作组(WP3L)——电离层传播和无线电噪声

3M 工作组(WP3M)——点对点和地球空间传播

第 4 研究小组(SG4)——卫星业务

• 固定卫星业务、移动卫星业务、广播卫星业务和无线电测定卫星业务的系统和网络

工作小组

4A 工作组(WP4A)——FSS 和 BSS 的有效轨道/频谱利用

4B 工作组(WP4B)——FSS、BSS 和 MSS 的系统、空中接口、性能和可用性目标,包括基于 IP 的应用程序和卫星新闻收集

4C 工作组(WP4C)——MSS 和 RDSS 的有效轨道/频谱利用

第 5 研究小组(SG5)——地面业务

• 固定、移动、无线电测定、业余和业余卫星业务的系统和网络

工作小组

5A 工作组(WP5A)——30MHz 以上的陆地移动业务[不包括国际移动系统(IMT)];固定业务中的无线接入;业余和业余卫星业务

5B 工作组(WP5B)——海上移动业务,包括全球海上遇险和安全系统(GMDSS);

航空移动业务和无线电测定业务

5C 工作组(WP5C)——固定无线系统;固定和陆地移动业务中的 HF 和 30MHz 以下的其他系统

5D 工作组(WP5D)——IMT 系统

第 6 研究小组(SG6)——广播业务

• 无线电通信广播,包括主要向公众提供的视觉、声音、多媒体和数据业务

工作小组

6A 工作组(WP6A)——地面广播传送

6B 工作组(WP6B)——广播业务的集成和接入

6C 工作组(WP6C)——节目制作和质量评估

第 7 研究小组(SG7)——科学业务

- 空间运行、空间研究、地球探测和气象学系统，包括星间业务中链路的相关使用
- 地基和空基平台上运行的遥感，包括主动和被动感知系统
- 射电天文学和雷达天文学
- 在全球范围内，传播、接收和协调标准频率和时间信号业务，包括卫星技术的应用

工作小组

7A 工作组(WP7A)——时间信号和频率标准发射

7B 工作组(WP7B)——空间无线电通信应用

7C 工作组(WP7C)——遥感系统

7D 工作组(WP7D)——射电天文学

13.1.2 世界无线电会议(WRC)

ITU-R 每三到五年召开一次世界无线电通信会议(WRC)，其主要职责是维护和更新全球频率分配。WRC 负责全面审查，并在必要时修订《无线电规则》，该规则是有关使用无线电频谱、对地静止卫星轨道和非对地静止卫星轨道的国际条约。修订是根据 ITU 理事会确定的议程进行的，该议程考虑到了以往世界无线电通信会议提出的建议。WRC 议程的总体范围是提前数年确定的，最终议程由 ITU 理事会在大会召开前两年制定，并得到大多数成员国的同意。1993 年以前，这些会议被称为世界行政无线电会议(WARC)。

根据 ITU《组织法》的规定，WRC 可以：①修订《无线电规则》以及任何相关的频率分配和分配计划；②处理任何全球性的任何无线电通信事项；③指导无线电规则委员会和无线电通信局，并审查有关活动；④确定研究课题，为将来的 WRC 做准备。大会筹备会议(CPM)就 ITU-R 筹备研究编写一份综合报告，并为 WRC 议程项目提供可能的解决方案。CPM 通常在两次 WRC 间隔期间举行两次会议。

图 13.2 列出了 ITU-R 最近召开的 WRC 的日期和地点。每个 WRC 的结果都发布在名为“世界无线电通信会议最终决议”的综合文件中。参考资料[2]提供了 2015 年 11 月在瑞士日内瓦举行的世界无线电通信会议的《最终决议》(WRC-15)。

- ☐ 2015年世界无线电通信会议(WRC-15)
  »瑞士日内瓦，2015年11月2日至27日
- ☐ 2012年世界无线电通信会议(WRC-12)
  »瑞士日内瓦，2012年1月23日至2月17日
- ☐ 2007年世界无线电通信会议(WRC-07)
  »瑞士日内瓦，2007年10月22日至11月16日
- ☐ 2003年世界无线电通信会议(WRC-03)
  »瑞士日内瓦，2003年6月9日至7月4日
- ☐ 2000年世界无线电通信会议(WRC-2000)
  »土耳其伊斯坦布尔，2000年5月8日至6月2日
- ☐ 1997年世界无线电通信会议(WRC-97)
  »瑞士日内瓦，1997年10月27日至11月21日

图 13.2 ITU-R 最近召开的 WRC 的日期和地点

13.1.3 频率分配过程

卫星运营商和所有者必须在与卫星通信系统的基本参数和特性有关的法规限制内运行。

监管范围内的卫星通信系统参数包括：

(1) 辐射频率的选择；

(2) 最大允许辐射功率；

(3) GSO 的轨道位置(槽)。

该法规的目的是最大程度地减少射频干扰,并在较小程度上降低系统之间的物理干扰。潜在的无线电干扰不仅包括其他正在运行的卫星系统,还包括地面通信系统以及在相同频段中发射能量的其他系统。

两个属性确定特定通信系统的特定允许频段和其他监管因素：

(1) 将要提供的业务——由 ITU 业务名称指定；

(2) 系统/网络的位置——由 ITU 业务区域确定。

这两个属性是 ITU-R 用于确定一个或多个频段以及其他约束或规定(例如最大功率电平、GSO 轨道时隙位置及干扰标准等)的主要特征。

图 13.3 列出了 ITU-R 在频率分配过程中使用的通用通信业务的 ITU 业务名称(属性 1)。大多数业务是分别为地面系统和卫星系统定义的。如果业务名称不以“卫星”一词结尾,则假定它是地面业务。例如,航空移动服务(AMS)是所有基于地面的业务,而航空移动卫星业务(AMSS)在提供业务时包括卫星单元。

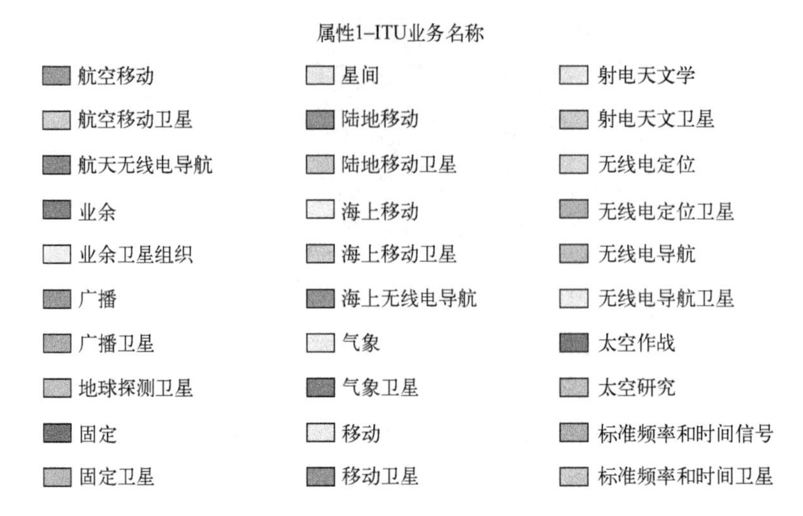

图 13.3 国际电信联盟(ITU)公共通信业务的业务名称

图 13.4 显示了 ITU-R 在分配过程中使用的 ITU 电信业务区域(属性 2)。有 3 个区域,它们定义了适用于分配的表面积。在全球范围内提供业务的系统被定义为国际业务,实质上是分配清单中的第四个区域。也可以为两个区域指定分配。

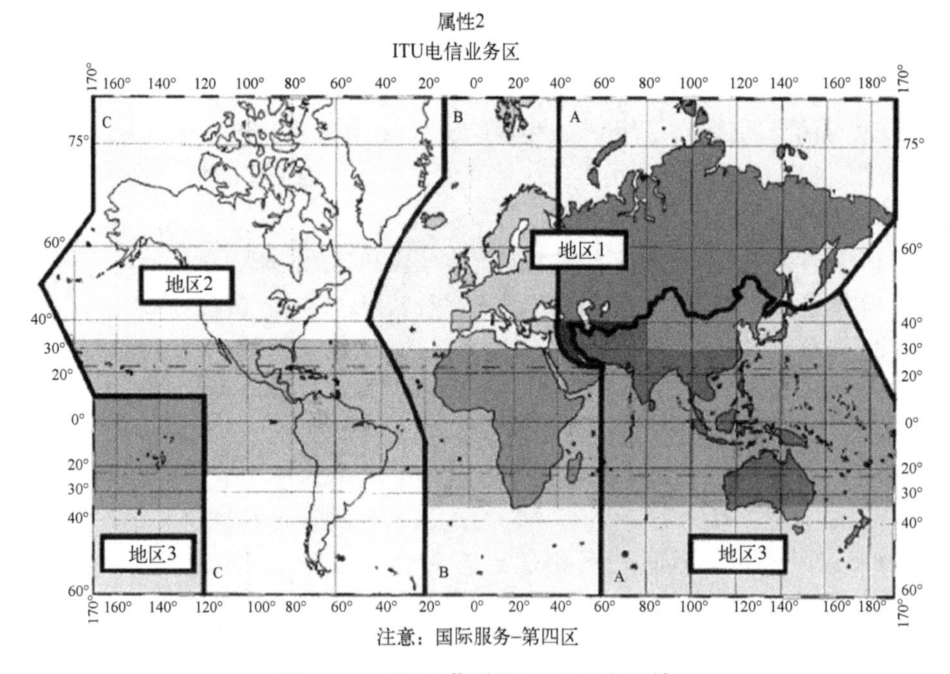

图 13.4 国际电信联盟(ITU)业务区域

频率也分为两个优先级：

- 主要业务——用户在不受干扰的基础上优先使用频率
- 辅助业务——用户不得干扰主用户

次级业务电台的使用受到限制，因为它们可能会对同一频段内的主要状态电台产生潜在干扰。次级业务电台：①不得对已经分配频率或以后可能分配频率的主要业务电台产生有害干扰；②不能要求保护免受已分配频率或可能在以后分配频率的主要业务电台的有害干扰；③但是，可以要求保护，免受相同或其他次级业务电台的有害干扰，这些电台的频率可能以后会为其分配。

ITU-R 在其《无线电规则》中提供了完整的频率分配表。图 13.5 显示了最近的《无线电规则》列表中的示例页面（24.75~29.9GHz）。清单在 3 个全球区域的每个区域都有一列，并按文本类型指示优先级：主要分配的业务以大写字母指定，

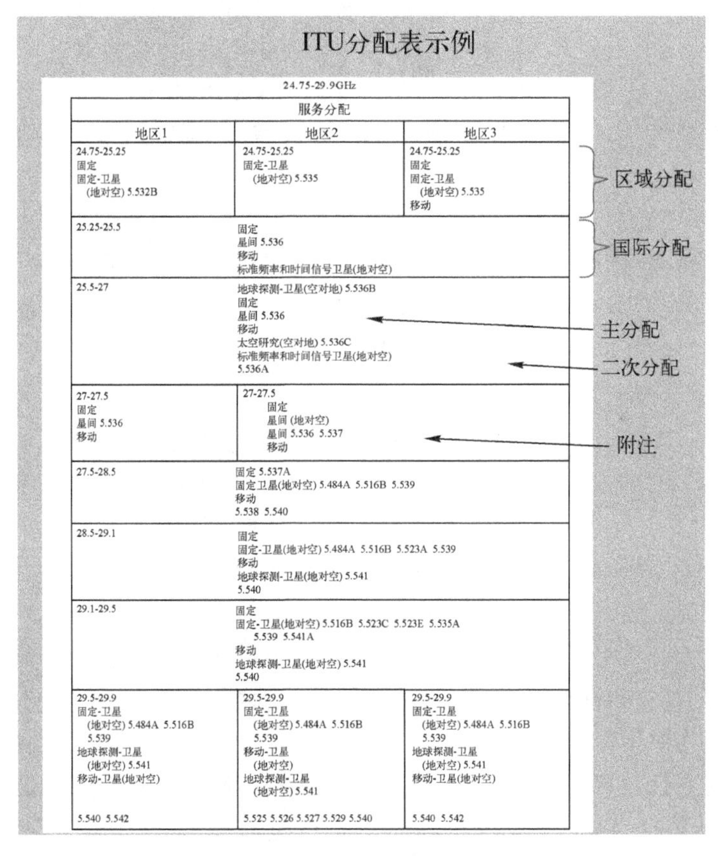

24.75-29.9GHz

服务分配		
地区1	地区2	地区3
24.75-25.25 固定 固定-卫星 (地对空) 5.532B	24.75-25.25 固定-卫星 (地对空) 5.535	24.75-25.25 固定 固定-卫星 (地对空) 5.535 移动
25.25-25.5	固定 星间 5.536 移动 标准频率和时间信号卫星(地对空)	
25.5-27	地球探测-卫星(空对地) 5.536B 固定 星间 5.536 移动 太空研究(空对地) 5.536C 标准频率和时间信号卫星(地对空) 5.536A	
27-27.5 固定 星间 5.536 移动	27-27.5 固定 星间 (地对空) 星间 5.536 5.537 移动	
27.5-28.5	固定 5.537A 固定卫星(地对空) 5.484A 5.516B 5.539 移动 5.538 5.540	
28.5-29.1	固定 固定-卫星(地对空) 5.484A 5.516B 5.523A 5.539 移动 地球探测-卫星(地对空) 5.541 5.540	
29.1-29.5	固定 固定-卫星(地对空) 5.516B 5.523C 5.523E 5.535A 5.539 5.541A 移动 地球探测-卫星(地对空) 5.541 5.540	
29.5-29.9 固定-卫星 (地对空) 5.484A 5.516B 5.539 地球探测-卫星 (地对空) 5.541 移动-卫星(地对空) 5.540 5.542	29.5-29.9 固定-卫星 (地对空) 5.484A 5.516B 5.539 移动-卫星 (地对空) 地球探测-卫星 (地对空) 5.541 5.525 5.526 5.527 5.529 5.540	29.5-29.9 固定-卫星 (地对空) 5.484A 5.516B 5.539 地球探测-卫星 (地对空) 5.541 移动-卫星(地对空) 5.540 5.542

图 13.5 ITU-R 无线电法规频率分配表 24.75~29.9GHz 中的示例页

而次要分配的业务以小写字母指定。如果该业务在所有3个区域中列出,则将其分配为国际分配。例如,对于25.25~25.5GHz频段,在所有列中列出了3种主要业务:固定、星际、移动以及一项次要业务,即标准频率和时间信号卫星(地对空)。因此,这些业务被分配为国际业务。另请注意,对于27~27.5GHz频段,区域1、区域2和区域3有不同的分配。

在某些划分之后列出的数字是《无线电规则》中的脚注,可能会给特定地区或国家的划分带来更多的限制或例外。脚注是分配过程的关键组成部分,在全局分配讨论中,其脚注通常与分配本身一样重要。

13.1.4 美国频谱管理

1906年,语音和音乐首次通过无线电广播那一年,举行了第一届国际无线电会议,以解决人们普遍认识到的500~1500kHz间频谱使用的协调和控制需求。在美国,由于不受管制的传输造成的广泛干扰而引起的要求监管的呼声,产生了《1912年无线电法案》。1912年法案要求发射机在商务部注册,但未规定对发射机的频率、工作时间和电台输出功率的控制。因此,没有真正的监管权力,1912年的法案在很大程度上是不成功的。

1922年,美国政府的频谱用户在商务部长的领导下联合起来成立了跨部门无线电咨询委员会(IRAC),以协调他们对频谱的使用。比起公众,政府对频谱的使用更容易协调,因为IRAC代表了所有联邦用户,他们发现合作是可能的,并且互惠互利。《1927年无线电法规》建立了联邦无线电委员会,7年后,《1934年通信法规》建立了联邦通信委员会(FCC)。

《1934年通信法规》赋予了联邦通信委员会在有线通信(如电话和电报系统)以及无线电(无线)通信方面的广泛监管权。当时无线业务仅限于广播、长距离单信道语音通信、海上和航空通信以及导致雷达和电视应用的实验。该法案第305节保留了总统向所有联邦政府或运营的广播电台分配频率的权力。此外,总统有权为华盛顿特区的外国使馆分配频率,并规范政府无线电设备的特性和允许的用途。

IRAC的存在和行动在1927年得到总统的肯定,并继续向负责行使第305节总统权力的人提供咨询意见。

这些权力目前下放给通信和信息部助理部长,他也是国家电信和信息管理局(NTIA)的行政长官。

13.1.4.1 联邦通信委员会(FCC)

联邦通信委员会(FCC)是独立的联邦监管机构,负责通过无线电、电视、有线、卫星和电报规范州际和国际通信。其管辖范围涵盖50个州和地区、哥伦比亚特区和美国属地。FCC由总统任命并经参议院确认的5名委员指导,任期5年,但在填补未满任期时除外。总统指定一名委员担任主席。作为委员会的首席执行官,主席将管理和行政责任委托给总经理。

委员会的工作人员是按职能组织的。FCC下设7个运营机构、10个工作人员办公室和12个咨询委员会。

FCC的运营机构有:

- 消费者及政府事务局
- 执法局
- 国际局
- 媒体局
- 公共安全和国土安全局
- 无线电信局
- 有线竞争局

该局的职责包括:①处理许可证和其他文件的申请;②分析投诉;③进行调查;④制定和实施监管计划;⑤主持和协调FCC的听证会。

图13.6显示了联邦通信委员会的组织机构,包括7个局和10个办公室。

13.1.4.2 国家电信和信息管理局(NTIA)

美国商务部国家电信和信息管理局(NTIA)于1978年根据第12046号行政命令成立。随后,国会将其职能作为《国家电信和信息管理组织法规》(1992年)的结果编入法规。

NTIA是总统在电信和信息政策问题上的首席顾问,并经常与其他行政分支机构合作,以制定和提出政府在这些问题上的立场。

NTIA的职责分为6个部门办公室和4个行政部门[4]。它们是:

NTIA部门办公室

- 频谱管理办公室
- 国际事务办公室
- 政策分析与发展办公室
- 电信和信息应用办公室
- 公共安全通信办公室

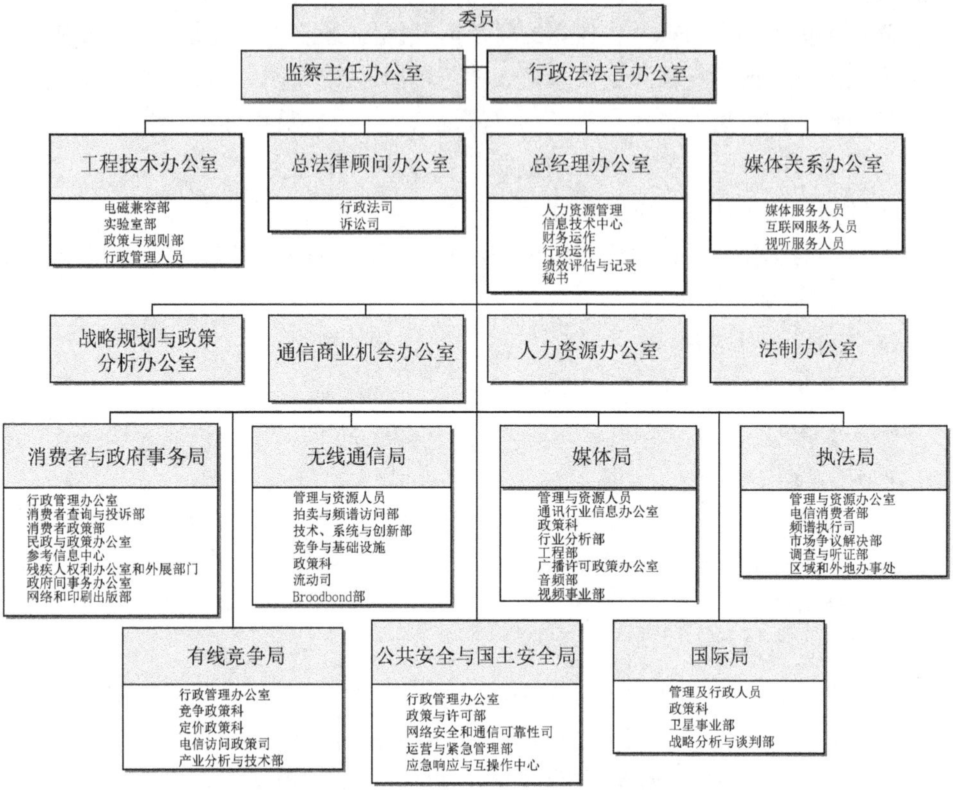

委员
监察主任办公室
行政法法官办公室
工程技术办公室
电磁兼容部
实验室部
政策与规则部
行政管理人员
总法律顾问办公室
行政法司
诉讼司
总经理办公室
人力资源管理
信息技术中心
财务运作
行政运作
绩效评估与记录
秘书
媒体关系办公室
媒体服务人员
互联网服务人员
视听服务人员
战略规划与政策分析办公室
通信商业机会办公室
人力资源办公室
法制办公室
消费者与政府事务局
行政管理办公室
消费者查询与投诉部
消费者政策部
民政与政策办公室
参考信息中心
残疾人权利办公室和外展部门
政府间事务办公室
网络和印刷出版部
无线通信局
管理与资源人员
拍卖与频谱访问部
技术、系统与创新部
竞争与基础设施
政策科
流动司
Broodbond部
媒体局
管理与资源人员
通讯行业信息办公室
政策科
行业分析部
工程部
广播许可政策办公室
音频部
视频事业部
执法局
管理与资源办公室
电信消费者部
频谱执行司
市场争议解决部
调查与听证部
区域和外地办事处
有线竞争局
行政管理办公室
竞争政策科
定价政策科
电信访问政策司
产业分析与技术部
公共安全与国土安全局
行政管理办公室
政策与许可部
网络安全和通信可靠性司
运营与紧急管理部
应急响应与互操作中心
国际局
管理及行政人员
政策科
卫星事业部
战略分析与谈判部

图 13.6 联邦通信委员会(FCC)组织机构

- 电信科学研究所

NTIA 行政部门

- 政策协调和管理办公室
- 国会事务办公室
- 公共事务办公室
- 首席顾问办公室

13.1.4.3 FCC 和 NITA 双组织结构

美国采用双重组织结构来管理电磁频谱的使用。NTIA 管理联邦政府对频谱的使用；FCC 管理所有其他(非联邦)对频谱的使用。《通信法规》规定了以下功能：①开发无线电业务类别；②将频段分配给各种业务；③授权频率使用。但是，该法案并没有规定专门分配频段供联邦或非联邦使用;所有这些分配均源于 NTIA 与 FCC 之间的协议。

图 13.7 显示了美国频率分配过程的功能流程图。政府机构通过跨部门无线电咨询委员会(IRAC)将其频率要求提交给 NTIA。所有非联邦使用组织向 FCC 提交其频率要求。美国国务院负责将这两套要求统一成一个单一的美国需求,提交世界无线电会议(WRC)。WRC 的最终法案决定了频率分配的最终全球协议,必须在条约层面得到批准。

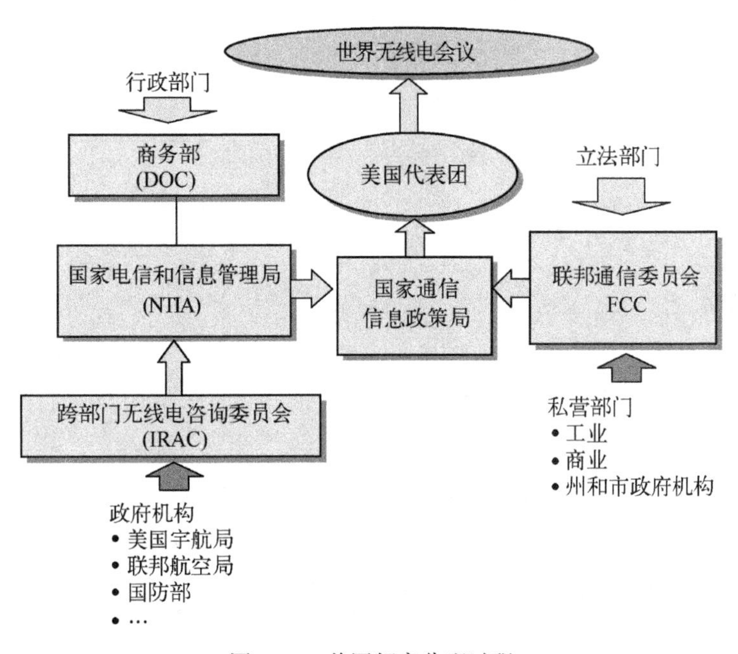

图 13.7　美国频率分配过程

国际电联《无线电规则》文件中的国际频率分配经过修改和调整,可在美国使用,并在 NTIA 的《联邦无线电频率管理规则和程序手册》中正式指定,该手册被称为"红皮书"。图 13.8 显示了 NTIA 手册中的页面。左侧的 3 列标记为"国际表",再现了 ITU 的国际频率分配。接下来标记为"美国表"的两列显示了美国对联邦用户和非联邦用户的分配。右侧标记为" FCC 规则部分"的最后一列指定了支持美国频率分配的其他信息。某些分配后的数字和字母是指手册中提供的脚注。

美国分配表示例

4.1.3　　4-50　　2013版(5/2013)

频率分配表　　10-14GHz (SHF)

国际表		
区域1表	区域2表	区域3表
10-10.45 固定 移动 无线电定位 业余 5.479	10-10.45 无线电定位 业余 5.479 5.480	10-10.45 固定 移动 无线电定位 业余 5.479
10-10.45 无线电定位 业余 业余-卫星 5.481		
10.5-10.55 固定 移动 无线电定位	10.5-10.55 固定 移动 无线电定位	
10.55-10.6 固定 除航空移动以外的移动 无线电定位		
10.6-10.68 地球探测-卫星(被动) 固定 除航空移动以外的移动 射电天文学 太空研究(被动) 无线电定位 5.149 5.482 5.482A		
10.68-10.7 地球探测-卫星(被动) 射电天文学 太空研究(被动) 5.340 5.483		
10.7-11.7 固定 固定-卫星(空对地) 5.411 5.484A (地对空) 5.484 除航空移动以外的移动	10.7-11.7 固定 固定-卫星(空对地) 5.441 5.484A 除航空移动以外的移动	
11.7-12.5 固定 除航空移动以外的移动 广播 广播-卫星 5.492	11.7-12.1 固定 5.486 固定-卫星(空对地) 5.484A 5.488 除航空移动以外的移动 5.485 12.1-12.2 固定-卫星(空对地) 5.484A 5.488 5.485 5.489	11.7-12.2 固定 除航空移动以外的移动 广播 广播-卫星 5.492 5.487 5.487A

美国表		FCC规则部分
联邦表	非联邦表	
10-10.5 无线电定位 S108 G32 5.479 US128	10-10.15 业余 无线电定位 US108 5.479 US128 NG50 10.45-10.5 业余 业余-卫星 无线电定位 US108 US128 NG50	私人陆地移动 (90) 业余无线电 (97)
10.5-10.55 无线电定位 US59		私人陆地移动 (90)
10.55-10.6	10.55-10.6 固定	固定微波 (101)
10.6-10.68 地球探测-卫星(被动) 太空研究(被动) US130 US131 US265	10.6-10.68 地球探测-卫星(被动) 固定 US265 太空研究(被动) US130 US131	
10.68-10.7 地球探测-卫星(被动) 射电天文学 US74 太空研究(被动) US131 US246		
10.7-11.7 US131 US211	10.7-11.7 固定 固定-卫星(空对地) 5.441 US131 US211 NG52	卫星通信 (25) 固定微波 (101)
11.7-12.2	11.7-12.2 固定-卫星(空对地) 5.485 5.488 NG143 NG183 NG187	卫星通信 (25)

图 13.8　NTIA 联邦无线电频率管理法规和程序手册中 10.0~12.2GHz 样本页

13.2　无线电频谱共享方法

有效频谱管理的关键是能够在使用相同频段的两个或多个无线电通信业务之间有效共享无线电频谱的能力。

无线电通信业务使用的信号可以通过 4 个通用信号参数或域来表征：

- 频率分离
- 空间(位置)分离
- 时间分离
- 信号分离

当两个参数相同时，只要第三和/或第四参数相差足够大以允许两个业务在无干扰的情况下运行，就可以实现两个业务之间的有效共享。上面的每个信号域都提供了几种可用于促进有效共享的方法。这些方法涉及不同的实现技术,本书前几章已经讨论过其中的许多技术。

表 13.1 给出了 ITU-R 在 4 个域中每个域下建议的一系列信号实现方法,可用于促进共享同一频谱的两个或多个电信业务之间的频谱共享。FDMA、TDMA、CDMA、SDMA、DAMA、站点分离、FEC 和天线极化等技术是前几章详细讨论的常见实现方式,因为它们适用于卫星通信系统。其他一些方法需要引入新的设备修改和/或附加的信号处理功能。许多方法,例如动态频率分配或 pfd 调整,都需要实时控制和自适应技术才能完全实现。

表 13.1 促进频谱共享的方法

频率分离	空间分离	时间分离	信号分离②
-引导计划	-地理共享分配	-占空比控制	-信号编码和处理
-频段细分	-站点间隔	-动态实时频率分配①	-FEC
-频率捷变系统	-天线系统特性	-TDMA	-干扰抑制
-动态实时频率分配①	-自适应天线(智能天线)		-CDMA
-FDMA	-天线极化鉴别		-扩频:
-控制发射光谱特性	-天线方向图判别		-DS-SS
-动态变量分区	-空间分集		-FH-SS
-频率容限	-天线角度或方向图分集		-脉冲 FM
-DAMA	-SDMA		-干扰功率/带宽调整
-频率分集	-物理障碍和现场屏蔽		-同频道
			-动态发射机电平控制
			-pfd 限值和频谱功率通量密度(spfd)限值(能量扩散)
			-调制复杂度
			-编码调制
			-自适应信号处理
			-天线极化

① 动态实时频率分配可通过同时使用频域和时域来促进共享,因此在两栏中均显示了此方法;
② 这些用于信号分离的技术也可以应用于频率、空间和时间分离技术。

13.2.1 频率分离

频率分离是频谱共享最明显的解决方案,并且是确保业务之间可接受共享的最直接方法。如果无线电频谱是无限的,那么频率分离就足够了,但是,我们不可能拥有无限频谱。维护频率分离的两个非常有效的实现方法是 FDMA(频分多址)和 DAMA(按需分配多址),这两个内容均在第 11 章中进行了讨论。在频率分集系统中,链路可以在两个或多个载波频率下工作(双/多频段工作),允许运营商选择载波以避免干扰。

当多个业务位于同一频段,并且无法就可接受的共享计划达成一致意见时,将使用频段分割。图 13.9 显示了美国联邦通信委员会(FCC)为 27.5~30GHz 频段指定的频段分割计划,其中一些空间业务(主要和次要)与地面业务 LMDS (本地多分布业务)存在竞争。FCC 将频段划分为 6 个部分,每个主要业务至少有一个专用部分。

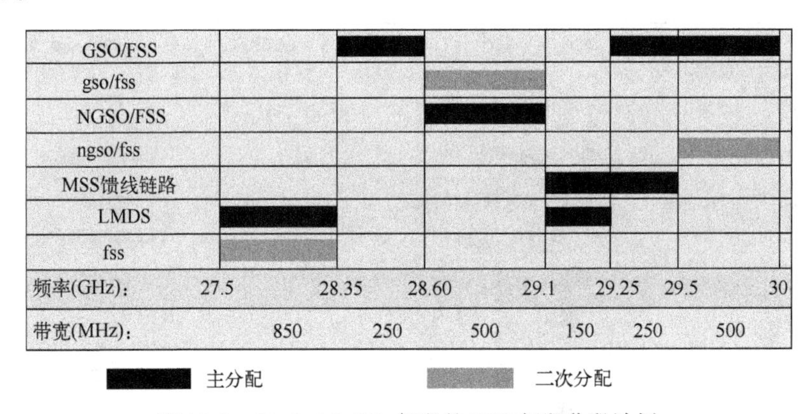

图 13.9 27.5~30 GHz 频段的 FCC 频段分段计划

频率捷变系统使用实时算法选择在指定频段内运行的频率,这些实时算法会监测开放(未使用)频段的频谱。这些系统的一个好处是,只要运营商可以忍受其运营计划的频繁变化,就不需要与该频段中的其他业务进行事先或持续的协调。动态实时频率分配是实时频率分离实现的另一个示例,其中,根据需要为每个用户分配频谱。

13.2.2 空间分离

空间或位置分离允许无线电业务共享相同的频段,前提是业务终端之间必须有足够大的物理距离。在第 11 章中讨论的 SDMA(空分多址)是空间分隔共享的主要实现形式。SDMA 的实现允许业务提供商将用户分配到空间上分离的物理链路(不同的天线波束、单元、扇形天线等)。它可以与 FDMA、TDMA 或 CDMA 这 3 种基本多址技术中的任何一种一起使用,是使用多波束卫星的移动卫星业务网络的基本组成部分,并且可能包括频率复用和正交极化链路以进一步增加网络容量。

站点分离(在第 8 章的站点分集中已讨论)是确保可靠链路通信的一种非常有效的实现方法,尤其是在路径上存在选择性衰落或雨衰的情况下。站点分离必须足以确保两条无线电链路上的大气退化在统计上是独立的。对于移动卫星链路上的选择性衰落情况,这种情况只需要几米的间隔,而对于 FSS 或其他 GSO 业务的雨衰损失,则需要 5~10km 的间隔。分集终端固有的物理隔离设计避免了大气退化,也提供了必要时共享的站点分离。

如表 13.1 所列,可以使用多种天线系统特性来提供空间分离。定向(窄波束宽度)天线提供了固有的空间分离链路。其他实现方法包括天线正交极化分集和自适应天线阵列。垂直天线空间分集,即在一个发射塔上放置两个或多个天线,通常用于减轻选择性衰落,同时还提供了空间分离特性,这对频谱共享应用非常有用。

引导辐射并避免对附近地面终端的潜在干扰的直接方法是在地面终端外围使用物理屏障和站点屏蔽。这些技术可以减少或避免对在相同频段中工作的其他用户终端的可能干扰,并且允许更多的业务在相同地理区域内运行。

13.2.3　时间分离

多个用户对频段进行简单分时的常见例子是公民的频段操作,其中用户终端以先到先得的方式搜索或选择未使用的频段。一种更健状的时间分离共享形式是动态实时频率分配,它涉及将可用频谱划分为两个块,每个业务使用一块。分区大小会随着两个业务之间的需求变化而动态变化。

在第 11 章中讨论的 TDMA(时分多址)将时域中来自多个源的数据分离开来,从而提供了高效的数据链路,该链路在传输时间内利用了全部可用频谱。TDMA 是一种经过验证的时间分离技术,已成为当前卫星通信和移动应用中大多数宽带应用的主力军。

在第 11 章中还讨论了卫星切换 TDMA(SS-TDMA),它通过使用卫星切换技术来提高数据效率和增加数据通量,从而提供了另一个层次的多址接入能力。

13.2.4　信号分离

通过修改信号传输本身的基本特性,可以实现促进频谱共享的信号分离。在第 8.2 节“信号改变恢复技术”中讨论了几种可用于卫星链路的技术。采用各种形式的 QAM(正交幅度调制)的 FEC(前向纠错)和 ACM(自适应编码调制)等先进的信号编码技术可以提供频谱共享的好处,并改善链路的运行。

第 11 章讨论的 CDMA(码分多址)是通过信号分离提供频谱共享显著优势的一项主要技术。

包括 DS-SS(直接序列扩频)和 FH-SS(跳频扩频)在内的所有形式的 CDMA，使空间和地面通信业务中共享同一频谱多个用户的无线电通信得到了广泛的发展。

信号分离用于频谱共享的另一个直接应用是天线极化分集，其中两个传输链路可以通过在相同载波频率下使用正交极化传输共享相同的频谱，并且通常来自同一天线。极化分集广泛应用于 FSS、MSS 和 GSO 与 NGSO 应用的馈线链路。

13.3 频谱效率指标

频谱的有效利用是通过有效利用许多因素来实现的，如前一部分所述，其中许多因素可能与频谱的有效共享有关。频谱效率的测量不仅要考虑可用频谱的有效使用，还要考虑其他因素，如避免对其他系统的干扰、系统的物理(距离)限制以及系统数据传输的有效性。理想的频谱效率度量应该是单个参数或一组参数，它将考虑所有相关因素，并允许对系统实现和体系结构进行比较。

频谱效率评估中很重要的其他因素并没有那么容易量化。经济因素，如设备成本、系统技术的可用性、与现有或遗留系统的兼容性以及其他运行因素，很难量化并应用于频谱效率评估。

主要通过 ITU-R 的审议，已经提出并开发了几种频谱效率指标来评估射频系统，本书在此进行了讨论。

13.3.1 频谱利用因子

ITU-R SM. 1046 建议书定义了频谱利用因子 U，该因子考虑了频率带宽、几何空间以及拒绝其他潜在用户的时间，其被定义为

$$U=B\times S\times T(\mathrm{Hz}\times\mathrm{m}^3\times\mathrm{s}) \tag{13.1}$$

式中：B 为频率带宽，单位为 Hz；S 为有效共享的几何区域，单位为 m^3；T 为拒绝其他用户使用的时间，单位为 s。

U 的定义是 ITU-R 建议书中所述的“一般概念公式”，需要对具体系统和业务进行进一步的说明。例如，基于卫星的系统，对发射机位置或接收机位置，几何区域将涉及不同的考虑因素。发射机使用“频谱空间”，是因为无法接受干扰而拒绝对该区域的接收机(目标接收机除外)使用该空间。有权获得保护(即主要业务分配)的接收机通过拒绝对额外的发射机使用邻近空间来使用频谱空间，额外发射机

也可能具有主要业务分配。在确定频谱利用因子时，有时单独计算接收机和发射机的频谱利用因子是有用的；而在其他情况下，将两者结合起来可能更有用。

时间因子 T 是拒绝其他用户使用的时间，换句话说，就是被评估系统的运行时间。需要一直运行的广播业务系统时间因子为 1。当涉及 MA（多址接入）技术并且时间维度规范不明显时，时间因子通常不包括在 U 的计算中，或者被设置为“1”。

U 的确定可以在几个层次上完成，如单个发射机/接收机对、由多个发射机和接收机组成的系统或者指定区域或地区中整个频段中的用户集合。

13.3.2　频谱利用率

上一节中定义的频谱利用因子 U 没有考虑系统完成的数据传输的有效性或电平。它着重于无线电系统的频率利用率、干扰空间和干扰时间。引入频谱利用效率（SUE）因子，说明了系统在数据通信中的有效性，频谱利用效率因子定义为

$$\mathrm{SUE}=\frac{M}{U}=\frac{M}{B\times S\times T} \tag{13.2}$$

式中：M 为通信系统传输的信息量；U 为系统的频谱利用因子。

与 U 一样，SUE 是一个“一般概念公式”，需要对具体系统和业务进行进一步的说明。例如，传输的信息量 M 可以指定为波特率或 Mb/s。另外，将 M 定义为传输的信道数、爱尔朗或使用的可用容量百分比可能更有用。

对于不同类型的系统或业务，SUE 在结构上是不同的。例如，正如我们用 U 看到的那样，对于点对点系统、卫星系统或陆地移动系统 S 具有不同的特性。由于参考框架不同，因此比较不同业务的 SUE 是无效的。但是，与 U 一样，SUE 可以应用于特定业务内的具体系统，并用于同一业务中的比较。

参考文献

[1] International Telecommunications Union, Geneva, Switzerland, 2016. Available at: www. itu. int (accessed 15 October 2016).

[2] *Provisional Final Acts*, World Radiocommunication Conference (WRC-15), 2-27 November 2015, ITU-R, Geneva, 2015.

[3] Federal Communications Commission, Washington DC, 2016. Available at: https://transition. fcc. gov/images/fccorg-may2015. pdf (accessed 15 October 2016).

[4] “Manual of Regulations and Procedures for Federal Radio Frequency Management,” U. S. Department of Commerce, National Telecommunications and Information Administration, Washington, D. C., May 2014 Revision

of the May 2013 edition. Available at: www. ntia. doc. gov/files/ntia/publications/redbook/2014-05/Manual_2014_Revision. pdf [accessed 6 October 2016].

[5] ITU-R Rec. SM. 1132-2, "General principles and methods for sharing between radiocommunication services or between radio stations," International Telecommunications Union, Geneva, July 2001.

[6] Notice of Proposed Rulemaking, FCC Docket No. 95 - 287, Federal Communications Commission, Washington DC.

[7] ITU-R Rec. SM. 1046-2, "Definition of spectrum use and efficiency of a radio system," International Telecommunications Union, Geneva, May 2006.

习 题

1 国际电联的哪个部门负责维护全球频率分配表？哪个部门负责维护蜂窝标准？通过国际会议修改无线应用频率分配的周期是多少？

2 哪个组织负责美国、英国、印度、法国、德国和巴西政府的国内频率管理？每个国家属于哪个 ITU 区域？

第14章 卫星通信中的干扰抑制

卫星通信链路的设计和性能的一个主要问题是干扰对通信链路可能产生的影响。干扰在系统中被视为附加噪声，通过降低载波噪声比(c/n)或每比特能量噪声比(e_b/n_o)而对链路性能产生显著影响。近年来，随着宽带无线通信应用的迅速发展，以及由于卫星和地面的许多不同无线电（无线）业务共享频段而造成的无线电频谱拥挤，对可能干扰的额外关注有所增加。

如第13章所述，分配给卫星通信业务的大多数频段都由地面或卫星的一项或多项其他业务共享，以促进分配频率的最有效利用。

本章回顾了影响卫星通信的干扰类型，并提供了一些具体的分析工具和参数，用于量化干扰并减轻其对系统性能的影响。我们专注于卫星系统的自由空间（无线电）链路引入的干扰，而不是内部硬件或系统组件产生的干扰噪声。

14.1 干扰名称

干扰一词用于卫星或无线通信时，涉及范围很广，可能是连续存在的，也可能是有限时间内存在的。还必须区分无意（意外）或有意（故意）干扰。了解干扰源是开发用于避免或减少干扰的缓解技术的第一步。

对卫星通信的干扰，在系统中被视为附加的噪声，卫星链路中的噪声可能来自同一频段内或附近的其他无线通信链路（卫星或地面），以及工作频段内的非通信系统噪声源。非通信源的例子有电源线、无线传感器、无线自动开门器、闪电放电和增加的太阳活动。

在频谱管理共享研究和评估中，使用两种通用的干扰名称来量化干扰；

射频干扰（RFI）——由卫星网络或设备外部的源受到干扰（受扰对象）引起的干扰。

相互干扰（MI）——受扰网络或系统中其他元素引起的干扰。

使用与干扰频谱有关的其他名称,例如:

带内干扰(或发射)——来自与受扰对象相同(已分配)频段或业务名称内的用户的干扰。

带外干扰(或发射)——来自另一个(已分配)频段或业务名称内的源的干扰。

对于上述两个名称,也可以找到术语“共信道干扰(CCI)”和“相邻信道干扰(ACI)”,但是,它们最常用于硬件或网络组件设计问题引起的噪声。

14.2 卫星业务网络的干扰方式

在地球同步轨道(GSO)或非 GSO 轨道上构成的卫星网络会引入许多可能的潜在干扰的路径或方式,这些路径或方式来自其他卫星网络和/或共享同一频段的地面服务。大多数卫星业务为地对空上行链路分配了一个频段,为空对地下行链路分配了另一个(通常较低的)频段。但是,最近,由于对频谱的需求不断增加,ITU 已为卫星业务进行了反向频段的分配,其中上行链路和下行链路频率与传统分配的上行链路和下行链路频段相反。这也可能是卫星网络的干扰源。

图 14.1 给出了卫星系统网络在存在共享相同频段的其他分配业务的情况下运行时可能产生干扰的不同路径或方式。以下 3 个部分详细讨论了每种方式。

14.2.1 空间和地面业务系统的干扰

正如在前一章关于频率管理的频率分配讨论(第 13 章)中所看到的那样,大多数空间业务系统必须与地面业务和其他空间业务共享其频率分配,通常都是在主要分配的基础上进行的。这种情况呈现了可能影响空间或地面业务的 4 种可能的干扰路径或模式(参见图 14.1)。

路径 A1:地面站的传输可能会干扰卫星地球站的接收。

路径 A2:卫星地球站的传输可能会干扰地面地球站的接收。

路径 C1:卫星传输可能会干扰地面地球站的接收。

路径 C2:地面地球站的传输可能会干扰卫星的接收。

根据卫星轨道、天气条件和地球站的几何结构,每种可能的模式都可能持续、间歇或周期性地出现。所有这些模式都是自由空间视距传播链路,在适当的天气条件下,对流层传播可能产生超视距传播。

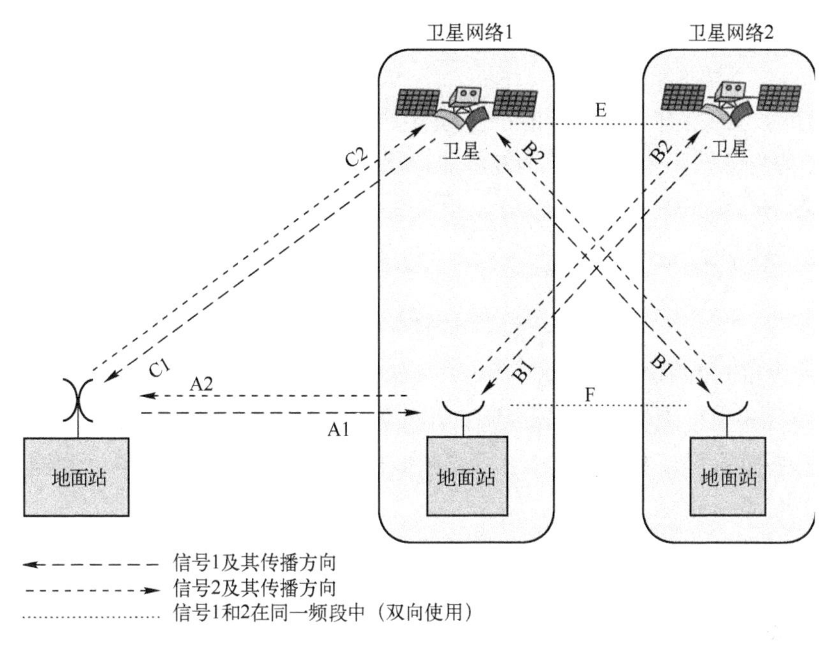

图 14.1 空间网络干扰的可能方式

14.2.2 空间业务网络之间的干扰

运行于相同频段分配的两个空间业务网络也可能产生干扰,它们可能都是 GSO 网络或 NGSO 网络,也可能是每个网络中的一个。在这种情况下,可能会出现两种可能的干扰路径或模式(参见图 14.1)。

路径 B1:一个空间网络的卫星传输可能会干扰另一空间网络地球站的接收。

路径 B2:一个空间网络的地球站传输可能会干扰另一空间网络卫星的接收。

如果两个空间网络都由 GSO 轨道卫星组成,则可能在所有传输周期内发生干扰,或者如果一个或两个网络在其星座中含有 NGSO 卫星,则可能是间歇性干扰。

14.2.3 具有反向频段分配的空间业务网络之间的干扰

最后,对于运行于反向频段分配的空间业务网络,可能会有其他干扰模式,也就是说,一个网络的上行链路频段分配与另一个网络的下行链路频段分配相同,反之亦然。

两种可能的干扰路径(请参见图 14.1):

路径 E:一个空间网络的卫星传输可能会干扰另一空间网络卫星的接收。

路径 F:一个空间网络的地球站传输可能会干扰另一空间网络地球站的接收。

这两个路径都是双向的，因为反向频段分配可能会在一个或两个方向上发生干扰。

上面讨论的所有 8 种可能的干扰模式通常都是视距链路中的自由空间传播。但是，在某些情况下，可能存在其他传播机制，并可能进一步影响干扰信号，甚至导致信号电平高于自由空间传输电平。下一部分将讨论可能导致卫星网络干扰的传播机制的范围。

14.3 干扰传播机制

干扰信号通过卫星链路区域中可能存在的几种传播条件（或机制）引入卫星系统。这些情况可以单独发生，也可以在多种情况下发生。国际电信联盟指定的主要干扰传播机制是：

(1) 视距；

(2) 衍射；

(3) 对流层散射；

(4) 表面波导；

(5) 高架层反射/折射；

(6) 水汽（或雨）散射。

前 5 种可以被认为是晴空机制，由 ITU-R 定义为模式（1）晴空中传播。这些机制中的每一种在很大程度上取决于气候条件、运行频率、路径几何结构和地形。第 4 和第 5 项，表面波导和高架层反射，通常在术语“异常传播”下一起讨论。

最后一种机制定义为模式（2）水汽散射。模式（2）的传播在很大程度上取决于气候条件和地面站的位置。

长期晴空干扰传播机制如图 14.2 所示。图中显示了卫星到地面和地面到地面的视距链路。衍射和对流层散射会影响地面和卫星地面终端。

图 14.3 显示了单独存在或组合存在的短期干扰传播机制。视距链路可能会发生多径信号电平增强和高层效应的情况。

由于依赖于当地天气条件和气候，在统计基础上提供了对这些机制造成的干扰进行评估和预测的方法。统计预测的时间基准的选择是基于被评估系统的性能特征。大多数预测是在年均（年）的基础上完成的，时间百分比由 $p\%$ 指定。某些业务在“最差月份”的基础上评估性能，时间百分比指定为 $p_w\%$。

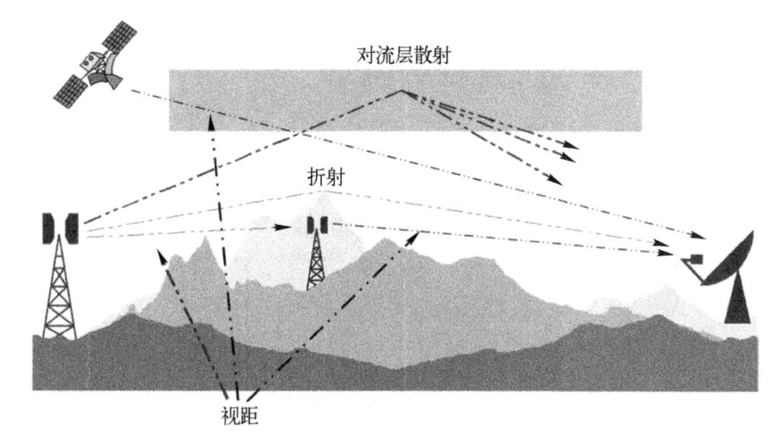

图 14.2　长期晴空干扰传播机制

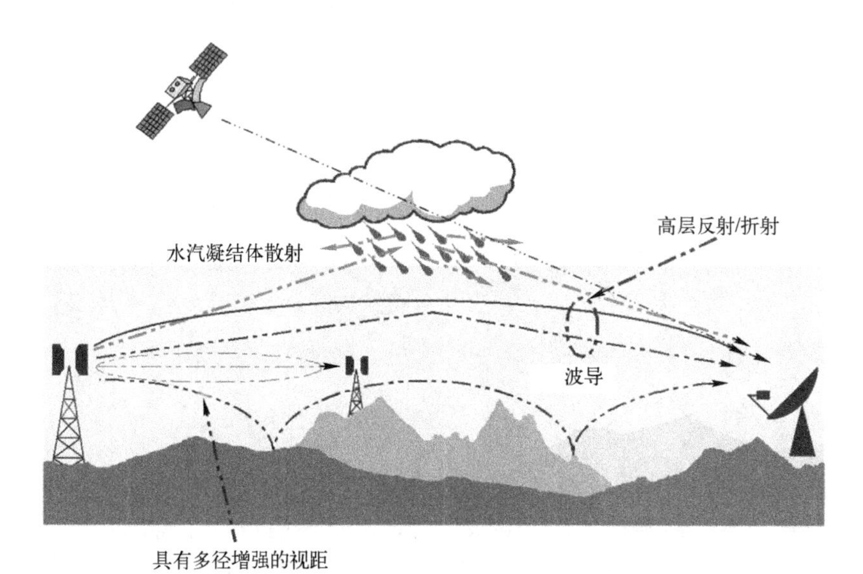

图 14.3　短期干扰传播机制

14.3.1　视距干扰

当干扰源和受扰系统的发射天线和接收天线之间存在视距传输路径时，会发生最常见的干扰传播类型。信号电平和结果值(c/n)或(e_b/n_o)可以通过第 4 章中开发的标准射频链路方程确定。

可用式(4.29)得到自由空间路径损耗来确定，

$$L_{FS}(\mathrm{dB})=20\log(f)+20\log(r)+92.44 \tag{14.1}$$

式中：f 为频率，单位为 GHz；r 为距离，单位为 km。

考虑大气气体衰减的损耗 A_g，自由空间传播和大气气体产生的基本传输损耗 L_{bfsg} 如下：

$$L_{bfsg}(\mathrm{dB})=20\log(f)+20\log(r)+92.44+A_g \tag{14.2}$$

对于视距链路，在某些情况下（图 14.2），需要在链路评估中包括额外的考虑因素。一种情况是子路径衍射，该衍射效应会导致信号电平比通常预期的稍微高一些。此外，在超过约 5km 的路径上，由于大气分层产生的多径效应和聚焦效应，信号电平也会在短时间内增强。由于这两种情况均会增加接收信号的电平，因此在确定干扰信号时需要考虑它们。

ITU-R 提供了多径效应和聚焦效应的修正，可以将其包括在视距干扰的链路计算中。

对平均年时间百分比 p 的多径效应和聚焦效应的校正为

$$E_{sp}(\mathrm{dB})=2.6\left[1-\mathrm{e}^{-[0.1(d_{lt}+d_{lr})]}\right]\log\left(\frac{p}{50}\right) \tag{14.3}$$

式中，d_{lt} 和 d_{lr} 分别为从发射和接收天线到各自视界的距离，单位为 km。

因此，由于视距传播而未超过平均每年 p% 的基本传输损耗 L_{b0p} 为

$$L_{b0p}=L_{bfsg}+E_{sp}$$

此结果可用于 14.2 节中描述的所有视距干扰模式的干扰评估。

14.3.2 衍射

当存在高信号电平时，衍射效应可以控制超视距链路的干扰。对于短期退化不明显的无线电链路，精确测定衍射效应可以确定将达到的总体共享标准和干扰电平。衍射预测的评估必须具有足够的灵活性，以便为光滑的地球、离散障碍物和不规则地形条件提供结果。

衍射引起的额外损耗是大气最低 1km 范围内大气无线电折射率衰减率 ΔN 变化的结果，其中 N_o 是海平面折射率。ΔN 的时间变化率由 β_0(%) 定义，在较低大气层的前 100m 中，ΔN 衰减率的时间百分比将超过 $100N$（单位/km）。

衍射损耗由以下参数描述：

L_{dp} 为不超过平均每年 p% 的衍射损耗；

L_{bd50} 为衍射引起的平均基本传输损耗；

L_{bd} 为不超过 p% 的与衍射相关的基本传输损耗。

针对 $\beta_o \leqslant p \leqslant 50\%$ 的范围开发了衍射预测模型。

对于小于 β_o 的时间百分比，信号水平由其他传播机制而非衍射控制，因此 $p<\beta_o$ 的衍射损耗假定等于 $p=\beta_o\%$ 时间的值。

不超过 $p\%$ 时间的衍射损耗 L_{dp} 由下式给出，

$$L_{dp} = L_{d50} + F_i(L_{d\beta} - L_{d50})(\text{dB}) \tag{14.4}$$

式中：L_{d50} 为时间为 $p=50\%$ 的衍射损失；$L_{d\beta}$ 为时间为 $\beta_o\%$ 的衍射损失。

$$F_i = \frac{I\left(\dfrac{p}{100}\right)}{I\left(\dfrac{\beta_o}{100}\right)} \quad \beta_o \leqslant p \leqslant 50\%$$

$$= 1 \qquad\qquad p \leqslant \beta_o\%$$

$I(x)$ 为逆互补累积正态函数。

与衍射相关的平均基本传输损耗 L_{bd50} 由下式给出：

$$L_{bd50} = L_{bfsg} + L_{d50}(\text{dB}) \tag{14.5}$$

式中，L_{bfsg} 由式(14.2)确定。

最后，不超过 $p\%$ 时间的与衍射相关的基本传输损耗 L_{bd} 由下式给出：

$$L_{bd} = L_{bfsg} + L_{dp} + E_{sp}(\text{dB}) \tag{14.6}$$

式中，E_{sp} 由式(14.3)确定。

上述衍射损耗程序可用于确定 $0.001\% \leqslant p \leqslant 50\%$ 范围内的 3 个衍射损耗参数。

14.3.3　对流层散射

对流层散射通常在较长的路径链路（通常长度在 100～150km 之间）中变得很显著，此时衍射效应变得非常微弱。此效果可以定义基线或背景干扰电平，而不是其他短期效果。当雷达系统等高发射功率与高灵敏度卫星接收机相互作用时，对流层散射引起的干扰将非常显著。但是，对于大多数其他情况，对流层干扰将处于非常低的水平，不会很显著。

ITU-R 已经开发了一个经验对流层散射模型，该模型可以预测在时间百分比 $p<50\%$ 情况下对流层散射引起的基本传输损耗。基本传输损耗计算公式如下：

$$L_{bs} = 190 + L_f + 20\log(d) + 0.573\theta - 0.15N_o + L_c + A_{go} - 10.1\left[-\log\left(\frac{p}{50}\right)\right]^{0.7}(\text{dB}) \tag{14.7}$$

式中：L_f 为频率相关损耗，

$$L_f = 25\log(f) - 2.5\left[\log\left(\frac{f}{2}\right)\right]^2 (\text{dB}) \tag{14.8}$$

L_c为孔径—介质耦合损耗,

$$L_c = 0.051e^{0.055(G_t+G_r)} (\text{dB}) \tag{14.9}$$

f为频率,单位为 GHz;d 为大圆路径距离,单位为 km;θ 为路径角距离;单位为 mrad;N_0为路径中心的海平面折射率;A_{go}为气体衰减损耗,在整个路径中假设水蒸气密度 $\rho = 3\text{g/m}^3$,单位为 dB;G_t和 G_r分别为沿大圆干扰路径在水平方向上的干扰源和受扰者的天线增益,单位为 dBi。

14.3.4 表面波导和层反射

表面波导和高层反射/折射的周期是短期传播机制,称为异常传播。对于水上或扩展的平坦土地上的链路,表面波导是重要的短期干扰源。在超过 500km 的长水域距离中,信号电平可能超过自由空间电平,并增加干扰的可能性。在有利的路径几何轮廓下,高度高达几百米的高层反射和折射非常显著。巧合的是,这些机制使得潜在的干扰信号能够克服任何衍射损耗,并且在 250~300km 的长路径距离上,它们的影响非常显著。

在异常传播(波导和层反射)期间发生的基本传输损耗的预测由下式确定:

$$L_{ba} = A_f + A_d(p) + A_g (\text{dB}) \tag{14.10}$$

式中:A_f为固定耦合损耗,单位为 dB;

$A_d(p)$为异常传播机制内,与时间百分比和角距离相关的损耗,单位为 dB;

A_g为总气体吸收损失,单位为 dB。

ITU-R P.452 建议书提供了参数 A_f和 $A_d(p)$的详细信息,可以根据需要用于评估具体链路几何结构的异常传播干扰电平。建议中提供了沿海陆地和海岸地区、海上链路和内陆地区的无线电气象数据,以方便进行预测计算。

14.3.5 水汽(雨)散射

水汽(或雨水)散射虽然很少发生,而且仅在有利的路径几何条件下才会发生,但由于该机制本质上是各向同性的或全向的,它可以在广泛的覆盖范围内产生影响,因此可能是地面链路发射机和卫星地球站接收机之间的一个强有力的干扰源。

水汽散射干扰预测方法需要天线辐射方向图的详细信息,无论是视线角还是偏离角。当无法获得实际测量的方向图时,可以使用标准辐射方向图。

这里概述的预测方法适用于广泛的链路选项和业务，包括卫星地球站和地面地球站之间的干扰；两个地面站之间的干扰；以及在双向分配频段工作的两个卫星地球站之间的干扰。

此处列出计算所需的输入参数(下标 1 表示站点 1，下标 2 表示站点 2)：

d 为站间距离，单位为 km；

f 为频率，单位为 GHz；

h_{1_loc}、h_{2_loc}分别为平均海平面上的当地高度，单位为 km；

G_{max_1}、G_{max_2}分别为每个天线的最大增益，单位为 dBi；

$h_r(p_h)$为降雨高度随时间百分比变化 p_h的累积分布，单位为 km；

M 为系统之间的极化失配，单位为 dB；

P 为表面压力，单位为 hPa(缺省值为 1013.25hPa)；

$R(p_R)$为降雨率随时间百分比变化 p_R的累积分布，单位为 mm/h；

T 为表面温度，单位为℃(缺省值为 15℃)；

α_{1_loc}、α_{2_loc}分别为顺时针方向，1 号站与 2 号站的当地方位角以及 2 号站与 1 号站的当地方位角，单位为 rad；

ε_{H1_loc}、ε_{H2_loc}分别为站点 1 和站点 2 的当地水平角，单位为 rad；

ρ 为地表水蒸气密度，单位为 g/m^3(缺省值为 8g/m^3)；

τ 为链路的极化角，单位为度(0°用于水平极化，90°用于垂直极化)。

站 1 和站 2 之间水汽散射的传输损耗 L_{hs}可以表示为

$$L_{hs}=178-10\log\left(\left|\frac{m^2-1}{m^2+2}\right|^2\right)-20\log(f)-10\log(400R^{1.4})-$$

$$10\log(C)-10\log(S)+A_g-M(\text{dB}) \tag{14.11}$$

式中：f 为频率，单位为 GHz；m 为复折射率；R 为降雨率，单位为 mm/h；C 为散射传输函数(讨论如下)；A_g为从发射机到接收机的路径上的气体衰减，单位为 dB；M 为发射和接收系统之间的极化失配，单位为 dB。

$10\log(S)$项考虑了频率高于 10GHz 时与瑞利散射偏差的校正，并由下式确定：

$$10\log(S)=R^{0.4}\times10^{-3}\left[4(f-10)^{1.6}\left(\frac{1+\cos(\varphi_s)}{2}\right)+5(f-10)^{1.7}\left(\frac{1-\cos(\varphi_s)}{2}\right)\right]\quad f>10\text{GHz}$$

$$=0\qquad f\leqslant10\text{GHz} \tag{14.12}$$

式中，φ_s为散射角。

散射传输函数 C 由降雨单元的体积确定，该单元产生降雨散射，此处假定为圆形横截面单元，降雨高度 h_r和与降雨率相关的直径 d_c，即

$$d_c = 3.3R^{-0.08}(\text{km}) \tag{14.13}$$

假定单元中的降雨率在降雨高度 h_r 以下都是恒定的。在降雨高度以上,假定反射率以-6.5dB/km 的速率随高度呈线性下降。然后,将散射传递函数 C 确定为降雨单元上的体积积分。积分以圆柱坐标中的数值积分形式进行。

ITU-R P.452-16 建议书附件 1 中提供了确定传输损耗 L_{hs} 累积分布的完整分步程序。降雨率 R 和降雨高度 h_r 的累积分布都转换为概率密度函数。假定 R 和 h_r 在统计上彼此独立,因此,任何给定的 R/h_r 对出现的概率都是各个概率的乘积。然后,通过以下步骤计算每个 R/h_r 对的传输损耗 L_{hs}:

步骤 1:确定气象参数;

步骤 2:将几何参数转换为平面地球表示;

步骤 3:确定链路几何形状;

步骤 4:确定天线增益的几何形状;

步骤 5:确定降雨单元内的路径长度;

步骤 6:确定降雨单元外部的衰减;

步骤 7:散射传递函数 C 的数值积分;

步骤 8:确定其他损失因子;

步骤 9:确定传输损耗 L_{hs} 的累积分布。

对于最后的步骤(9),针对每对 R/h_r 值,计算出式(14.12)中给出的传输损耗 L_{hs}。

在评估了 R 和 h_r 的所有可能组合之后,将 L_{hs} 的结果值减小到最接近的较高整数 dB 值,并将产生相同损耗的所有组合的概率(单位为%)相加,得出每个级别的传输损耗的总体概率。然后,通过求出损耗增加值的百分比之和,将所得的 *PDF*(概率密度函数)转换为相应的传输损耗 L_{hs} 的 *CDF*(累积分布函数)。

从 6.4.1 和 7.3 节对降雨衰减的讨论可以看出,水汽散射的发生在很大程度上取决于波长。因此,通常认为,水汽散射可能是干扰因素的频率范围约为 1~40GHz。低于 1GHz,即使在强降雨的情况下,散射信号的电平也很低。在 40GHz 以上可能会发生强烈的散射,但是,从散射体到地球站的路径上的高衰减将显著降低信号干扰的可能性。

14.4 干扰和射频链路

射频链路上不需要的信号的存在会对卫星网络性能产生干扰退化。评估干扰所涉及的主要参数是功率通量密度(pfd),已在 4.1.2 节中介绍。

考虑单个发送机/接收机的射频链路,如图 14.4 所示。距离发射天线 r 处的功率通量密度(pdf)$_r$为

$$(\mathrm{pfd})_r=\frac{p_t g_t}{4\pi r^2}(\mathrm{W/m^2}) \tag{14.14}$$

式中:(pfd)$_r$为距离发射机 r 处的功率通量密度,单位为 $\mathrm{W/m^2}$;p_t为发射机天线终端处的发射功率,单位为 W;g_t为发射机天线增益,以比率表示;r 为与发射机天线的距离,单位为 m;

以 dB 为单位,功率通量密度可表示为

$$(\mathrm{PFD})_r=P_t+G_t-20\log(r)-10.99 \tag{14.15}$$

式中:P_t的单位为 dBW;G_t的单位为 dBi。

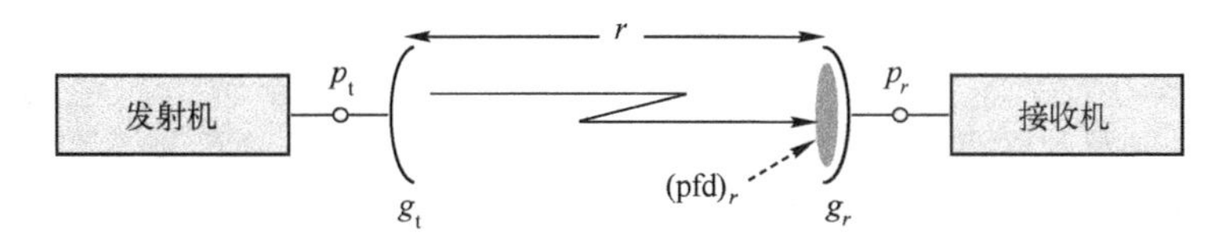

图 14.4 单个射频链路的功率通量密度

14.4.1 单个干扰

考虑单个发射干扰终端将可能的干扰传输定向在受扰接收机天线的方向上的情况。传输方向可以是地对空(干扰源是地面终端),也可以是空对地(干扰源是卫星终端)。

发射机和接收机没有直接对准天线的方位,这很可能是干扰发射机和受扰接收机的情况。因此,

$$(\mathrm{pfd})_r=\frac{p_t g_t(\theta_t)}{4\pi r^2}(\mathrm{W/m^2}) \tag{14.16}$$

式中:$g_t(\theta_t)$为接收机天线方向上的发射天线增益,以比率表示;θ_t为发射天线的瞄准线与接收机天线方向之间的离轴角,单位为度。

则接收机天线终端处的接收功率 p_r为

$$p_r=(\mathrm{pfd})_r A_r(\varphi_r)=\frac{p_t g_t(\theta_t)}{4\pi r^2}A_r(\varphi_r)(\mathrm{W}) \tag{14.17}$$

式中:$A_r(\varphi_r)$为接收机天线在发射机方向上的有效孔径,单位为 $\mathrm{m^2}$;φ_r为接收机天线视轴与发射机天线方向之间的偏轴角,单位为度。

如果干扰发射机终端和受扰接收机终端位于固定位置,则计算出的(pfd)$_r$和

和 p_r 将是时不变的，并且可以直接评估对接收机网络的干扰潜力。最大允许功率通量密度$(\text{pfd})_{r\text{MAX}}$可以根据接收机网络系统的特性来确定。如果实际$(\text{pfd})_r$超过$(\text{pfd})_{r\text{MAX}}$，则会发生干扰。必须降低发射功率以减少干扰的可能性。固定位置终端适用于采用 GSO 轨道卫星终端的卫星业务，例如固定卫星业务（FSS）、广播卫星业务（BSS）、移动卫星业务（MSS）的馈线链路等。诸如 FS 和 BS 之类的大多数地面业务也具有固定位置的终端。

具有 NGSO 卫星终端的卫星网络不涉及固定终端的位置，并且在评估功率通量密度水平时必须考虑天线增益和路径距离的时变性。移动地面业务还具有移动终端。时间可变性通常要求在统计基础上确定（pfd），而干扰参数将以平均年或最差月份的时间百分比 $p\%$ 为基准来指定。

14.4.2 多个干扰

当存在多个发射机干扰源时，需要确定总的集群功率通量密度，以将干扰条件接入受扰接收机终端。等效功率通量密度定义为所有干扰发射机终端在受扰接收机终端产生的功率通量密度的加权总和。epfd 定义为（参考文献[2]的第 22 篇文章），

$$\text{epfd}_r = \sum_{i=1}^{N_a} p_{ti} \frac{g_{ti}(\theta_{ti})}{4\pi r_i^2} \frac{g_r(\varphi_{ri})}{g_{r\text{MAX}}} (\text{W/m}^2) \tag{14.18}$$

式中：epfd_r 为参考带宽中计算的等效功率通量密度，单位为 W/m^2。epfd 计算的参考带宽通常设置为 40kHz。还使用了其他参考带宽，例如 1MHz。N_a 为发射机干扰终端数；i 为计算中考虑的发射机终端索引，$i=1,2,\cdots,N_a$；p_{ti} 为第 i 个发射机终端的输入天线端子处的射频功率，单位为 W；$g_{ti}(\theta_{ti})$ 为第 i 个发射机终端在接收机终端方向上的发射天线增益，以比率表示；θ_{ti} 为第 i 个发射机天线的视轴与接收机终端方向之间的偏轴角，单位为度；r_i 为第 i 个发射机终端天线与接收机终端天线之间的距离，单位为 m；$g_r(\varphi_{ri})$ 为第 i 个发射机站方向上的接收机天线增益，以比率表示；φ_{ri} 为接收机终端天线的视轴与第 i 个发射机终端的方向之间的偏轴角，单位为度。$g_{r\text{MAX}}$ 为最大接收机天线增益，以比率表示。

epfd 是指 pfd，如果从单个发射机沿接收机终端天线的视轴（最大增益）方向接收，则将在接收机天线端子上产生与从 N_a 个干扰源集合中接收到的功率相同的接收功率。式（14.19）中的比率 $g_r(\varphi_{ri})/g_{r\text{MAX}}$ 是无量纲的归一化项，它在单个和聚合功率通量密度值之间产生这种等效性。

以 dB 表示的等效功率通量密度为

$$\mathrm{EPFD}_r = 10\log\left[\sum_{i=1}^{N_a} p_{ti}\frac{g_{ti}(\theta_{ti})}{4\pi r_i^2}\frac{g_r(\varphi_{ri})}{g_{r\mathrm{MAX}}}\right]\mathrm{dBW/\ m^2} \tag{14.19}$$

epfd 概念在卫星网络干扰评估中的应用通常会导致对特定业务、频段、ITU-R 业务区域的 epfd 限制(即最大允许 epfd)的发展。epfd 限制通常表示为时间分布的百分比,因为传播环境是可变的,具有 NGSO 终端和/或移动地面终端网络的射频链路的几何形状也是可变的。

14.5 协调减少干扰

卫星网络的成功运行通常需要网络与其他基于空间和/或基于地面的业务共享其上行链路和下行链路的频率分配。ITU-R 通过其《无线电规则》(RR)和世界行政无线电会议(WARC),制定并建立了程序,以量化和防止影响共享相同频段的业务的有害干扰。

共享过程的核心是基于协调,发展空间和地面业务网络地球站周围的业务区域和距离,以保护这些站免受可能的干扰。地球站的协调区域定义为地球站周围的区域,在该区域内,有关地球站与该区域之外的其他站点之间的干扰可以忽略不计。

通过系统和系统的最小允许传输损耗的比较,确定距地球站的每个方位角的协调距离,即从地球站到地球表面的干扰被认为是微不足道或可接受的距离。考虑到干扰模型,实际传播损耗是由传播介质造成的。所需的协调距离是两个损耗相等时的值。由于传播损耗取决于统计变化的气象条件,因此该计算是基于时间百分比进行的。所需的最小允许传输损耗是在给定的年时间百分比 p 中不超过的损耗。

最小允许传输损耗定义为干扰发射机和受扰接收机各向同性天线之间在 p% 的时间内的基本传输损耗。它是传输损耗的值,实际传输损耗应超过该值,以避免除 p%以外的所有时间的干扰。

因此,最小允许传输损耗可以表示为

$$L_m(p) = P_{\mathrm{t}} + G_{\mathrm{t}} + G_{\mathrm{r}} - P_{\mathrm{r}}(p)\ (\mathrm{dB}) \tag{14.20}$$

式中:P_{t} 为干扰站发射天线终端在参考带宽 b 内的最大可用发射功率,单位为 dBW;G_{t} 为干扰站发射天线的增益,单位为 dBi(注解 1);G_{r} 为受扰站接收天线的增益,单位为 dBi(注解 2);$P_{\mathrm{r}}(p)$ 为在被干扰站的接收天线终端处,受扰接收天线终端在与干扰信号同一参考带宽 b 内不大于 p%时间内可以超过的来自单一干扰信号的阈值干扰电平,单位为 dBW;b 为链路的参考带宽,单位为 Hz。

(注解 1):如果干扰站是 NGSO 卫星网络的一部分,则 G_t是在给定方位角在物理水平方向上随时间变化的天线增益 $G_t(t)$。

(注解 2):如果受干扰站是 NGSO 卫星网络的一部分,则 G_r是在给定方位角在物理水平方向上随时间变化的天线增益 $G_r(t)$。

协调距离的计算只涉及很小的时间百分比。相关范围通常是 p 远小于 50%。如果范围是 0.001%~1%,则称为短期干扰;如果 $p \geqslant 20\%$,则是长期干扰。

在 14.2 节中讨论的干扰传播模式和在 14.3 节中讨论的干扰传播过程用于开发特定场景的传输损耗条件。实际的传播损耗是距地球站距离的函数,可通过在每个方位角上反复计算传播损耗与距离的关系来确定,并将其与最小允许的传播损耗进行比较,直到达到最小传播损耗或达到极限距离为止。此迭代计算会在地球站周围形成协调区域,这取决于当地地形、传播模式以及一个或多个干扰源的位置,该协调区域可能相对于地球站对称,也可能不对称。

14.5.1 无线电气候区

协调距离的计算在很大程度上取决于地面终端的位置,地面终端的位置定义了模式(1)传播中所有可能的传播机制预期的气候条件。ITU-R 为了协调距离计算的目的将地表分为 4 个基本的无线电气候区。ITU-R P.620-6 建议书中规定的 4 个区域是:

"A1 区:沿海陆地和海岸地区,即与 B 区或 C 区区域相邻的陆地(见下文),相对于平均海平面或水平面的高度不超过 100m,但视情况而定,距最近的 B 区或 C 区的最大距离为 50km;在没有 100m 等高线的精确信息的情况下,可以使用近似值(例如 300 英尺);

A2 区:除上述定义为 A1 区的沿海陆地和海岸地区以外的所有陆地;

B 区:除地中海和黑海外,纬度 30°以上的冷海、海洋和大量内陆水域;

C 区:位于 30°以下纬度的暖海、海洋和大量内陆水域,以及地中海和黑海。"

还指定了一些协调距离计算所需的两个区域距离参数:

"d_{lm}(km):A2 区中当前路径距离内的最长连续内陆距离;

d_{tm}(km):A1 区+ A2 区中当前路径距离内的最长连续陆地(即内陆+沿海)距离。"

还提供了有关上述指定陆地区域的进一步说明:

“大型的内陆水域

为了行政协调目的，大型的内陆水域定义为面积至少为 7800km²，但不包括河流面积的内陆水域，视情况其应位于 B 区或 C 区。如果这些水体中的岛屿在其 90%以上的区域内的海拔低于平均水位 100m，则在该区域的计算中应将其作为水。为了计算水域面积，不符合这些标准的岛屿应归类为陆地。

大型内陆湖或湿地

如果内陆地区包括超过 50%的水域，且超过 90%的陆地少于平均水平面以上 100m，则主管机关应将 7800km²以上，包含许多小湖泊或河网的大型内陆地区定义为沿海地区 A1。

关于 A1 区的气候区域、大型的内陆水域以及大型的内陆湖泊和湿地地区很难确定。因此，请各管理部门向国际电联无线电通信局登记其领土范围内希望被认定为属于这些类别之一的地区。相反，在没有注册信息的情况下，所有陆地都将被视为属于 A2 区气候。”

ITU-R 参考文献还定义了另一个气象参数 β_p，该参数被定义为晴空异常传播情况发生时间的百分比。这些异常传播情况包括表面波导和高层反射/折射，已在 14.3.4 节中讨论。

β_p的值取决于纬度。用于确定 β_p 的纬度值如下所示：

$$\varphi_r=\begin{cases}|\varphi|-1.8, & |\varphi|>1.8^\circ\\ 0, & |\varphi|\leqslant 1.8^\circ\end{cases} \tag{14.21}$$

式中，φ 为地球站纬度，单位为度。

那么，β_p的值为

$$\beta_p=\begin{cases}10^{1.67-0.015\varphi_r}, & \varphi_r\leqslant 70^\circ\\ 4.17, & \varphi_r>70^\circ\end{cases} \tag{14.22}$$

此外，可以根据以式估算在模式(1)传播计算中使用的路径中心海平面表面折射率 N_o：

$$N_o=330+62.6e^{-\left(\frac{\varphi-2}{32.7}\right)^2} \tag{14.23}$$

该经验结果对于 790MHz~60GHz 之间的频率有效。

14.5.2 距离限制

从地球站到任何给定方位角方向的协调距离可以从相对靠近地球站的地方延伸到数百公里。考虑到有关无线电路径的假设，ITU-R 推荐使用最小距离限制

d_{min}。最小距离取决于频率，可以通过以下方式确定：

$$d_{min}(f)=\begin{cases}d'_{min}(f) & (\text{km}),\quad f<40\text{GHz}\\ \dfrac{(54-f)d'_{min}(40)+10(f-40)}{14} & (\text{km}),\quad 40\text{GHz}\leqslant f<54\text{GHz}\\ 10 & (\text{km}),\quad 54\text{GHz}\leqslant f<66\text{GHz}\\ \dfrac{10(75-f)+45(f-66)}{9} & (\text{km}),\quad 66\text{GHz}\leqslant f<75\text{GHz}\\ 45 & (\text{km}),\quad 75\text{GHz}\leqslant f<90\text{GHz}\\ 45-\dfrac{f-90}{1.5} & (\text{km}),\quad 90\text{GHz}\leqslant f\leqslant 105\text{GHz}\end{cases}\tag{14.24}$$

式中，

$$d'_{min}(f)=100+\frac{\beta_p-f}{2}(\text{km})\tag{14.25}$$

请注意，在 40GHz≤f<54GHz 的方程中，$d'_{min}(f)$是用f=40GHz 计算的。

此最小距离仅适用于模式(1)传播。对于模式(2)传播，在所有频率下均使用55km 的固定最小距离。

还指定了计算中使用的最大距离限制。模式(1)传播的最大距离为

$$d_{max1}=\begin{cases}1200 & (\text{km}),\quad f\leqslant 60\text{GHz}\\ 80-10\log\left(\dfrac{p_1}{50}\right) & (\text{km}),\quad f>60\text{GHz}\end{cases}\tag{14.26}$$

式中，p_1是模式(1)传播的年平均时间百分比，单位为%。

模式(2)传播的最大距离限制取决于纬度，如下所示，

$$d_{max2}=\begin{cases}350\text{km}, & 0\leqslant\varphi<30\\ 360\text{km}, & 30\leqslant\varphi<40\\ 340\text{km}, & 40\leqslant\varphi<50\\ 310\text{km}, & 50\leqslant\varphi<60\\ 280\text{km}, & \varphi\geqslant 60\end{cases}\tag{14.27}$$

式中，φ 为地球站的纬度，单位为度。

14.5.3 模式(1)传播的协调距离

模式(1)传播的协调距离的计算是一个迭代过程，该过程从最小协调距离

d_{min}开始，如式(4.25)所定义，并以距离d_i($i=0,1,2,3,\cdots$)进行迭代，直到$d_i \geq d_{max1}$。所需的协调距离d_1由最后一次迭代的距离给出。迭代距离通常取1km步长。

ITU-R P.620-6建议书附件1的附录2中提供了用于计算模式(1)传播的协调距离的详细分步程序。

迭代过程规定为3个频率范围：

100MHz~790MHz之间的频率(附录2的第2段)

基于对测量数据的经验拟合的预测模型。

790MHz~60GHz之间的频率(附录2的第3段)

预测模型考虑了对流层散射、波导和高层反射/折射。

60~105GHz之间的频率(附录2的第4段)

基于自由空间路径损耗和气体吸收估计值的预测模型，以及在小时间百分比下信号增强的余量。

程序中提供的传播模型适用于年平均时间百分比p_1的范围为1%~50%。

14.5.4 模式(2)传播的协调距离

模式(2)传播(水汽散射)的协调距离的确定是根据路径几何形状来确定的，这与模式(1)传播的路径几何形状有本质上的不同，模式(1)的传播实质上包含大圆传播机制。水汽(雨)散射是各向同性的，因此在大散射角处以及远离大圆路径的波束交点处可能会产生干扰能量。

水汽散射的协调距离计算需要确定地球站的纬度和经度超过时间p_2%的降雨率$R(p_2)$。p_2是适用于水汽(雨)散射的年平均时间百分比。如果$R(p_2) \leq 0.1$mm/h，则协调距离的计算应假定降雨率为0.1mm/h。

ITU-R P.620-6建议书附件1的附录3中提供了计算模式(2)传播的协调距离的详细分步过程。迭代过程从最大计算距离d_{max2}开始，该距离由式(14.21)给出，然后以0.2km的步长进行，$i=0,1,2,3,\cdots$，直到$r_i \geq d_{min}$。

此时，所需的降雨散射协调距离d_r是r_i的先前值，即

$$d_r = d_{max2} - (i-1)0.2$$

然后，以半径d_r的圆为中心给出协调轮廓，该圆以距地球站的距离d_e为中心，其中d_e是天线主波束方位角方向上从地球站到降雨单元边缘的水平距离。协调轮廓的几何形状如图14.5所示。

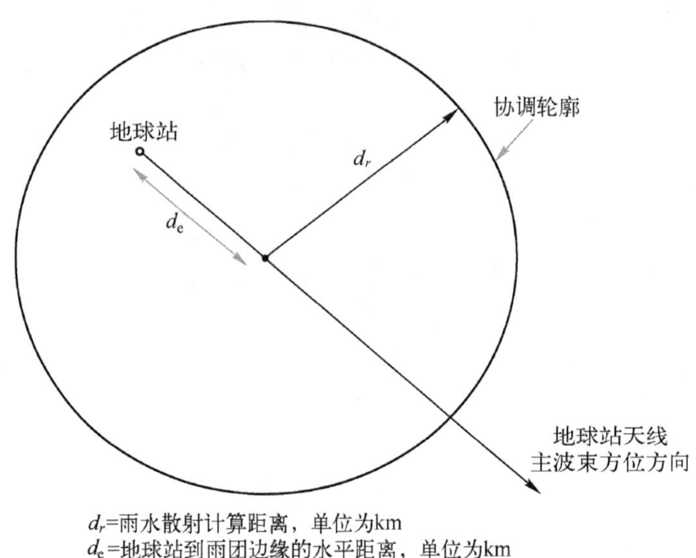

图 14.5　水汽(降雨)散射传播的协调轮廓

14.5.5　卫星和地面业务的 ITU-R 协调程序

用于计算最小允许和实际传输损耗值、协调距离和协调区域的完整协调过程不仅取决于终端的具体位置、传播模式和系统特性,还取决于卫星和/或地面干扰协调中涉及的业务。每种情况都有特定的技术和链路特性,这些特性对于干扰评估中涉及的特定服务对可能是唯一的。例如,与 GSO-FSS 网络和地面固定业务(FS)或非 GSO(NGSO)FSS 或 MSS 卫星网络之间的协调相比,地球同步轨道(GSO)固定卫星业务(FSS)网络和 GSO 移动卫星业务(MSS)网络之间的频率共享协调将涉及不同的考虑。

对于全球电信基础设施中涉及的卫星和地面业务的广泛可能组合,很难提供超出以上各节所讨论范围的通用协调过程。所涉及的一个或多个特定频段还将规定对于具体业务对来说很重要的传播模式和机制。ITU-R 就涉及卫星和地面网络协调的许多业务组合的协调过程提出了广泛的建议。表 14.1 提供了适用于确定卫星和地面业务各种组合的协调程序和过程的可用 ITU-R 建议书的矩阵。表中给出了 ITU-R 建议书编号;第 14 章参考文献中提供了完整的建议书信息。

表 14.1　ITU-R 干扰协调文档矩阵

	GSO FSS	NGSO FSS	GSO MSS	GSO RSS	AMSS	FS	MS
GSO FSS	S. 738, S. 739 S. 743, S. 1253 S. 1524					SF. 674	
NGSO FSS	S. 1430	S. 1595				SF. 1485	
GSO MSS	M. 1086		M. 1186		M. 1089	M. 1471	
NGSO MSS	S. 1419		M. 1389	S. 1342		M. 1143	
GSO BSS	S. 1780						M. 1388
GSO RSS					M. 1582		
ISS	S. 1151			S. 1151			

GSO:地球同步卫星
FSS:固定卫星业务
MSS:移动卫星业务
BSS:广播卫星业务
RSS:无线电定位/无线电导航卫星业务
ISS:星间业务
NGSO:非地球同步卫星
FS:固定业务(地面)
MS:移动业务(地面)

参考文献

[1] ITU-R Rec. P. 452-16, "*Prediction procedure for the evaluation of interference between stations on the surface of the Earth at frequencies above about* 0. 1GHz," Geneva, July 2015.

[2] ITU-R Radio Regulations, Edition of 2012- Volumes 1 to 4, Geneva, 2012.

[3] ITU-R Rec. M. 1086-1, "*Determination of the need for coordination between geostationary mobile satellite networks sharing the same frequency bands*," Geneva, March 2006.

[4] ITU-R Rec. M. 1089-1, "*Technical considerations for the coordination of mobile-satellite systems relating to the aeronautical mobile satellite (R) service (AMS(R)S) in the bands* 1 545 *to* 1 555*MHz and* 1 646. 5 *to* 1 656. 5MHz," Geneva, July 2002.

[5] ITU-R Rec. M. 1143-3, "*System specific methodology for coordination of non-geostationary space stations (space-to-Earth) operating in the mobile-satellite service with the fixed service*," Geneva, June 2005.

[6] ITU-R Rec. M. 1186-1, "*Technical considerations for the coordination between mobile-satellite service networks utilizing code division multiple access and other spread spectrum techniques in the 1-3GHz band*," Geneva, March 2006.

[7] ITU-R Rec. M. 1388-0, "*Threshold levels to determine the need to coordinate between space stations in the broadcasting-satellite service (sound) and particular systems in the land mobile service in the band 1 452-1 492MHz*," Geneva, January 1999.

[8] ITU-R Rec. M. 1389-0, "*Methods for achieving coordinated use of spectrum by multiple non-geostationary mobile-satellite service systems below 1GHz and sharing with other services in existing mobile-satellite service allocations*," Geneva, January 1999.

[9] ITU-R Rec. M. 1471-1, "*Guide to the application of the methodologies to facilitate coordination and use of frequency bands shared between the mobile-satellite service and the fixed service in the frequency range 1-3GHz*," Geneva, January 2010.

[10] ITU-R Rec. M. 1582-0, "*Method for determining coordination distances, in the 5GHz band, between the international standard microwave landing system stations operating in the aeronautical radionavigation service and stations of the radionavigation-satellite service (Earth-to-space)*," Geneva, July 2002.

[11] ITU-R Rec. S. 738-0, "*Procedure for determining if coordination is required between geostationary-satellite networks sharing the same frequency bands*," Geneva, March 1992.

[12] ITU-R Rec. S. 739-0, "*Additional methods for determining if detailed coordination is necessary between geostationary-satellite networks in the fixed-satellite service sharing the same frequency bands*," Geneva, March 1992.

[13] ITU-R Rec. S. 743-1, "*The coordination between satellite networks using slightly inclined geostationary-satellite orbits (GSOs) and between such networks and satellite networks using non-inclined GSO satellites*," Geneva, September 1994.

[14] ITU-R Rec. S. 1151-0, "*Sharing between the inter-satellite service involving geostationary satellites in the fixed-satellite service and the radionavigation service at 33GHz*," Geneva, October 1995.

[15] ITU-R Rec. S. 1253-0, "*Technical options to facilitate coordination of fixed-satellite service networks in certain orbital arc segments and frequency bands*," Geneva, May 1997.

[16] ITU-R Rec. S. 1342-0, "*Method for determining coordination distances, in the 5GHz band, between the international standard microwave landing system stations operating in the aeronautical radionavigation service and non-geostationary mobile-satellite service stations providing feeder uplink services*," Geneva, October 1997.

[17] ITU-R Rec. S. 1419-0, "*Interference mitigation techniques to facilitate coordination between non-geostationary-satellite orbit mobile-satellite service feeder links and geostationary-satellite orbit fixed-satellite service networks in the bands 19.3-19.7GHz and 29.1-29.5GHz*," Geneva, November 1999.

[18] ITU-R Rec. S. 1430-0, "*Determination of the coordination area for Earth stations operating with non-geostationary space stations with respect to Earth stations operating in the reverse direction in frequency bands allocated bidirectionally to the fixed-satellite service*," Geneva, January 2000.

[19] ITU-R Rec. S. 1524-0, "*Coordination identification between geostationary-satellite orbit fixed-satellite service*

networks," Geneva, June 2001.

[20] ITU - R Rec. S. 1595 - 0, "*Interference mitigation techniques to facilitate coordination between non - geostationary fixed - satellite service systems in highly elliptical orbit and non - geostationary fixed - satellite service systems in low and medium Earth orbit*," Geneva, September 2002.

[21] ITU-R Rec. S. 1780-0, "*Coordination between geostationary-satellite orbit fixed satellite service networks and broadcasting-satellite service networks in the band* 17. 3-17. 8GHz," Geneva, January 2007.

[22] ITU-R Rec. SF. 674-3, "*Determination of the impact on the fixed service operating in the* 11. 7-12. 2GHz *band when geostationary fixed-satellite service networks in Region* 2 *exceed power flux-density thresholds for coordination*," Geneva, December 2013.

[23] ITU-R Rec. SF. 1485-0, "*Determination of the coordination area for earth stations operating with non-geostationary space stations in the fixed-satellite service in frequency bands shared with the fixed service*," Geneva, May 2000.

习 题

1 确定以下通信网络情况的特定干扰模式:

a) GSO FSS 地面终端接收机经历了来自 GPS 卫星传输的无用传输。

b) 在与宽带 GSO FSS 地面终端接收机相同的频段中运行的 NGSO MSS 下行链路馈线链路传输。

c) 1. 164~1. 215GHz 频段内航空无线电导航业务(ARNS)地面站和卫星无线电导航业务(RNSS)空间站共同主要分配的运行。

2 解释在两个超视距(非 LOS)地球终端之间经历的对流层散射传播与水汽散射传播之间的差异。在热带地区,两种传播机制中的哪一种发生概率更高?沿着沿海中纬度地区呢?

3 GSO 卫星网络地面终端主要与在同一地区运行的 FS 微波中继业务共享相同的频率分配。当地气象记录表明,该地区平均每年 0. 44%的时间内,可能会发生由大气分层引起的多径和聚焦效应。确定这些业务的两个地面终端的视距链路干扰评估所需的视距传输损耗的校正。发射终端天线到地平线的距离为 14. 6km,接收终端天线到地平线的距离为 28km。

第15章 高通量卫星

卫星通信技术经过几代的发展,信息传输能力和通量显著提高。第1章讨论的第一代卫星的特点是主要在地球同步轨道上运行的C频段链路。一个典型的通信卫星有效载荷有12~24个转发器,每个转发器具有70~120MHz的带宽,使用固定波束全地球覆盖天线。传输主要是模拟的,在调整调制或处理以提高通信速率方面的灵活性有限。

第二代卫星通信开始于20世纪80年代初,采用了数字通信技术并将其扩展到Ku频段业务。引入了可控波束天线,并部署了第一个星载处理转发器。提供了新的卫星业务,包括广播卫星、移动卫星、跟踪和数据中继卫星以及无线电导航卫星,并使用了主要是低地球轨道和中地球轨道的NGSO轨道。通过使用高功率固态发射机、定形波束天线覆盖和可控点波束来为用户提供更高的数据速率,卫星容量得到了显著改善。

20世纪90年代中期,随着Ka频段FSS的引入,出现了第三代卫星通信,这导致全球范围内的转发器数量和卫星容量激增。许多卫星网络既具有Ku频段的传统容量,又具有较高数据速率的Ka频段转发器,从而进一步扩展了卫星容量和数据处理能力。多波束技术的加入增加了频率复用,全数字链路通信还提供了广泛的增强功能,并增加了容量选择。

当代通信卫星通过有效利用Ku频段和Ka频段上分配的频谱扩大了容量,并发展成为具有数百个转发器和广泛的多波束和可控波束天线阵列的更大容量的有效载荷。术语“宽带卫星”已成为描述这些卫星(尤其是在Ka频段FSS中运行的卫星)的最常用名称。最近,出现了一种通信卫星的特定子集,其容量显著增加了20倍或更多,并且已经被分类为高通量卫星或HTS。

本章回顾了高通量卫星时代的行业发展,描述了未来几十年通信卫星产业的关键技术领域和性能要素。

15.1　卫星宽带的发展

在许多领域,包括蜂窝系统、数据管理和卫星通信在内的电信技术当前的名称中,描述性术语宽带已变得很常见。术语宽带通常是指通信系统或技术,在该通信系统或技术中,宽带可用于传输信息。与之相对应的术语是窄带,指用于传输信息的窄带频率。

宽带不是技术上精确的术语,在产品或技术上指定宽带并不保证其能够比不包含该术语的产品传输更多的信息。最初,语音传输速率被认为是窄带的,任何需要比标准语音更多带宽的传输都在窄带之上,或者被认为是"宽带"。然而,随着数字通信和互联网的出现,断点变得非常模糊,这使得简单的数据速率比较变得模糊。

美国联邦通信委员会(FCC)在其宽带网站上回答了"什么是宽带"的问题:

"宽带或高速互联网接入允许用户以明显高于"拨号"服务的速度接入互联网和与互联网相关的业务。宽带速度根据订购的技术和服务水平而有很大不同。通常,为住宅用户提供的宽带服务提供的下行速度(从互联网到计算机)要比上行速度(从计算机到互联网)更快。"

注意,上述定义没有给出特定的频率或频段。该网站的早期版本(2013)指出,

"宽带速度根据订购的服务的特定类型和水平而有很大不同,范围可能从低至每秒 200kb(kb/s)或 200000b/s,到每秒 30Mb(Mb/s)或 30000000b/s。最近的一些产品甚至包括 50~100Mb/s。"

从指定特定频率到指定什么是宽带,这表明宽带技术和应用的快速变化和不同配置。

最初的卫星宽带名称用于识别以比第一代 C 频段和 Ku 频段 FSS 网络更高的数据速率提供双向通信的固定卫星业务(FSS)卫星。通常,可用的数据速率超过 800kb/s,最高可达数百 Mb/s。大多数 FSS 宽带卫星均设计为在 Ka 频段工作,该频段存在足够的频率分配。一些宽带提供商最初使用 Ku 频段转发器来开发市场,然后随着需求的增长而转向 Ka 频段。所含业务的典型应用:高数据速率的 VSAT、卫星上的 TCP/IP、IPTV(互联网协议电视)、HDTV 和视频剧院分享。

最早的宽带卫星之一于 2005 年 8 月发射。泰星 4 号(IPSTAR)在 Ku 频段工作,为亚太地区提供多波束覆盖。这颗卫星是由劳拉空间系统公司(Space Systems Loral)制造的,运行于东经 119.5°的 GSO 轨道上。它有 84 个双向点波束、3 个成形广域波束和 7 个单向广播点波束。

休斯网络系统公司制造的另一颗早期宽带卫星,Spaceway 3,于 2007 年发射升空,是一颗 Ka 频段星载处理卫星,具有 21 个点波束,可以覆盖美国大陆、阿拉斯加和夏威夷。图 15.1 显示了 Spaceway 3 卫星的美国大陆点波束。

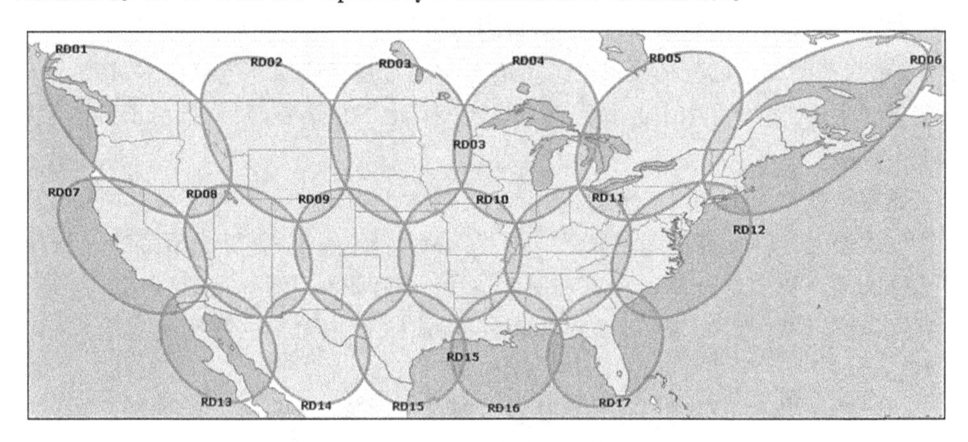

图 15.1 Spaceway 3 的美国大陆点波束

下面按时间顺序列出了其他宽带大容量卫星的示例,并简要介绍了它们的功能。

Ka-Sat—— 2010 年 12 月发射(Eutelsat KA-Sat 9A)

- 专为 Eutelsat 设计
- 位于东经 9°,寿命 15 年
- 82 个 Ka 频段点波束,覆盖区域 250km,10 个网关
- 70Gb/s 的总通量

ViaSat-1——2011 年 10 月发射

- 由劳拉空间系统公司制造
- 位于西经 115°,寿命 12 年
- 56 个 Ka 频段转发器
- 72 个点波束,覆盖美国大陆、阿拉斯加、夏威夷和加拿大
- 140Gb/s 的总通容量

EchoStar 17——2012 年 7 月发射

- 由劳拉空间系统公司制造
- 位于西经 107°,寿命 15 年
- 60 个 Ka 频段下行链路波束
- 原名木星 1

Intelsat Epic——2016 年 1 月发射(Intelsat 29e)

- 由波音卫星系统公司制造
- 全球覆盖
- 转发器:14 个 C 频段,56 个 Ku 频段和 1 个 Ka 频段
- 宽光束、区域光束

近年来,随着地面终端和卫星转发器成本的下降,宽带和 HTS 的增长已加速。在全球范围内,卫星业务的潜在订户数量有望迅速增加。图 15.2 显示了国际电信联盟(ITU)评估所预期的到 2020 年卫星宽带用户的预计增长。

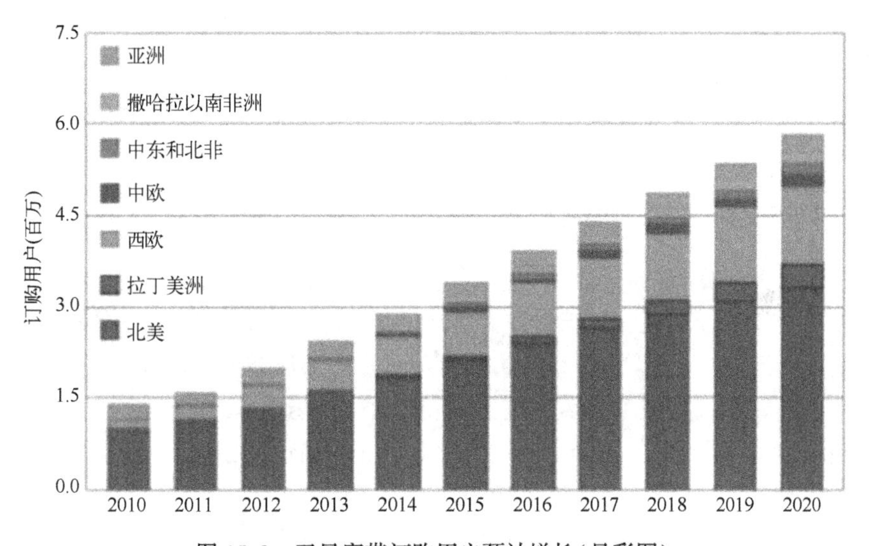

图 15.2 卫星宽带订购用户预计增长(见彩图)

从 2015 年到 2020 年,全球用户预计将增加近一倍,不仅在北美和西欧,在所有领域都将增长。这一预期的快速增长凸显了继续开发和推出 HTS 网络的必要性,以便为不断增长的需求做好准备。

15.2 多波束天线和频率复用

向 HTS 一代卫星通信的转变为所有主要卫星通信业务(FSS、BSS 和 MSS)提供了显著的数据处理能力和通量增长。与前几代相比,HTS 体系结构的基本增加是使用多波束天线来覆盖服务区域,而不是早期卫星的单个宽波束或点波束。

多波束的使用,通常具有 100~250km 直径的覆盖范围,为卫星网络带来了两个直接的好处:频率复用,和发射器侧的 EIRP 较高,接收器侧的 G/T 较高。

频率复用——通过使用多个点波束覆盖业务区域,可以使多个波束复用相同的频段,从而在给定的频段分配下,系统的容量增加了多个级别。例如,如果多波束网络在 100MHz 的频段分配内运行,频率重用系数为 4 时,多波束网络的容量与 400MHz 的频段分配的网络容量相当。另外,通过增加极化分集,对于相同的频段分配,容量可以增加一倍。频率重用效果类似于蜂窝网络中可用容量的增加,其中地面小区可以以相同方式重用频率以增加用户容量。

更高的 EIRP 和 G/T——多波束天线系统提供的较窄天线波束导致卫星链路上发射和接收天线增益值高于宽波束或全球覆盖网络的值。这直接转化为发射端更高的有效辐射功率(EIRP)和接收端更高的 G/T。这些性能提高的链路还能够使用附加技术来进一步增加容量,例如高阶带宽有效调制(BEM)和/或更小的用户地面终端。更好的链路性能还可能允许网络在受到来自其他网络或功率源较高干扰的情况下运行。

15.2.1 多波束天线阵列设计

多波束天线阵列的几何形状决定了卫星系统的许多性能参数,包括频率复用因子以及以相同频率工作的天线波束之间的潜在干扰。现在我们考虑地球表面的天线波束阵列,每个波束由一个六边形表示。六边形波束的形状是概念性的,是表示由六边形外切圆形波束覆盖范围的简化模型。六边形阵列按簇排列,每个簇具有相同的频率复用计划,如每个波束的频率名称和颜色所示。簇中的波束数为 N。图 15.3 表示 3 个频率复用计划,N 分别为 3、4 和 7。

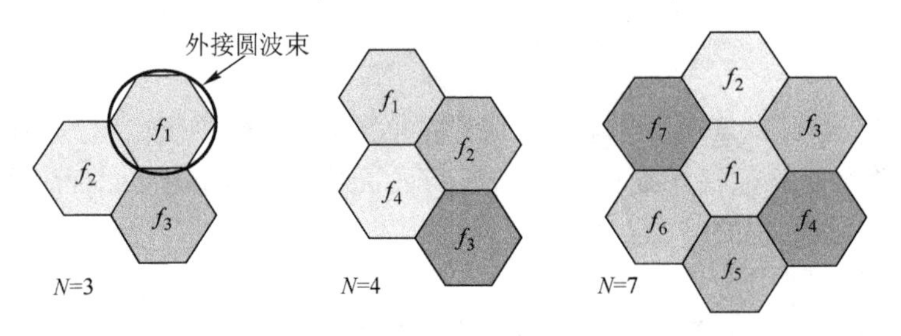

图 15.3 多波束天线阵列簇(见彩图)

簇中的波束数 N 有助于多波束阵列的频率复用。另外,如果实现了极化分集,则会引入额外的复用选项。

例如,考虑一个复用因子 $N=4$ 且分配的频率带宽为 100MHz 的多波束阵列。4 个频道可以通过两种方式实现:

(1) 将 100MHz 分配频段划分为 4 个相等的频段,每个频段 25MHz,所有频段工作的极化方式相同。

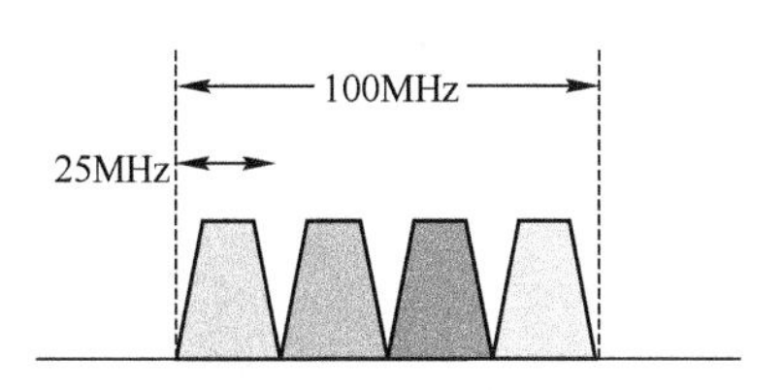

(2) 将 100MHz 分成两个相等的 50MHz 频段，分别采用双圆极化(RHCP 和 LHCP)方式工作。

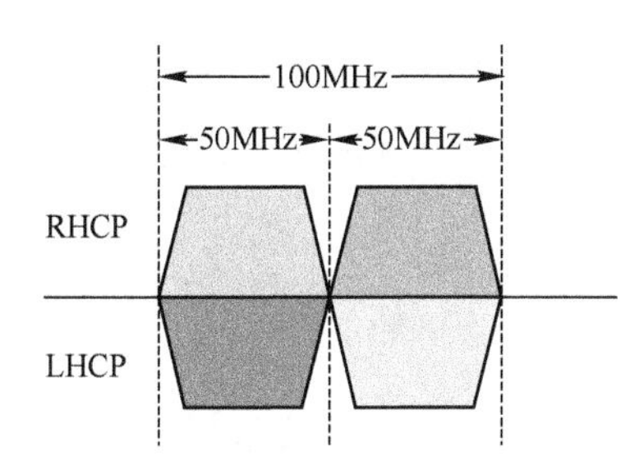

上述两种方式中的任何一个通常称为“四色”多波束阵列。第二种方式的确为每个波束提供了两倍的工作带宽。然而，由于需要接收双极化信号，所以接收机系统可能更复杂(即成本更高)。

开发完整阵列几何结构的下一步是合并簇，相邻波束之间没有间隙。为了完全嵌合——即无间隙地组合簇，N 只有满足以下条件的值：

$$N=i^2+ij+j^2 \tag{15.1}$$

式中，i 和 j 分别为非负整数。

表 15.1 列出了 N 的前几个可接受值。

表 15.1 多波束天线完全嵌合的整数值 N

N	i	j
1	0	1
3	1	1
4	0	2
7	1	2

大多数多波束卫星天线阵列的 N 值为 4 或 7，这在用户终端可接受的天线尺寸和功率要求与相邻同频道波束的可接受干扰电平之间具有最佳的性能权衡。$N=4$ 和 $N=7$ 的完整阵列结构如图 15.4 所示。

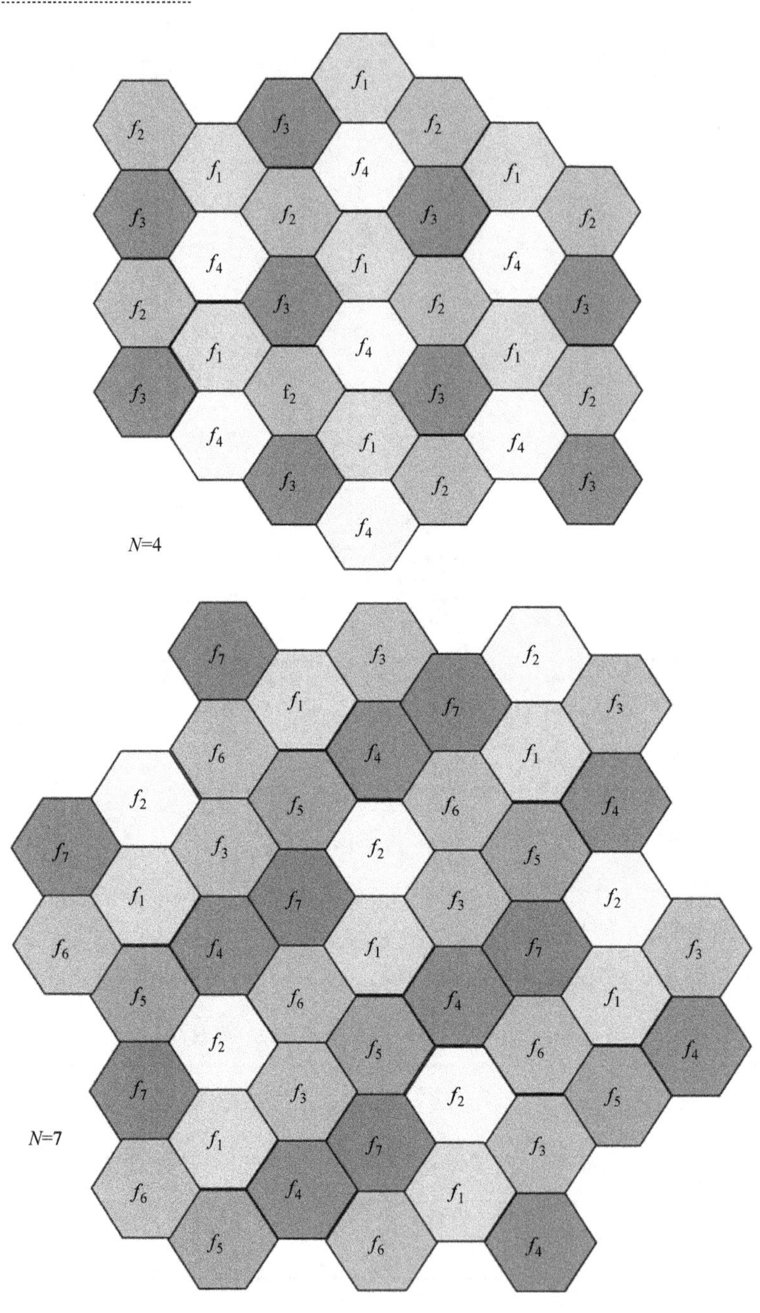

图 15.4　$N=4$ 和 $N=7$ 的多波束阵列配置(见彩图)

15.2.1.1 总可用带宽

现在我们考虑可用于卫星网络来自多波束阵列的总带宽。

对于每个波束采用双极化方式工作，总频率分配带宽为 b_a 的阵列，多波束阵列的总可用带宽 b_{TOT} 为

$$b_{TOT}=N_B\times\left(\frac{2b_a}{N}\right) \tag{15.2}$$

式中：N_B 为卫星阵列中的波束总数；N 为簇大小（或颜色数量）；b_a 为网络的分配带宽，单位为 MHz。

请注意，括号中的项表示阵列每个波束中网络可用的总带宽。

对于前面给出的示例(2)，如果簇大小为 $N=4$，每个波束以双极化方式工作，并且分配的带宽为 100MHz，则总波束数为 20 的卫星阵列将具有：

$$b_{TOT}=20\times\left(\frac{2\times100}{4}\right)=1000\text{MHz}$$

15.2.1.2 频率复用因子

现在，我们为阵列定义频率复用因子 F_R，

$$F_R=\frac{b_{TOT}}{b_a}=\frac{2N_B}{N} \tag{15.3}$$

对于上面的示例，F_R 为 $2\times20/4=10$。

如果不采用极化分集，则式(15.2)中的因子 2 将不存在。

15.2.1.3 容量

通常以 b/s 为单位表示的多波束卫星网络的容量将取决于几个传输因素，包括采用的调制类型、编码、缓解处理以及其他网络性能特征。如果规定了卫星传输的频谱效率 η_s，则可以根据以下公式确定多波束卫星网络的容量 C：

$$C=\eta_s\times b_a\times F_R=\left(\frac{2\eta_s N_B b_a}{N}\right)(\text{b/s}) \tag{15.4}$$

式中，η_s 为频谱效率，单位为 b/s/Hz。

容量随波束数 N_B 的增加而增加，但随着 N 的增加而减小，这是多波束 HTS 卫星系统设计中的一项主要权衡。

15.2.2 相邻波束 SIR

在多波束阵列的设计中，一个重要的考虑因素是波束参数之间的性能权衡，如频率复用因子、波束覆盖尺寸（及其相关的波束宽度）、发射终端的功率和天线增益以及接收机性能。设计权衡中的一个主要因素是具有相同频率计划的相邻波束

对下行链路传输的潜在干扰。随着复用因子的增加,同频道(相同颜色)波束之间的物理间隔变大,从而减少了潜在的干扰。但是,如前一节所述,N 的增加会导致每个波束可用带宽的减少。

从图 15.4 中可以看出,每个波束在波束附近具有 6 个相同频段(颜色)的同频邻居。

通过以下两个步骤,可以使用表 15.1 的 i,j 对找到簇大小为 N 的多波束天线阵列最近的 6 个同频道波束:

步骤(1)——选择 i 或 j 中的较大者,然后沿任意六边形链移动波束的整数值。

步骤(2)——逆时针旋转 60°,然后移动波束的另一个整数值。

图 15.5 演示了 f_1 波束在 $N=7$ 的过程。红线显示步骤(1),蓝线显示步骤(2)。

红色的步骤(1)沿六边形链移动 2 个束波束,蓝色的步骤(2)逆时针旋转 60°转动 1 个波束。图 15.5 上的 D_N 是两个最近的同频道光束之间的距离。

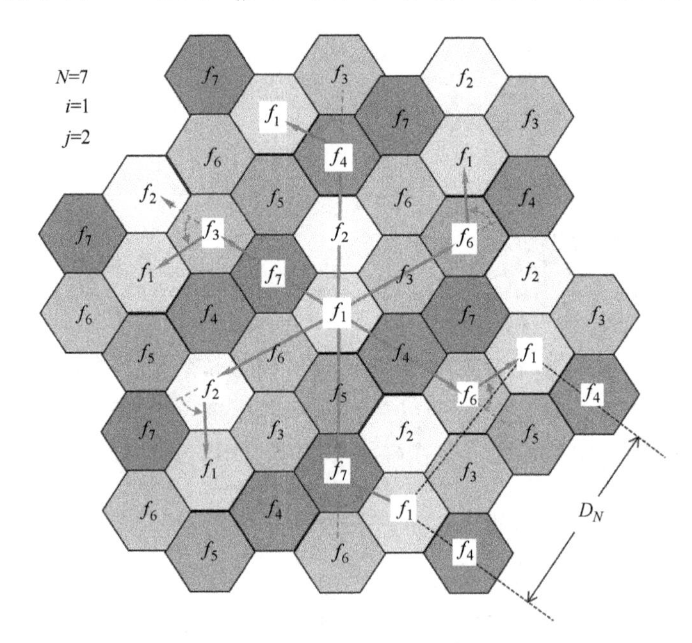

图 15.5　确定最近的同频道波束(见彩图)

单个六边形波束的尺寸表示半径为 R 的外接圆波束,如图 15.6 所示。

两个最接近的同频道波束之间的距离 D_N 是 N 的函数,可以根据六边形波束尺寸确定。

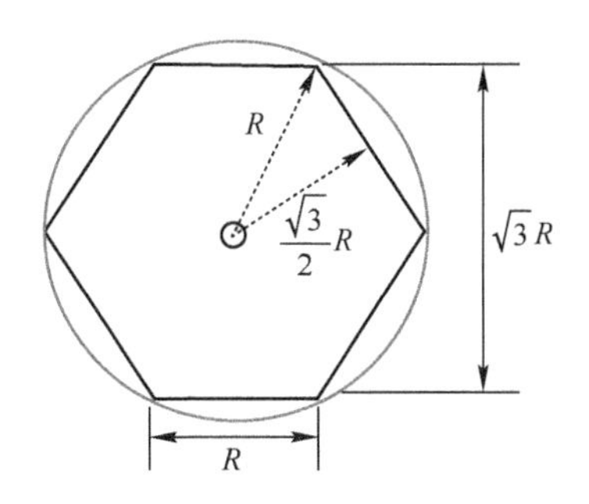

图 15.6 单个六边形波束的尺寸

$$D_3 = 3R$$
$$D_4 = 2\sqrt{3}R = 3.46R \tag{15.5}$$
$$D_7 = \sqrt{3\times 7}R = 4.85R$$

以通用格式显示结果：

$$D_3 = \sqrt{3\times 3}R \quad D_4 = \sqrt{3\times 4}R \quad D_7 = \sqrt{3\times 7}R$$

或

$$D_N = \sqrt{3N}R \tag{15.6}$$

正如预期的那样，随着波束簇尺寸的增加，共频道波束之间的间距也随之增大。

六边形的面积为

$$A_B = 6\times\left(\frac{R}{2}\times\sqrt{3}\frac{R}{2}\right) = 2.6R^2 \tag{15.7}$$

半径为 R 的圆形波束的面积（六边形表示）为

$$A_R = \pi R^2 \tag{15.8}$$

上述几何元素在评估多波束性能参数和确定阵列相邻同频道波束的可能干扰电平方面具有重要意义。

现在，我们希望评估多波束卫星网络下行链路的干扰情况。我们通过确定网络的相邻波束信干比 SIR 来实现这一点。SIR 定义为

$$\text{SIR}_{\text{ab}} = \frac{\text{接收机天线处所需的信号功率}}{\text{接收机天线处的总聚集相邻波束功率}}$$

对于这种情况，我们假设阵列中的每个下行链路波束均以相同的射频发射功率、天线波束宽度和天线辐射方向图工作。接收机天线处所需的信号功率将为（参见式(4.54)），

$$p_r = p_t g_t g_r \left(\frac{1}{l_{FS} l_o} \right) \tag{15.9}$$

式中：p_t为射频发射功率，单位为W；g_t为卫星发射机天线瞄准增益；g_r为地面接收机天线瞄准增益；l_{FS}为自由空间路径损耗；l_o为其他路径损耗（大气气体、降雨等）。

在上一节中发现，阵列中将有6个相邻的同频道波束，它们之间的距离取决于簇大小N。然后，我们可以将地面接收机天线端子处的总聚集相邻波束功率p_{adj}表示为来自6个相邻波束传输的功率电平之和，

$$\begin{aligned} p_{adj} &= \sum_{i=1}^{6} p_t g_t^i(\varphi_i) g_r \left(\frac{1}{l_{FS}^i l_o^i} \right) \\ &= p_t g_r \sum_{i=1}^{6} \frac{g_t^i(\varphi_i)}{l_{FS}^i l_o^i} \end{aligned} \tag{15.10}$$

式中：$g_t^i(\varphi_i)$为第i个相邻波束在所需波束方向φ_i上的卫星发射机天线增益；l_{FS}^i为第i个相邻波束的自由空间路径损耗；l_o^i为第i个相邻光束的其他路径损耗（大气气体、降水等）。

注意，由于我们假设所有卫星波束都以相同的射频功率发射，因此p_t与式（15.9）所需功率相同。

然后，可以将相邻波束的信干比SIR_{ab}表示为

$$\text{SIR}_{ab} = \frac{p_t g_t g_r \left(\frac{1}{l_{FS} l_o} \right)}{p_t g_r \sum_{i=1}^{6} \frac{g_t^i(\varphi_i)}{l_{FS}^i l_o^i}} = \frac{\frac{g_t}{l_{FS} l_o}}{\sum_{i=1}^{6} \frac{g_t^i(\varphi_i)}{l_{FS}^i l_o^i}} \tag{15.11}$$

回想一下，就路径长度r（单位为m）和频率f（单位为GHz）而言，自由空间损耗为（参见式（4.29）），

$$l_{FS} = \left(\frac{4\pi r}{\lambda} \right)^2 = \left(\frac{40\pi}{3} rf \right)^2 = \left(\frac{40\pi}{3} \right)^2 r^2 f^2$$

那么

$$\text{SIR}_{ab} = \frac{\frac{g_t}{\left(\frac{40\pi}{3} \right)^2 r^2 f^2 l_o}}{\sum_{i=1}^{6} \frac{g_t^i(\varphi_i)}{\left(\frac{40\pi}{3} \right)^2 r_i^2 f^2 l_o^i}} = \frac{\frac{g_t}{r^2 l_o}}{\sum_{i=1}^{6} \frac{g_t^i(\varphi_i)}{r_i^2 l_o^i}} \tag{15.12}$$

式中：r 为卫星到地面接收机终端的路径长度，单位为 m；r_i 为卫星到第 i 个相邻波束中心的路径长度，单位为 m。

该结果给出了与多波束天线阵列一起工作的下行链路接收机终端的信干比，其受到来自 6 个最近相邻的同频道天线波束的相邻波束信号的影响。

现在确定最近的 6 个相邻波束中的每个波束的干扰功率。接收机地面终端最可能发生干扰的位置将位于其波束的边缘。我们考虑一个运行于蓝色波束边缘的四色（N=4）阵列的地面终端。图 15.7 显示了地面接收终端和 6 个最近的干扰蓝光波束（编号 1~6）的位置。从地面终端到 6 个干扰波束中心中的每一个的距离显示为 $L_1, L_2, \cdots, L_6$。

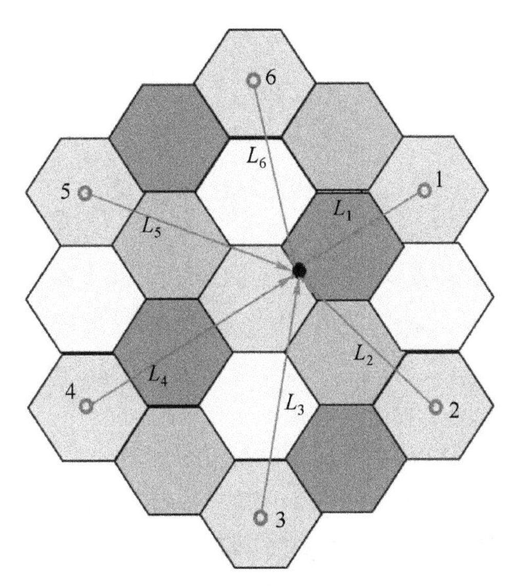

图 15.7　相邻干扰波束的地面终端位置（见彩图）

地面终端位于右上六边形波束边缘的中心。离地面终端距离为 L_1 的 1 号波束是最近的相邻蓝色波束。L_1 可以根据图 15.6 给出的六边形波束尺寸确定。蓝色波束中心之间的距离为（根据式（15.6），N=4）

$$D_N = \sqrt{3N}R$$

$$D_4 = \sqrt{3\times4}R = \sqrt{12}R$$

式中，R 为是六边形波束（和外接圆光束）的半径。

那么，L_1 可表示为

$$L_1 = D_4 - \frac{\sqrt{3}}{2}R$$

$$=\sqrt{12}R-\frac{\sqrt{3}}{2}R=\left(\sqrt{12}-\frac{\sqrt{3}}{2}\right)R=2.598R \tag{15.13}$$

以类似的方式可以找到与 L_1 直接相交的波束距离 L_4，

$$L_4=D_4+\frac{\sqrt{3}}{2}R$$

$$=\sqrt{12}R+\frac{\sqrt{3}}{2}R=\left(\sqrt{12}+\frac{\sqrt{3}}{2}\right)R=4.330R \tag{15.14}$$

请注意，对于其余 4 个波束距离，

$$L_2=L_6 \qquad L_3=L_5$$

由于，

$$D_4=\sqrt{12}R=3.464R$$

也就是说，

$$D_4 \gg R$$

可以假定，

$$L_2=L_6 \cong D_4=3.464R \qquad L_3=L_5 \cong D_4=3.464R \tag{15.15}$$

现在根据波束半径 R 确定了 6 个 L_i 距离，可以继续确定计算 $\mathrm{SIR_{ab}}$ 的其余参数。

确定 SIR 所需的输入参数为

θ 为地面接收机天线相对于卫星的仰角，单位为(°)；

r 为从卫星天线到地面接收机天线的路径长度，单位为 m；

$g_t(\varphi)$ 为卫星发射机天线增益方向图（假设每个波束相同）；

g_t 为卫星发射机天线视轴增益($\varphi=0$)；

N 为波束阵列复用因子；

L_i 为从地面终端到 6 个干扰波束中心各自的距离，单位为 m；

R 为阵列波束覆盖的半径，单位为 m。

为了确定卫星发射天线在地面接收机方向上的偏轴增益 $g_t^i(\varphi_i)$，需要找到第 i 个相邻同频道波束的中心与地面终端接收机之间的偏轴角 φ_i。

首先确定 r_i，即从卫星天线到第 i 个相邻波束中心的路径长度，如图 15.8 所示的三角形，其中显示了两个路径长度，分别为仰角和偏轴角。

对于具有角度 A、B 和 C 以及相对的边 a、b 和 c 的任意平面三角形，以下等式成立：

$$a^2=b^2+c^2-2b\,c\cos(A)$$

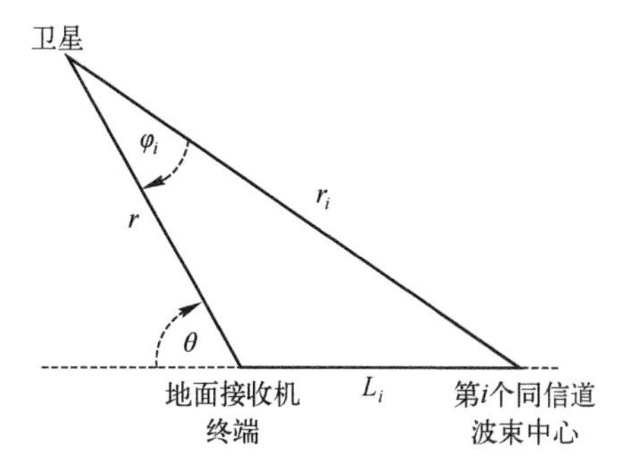

图 15.8 用于确定 SIR 的路径和角度几何

将图 15.8 的 r_i边表示为"a",

$$r_i^2 = r^2 + L_i^2 - 2rL_i\cos\ (180° - \theta)$$

由于 $\cos(180° - \theta) = -\cos\ (\theta)$,因此,

$$r_i^2 = r^2 + L_i^2 + 2rL_i\cos\ (\theta)$$

最后,

$$r_i = \sqrt{r^2 + L_i^2 + 2rL_i\cos(\theta)} \tag{15.16}$$

然后可以由 6 个 L_i值中的每一个确定相应的 r_i。

为了确定 φ_i,我们使用上面的恒等式,重新排列为

$$\cos(A) = \frac{b^2 + c^2 - a^2}{2bc}$$

角度 φ_i表示为"A",

$$\cos(\varphi_i) = \frac{r^2 + r_i^2 - L_i^2}{2r\ r_i}$$

或

$$\varphi_i = \arccos\left(\frac{r^2 + r_i^2 - L_i^2}{2rr_i}\right) \tag{15.17}$$

现在可以从以下公式确定 SIR:

$$\mathrm{SIR_{ab}} = \frac{\dfrac{g_t}{r^2 l_o}}{\displaystyle\sum_{i=1}^{6} \frac{g_t^i(\varphi_i)}{r_i^2 l_o^i}}$$

式中,

$$r_i = \sqrt{r^2 + L_i^2 + 2rL_i\cos(\theta)} \tag{15.18}$$

$$\varphi_i = \arccos\left(\frac{r^2+r_i^2-L_i^2}{2r\,r_i}\right)$$

注意,如果其他路径损耗 $l_o, l_o^1, \cdots, l_o^6$ 已知,则可以将它们包括在 SIR 的确定中。如果假定它们基本上相等,这对于大多数多波束阵列方案是合理的,则它们会在比值中抵消。

15.3 HTS 地面系统基础架构

与 HTS 网络相关的网络地面终端在以下方面与传统卫星网络有所不同:①每个带宽几百 MHz 的大容量波束,并具有更高的数据速率,②在更大的带宽上以更高的数据速率工作的用户终端,③支持多个点波束的馈线链路终端,具有连续的 Gb/s 容量,④采用衰减减缓技术(如第 8 章所述),以避免强降雨衰减,特别是对于 Ka 频段 HTS 网络。

这些因素中的每一个都会影响网络所有地面单元的设计和性能,地面单元由遍布整个多波束工作区域的用户终端和馈线链路终端(也称为网关)组成。

15.3.1 网络体系结构

HTS 网络采用卫星网络的两种相同的基本拓扑结构工作,这两种拓扑结构不需要大量使用多波束天线。如果 HTS 网络采用网关,那么必须将其位置集成到多波束结构中,以便为可能具有 Gb/s 总容量要求的多个并置波束提供服务。这两个拓扑是星型网络和网型网络,将在以下两个部分中进行讨论。

15.3.1.1 星型网络

星型网络通过网关或集线器终端在用户终端之间提供双向(双工)数据通信。图 15.9 显示了网络中两个用户终端的传统星型卫星网络的配置。任何两个用户终端之间的传输必须通过网关;用户终端之间没有直接链路。由于链路闭包是通过更大的天线和更高的射频功率网关终端建立的,因此允许用户终端更小(在天线尺寸和射频功率方面)。

来自网关的链接是前向链接,而到网关的链接称为返回链接。往返网关的链路是网络的馈线链路。

由于星型配置不提供用户之间的直接传输链路,因此传输(在任一方向上)都需要通过卫星进行两次跳跃才能完成。

图 15.10 显示了星型配置的两种实现方式,一种是网关馈线链路通过一个卫星点波束运行,第二种是馈线链路通过一个较大覆盖区域的波束运行。

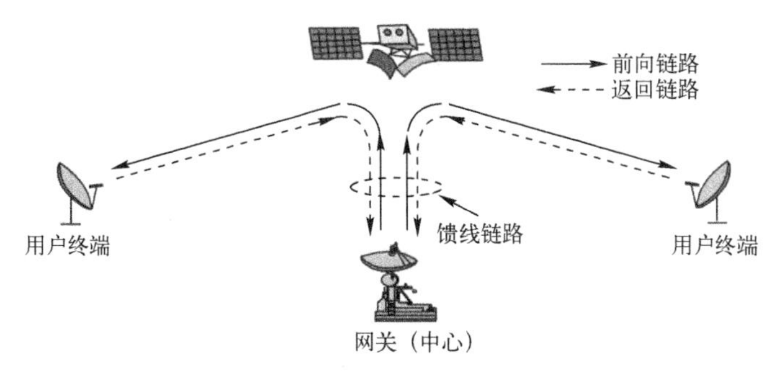

图 15.9 星型卫星网络

图 15.10(a)显示了网关通过多波束阵列的一个点波束运行的配置。两个网关分别显示为“蓝色”和“红色”,以及它们服务的波束,分别由蓝色波束和红色波束表示。这些颜色和波束名称不得与关于多波束天线阵列设计的 15.2.1 节中描述的颜色名称相混淆。

图 15.10(b)显示了网关通过卫星上的一个或多个独立波束而不是服务于用户终端的多波束阵列运行的情况。在这种情况下,两个网关馈线链路都通过覆盖部分阵列波束的区域波束运行,如图所示。注意,在任一配置下,从一个网关服务区的用户终端到另一网关服务区的用户终端的传输需要四次通过卫星才能完成。

15.3.1.2 网型网络

第二种基本卫星网络是网型网络,其中任一用户终端都可以直接通过卫星与另一用户终端通信。用户到用户的传输不需要网关终端。图 15.11 显示了通过多波束天线阵列运行的用户终端网络的网型配置。

网型配置为用户终端到用户终端的传输提供了单跳路由(图 15.11)。星载处理允许一个波束中的任何用户与阵列中同一波束或另一波束中的任何用户交谈。网型网络中的用户终端需要比星型用户终端更多的功能,例如更大的天线、更好的 EIRP 和更好的 G/T,因为它们没有一个大型网关所具有的优势,无法在链路的一端来提高链路性能。

具有任一拓扑结构的典型 HTS 应用包括许多面向大用户市场的服务。用户终端可以是传统尺寸的 VSAT 终端,也可以是使用 25~100 多个多波束网络的较小的 USAT(超小孔径终端)终端,每个终端的半径覆盖为 100km。

受益于星型连接的服务和应用包括:

- 宽带互联网接入
- 网络广播和流媒体
- 直播电视服务

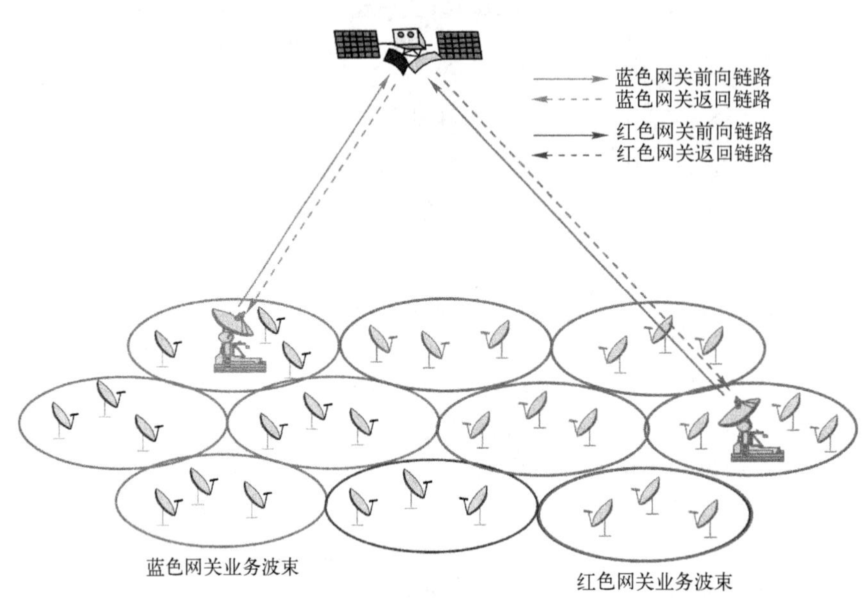

(a) 通过多波束阵列运行的网关

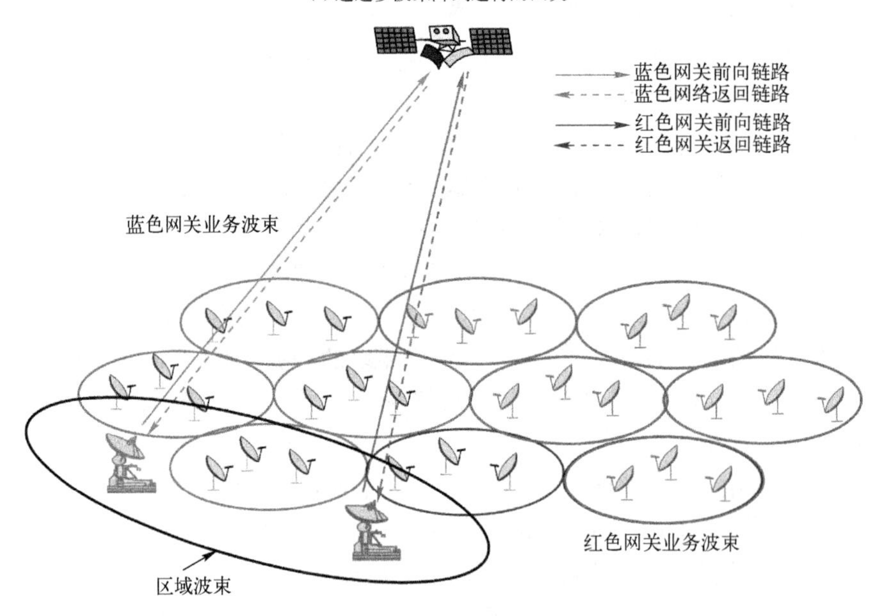

(b) 通过区域波束运行的网关

图 15.10　星型网络网关实现(见彩图)

- 紧急通信服务

倾向于网型网络的包括：

- 安全的 Intranet 和 VPN(虚拟专用网)数据交换
- M 对 M(机器对机器)监督控制和数据传输
- 远程学习和远程医疗网络

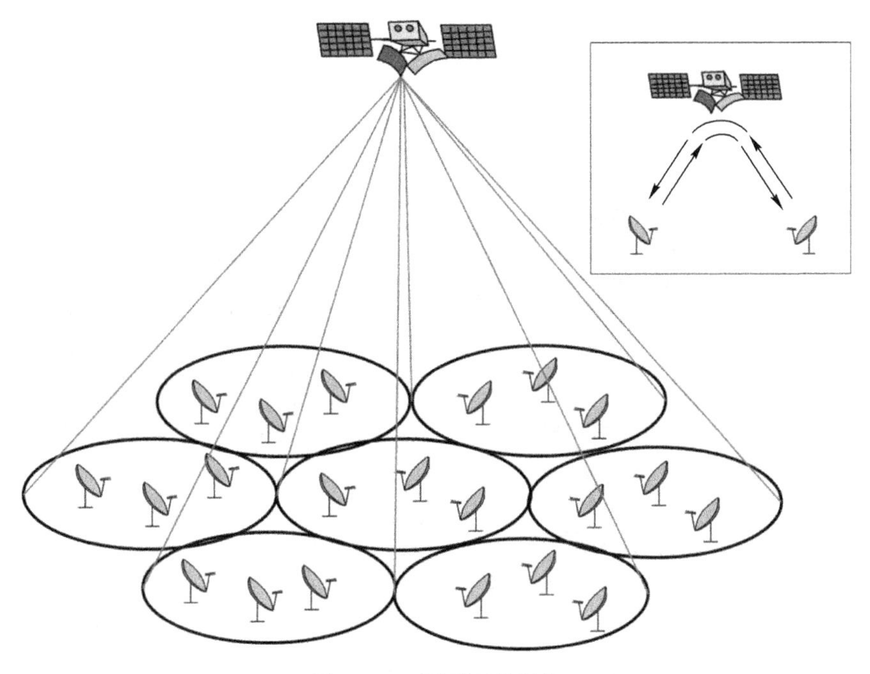

图 15.11 网型卫星网络

15.3.2 频段选项

提供 FSS 的宽带 HTS 卫星主要在 Ku 频段(上行 14GHz/下行 11GHz)和 Ka 频段(上行 30GHz/下行 20GHz)分配的频段内工作。然而，Ka 频段已成为大多数当前和计划中的 HTS 网络的首选频段。除了在所有 3 个 ITU-R 区域中分配更大的带宽外，Ka 频段在 HTS 系统实现方面比 Ku 频段具有许多优势。具有窄点波束的卫星天线阵列更容易在 Ka 频段实现，因为 Ka 频段阵列可以实现较小的天线尺寸和较高的增益。小点波束所需的天线波束宽度范围为 0.15°~1°，而实现这些波束宽度所需的天线孔径大小在 Ka 频段要小得多(并且重量更轻)。图 15.12 显示了来自 GSO 的各个频段的天线波束覆盖区域的比较，以及实现所需的波束宽度需要的卫星波束宽度和天线单元尺寸。

图 15.12 中显示了直径分别为 500km、250km 和 100km 的 3 种波束尺寸的覆盖范围。还列出了用于比较的全球、美国大陆、时区和区域波束的特征。为了实现相同的覆盖区域，Ka 频段的天线单元尺寸约为 Ku 频段单元尺寸的一半，约为 C 频段单元尺寸的 1/5。该计算基于第 4 章中给出的天线/波束宽度公式，并假设用于天线尺寸计算的天线效率为 55%。

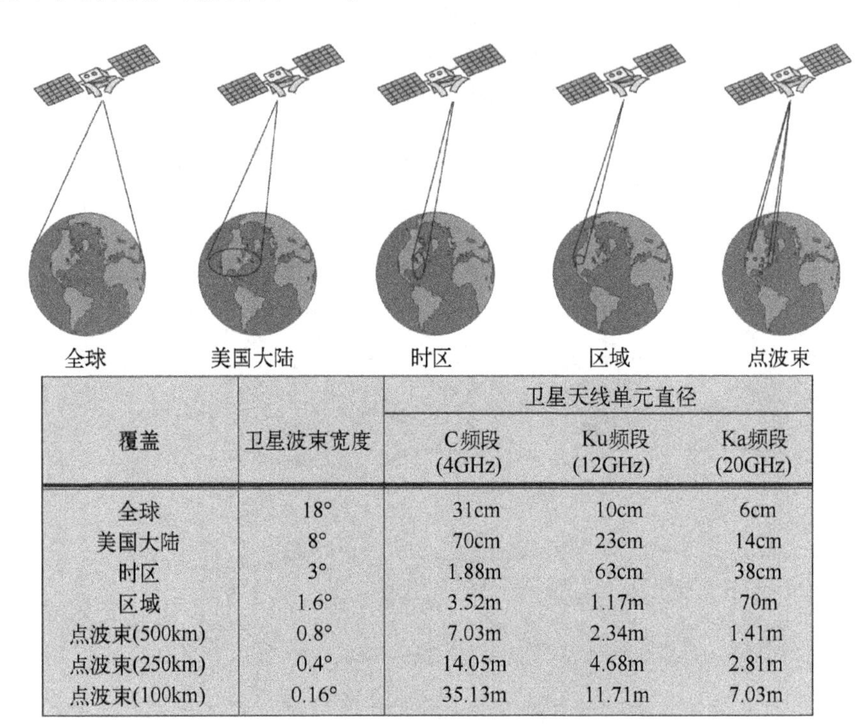

覆盖	卫星波束宽度	卫星天线单元直径		
		C频段(4GHz)	Ku频段(12GHz)	Ka频段(20GHz)
全球	18°	31cm	10cm	6cm
美国大陆	8°	70cm	23cm	14cm
时区	3°	1.88m	63cm	38cm
区域	1.6°	3.52m	1.17m	70m
点波束(500km)	0.8°	7.03m	2.34m	1.41m
点波束(250km)	0.4°	14.05m	4.68m	2.81m
点波束(100km)	0.16°	35.13m	11.71m	7.03m

图 15.12　来自 GSO 的卫星天线波束覆盖区域

天线阵列阔单元的尺寸很重要，不仅因为卫星有效载荷的尺寸和重量的限制，而且还取决于可能需要的运载火箭的尺寸。

Ka 频段还使得用户终端的天线尺寸更小，从而降低了成本，改善了链路性能。Ka 频段产生的更好的链路预算可以实现更高阶的调制和编码，从而提高通量并实现更高的频谱效率。Ka 频段链路预算还可以允许在较高干扰电平下运行，干扰包括自干扰和外部干扰。

Q 频段（上行 40GHz/下行 30GHz）和 V 频段（上行 50GHz/下行 40GHz）中的 FSS 分配也可供将来的 HTS 使用。

15.4　卫星HTS和5G

经过几代技术的发展,地面蜂窝移动网络通常在很大程度上不包括卫星通信组件。蜂窝结构和重点在于提供语音和中等数据速率点对点通信的小型、本地化蜂窝单元,不需要卫星通信提供用户对用户的连接。一个例外是使用卫星进行远距离和洲际连接的回传服务。

但是,随着第四代(4G)移动系统向第五代(5G)技术的扩展,地面蜂窝业务传输中卫星链路的缺乏正在迅速改变。卫星业务,尤其是HTS系统,将在5G网络中扮演重要角色。在讨论卫星技术在5G蜂窝中的预期作用之前,简要概述前几代蜂窝移动技术的发展将为卫星网络如何适应5G电信基础设施提供有用的观点。

15.4.1　蜂窝移动技术发展

15.4.1.1　第一代

20世纪80年代初开始部署的第一代地面蜂窝网络基于模拟调制和FDMA技术。调制通常采用调频方式,并且网络控制位于一个集中的控制位置,称为MTSO(移动电话交换局)。MTSO还控制了切换过程,即将移动用户终端转移到下一个合适的相邻地面蜂窝的过程。美国的第一代蜂窝标准是AMPS(高级移动电话业务)。

15.4.1.2　第二代(2G)

20世纪90年代初开始出现的第二代蜂窝系统引入了数字技术和高级呼叫处理功能。采用了数字语音编码和数字调制。TDMA和CDMA接入控制最早出现在2G系统中。网络控制结构更加分散,切换决策等功能移至各个用户手机,而不是集中控制。部署的一些更流行的2G标准为

- GSM(全球移动系统)
- TIA(电信行业协会)标准
  - IS-54 TDMA数字标准
  - IS-95 CDMA数字标准
- PACS(个人接入通信系统)

2G标准已被取代,不再使用,但GSM除外,格式经过重大修改和改进后的GSM仍然在全世界范围内使用。

15.4.1.3　第三代(3G)

蜂窝系统发展中的下一个重大技术变革是基于国际电信联盟(ITU)国际移动

电信计划 IMT-2000 的标准系列。这些标准于 2000 年开始部署,现在称为第三代(3G)蜂窝网络。3G 从最初主要支持语音和低速率数据的 2G 系统发展而来,包括:

- 无线广域网(WLSN)语音电话
- 视频和宽带无线数据

IMT-2000 的主要目标是提供一套可以满足广泛的无线应用并提供通用接入的标准。第一个商用 3G 网络 NTT DoCoMo 于 2001 年 10 月在日本启用。Verizon 于 2003 年 10 月启动了美国第一个 3G 网络。

3G 标准由 IMT-2000 第三代合作伙伴计划(3GPP)维护。3GPP 基于称为 UMTS(通用移动电信系统)的 IMT-2000 标准或称为 WCDMA(宽带 CDMA)的略微改进的标准。

15.4.1.4 3G 演进

3G 时代迅速进入了"演进"时期,3 种竞争技术争夺下一代蜂窝技术。除了 UMTS / WCDMA,还出现了另外两个技术标准:HSPA(高速分组接入)和 LTE(长期演进)。

LTE 似乎是 3G 演进的首选技术,它于 2004 年 11 月在 3GPP 研讨会上启动。LTE 利用 OFDMA(正交频分多址)和 SC-FDMA(单信道频分多址)代替 CDMA。它是一个全 IP(互联网协议)网络,与其他两个 3G 演进替代产品相比,其降低了每比特容量的成本。3G-LTE 已经发展成为主要的"后 3G"全球标准,并且是普遍使用的主要先进蜂窝技术。

15.4.1.5 第四代(4G)

第四代是用于描述蜂窝无线宽带通信的下一个完整演进的术语。4G 将是一个完整的演进系统,也就是说,它将取代 3G 或 3G / LTE 手机、组件和网络,就像 2G 取代 1G 和 3G 取代 2G 一样。

4G 规范基于 ITU 在 2008 年发起的 IMT-Advanced 要求。IMT-Advanced 蜂窝系统必须满足以下条件:

- 全 IP 分组交换网络;
- 高移动性(如移动接入)的峰值数据速率高达 100Mb/s,低移动性(如漫游/本地无线接入)的峰值数据速率高达 1Gb/s;
- 动态地共享和利用网络资源以支持每个蜂窝更多的用户;
- 可扩展的频道带宽,介于 5~20MHz 之间,可选高达 40MHz;
- 峰值链路频谱效率:下行链路为 15bits/s/Hz,上行链路为 6.75bits/s/Hz;
- 跨异构网络的平滑切换;

● 能够为下一代多媒体支持提供高质量的服务。

积极开发以满足 IMT-Advanced 要求的两种方法:由 3GPP 开发的 LTE Advanced,以及由电气电子工程师协会开发的 IEEE 802.16m 标准。

15.4.1.6 第五代(5G)

如果我们注意到,从第一代(1981)开始,2G [GSM](1992)、3G [IMT-2000](2001)和 4G [IMT-Advanced](2010—2011 年),过去的新一代移动标准大约每 10 年出现一次,预计将在 2020 年左右首次部署 5G。根据这一时间表,ITU-R 正在通过其 IMT-2020(国际移动电信-2020)倡议制定 5G 发展路线图。图 15.13 给出了 ITU-R 工作组 5D,IMT 系统定义的 IMT-2020 的 5G 时间表和发展计划。时间线显示了工作计划流程,从 WRC-15 之前的早期计划开始,一直到 WRC-19。时间轴顶部的编号项目表示 5D 工作组的会议编号,从 2014 年的第 18 位开始,到 2020 年扩展到第 36 位。已经发表了几份报告,讨论了与 IMT-2020 5G 开发相关的技术、可行性和愿景。

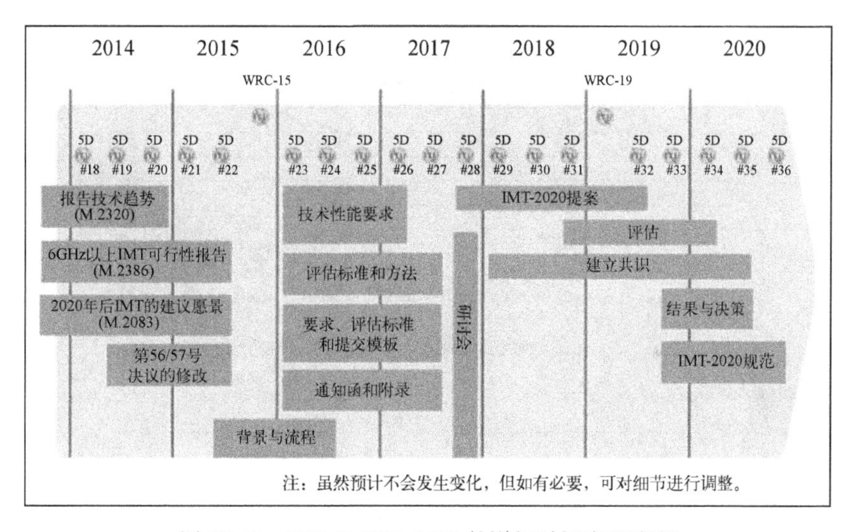

图 15.13 ITU-R IMT-2020 的详细时间表和流程

15.4.2 卫星 5G 技术

向 5G 环境的过渡将融合多种技术,这些技术不仅涉及当今的传统 2G/3G/4G 地面蜂窝业务,而且还将扩展宽带高数据速率业务,包括卫星和可能的高海拔地区平台以及扩展的地面组件。推动 5G 时代实现的一些技术包括:

- 认知无线电
- 高空平流层站台(HAPS)
- 机器对机器(M2M)通信
- 物联网(IoT)
- 提高了屏幕分辨率(即4K,UHD)和视频下载
- 云计算

这些技术的主要影响是IMT-2020时代IMT流量的快速增长。导致流量快速增长的三大用户趋势是:视频使用量增加;“智能”设备激增;应用程序和下载速度加快。

图15.14给出了ITU-R对2020—2030年期间全球移动业务量的估算。针对不包括M2M流量和包括M2M流量显示了估计的每月总流量(单位为EB)。结果表明,不包括M2M流量,移动流量预计将以每年约54%的速度增长,包括M2M流量在内,移动流量的年增长率约为55%。

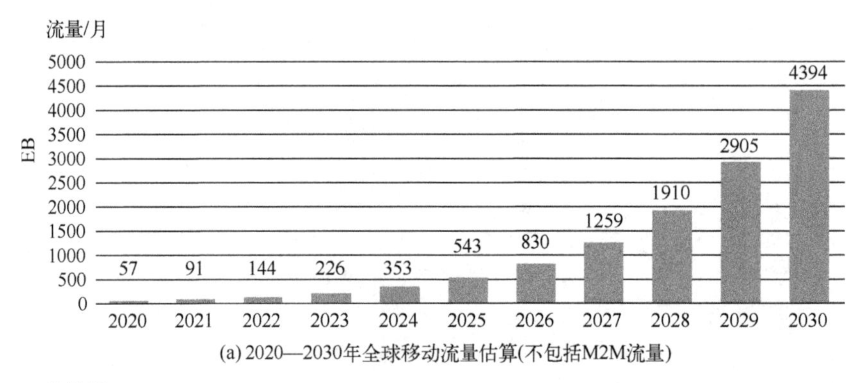

(a) 2020—2030年全球移动流量估算(不包括M2M流量)

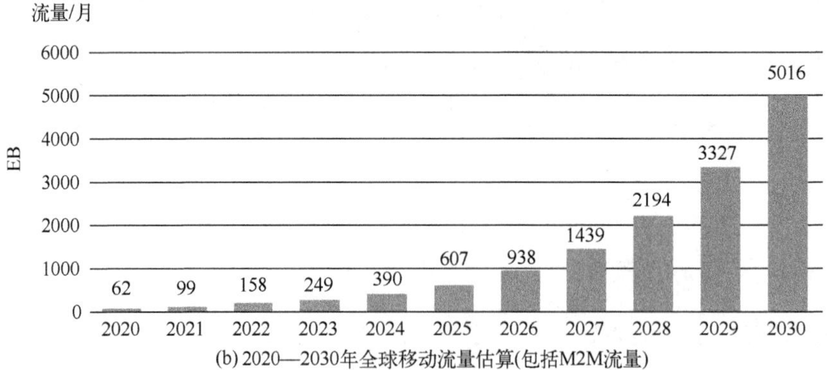

(b) 2020—2030年全球移动流量估算(包括M2M流量)

图15.14 2020—2030年全球移动总流量预测

在此时间范围内，5G 环境将包括通过多个网络和系统的业务传输融合。多个网络将包括在新的和扩展的频段中运行的固定(FSS)、移动(MSS)和广播(BSS)卫星。卫星传输组件将需要在全球分布层次上运行的超高容量链路，从而将 HTS 系统的性能扩展到当前层次之外。将需要利用新的频率分配来支持增加的业务容量，在带宽和未使用的频谱可用的情况下，这些频段的频谱会更高。

已经认识到需要为下一代 HTS 分配更高的频率。上届世界无线电会议(WRC-15)第 238 号决议指示 ITU-R"为 WRC-19 进行并及时完成适当的共享和兼容性研究，同时考虑到对主要分配频段的业务的保护，对于频段：

24.25 ~ 27.5GHz、37 ~ 40.5GHz、42.5 ~ 43.5GHz、45.5 ~ 47GHz、47.2 ~ 50.2GHz、50.4~52.6GHz、66~76GHz 和 81~86GHz，它们主要分配给移动业务；

31.8~33.4GHz，40.5~42.5GHz 和 47~47.2GHz，这可能主要需要对移动业务进行额外的分配。"

这些提议的频段范围从 24.25~86GHz，具有巨大的宽带潜力，但是，卫星链路距离的传播问题很大，必须进行评估。

可以预期，HTS 可以在点对点、广播、多播以及向小型室外无线电接入点的传输中提供非常高的数据速率业务。基于卫星的网络将有助于将无线接入网络，以进行室内和建筑物内分发，包括建筑物内的移动用户。随着下载和 IP 业务需求的增加，当前的 HTS 预定(线性)视频和点播(非线性)电视的传输将有所扩展。

5G"生态系统"将包含大量业务，卫星传输网络将在其实施中发挥重要作用。图 15.15 所示为从全球范围内在将可用的业务和活动的愿景中展望了 2020—2030 年的 5G 世界。

5G 环境是新技术与现有技术的结合，其包括以下活动(参见图 15.5)：

- 安全和监视
- 遥测和数据回传
- 固定资产和移动资产跟踪
- 电子医疗流量优先
- 航班跟踪
- 互联房屋：宽带服务、混合乘法/本地存储
- 智能电网
- 智能出行
- 车队管理
- 道路标志的远程控制
- 联网汽车

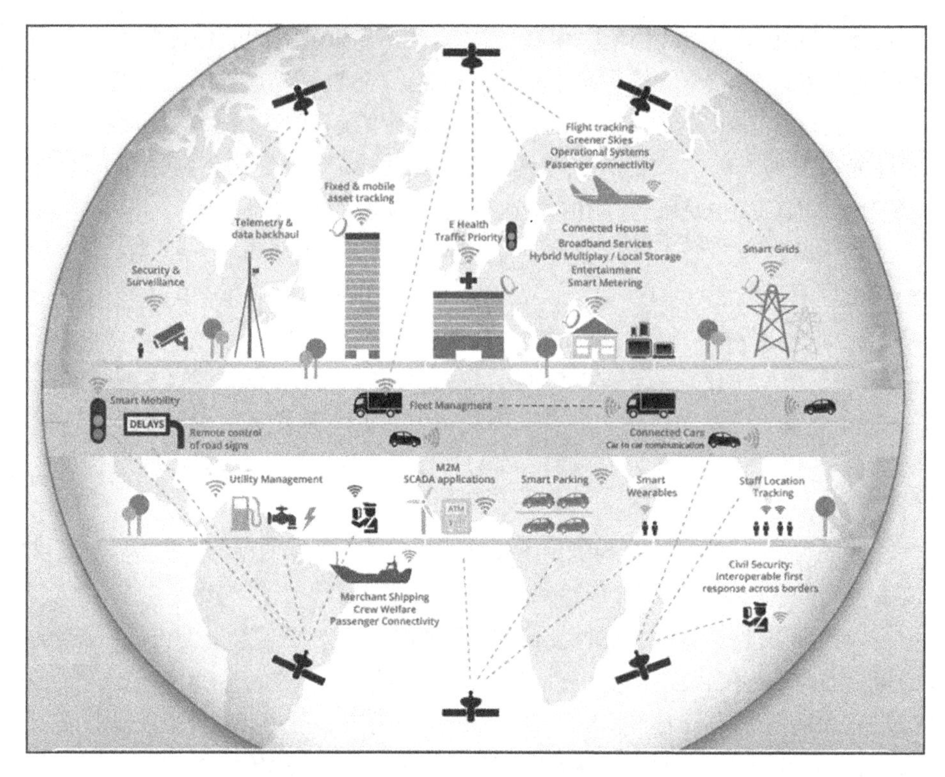

图 15.15　卫星作为5G生态系统的组成部分

- 公用事业管理
- M2M SCADA(监控和数据采集)应用
- 智能停车
- 智能穿戴设备
- 员工位置跟踪
- 商船、船员、乘客连通性
- 民事安全:跨国界互操作的第一反应

5G将需要大块的连续频谱,在31GHz以下不可用。卫星传输对于开发创新的宽带业务至关重要,Ka频段(及更高)的HTS系统将成为这些网络的中心。据估计,到2025年,轨道上将有100多个HTS GSO和NGSO系统提供太比特的全球连通性。卫星HTS频谱将主要在Ka频段,但是,Q频段(40/30)和V频段(50/40)的FSS分配已经在深入研究和评估中。

参考文献

[1] Federal Communications Commission (FCC). (2016). Available at: http://www.fcc.gov/guides/getting-broadband [accessed 6 October 2016].

[2] Thiacom Public Company Limited. (2014). Available at: http://www.thaicom.net/satellites/existing/thaicom4.aspx [accessed 6 October 2016].

[3] Spaceway 3 Coverage Maps (Footprints) Files. (n.d.) Available at: https://satellitecoverage.net/spaceway-3-coverage-maps-footprints [accessed 6 October 2016].

[4] International Telecommunications Union (ITU) Newsletter, No. 6, November, December 2015, Figure 1. Source: Northern Sky Research, LLC, Cambridge, MA.

[5] "ITU towards IMT for 2020 and beyond." Available at: http://www.itu.int/en/ITU-R/study-groups/rsg5/rwp5d/imt-2020/Pages/default.aspx [accessed 6 October 2016].

[6] ITU-R Report M.2320-0, "*Future technology trends of terrestrial IMT systems*," Geneva, November 2014.

[7] ITU-R Report M.2376-0, "*Technical feasibility of IMT in bands above* 6GHz," Geneva, July 2015.

[8] ITU-R Report M.2083-0, "*IMT Vision - Framework and overall objectives of the future development of IMT for* 2020 *and beyond*," Geneva, September 2015.

[9] ITU-R Report M.2370-0, "*IMT traffic estimates for the years* 2020 *to* 2030," Geneva, July 2015.

[10] "*Studies on frequency-related matters for International Mobile Telecommunications identification including possible additional allocations to the mobile services on a primary basis in portion(s) of the frequency range between* 24.25 *and* 86GHz *for the future development of International Mobile Telecommunications for* 2020 *and beyond*," Resolution 238[COM6/20](WRC-15), Provisional Final Acts World Radiocommunication Conference (WRC-15), 2-27 November 2015, International Telecommunications Union, Geneva.

[11] "Satellite: An Integral Part of the 5G Ecosystem," EMEA Satellite Operators Association(ESOA). Available at: http://www.esoa.net [accessed 6 October 2016].

附　录
误差函数和误比特率

本附录概述了误差函数及其在通信系统性能参数中使用的基于概率的函数计算中的应用。还包括一个近似误差函数，该函数简化了评估卫星通信系统性能所需的许多计算。该结果对于确定本书中讨论的许多处理或调制技术的错误概率或误比特率 BER 特别有用。

极性非归零是第 10 章讨论的一种流行的数字源编码技术，它的误比特率 BER 为

$$\mathrm{BER}=\frac{1}{2}erfc\left(\sqrt{\left(\frac{\mathrm{e}_b}{n_0}\right)}\right) \tag{A.1}$$

式中：(e_b/n_0) 为单位比特能量噪声比；操作符 $erfc(\,)$ 为互补误差函数，定义为

$$erfc(x)=\frac{2}{\sqrt{\pi}}\int_x^{\infty}\mathrm{e}^{-u^2}\mathrm{d}u \tag{A.2}$$

上面的 *BER* 也适用于 *BPSK* 和 *QPSK*，这是卫星通信中使用的两种主要的数字信号载波调制技术，并在本书中讨论。

A.1　误差函数

互补误差函数是用于评估涉及高斯过程的概率函数的几个函数之一。概率的计算基于对正态概率密度函数尾部下方面积的确定，

$$p(x)=\frac{1}{\sigma\sqrt{2\pi}}\mathrm{e}^{-\frac{(x-m)^2}{2\sigma^2}} \tag{A.3}$$

式中，m 和 σ 分别为分布的均值和标准方差。

图 A.1 显示了 $p(x)$ 的图。曲线图上的阴影区域显示了分布“尾部”下的面积，它表示随机变量 x 等于或大于值 x_o 的概率。概率表示为

$$P_r(x \geqslant x_o) = \int_{x_o}^{\infty} \frac{1}{\sigma\sqrt{2\pi}} e^{-\frac{(x-m)^2}{2\sigma^2}} dx \tag{A.4}$$

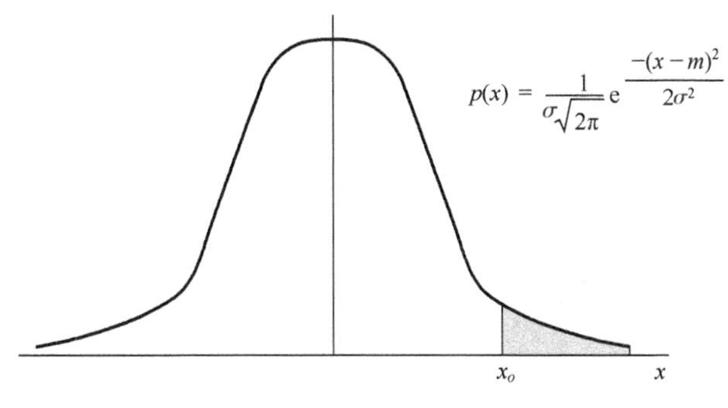

图 A.1　正态概率函数

误差函数 *erf* 定义为

$$erf(z) \equiv \frac{2}{\sqrt{\pi}} \int_0^z e^{-x^2} dx \tag{A.5}$$

互补误差函数 *erfc* 定义为

$$erfc(z) \equiv 1 - erf(z)$$

$$erfc(z) = \frac{2}{\sqrt{\pi}} \int_z^{\infty} e^{-x^2} dx \tag{A.6}$$

Q 函数定义为

$$Q(z) \equiv \frac{1}{\sqrt{2\pi}} \int_z^{\infty} e^{-\frac{x^2}{2}} dx \tag{A.7}$$

函数之间的关系可以概括为

$$\begin{gathered} Q(z) = \frac{1}{2}\left[1 - erf\left(\frac{z}{\sqrt{2}}\right)\right] = \frac{1}{2} erfc\left(\frac{z}{\sqrt{2}}\right) \\ erfc(z) = 2Q(\sqrt{2}z) \\ erf(z) = 1 - 2Q(\sqrt{2}z) \end{gathered} \tag{A.8}$$

另外请注意

$$Q(-z) = 1 - Q(z)$$

$$Q(0) = \frac{1}{2} \qquad erfc(0) = 1 \qquad erf(0) = 0 \tag{A.9}$$

A.2 BER 的近似

前面讨论的 BER 需要 *erfc* 函数进行计算,该公式适用于极性 NRZ、BPSK 和 QPSK

$$\mathrm{BER}=\frac{1}{2}erfc\left(\sqrt{\frac{e_b}{n_0}}\right)$$

erfc 以及 *erf* 和 Q 可以在数学书籍附表中找到。它们也可能是电子表格或数学计算软件中提供的查找函数。在 *erfc* 函数参数满足$(e_b/n_0)\geqslant 6.5\mathrm{dB}$ 的情况下,BER 可近似为

$$\mathrm{BER}\approx\frac{\mathrm{e}^{-\left(\frac{e_b}{n_o}\right)}}{\sqrt{4\pi\left(\frac{e_b}{n_o}\right)}} \tag{A.10}$$

图 A.2 比较了近似值(虚线)和精确函数(实线)。当没有可用的 *erfc* 函数的精确附表时,可以使用近似值,并提供了有用的 BER 闭合形式,可以用于链路预算交易或仿真中。

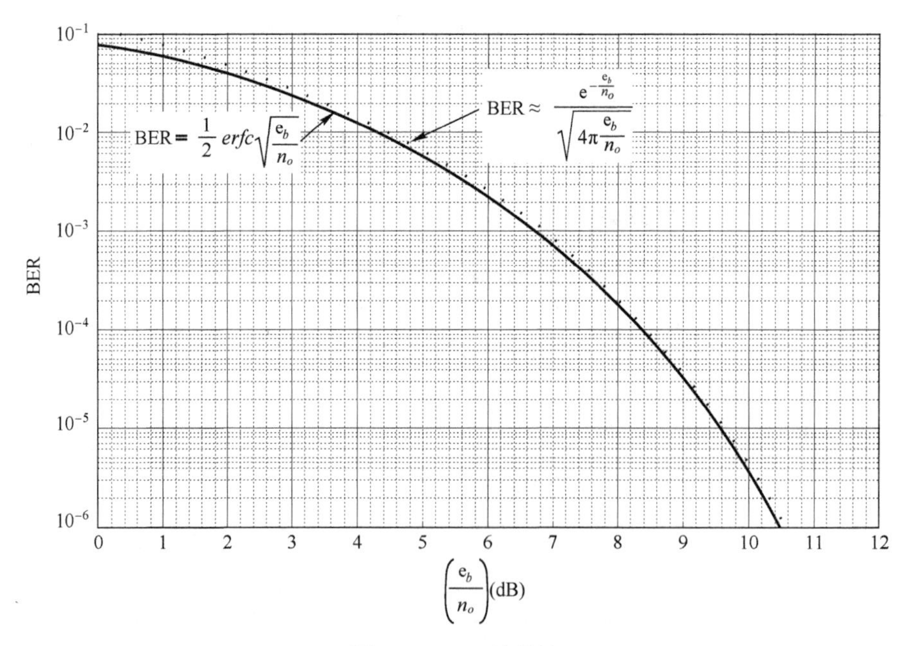

图 A.2 BER 的估计

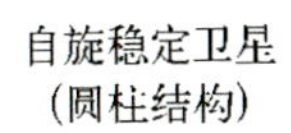

星体稳定
或三轴稳定卫星
(箱形结构)

图 3.3　物理结构

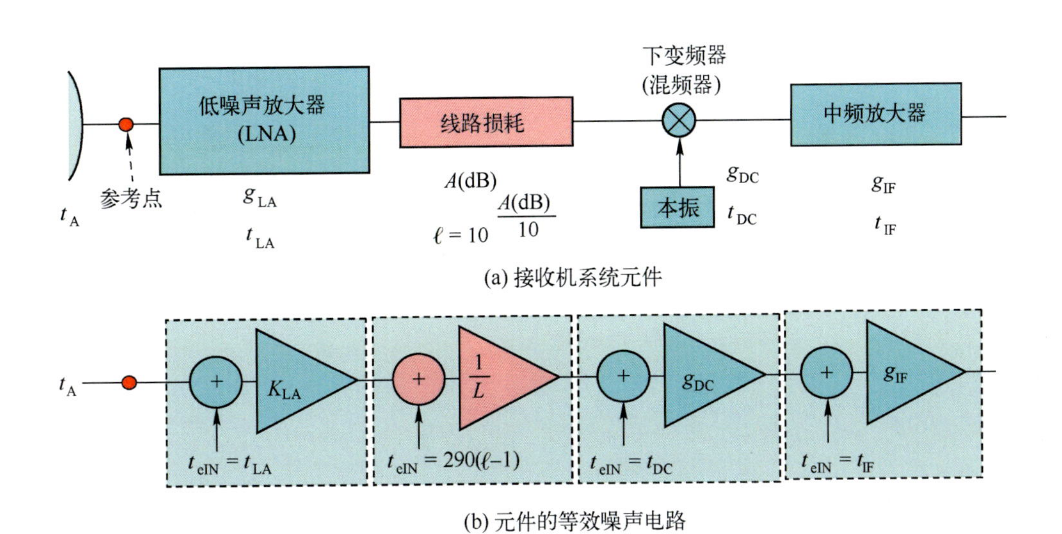

图 4.14　卫星接收机系统和系统噪声温度

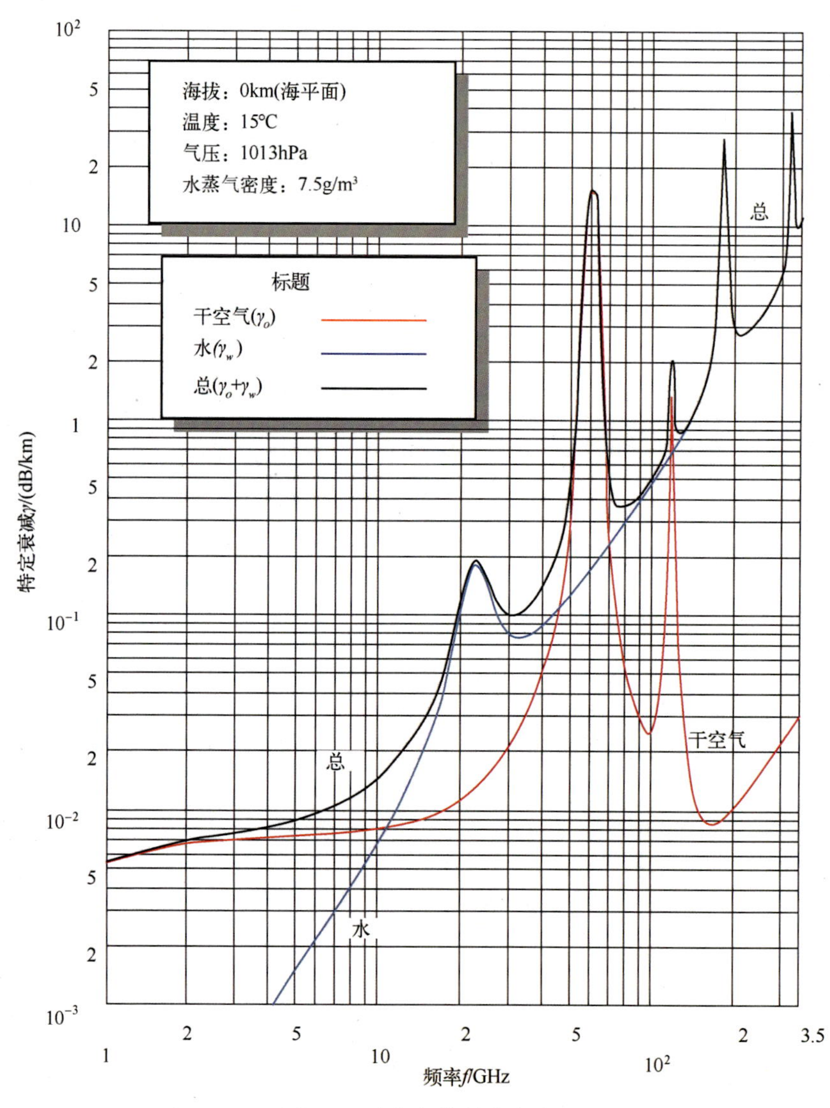

图 7.3　大气气体特定衰减

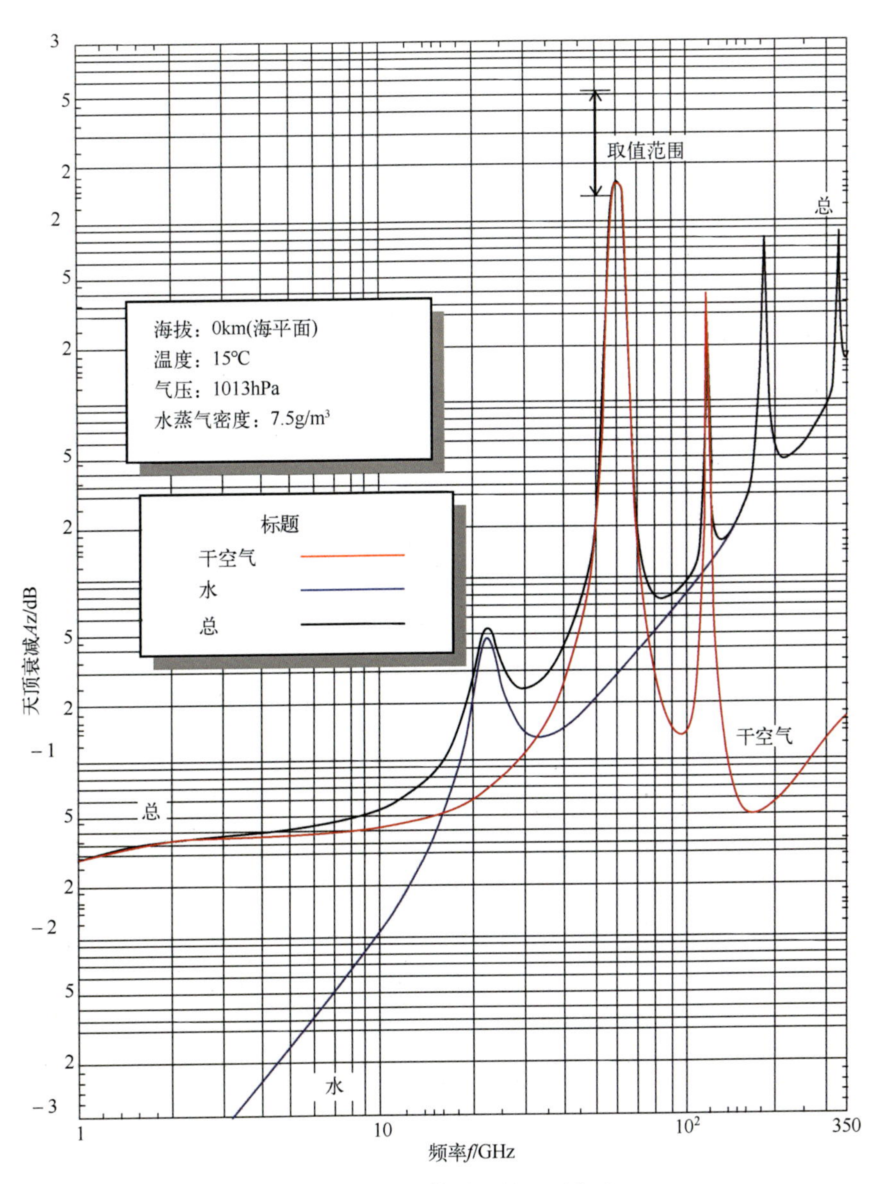

图 7.4　大气气体引起的天顶衰减

图 13.3　国际电信联盟(ITU)公共通信业务的业务名称

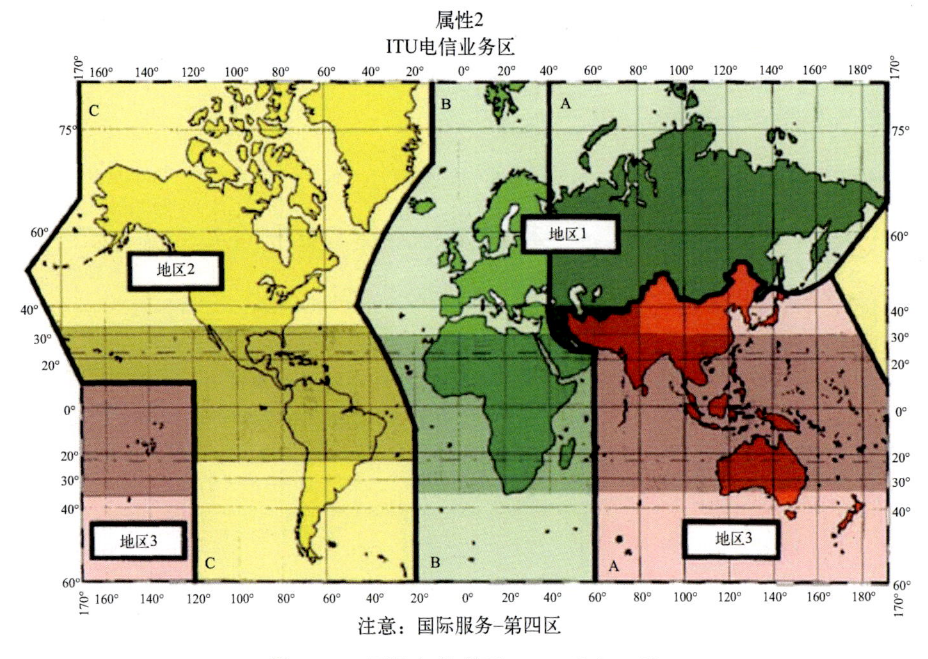

图 13.4　国际电信联盟(ITU)业务区域

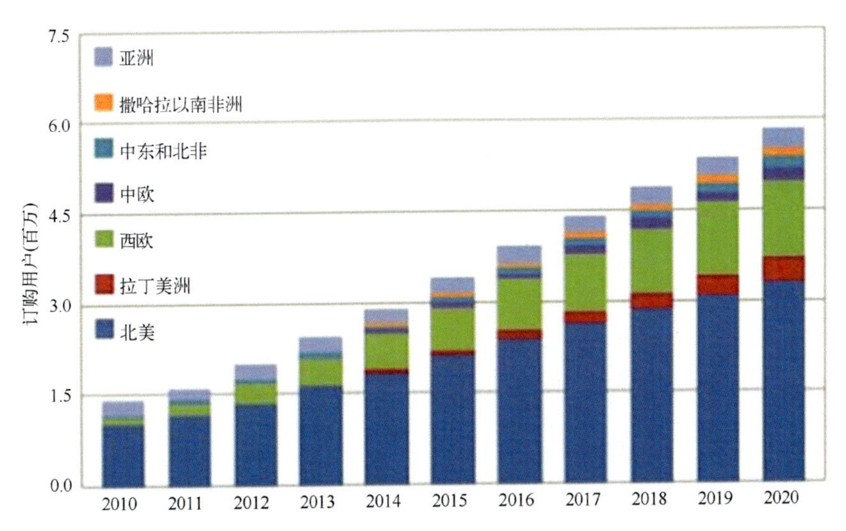

图 15.2 卫星宽带订购用户预计增长

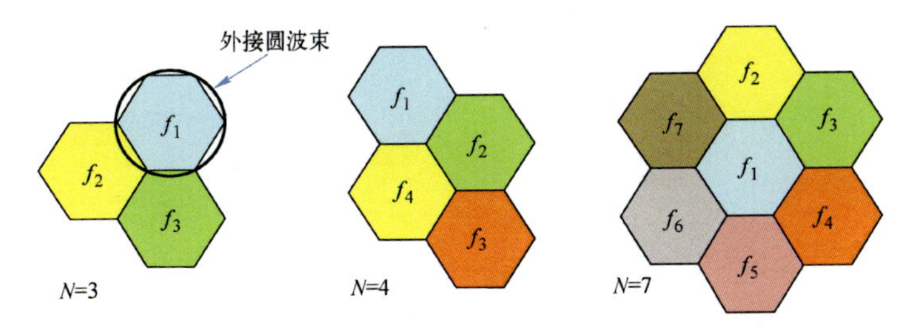

图 15.3 多波束天线阵列簇

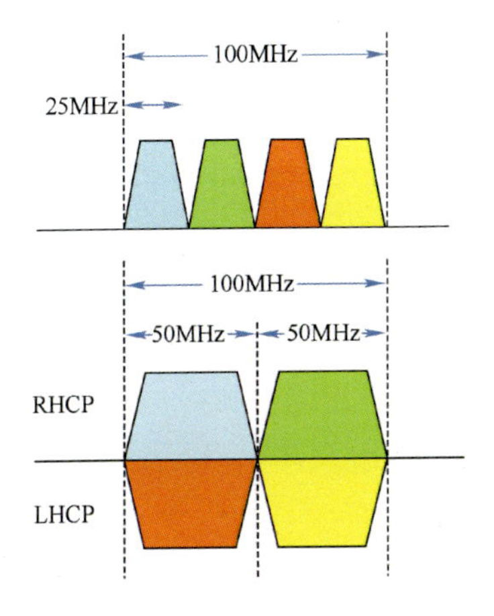

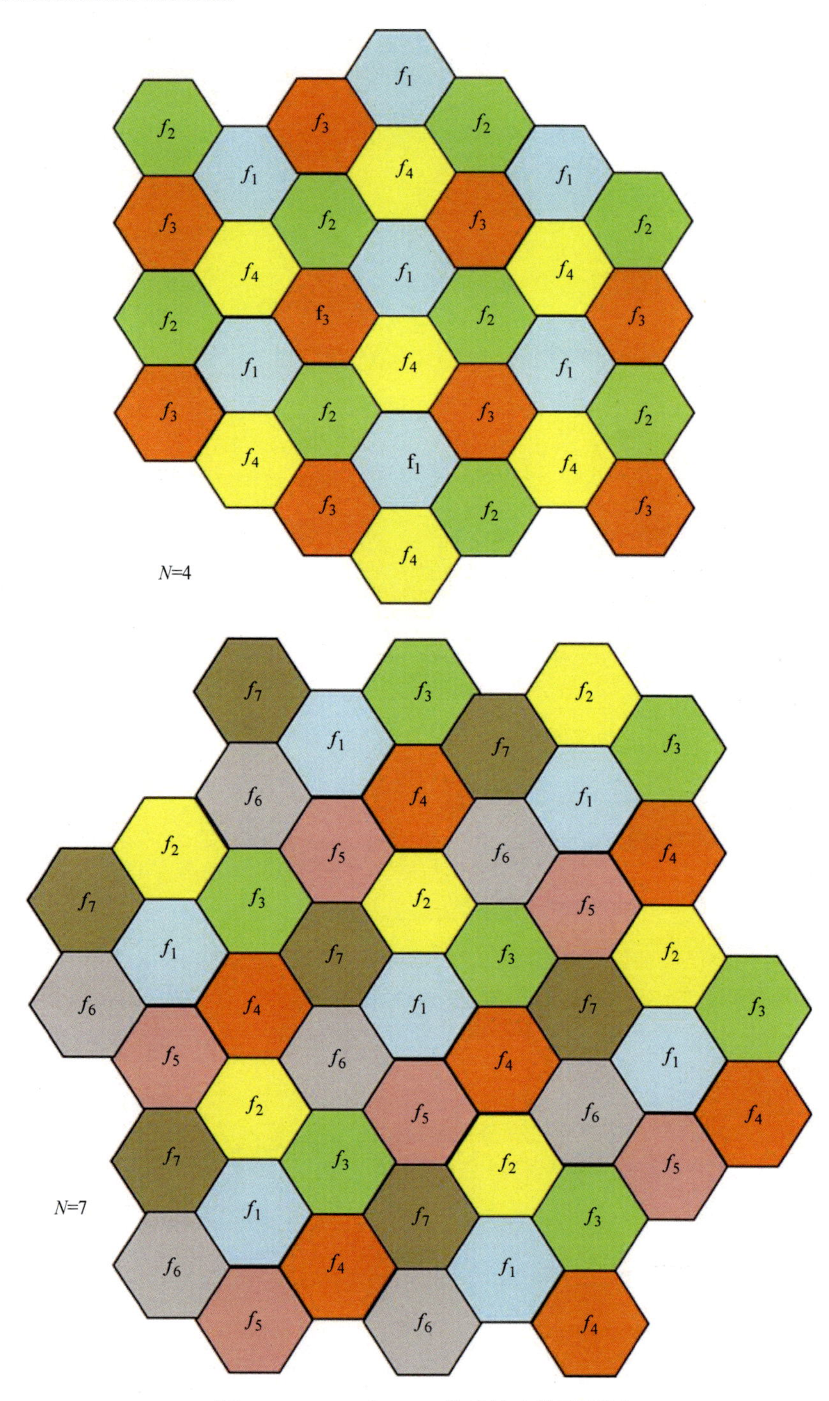

图 15.4　$N=4$ 和 $N=7$ 的多波束阵列配置

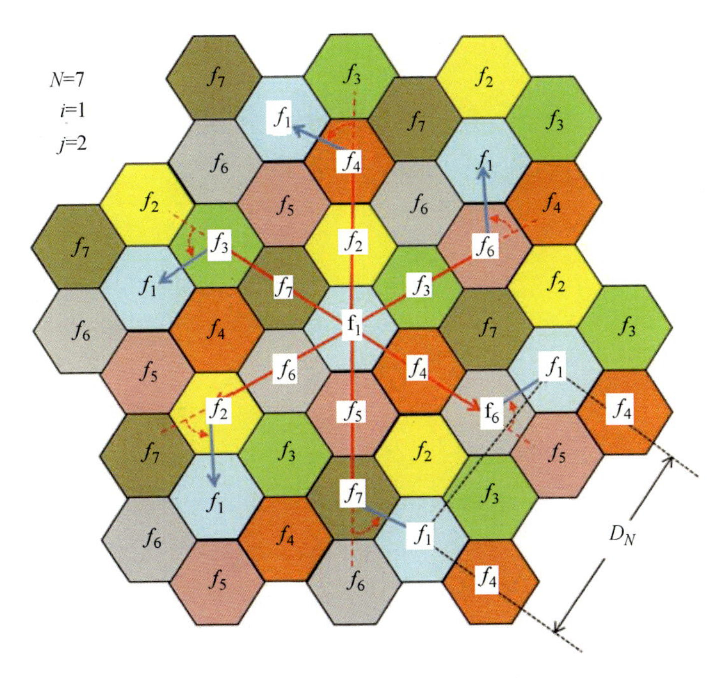

图 15.5　确定最近的同频道波束

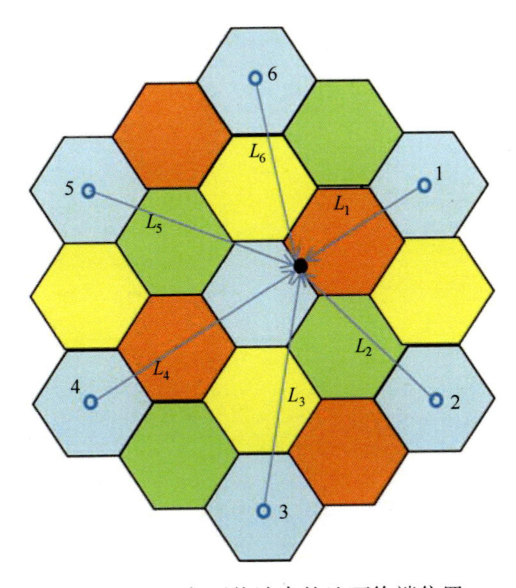

图 15.7　相邻干扰波束的地面终端位置

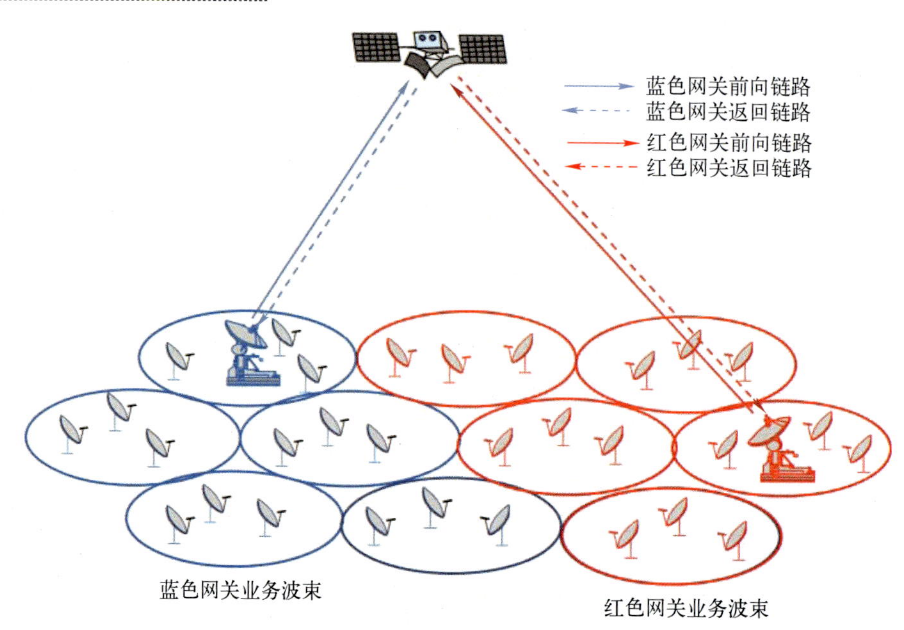

(a) 通过多波束阵列运行的网关

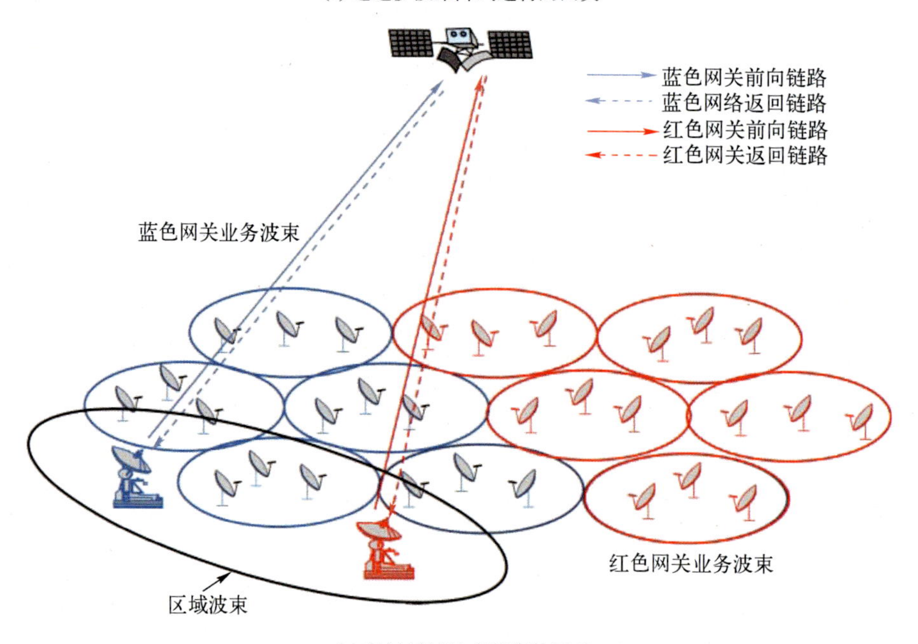

(b) 通过区域波束运行的网关

图 15.10　星型网络网关实现